煤炭高等教育“十四五”规划教材

互换性与测量技术

主　编　范国敏　李　楠　蒋　蓉
副主编　卜祥丽　丁　军　李娟娟

中国矿业大学出版社
· 徐州 ·

内容提要

本书的编写结合了近年来教育改革成果和应用型本科教育的特点，将理论与实际应用紧密联系，实用性强。采用了最新颁布的国家标准，配备数字教学资源，通俗易懂，便于自学。

全书共分11章，内容包括：绪论，轴、孔结合的极限与配合，测量技术基础，几何公差及其检测，表面粗糙度及其检测，光滑工件尺寸检测和量规设计，滚动轴承的精度和互换性，键与花键的公差配合与检测，圆柱齿轮传动的精度与检测，螺纹的公差配合与检测，圆锥配合的公差配合与检测。教材编写按照新的国家标准，重点突出“产品几何技术规范(GPS)”系列国家标准的执行。全书理论与实践结合，各知识点结合例题，力求语言简练，条理清楚。在各章节中附有习题，以便学生对所学内容进行总结、巩固和应用。

本书可作为应用型高等院校机械类、近机类及仪器仪表类等专业的教材和教学参考书，也可作为成人教育学院、函授大学、电视大学、高等职业技术学院等机电类专业本科及专科的教材，还可作为相关专业工程技术人员的参考用书。

图书在版编目(CIP)数据

互换性与测量技术 / 范国敏，李楠，蒋蓉主编.
徐州 ：中国矿业大学出版社，2024. 12. — ISBN 978-7-5646-6547-0

Ⅰ. TG801

中国国家版本馆 CIP 数据核字第 2024R04S64 号

书　　名　互换性与测量技术
主　　编　范国敏　李　楠　蒋　蓉
责任编辑　周　红
出版发行　中国矿业大学出版社有限责任公司
（江苏省徐州市解放南路　邮编 221008）
营销热线　(0516)83885370　83884103
出版服务　(0516)83995789　83884920
网　　址　http://www.cumtp.com　**E-mail**:cumtpvip@cumtp.com
印　　刷　苏州市古得堡数码印刷有限公司
开　　本　787 mm×1092 mm　1/16　**印张** 17.25　**字数** 441 千字
版次印次　2024 年 12 月第 1 版　2024 年 12 月第 1 次印刷
定　　价　38.00 元

前　言

《互换性与测量技术》可作为“互换性与测量技术”“互换性与技术测量”或“机械精度设计与检测”课程的教材，是应用型高等院校机械类、仪器仪表类和机电结合类各专业重要的主干技术基础课程教材，其内容与机械工业发展紧密相关，是联系设计系列和工艺课程的纽带。其主要内容包含几何量的精度设计和误差检测两方面的内容，涉及机械产品及其零部件的设计、制造、维修、检测等多方面标准及其技术知识。

本书根据国家最新标准，参考现有同类教材，结合编者多年的教学经验，对教材内容作了精心的选择和编排。在保证内容全面、系统的前提下，力争少而精，重点突出。重点讲解基本概念和标准的应用，注重理论与实践紧密联系的原则，采用了大量的实际例题，讲解理论内容，既保证了必要、足够的理论知识内容，又增强了理论知识的应用性、实用性。本书各章开头均有本章学习要点，末尾均附有习题，以帮助学生学习和巩固。本书配备丰富的数字教学资源，可以联系作者提供相关教学视频、教学课件、题库、课后习题详解。

本书由华北科技学院范国敏、李楠、蒋蓉担任主编，华北科技学院卜祥丽、丁军、李娟娟担任副主编。本书第1、2、4、5章由范国敏编写，第3章由李楠编写，第6、8章由蒋蓉编写，第9章由卜祥丽编写，第7、10章由丁军编写，第11章由李娟娟编写。全书由范国敏统稿和定稿。

本书编写过程中参考了部分国内外相关教材、著作、论文资料及网络资源，在此谨向有关作者和单位表示衷心的感谢。

由于编者水平有限，时间仓促，书中难免有不足和错漏之处，恳请读者批评指正。

编　者

2024年10月

目　　录

第1章　绪　论

本章要点

(1) 了解机械产品精度设计的基本内容；

(2) 掌握互换性概念的基本内容、互换性的作用、互换性的种类及应用；

(3) 掌握实现互换性的条件——公差标准化和测量技术的基本内容；

(4) 明确本课程的性质与基本要求。

1.1　机械产品的几何量精度设计概述

在机械产品的设计过程中，通常需要进行以下三方面的分析计算：

(1) 运动分析与计算。根据机器或机构应实现的运动，由运动学原理，确定机器或机构合理的传动系统，选择合适的机构或元件，以保证实现预定的动作，满足机器或机构运动方面的要求。

(2) 强度分析与计算。根据强度、刚度等方面的要求，确定各个零件合理的基本尺寸，进行合理的结构设计，使其在工作时能承受规定的负荷，达到强度和刚度方面的要求。

(3) 几何精度分析与计算。零件基本尺寸确定后，还需要进行精度计算，以决定产品各个部件的装配精度以及零件的几何参数和公差。

所以，任何一台机器的设计，除了运动分析、结构设计及强度、刚度计算外，还要进行精度设计。研究机器的精度时，要处理好机器的使用要求与制造工艺的矛盾。解决的方法是规定合理的公差，并用检测手段保证其贯彻实施。由此可见，“公差”在生产中是非常重要的。

机器精度的分析与计算是多方面的，但归结起来，设计人员根据给定的整机精度，最终确定出各个组成零件的精度，如尺寸公差、形状和位置公差以及表面粗糙度参数值等。

几何精度设计的方法主要有类比法、计算法和试验法三种。

(1) 类比法。类比法，亦称经验法，即与经过实际使用证明合理的类似产品上的相应要素相比较，确定所设计零件几何要素的精度。类比法是大多数零件要素精度设计采用的方法。

(2) 计算法。计算法根据由某种理论建立起来的功能要求与几何要素公差之间的定量关系，计算确定零件要素的精度。目前，计算法只适用于某些特定的场合。而且，用计算法得到的公差，往往还需要根据多种因素进行调整。

(3) 试验法。试验法先根据一定条件，初步确定零件要素的精度，并按此进行试制。再将试制产品在规定的使用条件下运转，同时，对其各项技术性能指标进行监测，并与预定的功能要求相比较，根据比较结果再对原设计进行确认或修改。经过反复试验和修改，就可以最终确定满足功能要求的合理设计。试验法的设计周期较长且费用较高，因此主要用于新产品设计中个别重要要素的精度设计。

迄今为止，几何精度设计仍处于以经验设计为主的阶段。大多数要素的几何精度都是采用类比的方法，凭实际工作经验确定的。目前应用最广的还是类比法，但类比法需要成熟的数据，同时还需要丰富的经验，在缺乏类比数据时，如何比较准确地进行几何精度设计，是每一个设计和加工人员需要解决的问题。

1.2 互换性概述

1.2.1 互换性的定义与内容

(1) 互换性定义

互换性是指在机械产品装配时，从制成的同一规格的零(部)件中任意取一件，不需调整或修配等工作，就能与其他零(部)件安装在一起而组成一台机械产品，并且达到预定的使用功能要求。

(2) 互换性内容

互换性包括几何参数、机械性能和理化性能方面的互换。

本课程主要研究几何参数的互换性，即几何量误差(尺寸、形状、位置、表面微观形状误差)方面的互换。

1.2.2 互换性分类

根据使用要求以及互换的参数、程度、部位或范围的不同，互换性可以分为不同的种类。

(1) 按照互换性的程度可以分为完全互换(绝对互换)和不完全互换(有限互换)。

① 完全互换(绝对互换)。若零件在装配或更换时，不需挑选、调整或修配，则其互换性为完全互换。

特点：不限定互换范围，以零部件装配或更换时不需要挑选或修配为条件。如日常生活中所用电灯泡。完全互换适用于厂际协作。

② 不完全互换(有限互换)。当装配精度要求较高时，零件完工后，装配前用测量器具将零件按实际尺寸的大小分为若干组，使每组零件间实际尺寸的差别较小，仅组内零件可以互换，组与组之间不可互换，这种互换性称为不完全互换性。

例如，滚动轴承外圈外径和箱体孔直径的配合尺寸，以及滚动轴承内圈内径和轴颈直径的配合尺寸采用完全互换。而滚动轴承内、外圈滚道的直径与滚动体直径的结合尺寸，因其装配精度很高则采用分组互换，即不完全互换。

特点：因特殊原因，不完全互换只允许零件在一定范围内互换。不完全互换适用于精度要求较高的场合，以及厂内协作。

一般来说，不完全互换只用于部件或机构的制造厂内部的装配。至于厂外协作件，即使批量不大，往往也要求完全互换。

(2) 按部位或范围分类，对标准部件或机构来说，又可分为外互换与内互换。

① 外互换。外互换是指部件或机构与其配件间的互换性，例如，滚动轴承与轴颈、箱体孔直径的配合尺寸属于外互换。

② 内互换。内互换是指部件或机构内部组成零件间的互换性，例如，滚动轴承内、外圈的滚道直径与滚动体直径的结合尺寸属于内互换。

1.2.3 互换性的作用

互换性在机械制造业中有很重要的作用，主要有以下几方面：

① 在设计方面，能最大限度地使用标准件，因此可以简化绘图和计算工作量，使设计周期缩短，有利于机械产品更新换代和计算机辅助设计技术(computer aided design，CAD)的应用。

② 在制造方面，有利于组织专业化生产，使用专用设备和计算机辅助制造(computer aided manufacturing，CAM)技术，提高生产效率。

③ 在使用、维修方面，便于及时更换已经丧失使用功能的零(部)件，对于某些易损件可以提供备用件，这样既可以及时维修，缩短停机时间，提高机器的使用寿命，又可以减少维修成本。

互换性在提高机械产品质量和可靠性、提高企业经济效益等方面均具有重大意义。

1.3 实现互换性的条件

实现互换性的条件包括公差标准化和技术测量。

1.3.1 几何量公差及其标准化

从满足零件的互换性要求和机械产品的使用性能出发，不要求将零件制造得绝对准确。只要求将零件的几何参数误差控制在一定范围内，即制成的一批相同规格的零(部)件的几何参数具有一致性。这个允许零件几何参数变动的范围称为几何量公差。

(1) 几何量公差

几何量公差包括：尺寸公差、形状和位置公差、表面粗糙度要求以及典型表面(滚动轴承、键与花键、螺纹、齿轮等)公差。

(2) 公差标准化

所谓标准是指为了在一定的范围内获得最佳秩序，对活动或其结果规定共同的和重复使用的规则、导则或特性的文件。简单地说，公差标准化是指几何量的公差应在一定范围内进行规范、统一，并要求相关制造企业和管理机构遵照执行。

我国按标准使用的范围分为国家标准、行业标准、地方标准和企业标准等。

1.3.2 优先数和优先数系

为了保证互换性，必须合理地确定零件公差，公差数值标准化的理论基础即为优先数系和优先数。

国家标准《优先数和优先数系》(GB/T 321—2005)规定优先数系是一种十进制的等比数列。推荐 R5、R10、R20、R40、R80 系列，前四项为基本系列(见表 1-1)，R80 为补充系列。

表 1-1 优先数系基本系列 1～10 常用值

基本系数(常用值)				计算值
R5	R10	R20	R40	
1.00	1.00	1.00	1.00	1.000 0
			1.06	1.059 3
		1.12	1.12	1.122 0
			1.18	1.188 5
	1.25	1.25	1.25	1.258 9
			1.32	1.333 5
		1.40	1.40	1.412 5
			1.50	1.496 2
1.60	1.60	1.60	1.60	1.584 9
			1.70	1.678 8
		1.80	1.80	1.778 3
			1.90	1.883 6
	2.00	2.00	2.00	1.995 3
			2.12	2.113 5
		2.24	2.24	2.238 7
			2.36	2.371 4
2.50	2.50	2.50	2.50	2.511 9
			2.65	2.660 7
		2.80	2.80	2.818 4
			3.00	2.985 4
	3.15	3.15	3.15	3.162 3
			3.35	3.349 7
		3.55	3.55	3.548 1
			3.75	3.758 4
4.00	4.00	4.00	4.00	3.981 1
			4.25	4.217 0
		4.50	4.50	4.466 8
			4.75	4.731 5
	5.00	5.00	5.00	5.011 9
			5.30	5.308 8
		5.60	5.60	5.623 4
			6.00	5.956 6
6.30	6.30	6.30	6.30	6.309 6
			6.70	6.683 4
		7.10	7.10	7.079 5
			7.50	7.498 9
	8.00	8.00	8.00	7.943 3
			8.50	8.414 0
		9.00	9.00	8.912 5
			9.50	9.440 6
10.00	10.00	10.00	10.00	10.000 0

R5、R10、R20、R40、R80 公比 q_i 分别为 $\sqrt[5]{10}$、$\sqrt[10]{10}$、$\sqrt[20]{10}$、$\sqrt[40]{10}$、$\sqrt[80]{10}$，即 1.6、1.25、1.12、1.06、1.03。

1.3.3 技术测量

在机械产品的几何量精度设计之后，工人按照零件图上的各项要求进行加工。各个零件完工之后，须采用适当的计量器具、正确的测量方法和数据处理方法对零件进行检测，从而判断零件是否达到零件图纸上各公差标准的要求。只有将真正符合标准要求的零（部）件装配成机械产品，才能使机械产品发挥设计时规定的使用功能，其零（部）件才能具有互换性。计量器具、检测方法和手段等构成技术测量，技术测量是保证实现互换性的重要手段。

综上所述，机械产品的几何量精度设计及其检测是保证企业生产的机械产品质量与制造成本的两个重要的技术环节。

1.4 本课程的任务及教学目标

1.4.1 教学任务

互换性与测量技术是系统介绍精度设计的一门课程，是高等院校机械类、仪器仪表类和机电结合各类专业必修的主干技术基础课程。它包含几何量公差与误差检测两大方面的内容，把标准化和计量学两个领域的有关部分有机地结合在一起，与机械设计、机械制造、质量控制等方面密切相关，是机械工程技术人员和管理人员必备的基本知识技能，本课程的主要任务是从互换性的角度出发，围绕误差和公差这两个概念研究产品使用要求与制造要求之间的矛盾，培养学生正确应用国家标准和检测方法。学生在学完本课程后应达到下列要求：

(1) 掌握与标准化和互换性相关的基本概念、基本理论和原则；

(2) 熟练掌握课程中涉及的几何量公差标准的主要内容、特点和应用原则；

(3) 初步学会根据机器和零件的功能要求，选用几何量公差与配合；

(4) 学会查阅工具书，如设计手册、标准等，能够熟练查、用本教材中介绍的公差表格，并能正确标注图样；

(5) 熟悉各种典型几何量的检测方法，初步学会使用常用的计量器具；

(6) 培养公差设计及精度检测的基本能力。

1.4.2 教学目标

本课程的教学目标是：从互换性角度出发，通过系统、简练地介绍公差的有关标准选用方法和误差检测的基本知识，使学生掌握有关精度设计和几何量检测的基础理论知识和基本技能。

(1) 知识教学目标

① 系统、简练地宣传、贯彻国家颁布的公差的有关标准和选用方法；

② 从保证机械零件的互换性和几何精度出发，介绍测量技术的基本理论和方法。

(2) 能力培养目标

① 掌握有关互换性、公差、检测及标准化的概念；

② 掌握极限与配合、几何公差、表面粗糙度标准的规定并能正确选用及标注；

③ 基本掌握常用件的互换性规定及常用检测方法；

④ 理解计量器具的分类、常用度量指标、测量方法并能正确应用。

习　　题

1-1　判断题

(1) 不经挑选、调整和修配就能相互替换、装配的零件，装配后能满足使用性能要求，就是具有互换性的零件。

(2) 尺寸公差就是最大误差。

(3) 为了实现互换性，零件的公差应规定得越小越好。

(4) 企业标准比国家标准层次低，在标准要求上可稍低于国家标准。

(5) 厂外协作件要求不完全互换生产。

(6) 装配时需要调整的零(部)件属于不完全互换。

(7) 优先数系包含基本系列和补充系列，而派生系列一定是倍数系列。

1-2　单选题

(1) IT6～IT18 标准公差的计算公式为 $10i$，$16i$，$25i$，$40i$，$64i$，$100i$，$160i$，$250i$，…，公差单位 i 前的公差等级系数约为(　　)系列的常用数值。

A. R5　　B. R10　　C. R20　　D. R40

(2) 外螺纹中径公差等级 3，4，5，6，7，8，9 的等级系数分别为 0.50，0.63，0.80，1.00，1.25，1.60，2.00，它们属于(　　)优先数的系列。

A. R5　　B. R10　　C. R20　　D. R40

(3) 下列优先数系列中，(　　)为补充系列。

A. R5　　B. R10　　C. R80　　D. R40

1-3　填空题

(1) 互换性是指在机械产品装配时，从制成的同一规格的零(部)件中任意取一件，不需________等工作，就能与其他零(部)件安装在一起而组成一台机械产品，并且达到预定的____________要求。

(2) 按互换的范围，可以将互换性分为__________和__________。对于标准部件或非标机构来讲，互换性又可分为________和________。

(3) 实现互换性的条件有________和__________。

(4) 在确定轴类零件上轴径公称尺寸时，应按__________取值。

(5) R5 数系的公比为________，每逢______项，数值增大到 10 倍。

1-4　简答题

(1) 什么叫互换性？为什么说互换性已成为现代机械制造业中一个普遍遵守原则？列举互换性应用实例(至少三个)。

(2) 按互换程度来分，互换性可分为哪两类？它们有何区别？各适用于什么场合？

(3) 什么叫公差、检测和标准化？它们与互换性有何关系？

(4) 按标准颁布的级别来分，我国的标准有哪几种？

(5) 什么叫优先数系和优先数？

(6) 下面两列数据属于哪种系列？公比为多少？

① 机床主轴转速为200，250，315，400，500，630，…，单位为r/min。

② 表面粗糙度Ra的基本系列为0.012，0.025，0.050，0.100，0.200，…，单位为μm。

(7) 机械产品的零(部)件具有“互换性”的意义是什么？

第 2 章　孔、轴结合的极限与配合

本 章 要 点

(1) 掌握极限与配合的基本概念；
(2) 了解机械产品的几何量精度设计中国家最新颁布的标准；
(3) 掌握《线性尺寸公差》标注的基本方法、步骤；
(4) 掌握机械产品的几何量精度设计的基本方法和步骤。

2.1　极限与配合的基本概念

2.1.1　孔和轴的定义

1. 圆柱的孔和轴

圆柱的孔是指工件的内尺寸要素，孔为包容面。圆柱的轴是指工件的外尺寸要素，轴为被包容面。

2. 两相对平行面的孔和轴

轴是指两相对平行面的外尺寸要素，属于非圆柱形的外尺寸要素，是被包容面。例如，平键由宽度 b 确定的两平行平面组成外表面，如图 2-1(a)所示，平键被键槽包容。

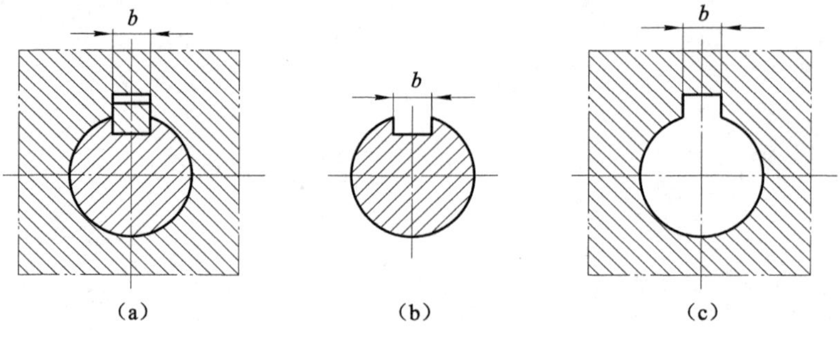

图 2-1　键与键槽

孔是指两相对平行面的内尺寸要素，属于非圆柱形的内尺寸要素，是包容面。例如，键槽宽度 b 确定的两平行平面组成内表面，键槽是孔。键槽是指轴键槽[见图 2-1(b)]和毂键槽[见图 2-1(c)]，它们包容键。

2.1.2 有关尺寸的定义

1. 尺寸

尺寸是指用特定单位表示线性尺寸值的数值，如 20 mm，40 μm。

特定单位是指在机械制图中，图样中的尺寸通常以毫米(mm)为单位。当单位为毫米时在标注时常将单位省略，仅标注数字。但单位不是毫米时，应标注数字和单位。

尺寸包括长度、直径、宽度、高度、深度和中心距等。

2. 公称尺寸(孔 D、轴 d)

公称尺寸是指由图样规范确定的理想形状要素的尺寸，是按优先数系列选取的尺寸。即公称尺寸应是标准尺寸，它是理论值。公称尺寸可以是整数或一个小数值。例如，直径 $\phi 56$、轴长 63、键槽宽 16 等均为公称尺寸。

3. 实际尺寸(孔 D_a、轴 d_a)

实际尺寸是指拟合尺寸要素的尺寸，可通过测量获得。由于测量过程中，不可避免地存在测量误差，因此实际尺寸往往不是被测尺寸的真实值(真值)。而且，同一轴(或孔)的相同部位用同一量具或仪器测量多次，其实际尺寸也不完全相同。

4. 极限尺寸(孔 D_{max}、孔 D_{min}；轴 d_{max}、轴 d_{min})

极限尺寸是指尺寸要素所允许的尺寸极限值。尺寸要素允许的最大尺寸称为上极限尺寸 ULS(轴的上极限尺寸 d_{max} 和孔的上极限尺寸 D_{max})，尺寸要素允许的最小极限尺寸称为下极限尺寸 LLS(轴的下极限尺寸 d_{min} 和孔的下极限尺寸 D_{min})。

例如，轴的尺寸 $\phi 55^{+0.021}_{+0.002}$，则上极限尺寸为 55.021 mm，下极限尺寸为 55.002 mm。

2.1.3 尺寸偏差和公差

1. 尺寸偏差(简称偏差)

尺寸偏差是指某一尺寸减去其公称尺寸所得的代数差。偏差又分极限偏差和实际偏差。

(1) 极限偏差

极限偏差是指极限尺寸减去其公称尺寸所得的代数差，极限偏差有上极限偏差和下极限偏差。

孔：上极限偏差 $$ES = D_{max} - D \tag{2-1}$$

下极限偏差 $$EI = D_{min} - D \tag{2-2}$$

轴：上极限偏差 $$es = d_{max} - d \tag{2-3}$$

下极限偏差 $$ei = d_{min} - d \tag{2-4}$$

注意：极限偏差的数值可能是正值、负值或零值。故在偏差值的前面(除零值外)，应标上相应的"+"号或"−"号。

例如，轴端尺寸 $\phi 55^{+0.021}_{+0.002}$，上极限偏差 $es=+0.021$ mm，下极限偏差 $ei=+0.002$ mm。

(2) 实际偏差

实际偏差是指实际尺寸减去其公称尺寸所得的代数差，轴的实际偏差用e_a表示，孔的实际偏差用E_a表示。

2. 尺寸公差和尺寸公差带图

(1) 尺寸公差(简称公差)

尺寸公差是指允许尺寸的变动量(或范围)，是一个没有符号的绝对值。可以是上极限偏差减下极限偏差之差的绝对值，也可以是上极限尺寸减下极限尺寸之差的绝对值。

$$轴公差\ T_d = |d_{max} - d_{min}| = |es - ei| \tag{2-5}$$

$$孔公差\ T_D = |D_{max} - D_{min}| = |ES - EI| \tag{2-6}$$

例如，轴的尺寸$\phi 55^{+0.021}_{+0.002}$，尺寸公差为$T_d = 0.019$ mm。

(2) 极限与配合图解(尺寸公差带图)

零线：在公差带图解中，表示公称尺寸的一条直线，以其为基准确定偏差和公差。正偏差位于零线上方，负偏差位于零线下方。

公差带：在公差带图解中，由代表上极限偏差和下极限偏差或上极限尺寸和下极限尺寸的两条直线所限定的区域，见图 2-2、图 2-3。

在公差带图解中，通常公称尺寸用 mm 表示，偏差和公差用 μm 表示，如图 2-3 所示。

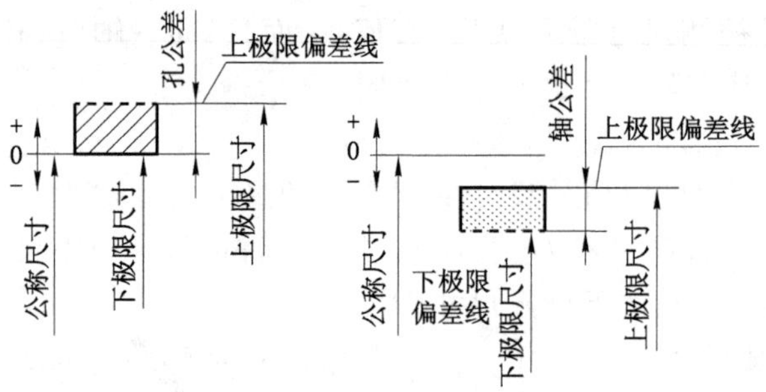

图 2-2　公称尺寸、上极限尺寸和下极限尺寸(简化画法)

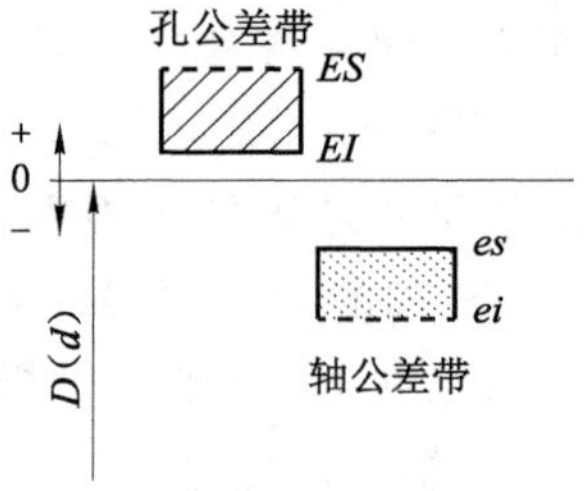

图 2-3　尺寸公差带图

确定公差带的两个要素是公差带大小和公差带位置。公差带大小是指上、下极限偏差线或两个极限尺寸线之间的宽度，由标准公差确定；公差带位置是指公差带相对零线的位置，由基本偏差确定。

基本偏差是国家标准在极限与配合制中，确定公差带相对零线位置的那个极限偏差。它可以是上极限偏差或下极限偏差，一般是靠近零线的那个极限偏差。例如，轴的尺寸$\phi 55^{+0.021}_{+0.002}$的公差带大小为 0.019 mm，基本偏差为$+0.002$ mm。

公差带图举例，图 2-4 所示的基本偏差为$EI=0$，图 2-5 所示的基本偏差为$ei=-0.004$ mm。

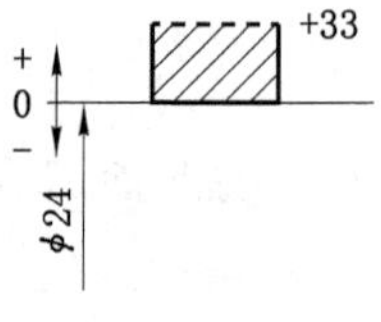

图 2-4　孔$\phi 24H8(^{+0.033}_{0})$公差带图

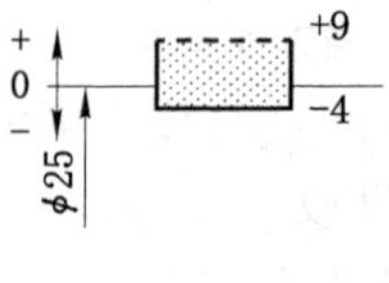

图 2-5　轴$\phi 25j6(^{+0.009}_{-0.004})$公差带图

2.1.4　配合

1. 配合

配合是指类型相同且待装配的外尺寸要素(轴)和内尺寸要素(孔)之间的关系。

2. 间隙

间隙是指孔的尺寸减去相配合的轴的尺寸的代数差,差值为正,用 X 表示,如图 2-6(a)所示。

3. 过盈

过盈是指孔的尺寸减去相配合的轴的尺寸的代数差,差值为负,用 Y 表示,如图 2-6(b)所示。

(a) 间隙　　(b) 过盈

图 2-6　间隙和过盈

4. 配合种类

(1) 间隙配合

孔和轴装配时总是存在间隙(包括 $X_{min}=0$)的配合。孔公差带在轴公差带上方,见图 2-7。

(a) 间隙配合尺寸公差带　　(b) 最小间隙为零的间隙配合尺寸公差带

图 2-7　间隙配合及其图解

最大间隙(配合中最松状态):

$$X_{max} = D_{max} - d_{min} = ES - ei \tag{2-7}$$

最小间隙(配合中最紧状态):

$$X_{min} = D_{min} - d_{max} = EI - es \tag{2-8}$$

平均间隙(配合中平均松紧状态):

$$X_{av} = (X_{max} + X_{min})/2 \tag{2-9}$$

(2) 过盈配合

孔和轴装配时总是存在过盈(包括 $Y_{min}=0$)的配合。孔公差带在轴公差带下方,见图 2-8。

（a）过盈配合尺寸公差带　　（b）最小过盈为零的过盈配合尺寸公差带

图 2-8　过盈配合及其图解

最大过盈(配合中最紧状态)：

$$Y_{max} = D_{min} - d_{max} = EI - es \qquad (2\text{-}10)$$

最小过盈(配合中最松状态)：

$$Y_{min} = D_{max} - d_{min} = ES - ei \qquad (2\text{-}11)$$

平均过盈(配合中平均松紧状态)：

$$Y_{av} = (Y_{max} + Y_{min})/2 \qquad (2\text{-}12)$$

(3) 过渡配合

孔和轴装配时可能具有间隙或过盈的配合。此时孔公差带与轴公差带相互交叠，见图 2-9。

最大间隙(配合中最松状态)：

$$X_{max} = D_{max} - d_{min} = ES - ei \qquad (2\text{-}13)$$

最大过盈(配合中最紧状态)：

$$Y_{max} = D_{min} - d_{max} = EI - es \qquad (2\text{-}14)$$

平均间隙或平均过盈：X_{av} 或 $Y_{av} = (X_{max} + Y_{max})/2$，结果正值为平均间隙，结果负值为平均过盈。

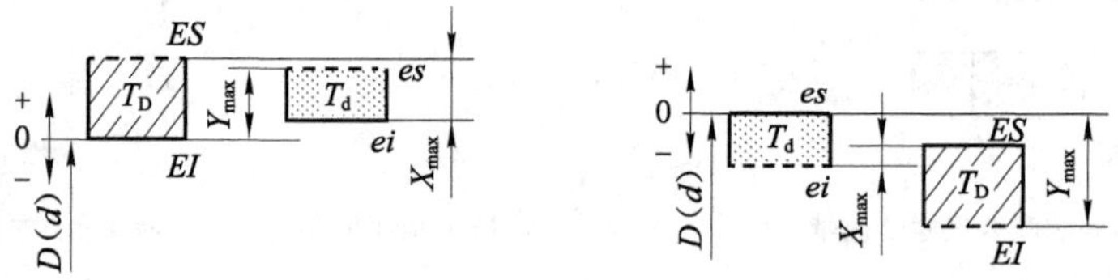

（a）　　（b）

图 2-9　过渡配合及其图解

5. 配合公差 T_f

配合公差是组成配合的两个尺寸要素的尺寸公差之和，是允许间隙或过盈的变动量，是一个没有符号的绝对值。

配合公差是设计人员根据机器配合部位使用性能的要求对配合松紧变动的程度给定的允许值。配合公差反映配合精度，配合种类反映配合性质。

(1) 各类配合的配合公差数值

间隙配合　$T_f = |X_{max} - X_{min}| = T_D + T_d$　(2-15)

过渡配合　$T_f = |X_{max} - Y_{max}| = T_D + T_d$　(2-16)

过盈配合　　　　$T_f = |Y_{min} - Y_{max}| = T_D + T_d$　　　　(2-17)

注意：对于各类配合，其配合公差又等于相互配合的孔公差和轴公差之和；$T_f = T_D + T_d$ 说明配合精度的高低是由相互配合的孔和轴尺寸精度所决定的。

(2) 配合公差带图

代表极限间隙或极限过盈的两条直线段之间所限定的区域称为配合公差带。它以垂直于零线方向上的宽度代表配合公差大小，见图 2-10。

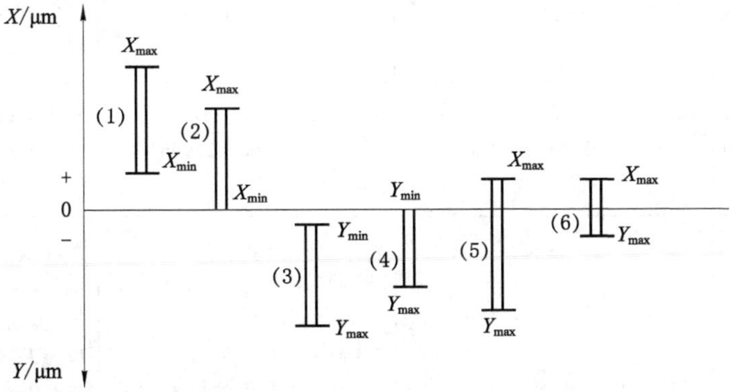

图 2-10　配合公差带图解

图中零线是确定间隙和过盈的基准线，即零线上的间隙或过盈为零。纵坐标表示间隙和过盈，零线上方表示间隙(符号为"+")，下方表示过盈(符号为"−")，图中极限间隙或极限过盈的常用单位为 μm。

由图 2-10 可知：当配合公差带在零线上方为间隙配合[如(1)、(2)组配合]；在零线下方为过盈配合[如(3)、(4)组配合]；跨在零线上下两侧为过渡配合[如(5)、(6)组配合]。由配合公差带宽、窄可判断配合精度高低，(6)组配合精度最高，(5)组配合精度最低。在间隙配合中，(1)组配合的平均间隙比(2)组大(或松)。

表 2-1 通过实例对三种配合进行分析比较。

表 2-1　三种配合类型分析比较

项目	间隙配合	过盈配合	过渡配合
轴、孔公差带之间的关系	轴公差带在孔公差带之下 $\phi 30\frac{H9}{f9}$	轴公差带在孔公差带之上 $\phi 30\frac{H8}{s7}$	轴公差带与孔公差带交叠 $\phi 30\frac{H7}{k6}$
轴、孔公差带图解	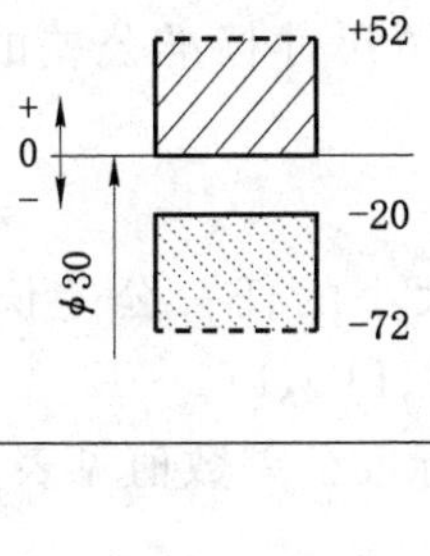	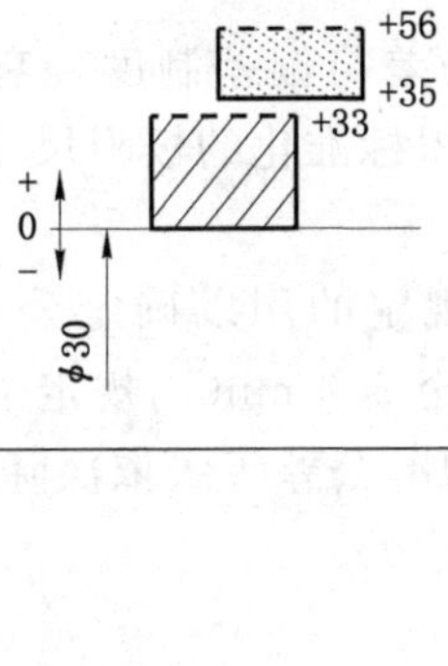	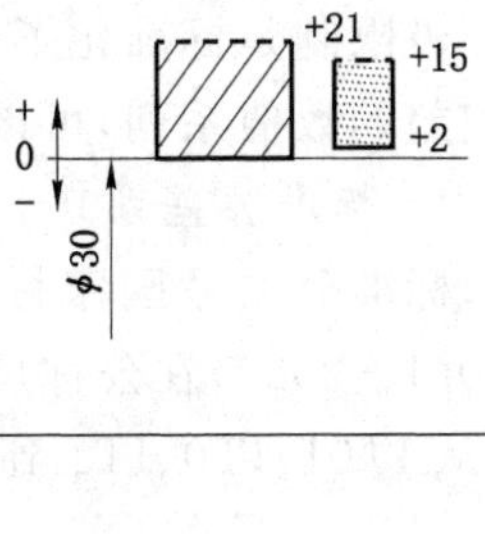

表 2-1(续)

项目		间隙配合	过盈配合	过渡配合
配合松紧的特征参数	配合最松状态下的极限盈隙	$X_{max}=ES-ei$ $=+0.052-(-0.072)$ $=+0.124$	$Y_{min}=ES-ei$ $=+0.033-0.035$ $=-0.002$	$X_{max}=ES-ei$ $=+0.021-0.002$ $=+0.019$
	配合最紧状态下的极限盈隙	$X_{min}=EI-es$ $=0-(-0.020)$ $=+0.020$	$Y_{max}=EI-es$ $=0-(+0.056)$ $=-0.056$	$Y_{max}=EI-es$ $=0-(+0.015)$ $=-0.015$
	配合平均松紧状态下的平均盈隙	$X_{av}=(X_{max}+X_{min})/2$ $=(+0.124+0.020)/2$ $=+0.072$	$X_{av}=(Y_{max}+Y_{min})/2$ $=(-0.002-0.056)/2$ $=-0.029$	$X_{av}=(X_{max}+Y_{max})/2$ $=(+0.019-0.015)/2$ $=+0.002$
配合公差		$T_f=\|X_{max}-X_{min}\|$ $=\|+0.124-0.020\|$ $=0.104$ 或 $T_f=T_D+T_d$ $=0.052+0.052$ $=0.104$	$T_f=\|Y_{min}-Y_{max}\|$ $=\|-0.002+0.056\|$ $=0.054$ 或 $T_f=T_D+T_d$ $=0.033+0.021$ $=0.054$	$T_f=\|X_{max}-Y_{max}\|$ $=\|+0.019-(-0.015)\|$ $=0.034$ 或 $T_f=T_D+T_d$ $=0.021+0.013$ $=0.034$
配合精度比较		较低	中等	较高
配合公差带图解		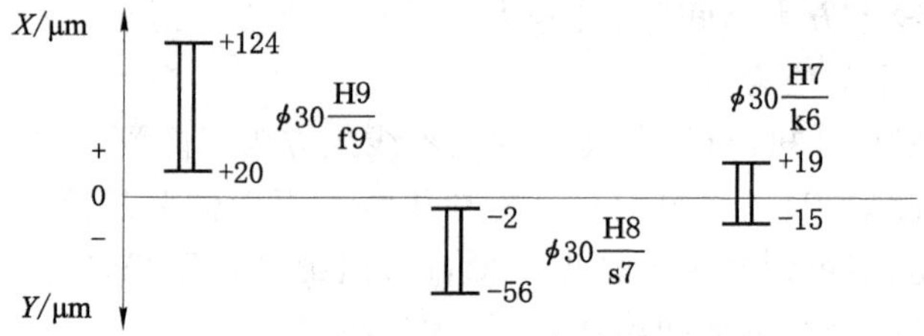		

2.2 国家标准《线性尺寸公差》的主要内容及规定

2.2.1 极限制

极限制是标准化了的公差与偏差制度。它包含了尺寸标准公差的数值系列和标准极限偏差的数值系列,可以获得标准化的极限尺寸。

1. 标准公差系列

标准公差是国家标准规定的用以确定公差带大小的任一公差值。国家标准(GB/T 1800.1—2020)在公称尺寸至 500 mm 内规定了 IT01、IT0、IT1～IT18 共 20 个标准公差等级,从 IT01、IT0、IT1 到 IT18,公差等级依次降低。标准公差数值见表 2-2。

表 2-2　公称尺寸至 500 mm 的标准公差数值

公称尺寸/mm		标准公差等级																			
		IT01	IT0	IT1	IT2	IT3	IT4	IT5	IT6	IT7	IT8	IT9	IT10	IT11	IT12	IT13	IT14	IT15	IT16	IT17	IT18
大于	至	μm													mm						
—	3	0.3	0.5	0.8	1.2	2	3	4	6	10	14	25	40	60	0.10	0.14	0.25	0.40	0.60	1.0	1.4
3	6	0.4	0.6	1	1.5	2.5	4	5	8	12	18	30	48	75	0.12	0.18	0.3	0.48	0.75	1.2	1.8
6	10	0.4	0.6	1	1.5	2.5	4	6	9	15	22	36	58	90	0.15	0.22	0.36	0.58	0.90	1.5	2.2
10	18	0.5	0.8	1.2	2	3	5	8	11	18	27	43	70	110	0.18	0.27	0.43	0.70	1.10	1.8	2.7
18	30	0.6	1	1.5	2.5	4	6	9	13	21	33	52	84	130	0.21	0.33	0.52	0.84	1.30	2.1	3.3
30	50	0.6	1	1.5	2.5	4	7	11	16	25	39	62	100	160	0.25	0.39	0.62	1.00	1.60	2.5	3.9
50	80	0.8	1.2	2	3	5	8	13	19	30	46	74	120	190	0.3	0.46	0.74	1.20	1.90	3.0	4.6
80	120	1	1.5	2.5	4	6	10	15	22	35	54	87	140	220	0.35	0.54	0.87	1.40	2.20	3.5	5.4
120	180	1.2	2	3.5	5	8	12	18	25	40	63	100	160	250	0.4	0.63	1.00	1.60	2.50	4.0	6.3
180	250	2	3	4.5	7	10	14	20	29	46	72	115	185	290	0.46	0.72	1.15	1.85	2.90	4.6	7.2
250	315	2.5	4	6	8	12	16	23	32	52	81	130	210	320	0.52	0.81	1.30	2.10	3.20	5.2	8.1
315	400	3	5	7	9	13	18	25	36	57	89	140	230	360	0.57	0.89	1.40	2.30	3.60	5.7	8.9
400	500	4	6	8	10	15	20	27	40	63	97	155	250	400	0.63	0.97	1.55	2.50	4.00	6.3	9.7

注：公称尺寸小于或等于 1 mm 时，无 IT14～IT18。

由表 2-2 可知，标准公差的数值与标准公差等级和公称尺寸分段有关。在公称尺寸相同的条件下，标准公差数值随公差等级的降低而依次增大，在公差等级相同的条件下，标准公差数值随公称尺寸的增加而依次增大。

同一公差等级（例如 IT6）对所有公称尺寸的一组公差被认为具有同等精确程度。

2. 基本偏差系列

国家标准规定的用以确定公差带相对于零线位置的上极限偏差或下极限偏差，一般指靠近零线的那一个极限偏差。规定基本偏差的目的在于实现公差带位置的标准化。

国家标准（GB/T 1800.1—2020）对轴和孔各规定了 28 个公差带位置，分别由 28 个基本偏差来确定。基本偏差代号用拉丁字母表示。小写代表轴，大写代表孔。在 26 个拉丁字母中去掉 5 个容易混淆的字母 I(i)、L(l)、O(o)、Q(q)、W(w)，再增加 7 个双写字母 CD(cd)、EF(ef)、FG(fg)、JS(js)、ZA(za)、ZB(zb)、ZC(zc)，作为 28 种基本偏差代号，如图 2-11 所示。

图 2-11 中画的是“开口”公差带，这是因为基本偏差只表示公差带的位置，而不表示公差带的大小。图中只画出公差带基本偏差的偏差线，另一极限偏差线则由公差等级决定。

试分析图 2-11 中孔、轴基本偏差的变化规律以及 A(a)～H(h)、J(j)、JS(js)、K(k)、M(m)、N(n)、P(p)～ZC(zc)各段基本偏差的变化规律。

轴的基本偏差数值见表 2-3，孔的基本偏差数值见表 2-4。

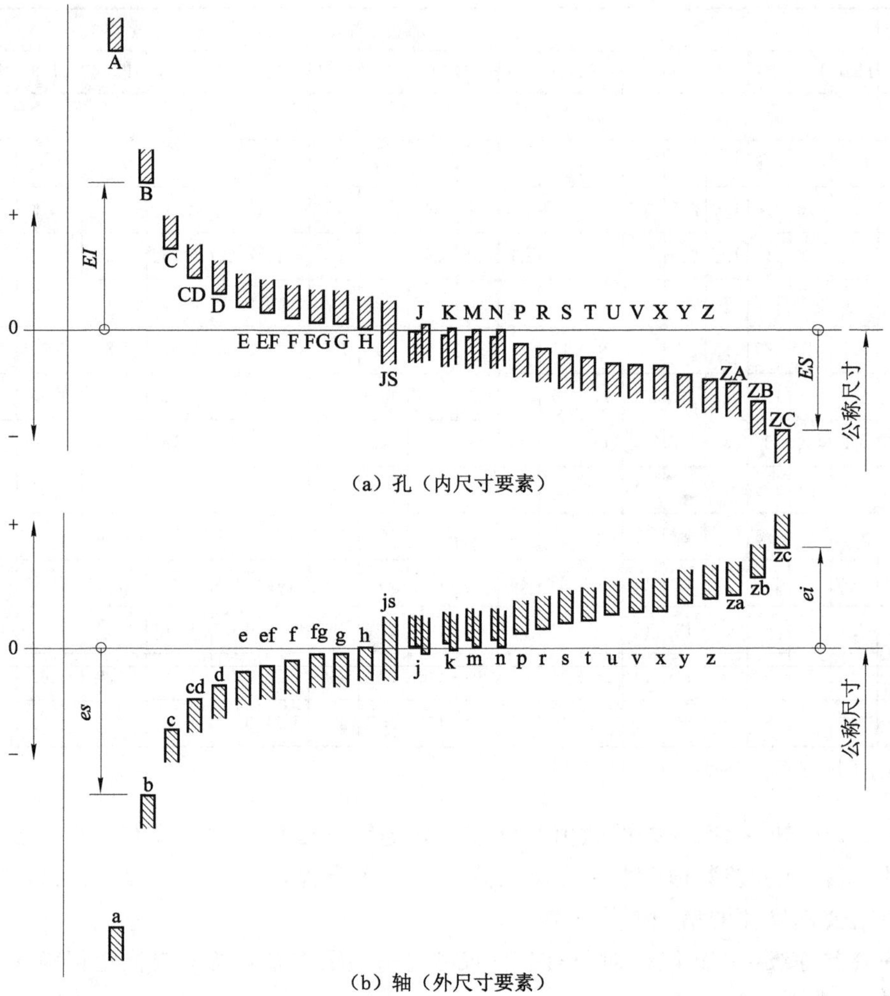

图 2-11　公差带(基本偏差)相对于公称尺寸位置的示意说明

表 2-3　公称尺寸≤500 mm 轴的基本偏差数值(GB/T 1800.1—2020)

基本偏差		上极限偏差 $es/\mu m$												下极限偏差 $ei/\mu m$				
		a	b	c	cd	d	e	ef	f	fg	g	h	js	j			k	
公称尺寸/mm		基本偏差数值																
大于	至	所有公差等级												5、6	7	8	4～7	≤3 >7
—	3	−270	−140	−60	−34	−20	−14	−10	−6	−4	−2	0	偏差=$\pm\frac{IT_n}{2}$	−2	−4	−6	0	0
3	6	−270	−140	−70	−46	−30	−20	−14	−10	−6	−4	0		−2	−4	—	+1	0
6	10	−280	−150	−80	−56	−40	−25	−18	−13	−8	−5	0		−2	−5	—	+1	0
10	14	−290	−150	−95	−70	−50	−32	−23	−16	−10	−6	0		−3	−6	—	+1	0
14	18																	

表 2-3(续)

基本偏差		上极限偏差 $es/\mu m$												下极限偏差 $ei/\mu m$				
		a	b	c	cd	d	e	ef	f	fg	g	h	js	j			k	
公称尺寸/mm		基本偏差数值																
大于	至	所有公差等级												5、6	7	8	4～7	≤3 >7
18	24	−300	−160	−110	−85	−65	−40	−28	−20	−12	−7	0		−4	−8	—	+2	0
24	30																	
30	40	−310	−170	−120	−100	−80	−50	−35	−25	−15	−9	0		−5	−10	—	+2	0
40	50	−320	−180	−130														
50	65	−340	−190	−140	—	−100	−60	—	−30	—	−10	0		−7	−12	—	+2	0
65	80	−360	−200	−150														
80	100	−380	−220	−170	—	−120	−72	—	−36	—	−12	0		−9	−15	—	+3	0
100	120	−410	−240	−180														
120	140	−460	−260	−200	—	−145	−85	—	−43	—	−14	0		−11	−18	—	+3	0
140	160	−520	−280	−210									偏差＝$\pm\frac{IT_n}{2}$					
160	180	−580	−310	−230														
180	200	−660	−340	−240	—	−170	−100	—	−50	—	−15	0		−13	−21	—	+4	0
200	225	−740	−380	−260														
225	250	−820	−420	−280														
250	280	−920	−480	−300	—	−190	−110	—	−56	—	−17	0		−16	−26	—	+4	0
280	315	−1 050	−540	−330														
315	355	−1 200	−600	−360	—	−210	−125	—	−62	—	−18	0		−18	−28	—	+4	0
355	400	−1 350	−680	−400														
400	450	−1 500	−760	−440	—	−230	−135	—	−68	—	−20	0		−20	−32	—	+5	0
450	500	−1 650	−840	−480														

基本偏差		下极限偏差 $ei/\mu m$													
		m	n	p	r	s	t	u	v	x	y	z	za	zb	zc
公称尺寸/mm		基本偏差数值													
大于	至	所有公差等级													
—	3	+2	+4	+6	+10	+14	—	+18	—	+20	—	+26	+32	+40	+60
3	6	+4	+8	+12	+15	+19	—	+23	—	+28	—	+35	+42	+50	+80
6	10	+6	+10	+15	+19	+23	—	+28	—	+34	—	+42	+52	+67	+97
10	14	+7	+12	+18	+23	+28	—	+33	—	+40	—	+50	+64	+90	+130
14	18								+39	+45	—	+60	+77	+108	+150
18	24	+8	+15	+22	+28	+35	—	+41	+47	+54	+63	+73	+98	+136	+188
24	30						+41	+48	+55	+64	+75	+88	+118	+160	+218

表 2-3(续)

基本偏差		下极限偏差 ei/μm													
		m	n	p	r	s	t	u	v	x	y	z	za	zb	zc
公称尺寸/mm		基本偏差数值													
大于	至	所有公差等级													
30	40	+9	+17	+26	+34	+43	+48	+60	+68	+80	+94	+112	+148	+200	+274
40	50						+54	+70	+81	+97	+114	+136	+180	+242	+325
50	65	+11	+20	+32	+41	+53	+66	+87	+102	+122	+144	+172	+226	+300	+405
65	80				+43	+59	+75	+102	+120	+146	+174	+210	+274	+360	+480
80	100	+13	+23	+37	+51	+71	+91	+124	+146	+178	+214	+258	+335	+445	+585
100	120				+54	+79	+104	+144	+172	+210	+254	+310	+400	+525	+690
120	140	+15	+27	+43	+63	+92	+122	+170	+202	+248	+300	+365	+470	+620	+800
140	160				+65	+100	+134	+190	+228	+280	+340	+415	+535	+700	+900
160	180				+68	+108	+146	+210	+252	+310	+380	+465	+600	+780	+1 000
180	200	+17	+31	+50	+77	+122	+166	+236	+284	+350	+425	+520	+670	+880	+1 150
200	225				+80	+130	+180	+258	+310	+385	+470	+575	+740	+960	+1 250
225	250				+84	+140	+196	+284	+340	+425	+520	+640	+820	+1 050	+1 350
250	280	+20	+34	+56	+94	+158	+218	+315	+385	+475	+580	+710	+920	+1 200	+1 550
280	315				+98	+170	+240	+350	+425	+525	+650	+790	+1 000	+1 300	+1 700
315	355	+21	+37	+62	+108	+190	+268	+390	+475	+590	+730	+900	+1 150	+1 500	+1 900
355	400				+114	+208	+294	+435	+530	+660	+820	+1 000	+1 300	+1 650	+2 100
400	450	+23	+40	+68	+126	+232	+330	+490	+595	+740	+920	+1 100	+1 450	+1 850	+2 400
450	500				+132	+252	+360	+540	+660	+820	+1 000	+1 250	+1 600	+2 100	+2 600

注:公称尺寸小于或等于 1 mm 时,基本偏差 a 和 b 均不采用。

(1) 另一个极限偏差数值(上或下极限偏差)的求解

例如:ϕ30k6,该轴的基本偏差数值由表 2-3 查得 $ei=+0.002$ mm,且由表 2-2 查得该轴的尺寸公差值为 $T_d=0.013$ mm,则另一个极限偏差:$es=ei+T_d=+0.015$ mm。

(2) 同名配合

例如,ϕ50H7/p6 与 ϕ50P7/h6 为两组基准制不同的配合(前者为基孔制,后者为基轴制),其配合件的基本偏差字母相同,同是 P(p),故它们为同名配合。同名配合的配合性质相同。因此 ϕ50H7/p6 与 ϕ50P7/h6 的配合性质相同,它们的极限过盈相等。

【例 2-1】 查表求 ϕ50P7/h6 的基本偏差数值。验证同名配合 ϕ50H7/p6 和 ϕ50P7/h6 的配合性质相同。

解 查表 2-2 可得:公称尺寸 ϕ50,IT6=0.016 mm,IT7=0.025 mm。

查表 2-3、表 2-4 轴和孔的基本偏差数值可得:

ϕ50P8 的基本偏差代号为 P,公差等级>7(即低于 7 级),基本偏差 $ES'=-0.026$ mm;

ϕ50P7 的基本偏差 $ES_2=ES'+\Delta=ES'+0.009$ mm,所以 $ES_2=-0.026+0.009=-0.017$ mm,$EI_2=-0.042$ mm。

表 2-4　公称尺寸 500 mm 孔的基本偏差数值(GB/T 1800.1—2020)

基本偏差		下极限偏差 $EI/\mu m$												上极限偏差 $ES/\mu m$								
		A	B	C	CD	D	E	EF	F	FG	G	H	JS	J			K		M		N	
公称尺寸/mm		基本偏差数值																				
大于	至	所有公差等级												6	7	8	≤8	>8	≤8	>8	≤8	>8
—	3	+270	+140	+60	+34	+20	+14	+10	+6	+4	+2	0	偏差等于 $\pm\frac{IT}{2}$	+2	+4	+6	0	0	−2	−2	−4	−4
3	6	+270	+140	+70	+46	+30	+20	+14	+10	+6	+4	0		+5	+6	+10	−1+Δ	—	−4+Δ	−4	−8+Δ	0
6	10	+280	+150	+80	+56	+40	+25	+18	+13	+8	+5	0		+5	+8	+12	−1+Δ	—	−6+Δ	−6	−10+Δ	0
10	14	+290	+150	+95	+70	+50	+32	+23	+16	+10	+6	0		+6	+6	+15	−1+Δ	—	−7+Δ	−7	−12+Δ	0
14	18																					
18	24	+300	+160	+110	+85	+65	+40	+28	+20	+12	+7	0		+8	+10	+20	−2+Δ	—	−8+Δ	−8	−15+Δ	0
24	30																					
30	40	+310	+170	+120	+100	+80	+50	+35	+25	+15	+9	0		+10	+12	+24	−2+Δ	—	−9+Δ	−9	−20+Δ	0
40	50	+320	+180	+130																		
50	65	+340	+190	+140	—	+100	+60	—	+30	—	+10	0		+13	+14	+28	−2+Δ	—	−11+Δ	−11	−20+Δ	0
65	80	+360	+200	+150																		
80	100	+380	+220	+170	—	+120	+72	—	+36	—	+12	0		+16	+18	+34	−3+Δ	—	−13+Δ	−13	−23+Δ	0
100	120	+410	+240	+180																		
120	140	+460	+260	+200	—	+145	+85	—	+43	—	+14	0		+18	+22	+41	−3+Δ	—	−15+Δ	−15	−27+Δ	0
140	160	+520	+280	+210																		
160	180	+580	+310	+230																		
180	200	+660	+340	+240	—	+170	+100	—	+50	—	+15	0		+22	+26	+47	−4+Δ	—	−17+Δ	−17	−31+Δ	0
200	225	+740	+380	+260																		
225	250	+820	+420	+280																		
250	280	+920	+480	+300	—	+190	+110	—	+56	—	+17	0		+25	+30	+55	−4+Δ	—	−20+Δ	−20	−34+Δ	0
280	315	+1 060	+540	+300																		
315	355	+1 200	+600	+360	—	210	+125	—	+62	—	+18	0		+29	+36	+60	−4+Δ	—	−21+Δ	−21	−37+Δ	0
355	400	+1 350	+380	+400																		
400	450	+1 500	+760	+440	—	+230	+135	—	+68	—	+20	0		+33	+43	+66	−5+Δ	—	−23+Δ	−23	−40+Δ	0
450	500	+1 650	+840	+480																		

表 2-4(续)

基本偏差		上极限偏差 $ES/\mu m$													Δ					
		P 到 ZC	P	R	S	T	U	V	X	Y	Z	ZA	ZB	ZC						
公称尺寸/mm		基本偏差数值																		
大于	至	≤7 级	>7 级												3	4	5	6	7	8
—	3		−6	−10	−14	—	−18	—	−20	—	−26	−32	−40	−60	0					
3	6	在大于7级的相应数值上增加一个Δ值	−12	−15	−19	—	−23	—	−28	—	−35	−42	−50	−80	1	1.5	1	3	4	6
6	10		−15	−19	−23	—	−28	—	−34	—	−42	−52	−67	−97	1	1.5	2	3	6	7
10	14		−18	−23	−28	—	−33	—	−40	—	−50	−64	−90	−130	1	2	3	3	7	9
14	18							−39	−45	—	−60	−77	−108	−150						
18	24		−22	−28	−25	—	−41	−47	−54	−63	−73	−98	−136	−188	1.5	2	3	4	8	12
24	30					−41	−48	−55	−64	−75	−88	−118	−160	−218						
30	40		−26	−34	−43	−48	−60	−68	−80	−94	−112	−148	−200	−274	1.5	3	4	5	9	14
40	50					−54	−70	−81	−97	−114	−136	−180	−242	−325						
50	65		−32	−41	−53	−66	−87	−102	−122	−114	−172	−226	−300	−405	2	3	5	6	11	15
65	80			−43	−59	−75	−102	−120	−146	−174	−210	−274	−360	−480						
80	100		−37	−51	−71	−91	−124	−146	−178	−214	−258	−335	−445	−585	2	4	5	7	13	19
100	120			−54	−79	−104	−144	−172	−210	−254	−310	−400	−525	690						
120	140		−43	−63	−92	−122	−170	−202	−248	−300	−365	470	−620	−800	3	5	6	7	15	23
140	160			−65	−100	−134	−190	−228	−280	−340	−415	−535	700	−900						
160	180			−68	−108	−146	−210	−252	−310	−380	−465	−600	−780	−1 000						
180	200		−50	−77	−122	−166	−236	−284	−350	−425	−520	−670	−880	−1 150	3	4	6	9	17	26
200	225			−80	−130	−180	−258	−310	−385	−470	−575	−740	−960	−1 250						
225	250			−84	−140	−196	−284	−340	−425	−520	−640	−820	−1 050	−1 350						
250	280		−56	−94	−158	−218	−315	−385	−475	−580	−710	−920	−1 200	−1 550	4	4	7	9	20	29
280	315			−98	−170	−240	−350	−425	−525	−650	−790	−1 000	−1 300	−1 700						
315	355		−62	−108	−1990	−268	−390	−475	−590	−730	−900	−1 150	−1 500	−1 900	4	5	7	11	21	23
355	400			−114	−208	−294	−435	−530	−660	−820	−1 000	−1 300	−1 650	−2 100						
400	450		−68	−126	−232	−330	−490	−595	−740	−90	−110	−1 450	−1 850	−2 400	5	5	7	13	23	34
450	500			−132	−252	−360	−540	−660	−820	−1 000	−1 250	−1 600	−2 100	−2 600						

ϕ50p6 的基本偏差　$ei_1=+0.026$ mm，$es_1=ei_1+\mathrm{IT6}=+0.042$ mm。

ϕ50H7 的基本偏差　$EI_1=0$，$ES_1=EI_1+\mathrm{IT7}=+0.025$ mm。

ϕ50h6 的基本偏差　$es_2=0$，$ei_2=es_2-\mathrm{IT6}=-0.016$ mm。

ϕ50H7/p6 的最小过盈　$Y_{\min}=ES_1-ei_1=-0.001$ mm；

最大过盈　$Y_{\max}=EI_1-es_1=-0.042$ mm。

ϕ50P7/h6 的最小过盈　$Y_{\min}=ES_2-ei_2=-0.001$ mm；

最大过盈　$Y_{\max}=EI_2-es_2=-0.042$ mm。

验证：同名配合，它们的极限过盈相等，因此配合性质相同。

3. 公差带系列

(1) 公差带代号

公差带代号由基本偏差代号和公差等级数字表示(图 2-12)。例如：H8、F7、J7、P7、U7 等为孔的公差带代号；h7、g6、r6、p6、s7 等为轴的公差带代号。

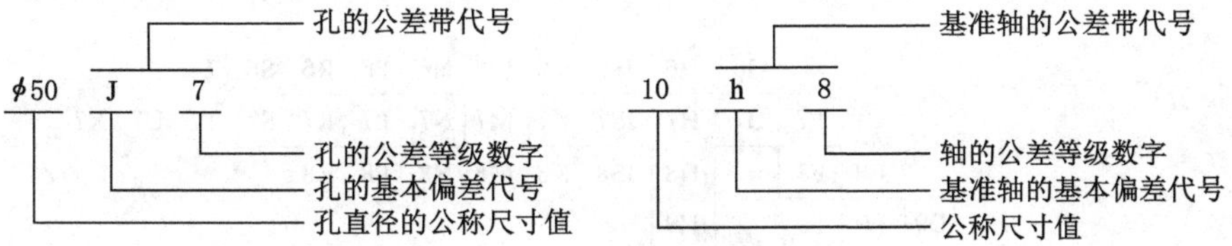

图 2-12　公差带代号示意

例如：ϕ50J7 可解释为：公称尺寸为 ϕ50 mm、基本偏差代号为 J、公差等级为 7 级的孔公差带。

(2) 尺寸公差带代号在零件图中的标注

标注公称尺寸、公差带代号和极限偏差值如 $\phi 65^{+0.021}_{+0.002}$、$\phi$65k6、$\phi$65k6$\left(^{+0.021}_{+0.002}\right)$或 $\phi 65^{+0.021}_{+0.002}$(k6)，形式见图 2-13。

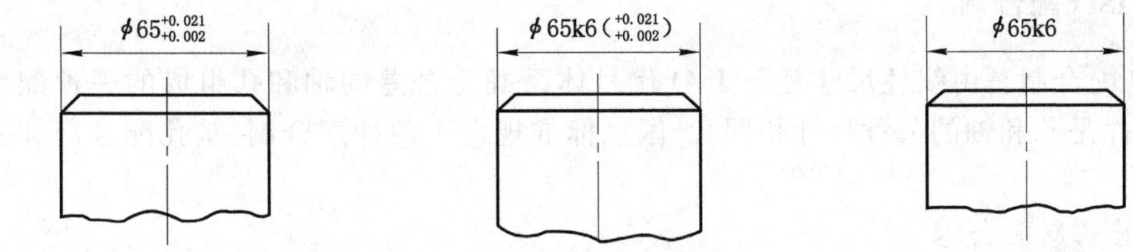

(a) 单件或小批量(广泛采用)　(b) 中、小批量生产　(c) 大批量生产

图 2-13　标注公差尺寸的标准形式

(3) 国家标准推荐选用的尺寸公差带

根据国家标准规定的 20 个等级的标准公差和 28 种基本偏差代号，从理论上讲，轴、孔可分别组成 560 种公差带。为了减少定值刀具、量具和工艺装备的数量和规格，国家标准对公差带种数加以限制，推荐了孔、轴的一般、常用和优先选用的公差带。

① 轴公差带

国家标准推荐的常用和优先选用的轴公差带共有 50 种，如图 2-14 所示。其中，方框内的为优先选用的公差带，有 17 种。

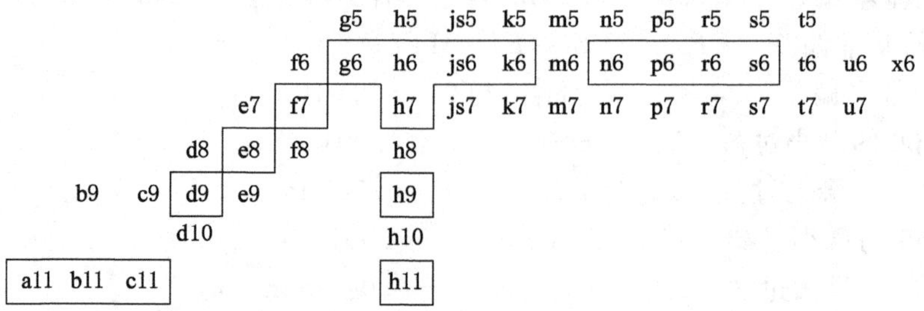

图 2-14　公称尺寸≤500 mm 的常用和优先轴公差带(GB/T 1800.1—2020)

② 孔公差带

国家标准推荐的常用和优先选用的孔公差带共 45 种,如图 2-15 所示。其中,方框内的为优先选用的公差带,有 17 种。

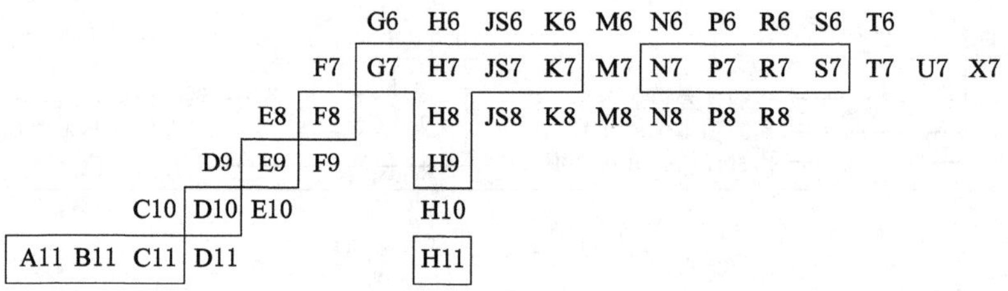

图 2-15　公称尺寸≤500 mm 的常用和优先孔公差带(GB/T 1800.1—2020)

选用公差带时,应按优先、常用公差带的顺序选取。若没有满足要求的公差带,则按 GB/T 1800.1—2020 中规定的标准公差和基本偏差组成的公差带选取。

2.2.2　ISO 配合制

ISO 配合制是由线性尺寸公差 ISO 代号体系确定公差的轴和孔组成的一种配合制度(前提条件是孔和轴的公称尺寸相同)。国家标准规定了两种配合制:基孔配合制和基轴配合制。

1. 基孔制配合

基孔制配合是指孔的基本偏差为零的配合,即下极限偏差等于零的孔公差带与不同轴公差带形成的各种配合。在基孔制配合中,孔为基准孔,其基本偏差代号为 H,如图 2-16(a)所示。

2. 基轴制配合

基轴制配合是指轴的基本偏差为零的配合,即上极限偏差等于零的轴公差带与不同的孔公差带形成的各种配合。在基轴制配合中,轴为基准轴,其基本偏差代号为 h,如图 2-16(b)所示。

3. 配合系列

(1) 配合代号

国家标准规定,用孔和轴的公差带代号以分数形式组成配合代号。其中,分子为孔的

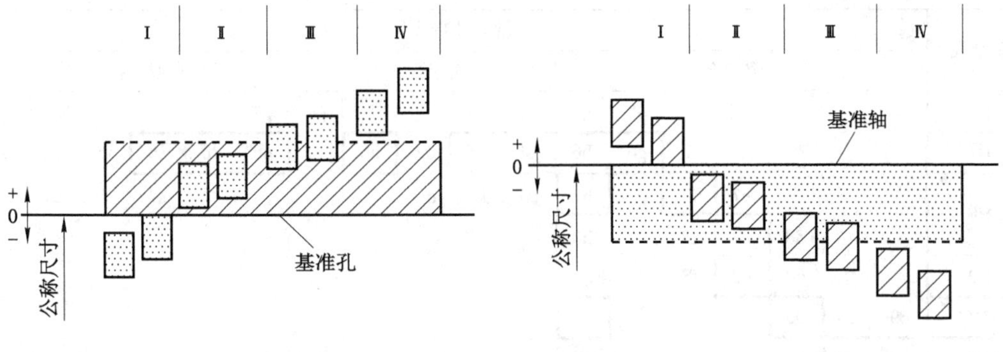

(a) 基孔制配合　　(b) 基轴制配合

图 2-16　基孔制配合和基轴制配合

公差带代号，分母为轴的公差带代号，如：ϕ30H7/g6 或 $\phi 30\,\dfrac{H7}{g6}$。

$\phi 30\,\dfrac{H7}{g6}$ 可解释为公称尺寸为 ϕ30mm，基孔制，由孔公差带 H7 与轴公差带 g6 组成的间隙配合。

(2) 配合代号在装配图上的标注

具体标注形式见图 2-17，图 2-17(b)形式的标注应用最广泛。

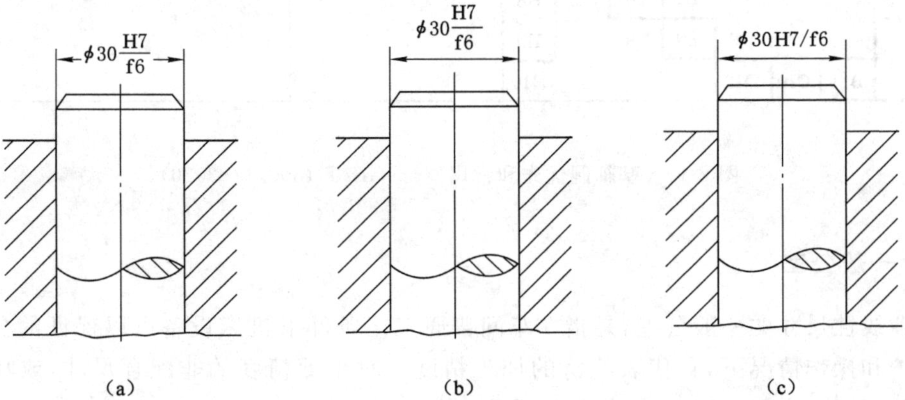

(a)　　(b)　　(c)

图 2-17　配合的标注形式

(3) 国家标准推荐选用的配合

基孔制优先和常用配合如图 2-18 所示。基轴制优先和常用配合如图 2-19 所示。

在通常的工程中，只需要许多可能配合中的少数配合，图 2-18、图 2-19 中的配合可满足普通工程机构需要。基于经济因素，如有可能，配合应优先选择方框中所示公差带代号。

基准孔	轴公差带代号																	
	间隙配合							过渡配合				过盈配合						
H6						g5	h5	js5	k5	m5		n5	p5					
H7					f6	g6	h6	js6	k6	m6	n6		p6	r6	s6	t6	u6	x6
H8				e7	f7		h7	js7	k7	m7					s7		u7	
			d8	e8	f8		h8											
H9			d8	e8	f8		h8											
H10	b9	c9	d9	e9			h9											
H11	b11	c11	d10				h10											

图 2-18 基孔制优先和常用配合(GB/T 1800.1—2020)

基准孔	轴公差带代号																	
	间隙配合							过渡配合				过盈配合						
h5						G6	H6	JS6	K6	M6		N6	P6					
h6					F7	G7	H7	JS7	K7	M7	N7		P7	R7	S7	T7	U7	X7
h7				E8	F8		H8											
h8			D9	E9	F9		H9											
				E8	F8		H8											
h9			D9	E9	F9		H9											
	B11	C10	D10				H10											

图 2-19 基轴制优先和常用配合(GB/T 1800.1—2020)

2.2.3 一般公差

所谓线性尺寸的一般公差，是指在车间普通工艺条件下机床设备可以保证的公差。在正常维护和操作情况下，它代表经济的加工精度。对于低精度的非配合尺寸，或功能上允许的公差等于或大于一般公差时，均可采用一般公差。

采用一般公差的尺寸在正常车间精度保证的条件下，零件加工后一般可不检验。若对其合格性发生争议，可根据线性尺寸的极限偏差数值作为评判依据。只有当零件的功能受到损害时，超出一般公差的工件才能被拒收。

《一般公差 未注公差的线性和角度尺寸的公差》(GB/T 1804—2000)规定了未注出公差的线性和角度尺寸的一般公差的公差等级和极限偏差数值。采用一般公差的尺寸，在该尺寸后不需注出其极限偏差数值。

1. 一般公差的公差等级和极限偏差数值

一般公差分精密级(f)、中等级(m)、粗糙级(c)、最粗级(v)共 4 个公差等级。圆角半径和倒角高度尺寸的一般公差的极限偏差值见表 2-5，线性尺寸的一般公差的极限偏差值见表 2-6。

表 2-5　圆角半径和倒角高度尺寸的极限偏差值(GB/T 1804—2000)

<table>
<tr><th rowspan="2">公差等级</th><th colspan="4">公称尺寸分段/mm</th></tr>
<tr><th>0.5～3</th><th>>3～6</th><th>>6～30</th><th>>30</th></tr>
<tr><td>精密级(f)</td><td rowspan="2">±0.2</td><td rowspan="2">±0.5</td><td rowspan="2">±1</td><td rowspan="2">±2</td></tr>
<tr><td>中等级(m)</td></tr>
<tr><td>粗糙级(c)</td><td rowspan="2">±0.4</td><td rowspan="2">±1</td><td rowspan="2">±2</td><td rowspan="2">±4</td></tr>
<tr><td>最粗级(v)</td></tr>
</table>

表 2-6　线性尺寸的极限偏差值(GB/T 1804—2000)

公差等级	公称尺寸分段/mm							
	0.5～3	>3～6	>6～30	>30～120	>120～400	>400～1 000	>1 000～2 000	>2 000～4 000
精密级(f)	±0.05	±0.05	±0.1	±0.15	±0.2	±0.3	±0.5	—
中等级(m)	±0.1	±0.1	±0.2	±0.3	±0.5	±0.8	±1.2	±2
粗糙级(c)	±0.2	±0.3	±0.5	±0.8	±1.2	±2	±3	±4
最粗级(v)	—	±0.5	±1	±1.5	±2.5	±4	±6	±8

2. 一般公差的图样表示法

若采用标准 GB/T 1804—2000 规定的一般公差，应在图样标题栏附近或技术要求、技术文件(如企业标准)中注出该标准号及公差等级代号。例如选取中等级时，标注为：GB/T 1804-m。

2.3　零件的尺寸精度及配合的设计

尺寸精度及配合设计主要包括三方面的内容：一是基准配合制的选用；二是尺寸公差等级的选用；三是配合的选用。

2.3.1　基准配合制的选用

基准配合制有基孔制和基轴制两种，基准配合制的选择主要应从结构、工艺及经济性等方面综合考虑。

1. 优先选用基孔制

采用基孔制时，所需的定尺寸刀具、量具的品种和规格要远远少于基轴制。这不仅有利于定尺寸刀具、量具的标准化、系列化，还能促进其生产和储备，从而降低生产成本，获得较好的经济效益。

2. 选择基轴制的情况

(1) 冷拉钢制圆柱型材作为基准轴

冷拉钢制圆柱型材规格已经标准化，尺寸公差达到 IT7～IT11 级。若用其做轴，已经达到农机、纺机、仪器中某些轴的使用精度要求，且轴可以不加工或极少加工。这种情况下采用基轴制，在技术上合理，经济上合算。

(2) 标准件或标准部件(如键、销、滚动轴承等)作为基准轴

例如，滚动轴承外圈与座孔配合采用基轴制配合时，滚动轴承外圈为基准轴；而滚轴轴承内圈与轴配合采用基孔制配合时，滚动轴承内圈为基准孔。

(3) “一轴多孔”且各处配合松紧程度不同时应选用基轴制配合

图 2-20(a)所示为活塞销 1 与连杆 3 及活塞 2 的配合。根据要求，活塞销与活塞应为过渡配合，而活塞销与连杆之间有相对运动，应为间隙配合。如果三段配合均选基孔制配合，则应为 $\phi30H6/m5$、$\phi30H6/h5$ 和 $\phi30H6/m5$，此时必须将轴做成阶梯轴才能满足各部分配合要求，如图 2-20(b)所示。这样做既不便于加工，又不利于装配。如果改用基轴制配合，则三段的配合可改为 $\phi30M6/h5$、$\phi30H6/h5$ 和 $\phi30M6/h5$，将活塞销做成光轴，如图 2-20(c)所示，既方便加工又利于装配。

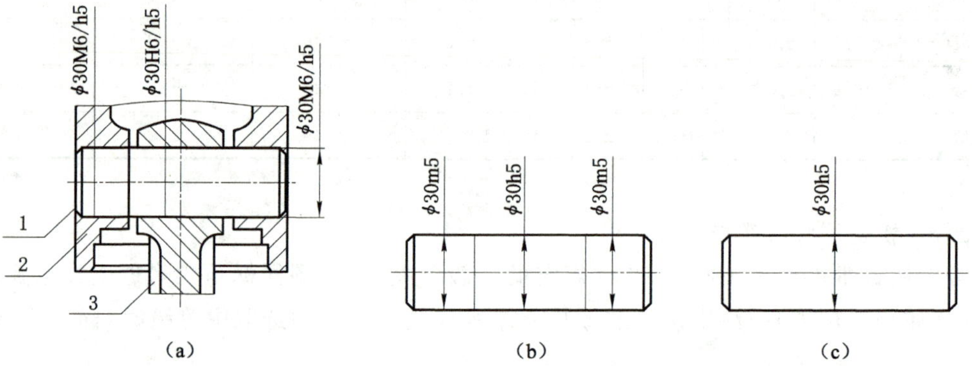

1—活塞销；2—活塞；3—连杆。

图 2-20 活塞部件装配

3. 非基准制配合

为了满足配合的特殊需要，允许采用非基准制配合，即采用任一孔、轴公差带(基本偏差代号非 H 的孔或非 h 的轴)组成的配合。图 2-21 所示的隔套与轴、孔即采用了这种非基准制配合 $\phi60D10/js6$ 和 $\phi95K7/d11$。

2.3.2 尺寸公差等级的选用

1. 公差等级选用的原则

在充分满足使用性能的前提下，考虑工艺的可能性和加工的难易程度，尽量选用精度较低的公差等级。

所谓“较低的公差等级”，是指假如 IT7 级或精度高于 IT7 级的公差等级均能满足使用性能要求，那么，选择 IT7 级为宜。它既可保证使用性能，又可获得最佳的经济效益。

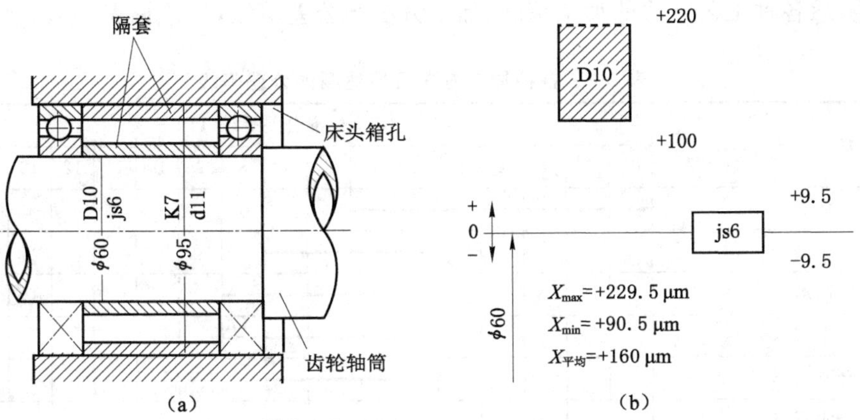

图 2-21　隔套与孔、轴的配合

2. 公差等级的选择方法

(1) 类比法。即经验法，指参考经过实践证明合理的类似产品的公差等级，将所设计的机械(机构、产品)的使用性能、工作条件、加工工艺装备等情况与之进行比较，从而确定合理的公差等级。对初学者来说，多采用类比法。此法主要通过查阅有关的参考资料、手册，进行分析比较后确定等级。类比法多用于一般要求的配合。

(2) 计算法。计算法是指根据一定的理论和公式计算后，再根据国家标准确定合理的公差等级。即根据工作条件和使用性能要求确定配合部位的间隙或过盈允许的界限，然后通过计算确定相配合的孔、轴的公差等级。计算法多用于重要的配合。

3. 采用类比法确定公差等级应考虑的问题

(1) 熟悉各公差等级的应用范围，具体见表 2-7。

表 2-7　公差等级的应用范围

应用			标准公差等级(IT)																			
			01	0	1	2	3	4	5	6	7	8	9	10	11	12	13	14	15	16	17	18
量块			—	—	—																	
量规	高精度				—	—	—	—														
量规	低精度								—	—	—											
孔与轴配合	特别精密	轴				—	—	—														
孔与轴配合	特别精密	孔					—	—	—													
孔与轴配合	精密配合	轴							—	—	—											
孔与轴配合	精密配合	孔								—	—	—										
孔与轴配合	中等精度	轴										—	—	—								
孔与轴配合	中等精度	孔											—	—								
孔与轴配合	低精度														—	—	—					
非配合尺寸																—	—	—	—	—	—	—
原材料公差												—	—	—	—	—	—					

（2）熟悉各种工艺方法的加工精度、加工方法与公差等级，具体见表 2-8。

表 2-8　各种加工方法可能达到的公差等级

加工方法	标准公差等级（IT）																	
	01	0	1	2	3	4	5	6	7	8	9	10	11	12	13	14	15	16
研磨	—	—	—	—	—	—	—											
珩磨						—	—	—	—									
圆磨							—	—	—	—								
平磨							—	—	—	—								
金刚石车							—	—	—									
金刚石镗							—	—	—									
拉削							—	—	—	—								
铰孔								—	—	—	—	—	—					
车									—	—	—	—	—					
镗									—	—	—	—	—					
铣										—	—	—	—					
刨、插												—	—					
钻孔												—	—	—	—			
滚压、挤压												—	—					
冲压												—	—	—	—	—		
压铸													—	—	—	—		
粉末冶金成型								—	—	—								
粉末冶金烧结									—	—	—	—						
砂型铸造、气割																		—
锻造																	—	

（3）熟悉各公差等级的使用范围，具体可参考表 2-9。

表 2-9　各公差等级的使用范围

公差等级	应用条件说明	应用举例
IT01	用于特别精密的尺寸传递基准	特别精密的标准量块
IT0	用于特别精密的尺寸传递基准及宇航中特别重要的极个别精密配合尺寸	特别精密的标准量块；个别特别重要的精密机械零件尺寸；校对检验 IT6 级轴用量规的校对量规
IT1	用于精密的尺寸传递基准、高精密测量工具、特别重要的极个别精密配合尺寸	高精密标准量规；校对检验 IT7 至 IT9 级轴用量规的校对量规；个别特别重要的精密机械零件尺寸
IT2	用于高精密的测量工具、特别重要的精密配合尺寸	检验 IT6 至 IT7 级工件用量规的尺寸制造公差，校对检验 IT8 至 IT11 级轴用量规的校对量规；个别特别重要的精密机械零件的尺寸

表 2-9(续)

公差等级	应用条件说明	应用举例
IT3	用于精密测量工具、小尺寸零件的高精度的精密配合及与 4 级滚动轴承配合的轴径和外壳孔径	检验 IT8 至 IT11 级工件用量规和校对检验 IT9 至 IT13 级轴用量规的校对量规；与特别精密的 4 级滚动轴承内环孔(直径至 100 mm)相配合的机床主轴、精密机械和高速机械的轴径；与 4 级向心球轴承外环外径相配合的外壳孔径；航空工业及航海工业中导航仪器上特别精密的个别小尺寸零件的精密配合
IT4	用于精密测量工具、高精度的精密配合及与 4 级、5 级滚动轴承配合的轴径和外壳孔径	检验 IT9 至 IT12 级工件用量规和校对 IT12 至 IT14 级轴用量规的校对量规；与 4 级轴承孔(孔径大于 100 mm 时)及与 5 级轴承孔相配合的机床主轴，精密机械及高速机械的轴径；与 4 级轴承相配的机床外壳孔；柴油机活塞销及活塞销座孔径；高精度(1 级至 4 级)齿轮的基准孔或轴径；航空及航海工业用仪器中特殊精密的孔径
IT5	用于机床、发动机和仪表中特别重要的配合，在配合公差要求很小、形状精度要求很高的条件下，这类公差等级能使配合性质比较稳定，它对加工要求较高，一般机械制造中较少应用	检验 IT11 至 IT14 级工件用量规和校对 1T14 至 1T15 级轴用量规的校对量规；与 5 级滚动轴承相配合的机床箱体孔；与 6 级滚动轴承孔相配合的机床主轴，精密机械及高速机械的轴径；机床尾架套筒，高精度分度盘轴径；分度头主轴、精密丝杆基准轴径；高精度镗套的外径等；发动机中主轴的外径，活塞销外径与活塞的配合；精密仪器中轴与各种传动件轴承的配合；航空、航海工业中，仪表中重要的精密孔的配合；5 级精度齿轮的基准孔及 5 级、6 级精度齿轮的基准轴
IT6	广泛用于机械制造中的重要配合，配合表面有较高均匀性的要求，能保证相当高的配合性质，使用可靠	检验 IT12 至 IT15 级工件用量规和校对 IT15 至 IT16 级轴用量规的校对量规；与 E 级滚动轴承相配合的外壳孔及与滚子轴承相配合的机床主轴轴径；机床制造中，装配式青铜蜗轮、轮壳外径安装齿轮、蜗轮、联轴器、皮带轮、凸轮的轴径；机床丝杆支承轴径、矩形花键的定心直径、摇臂钻床的立柱等。机床夹具的导向件的外径尺寸；精密仪器、光学仪器、计量仪器中的精密轴；航空、航海仪器仪表中的精密轴；无线电工业、自动化仪表、电子仪器，如邮电机械中特别重要的轴；手表中特别重要的轴；导航仪器中主罗经的方位轴、微电机轴、电子计算机外围设备中的重要尺寸；医疗器械中牙科直车头，中心齿轴及 X 线机齿轮箱的精密轴等；缝纫机中重要轴类尺寸；发动机中的汽缸套外径、曲轴主轴径、活塞销、连杆衬套、连杆和轴瓦外径等；6 级精度齿轮的基准孔和 7 级、8 级精度齿轮的基准轴径，以及特别精密(1 级、2 级精度)齿轮的顶圆直径
IT7	应用条件与 IT6 相类似，但它要求的精度可比 IT6 稍低一点，在一般机械制造业中应用相当普遍	检验 IT14 至 IT16 级工件用量规和校对 IT16 级轴用量规的校对量规；机床制造中装配式青铜蜗轮轮缘孔径，联轴器、皮带轮、凸轮等的孔径，机床卡盘座孔、摇臂钻床的摇臂孔、车床丝杆的轴承孔等；机床夹头导向件的内孔(如固定钻套、可换钻套、衬套、镗套等)；发动机中的连杆孔、活塞孔、铰制螺栓定位孔等；纺织机械中的重要零件；印染机械中要求较高的零件；精密仪器、光学仪器中精密配合的内孔；手表中的离合杆压簧等；导航仪器中主罗经壳底座孔、方位支架孔；医疗器械中牙科直车头中心齿轮轴的轴承孔及 X 线机齿轮箱的转盘孔；电子计算机、电子仪器、仪表中的重要内孔；自动化仪表中的重要内孔；缝纫机中的重要轴内孔零件；邮电机械中重要零件的内孔；7 级、8 级精度齿轮的基准孔和 9 级、10 级精度齿轮的基准轴

表 2-9(续)

公差等级	应用条件说明	应用举例
IT8	用于机械制造中属中等精度;在仪器、仪表及钟表制造中,由于基本尺寸较小,所以属较高精度范畴;在配合确定性要求不太高时,是应用较多的一个等级。尤其是在农业机械、纺织机械、印染机械、缝纫机、医疗器械中应用最广	检验 IT16 级工件用量规,轴承座衬套沿宽度方向的尺寸配合;手表中跨齿轴、棘爪拨针轮等与夹板的配合;无线电仪表工业中的一般配合;电子仪器仪表中较重要的内孔;医疗器械中牙科车头钻头套的孔与车针柄部的配合;电机制造中铁芯与机座的配合;发动机活塞油环槽宽、连杆轴瓦内径、低精度(9 级精度)齿轮的基准孔和 10～11 级精度齿轮的基准轴,6 至 8 级精度齿轮的顶圆
IT9	应用条件与 IT8 相类似,但要求精度低于 IT8 时用	机床制造中轴套外径与孔,操纵件与轴、空转皮带轮与轴、操纵系统的轴与轴承等的配合;纺织机械、印刷机械中的一般配合零件;发动机中机油泵体内孔、气门导管内孔、飞轮与飞轮套、圈衬套、混合气预热阀轴、汽缸盖孔径、活塞槽环的配合等;光学仪器、自动化仪表中的一般配合;手表中要求较高零件的未注公差尺寸的配合;单键连接中键宽配合尺寸;打字机中的运动件配合等
IT10	应用条件与 IT9 相类似,但要求精度低于 IT9 时用	电子仪器仪表中支架上的配合;导航仪器中绝缘衬套孔与汇电环衬套轴;打字机中铆合件的配合尺寸,闹钟机构中的中心管与前夹板;轴套与轴;手表中尺寸小于 18 mm 时要求一般的未注公差尺寸及大于 18 mm 要求较高的未注公差尺寸;发动机中油封挡圈孔与曲轴皮带轮毂
IT11	用于配合精度要求较粗糙,装配后可能有较大的间隙。特别适用于要求间隙较大,且有显著变动而不会引起危险的场合	机床上法兰盘止口与孔、滑块与滑移齿轮、凹槽等;农业机械、机车车厢部件及冲压加工的配合零件;钟表制造中不重要的零件,手表制造用的工具及设备中的未注公差尺寸;纺织机械中较粗糙的活动配合;印染机械中要求较低的配合;医疗器械中手术刀片的配合;磨床制造中的螺纹连接及粗糙的动连接;不作测量基准用的齿轮顶圆直径公差
IT12	配合精度要求很粗糙,装配后有很大的间隙,适用于基本上没有什么配合要求的场合;要求较高未注公差尺寸的极限偏差	非配合尺寸及工序间尺寸;发动机分离杆;手表制造中工艺装备的未注公差尺寸;计算机行业切削加工中未注公差尺寸的极限偏差;医疗器械中手术刀柄的配合;机床制造中扳手孔与扳手座的连接
IT13	应用条件与 IT12 相类似	非配合尺寸及工序间尺寸,计算机、打字机中切削加工零件及圆片孔、二孔中心距的未注公差尺寸
IT14	用于非配合尺寸及不包括在尺寸链中的尺寸	在机床、汽车、拖拉机、冶金矿山、石油化工、电机、电器、仪器、仪表、造船、航空、医疗器械、钟表、自行车、缝纫机、造纸与纺织机械等工业中对切削加工零件未注公差尺寸的极限偏差,广泛应用此等级
IT15	用于非配合尺寸及不包括在尺寸链中的尺寸	冲压件、木模铸造零件、重型机床制造,当尺寸大于 3 150 mm 时的未注公差尺寸
IT16	用于非配合尺寸及不包括在尺寸链中的尺寸	打字机中浇铸件尺寸;无线电制造中箱体外形尺寸;手术器械中的一般外形尺寸公差;压弯延伸加工用尺寸;纺织机械中木件尺寸公差;塑料零件尺寸公差;木模制造和自由锻造时用
IT17	用于非配合尺寸及不包括在尺寸链中的尺寸	塑料成型尺寸公差;手术器械中的一般外形尺寸公差
IT18	用于非配合尺寸及不包括在尺寸链中的尺寸	冷作、焊接尺寸用公差

(4) 重点考虑尺寸精度与加工成本的关系

一般而言，在满足产品性能要求的前提下，精度要求低的，工艺经济性好，制造成本低；精度要求高的，工艺经济性差，制造成本高。合理设置产品的精度，可以大大降低产品的成本。一般而言，相邻的两个公差等级，一般可以相差 10%的制造成本，具体见图 2-22，所以，在进行产品精度设定时，要重点考虑尺寸精度与加工成本的关系，尽可能地采用经济精度，以实现低成本生产。

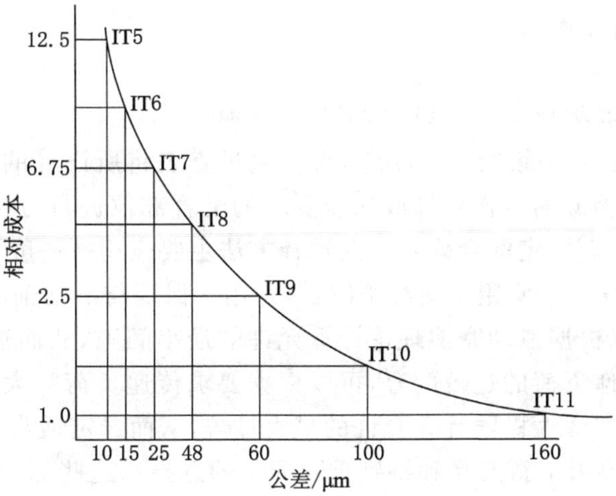

图 2-22　尺寸精度与加工成本之间的关系

(5) 可按工艺等价的原则考虑孔、轴公差的配合

具体考虑如下：

① 常用尺寸段，高精度(≤IT8)时，考虑到孔的加工一般比轴困难，故推荐用孔比轴低一级的配合(如 ϕ100H7/m6)。

② 常用尺寸段，低精度(>IT8)时，孔、轴加工与测量难易程度相当，故推荐孔、轴采用同级配合(如 ϕ100H10/d10)。

③ 大尺寸段，孔的加工比轴难一些，而轴的测量相对比孔难一些，综合考虑，推荐采用同级配合(如 ϕ3000H8/f8)。

④ 配合精度要求不高时，允许孔、轴公差等级相差 2～3 级，以降低加工成本，如 ϕ52J7/f9。

(6) 综合考虑配合类型及与之相配合的典型零(部)件的精度

① 考虑配合类型。例如，对过渡配合或过盈配合，一般要求配合的稳定性较高，即不允许其间隙或过盈的变动量太大，否则满足不了定心或传动的要求，因此，应选较高的公差等级(如：过渡配合应在 8 级或以上，过盈配合应在 7 级或以上)。而对间隙配合，允许有间隙变动较大的情况时，一般情况下，间隙小，其公差等级应选高一些(如 H6/g5)；间隙大，其公差等级应选低一些(如 H10/a10)。

② 考虑与典型零(部)件的精度相匹配。例如，轴与齿轮孔相配时，齿轮孔及轴的公差等级应与齿轮的精度等级匹配，一般情况下，如齿轮精度等级为 6 级，其齿轮孔与轴的公差等级应取 IT6 及 IT5。同理，与滚动轴承配合的轴或孔的公差等级应与滚动轴承的公差等

级相匹配。

2.3.3 配合的选用

选择配合主要是为了合理地解决结合零件(孔与轴)在工作时的相互关系,以保证机器的正常运转。因此,正确选择配合对提高机器的工作性能、延长使用寿命和降低成本均起着重要的作用。

配合的选择主要是根据配合部位的工作条件和功能要求,确定配合的松紧程度,然后选择适当的配合,即确定配合代号。

1. 配合选择的方法

配合选择的方法有类比法、计算法和试验法三种。

(1) 类比法。与公差等级的选择相似,大多通过查表将所设计的配合部位的工作条件和功能要求与相同或相似的工作条件或功能要求的配合部位进行分析比较,对于已成功的配合作适当的调整,从而确定配合代号。此选择方法主要应用在一般、常见的配合中。

(2) 计算法。计算法主要用于两种情况:一是用于保证与滑动轴承的间隙配合,当要求保证液体摩擦时,可以根据滑动摩擦理论计算允许的最小间隙,从而选定适当的配合;二是完全依靠装配过盈传递负荷的过盈配合,可以根据要求传递负荷的大小计算允许的最小过盈,再根据孔、轴材料的弹性极限计算允许的最大过盈,从而选定适当的配合。

(3) 试验法。主要用于新产品和特别重要配合的选择。这些部位的配合选择需要进行专门的模拟试验,以确定工作条件要求的最佳间隙或过盈及其允许变动的范围,然后确定配合性质。这种方法只要试验设计合理、数据可靠,选用的结果会比较理想,但成本较高。

2. 配合选择的任务

当基准配合制和孔、轴公差等级确定之后,配合选择的任务是确定非基准件(基孔制配合中的轴或基轴制配合中的孔)的基本偏差代号。

3. 配合选择的步骤

采用类比法选择配合时,可以按照下列步骤选择:

(1) 确定配合的大致类别

① 分析零件的工作条件及使用要求

必须考虑下列问题:工作时结合件的相对位置状态(如运动方向、运动速度、运动精度、停歇时间等)、承受负荷情况、润滑条件、温度变化、配合的重要性、装拆条件等。

② 了解各种配合的特性和应用

间隙配合主要用于结合件有相对运动的配合(包括旋转运动和轴向滑动),也可用于一般的定位配合。

过盈配合主要用于结合件没有相对运动的配合。过盈不大时,用键连接传递扭矩;过盈大时,靠孔、轴结合力传递扭矩。前者可以拆卸,后者是不能拆卸的。

过渡配合的特征是可能具有间隙,也可能具有过盈,但所得到的间隙和过盈量一般比较小,主要用于定位精确并要求拆卸的相对静止的连接。

根据配合部位的功能要求,可按表 2-10 确定配合的类别。

表 2-10　功能要求及对应的配合类别

无相对运动	要传递转矩	要精确同轴	永久结合	过盈配合
			可拆结合	过渡配合或基本偏差为 H(h)[1]的间隙配合加紧固件[2]
		不要精确同轴		间隙配合加紧固件
	不要传递转矩			过渡配合或轻的过盈配合
有相对运动	只有移动			基本偏差为 H(h)、G(g)等间隙配合
	转动或转动和移动形成的复合运动			基本偏差为 A～F(a～f)等间隙配合

注：① 指非基准件的基本偏差代号。
　　② 紧固件指键、销钉和螺钉等。

(2) 选择合适的配合

根据配合部位具体的功能要求，通过查表，比照配合的应用实例，参考各种配合的性能特征(见表 2-11～表 2-14)，选择较合适的配合，即确定非基准件的基本偏差代号。

4. 配合的选择

配合的选择是指依据配合部位的功能要求、配合的性能特征选择松紧合适的配合。

(1) 间隙配合的选择

间隙配合主要应用场合：孔和轴之间有相对运动和需要拆卸的无相对运动的配合部位。

由图 2-18 和图 2-19 可知，基孔制间隙配合时，轴的基本偏差代号为 a～h；基轴制间隙配合时，孔的基本偏差代号为 A～H。间隙配合的性能特征见表 2-11。

表 2-11　各种间隙配合的性能特征

基本偏差代号	a、b(A、B)	c(C)	d(D)	e(E)	f(F)	g(G)	h(H)
	特大间隙	很大间隙	大间隙	中等间隙	小间隙	较小间隙	很小间隙 $X_{min}=0$
配合松紧程度	松 ——————————→ 紧						
定心要求	无对中、定心要求					略有定心要求	有一定定心功能
摩擦类型	紊流流体摩擦		层流液体摩擦				半液体摩擦
润滑性能	差 ——————→ 好 ←—————— 差						
相对运动速度		慢速转动	高速转动		中速转动	低速转动或移动(或手动移动)	

(2) 过渡配合的选择

过渡配合主要应用场合：孔与轴之间有定心要求，而且需要拆卸的静连接(即无相对运动)的配合部位。

由图 2-18 和图 2-19 可知，基孔制过渡配合时，轴的基本偏差代号为 js～m(n,p)；基轴制过渡配合时，孔的基本偏差代号为 JS～M(N)。过渡配合的性能特征见表 2-12。

(3) 过盈配合的选择

过盈配合主要应用场合：孔与轴之间需要传递扭矩的静连接(即无相对运动)的配合部位。

表 2-12　各种过渡配合的性能特征

基本偏差	js/JS	k/K	m/M	n/N
间隙或过盈量	过盈率很小 稍有平均间隙	过盈率中等 平均间隙(过盈)接近 0	过盈率较大 平均过盈较小	过盈率大 平均过盈稍大
定心要求	可达较好的定心精度	可达较高的定心精度	可达精密的定心精度	可达很精密的定心精度
装配和拆卸性能	木槌装配拆卸方便	木槌装配 拆卸比较方便	最大过盈时需要相当的压入力,可以拆卸	用锤(如铜锤)或压力机装配,拆卸困难

由图 2-18 和图 2-19 可知,基孔制过盈配合时,轴的基本偏差代号为:(n,p)r～zc;基轴制过盈配合时,孔的基本偏差代号为(N)P～ZC。过盈配合的性能特征见表 2-13。

表 2-13　各种过盈配合的性能特征

基本偏差	p,r(P,R)	s,t(S,T)	u,v(U,V)	x,y,z(X,Y,Z)
过盈量	较小与小的过盈	中等与大的过盈	很大的过盈	特大过盈
传递扭矩的大小	加紧固件,可传递一定的扭矩与轴向力,属轻型过盈配合;不加紧固件,可用于准确定心,而且仅传递小扭矩,又需轴向定位部位	不加紧固件,可传递较小的扭矩与轴向力,属中型过盈配合	不加紧固件,可传递大的扭矩与动载荷,属重型过盈配合	需传递特大扭矩和动载荷,属特重型过盈配合
装配和拆卸性能	装配时使用吨位小的压力机,用于需要拆卸的配合中	用于很少拆卸的配合中	用于不拆卸(永久结合)的配合	

注:p(P)与 r(R)在特殊情况下可能为过渡配合,例如,当公称尺寸小于 3 mm 时,H7/p6 为过渡配合;当公称尺寸小于 100 mm 时,H8/r7 为过渡配合。

x(X)、y(Y)、z(Z)一般不推荐,选用时需经试验后可应用。

选择各类配合时,应尽量选用优先、常用配合。优先配合选用说明可参见表 2-14。表 2-15为各种基本偏差的特性和应用,可供选择配合时参考。

表 2-14　优先配合选用说明

优先配合		说　明
基孔制	基轴制	
H11/c11	C11/h1	间隙非常大,用于很松的、转动很慢的转动配合,要求大公差与大间隙的配合组件,要求拆装方便的很松的配合
H9/d9	D9/h9	间隙很大的自由转动配合,用于精度为非主要要求时,或有大的温度变动、高转速或大的轴颈压力时
H8/f7	F8/h7	间隙不大的转动配合,用于中等转速与中等轴颈压力的精确转动,也用于拆装较易的中等定位配合
H7/g6	G7/h6	间隙很小的滑动配合,用于不希望自由转动,但可自由移动和滑动并精密定位时,也可用于要求明确的定位配合

表 2-14(续)

优先配合		说　明
基孔制	基轴制	
H7/h6 H8/h7 H9/h9 H11/h11	K7/h6 H8/h7 H9/h9 H11/h11	均为间隙配合,零件可自由装拆,而工作时一般相对静止不动。在最大实体条件下的间隙为零,在最小实体条件下的间隙由公差等级决定
H7/k6	K7/h6	过渡配合,用于精密定位
H7/p6	P7/h6	过盈定位配合,即小过盈配合,用于定位精度特别重要时,能以最好的定位精度达到部件的刚性及对中的性能要求,而对内孔承受压力无特殊要求,不依靠配合的紧固性传递摩擦负荷
H7/s6	S7/h6	中等压入配合,适用于一般钢件,或用于薄壁件的冷缩配合,用于铸铁件可得到最紧的配合
H7/u6	U7/h6	压入配合,适用于可以承受高压力的零件或不宜承受大压力的冷缩配合

表 2-15　各种基本偏差的特性和应用

配合	基本偏差	配合特性	应用实例
间隙配合	a(A) b(B)	可得到特别大的间隙,应用很少。主要用于工作时温度高、热变形大的零件的配合,如发动机中活塞与缸套的配合为 H9/a9	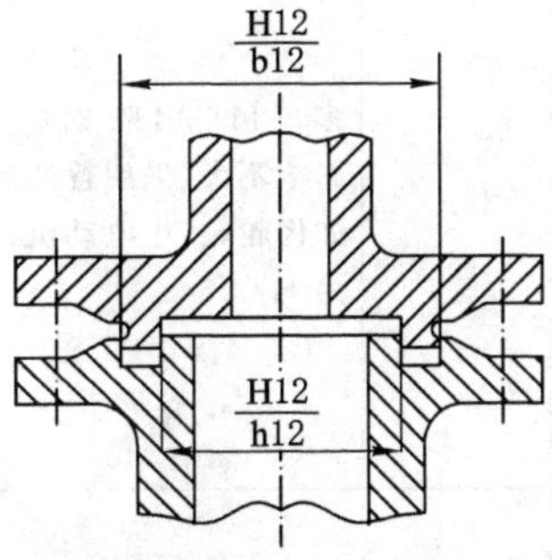 管道法兰连接用的配合
	c(C)	可得到很大的间隙,一般用于工作条件较差(如农业机械)、工作时受力变形大及装配工艺性不好的零件的配合,也适用于高温工作的间隙配合,如内燃机排气阀杆与导管的配合为 H7/c6	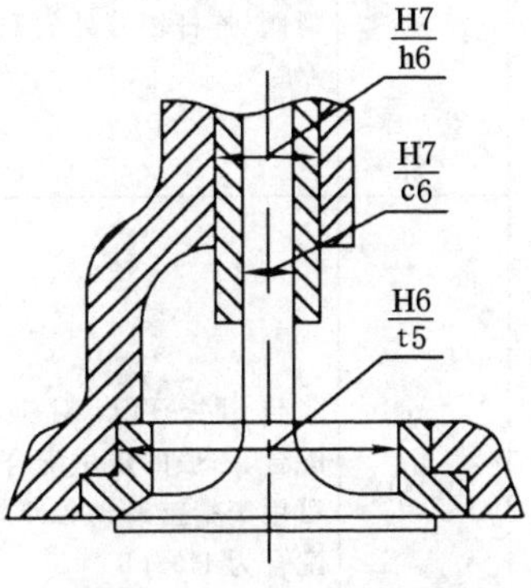 内燃机气门导杆与座的配合

表 2-15(续)

配合	基本偏差	配合特性	应用实例
间隙配合	d(D)	与 IT7～IT11 对应,适用于较松的间隙配合(如滑轮、空转的带轮与轴的配合),大尺寸滑动轴承与轴径的配合(如涡轮机、球磨机等的滑动轴承)。活塞环与活塞槽的配合可用 H9/d9	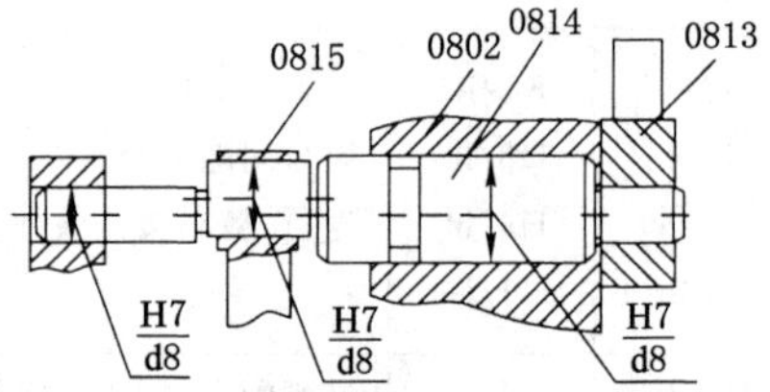 C616 车床尾座中偏心轴与尾座体孔的配合
	e(E)	与 IT6～IT9 对应,具有明显的间隙,用于大跨距及多支点的转轴与轴承的配合,高速、重载的大尺寸轴与轴承的配合,如大型电机、内燃机的主要轴承处的配合为 H8/e7	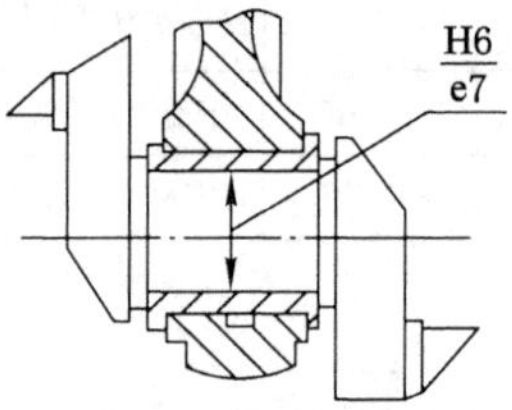 内燃机主要轴承的配合
	f(F)	多与 IT6～IT8 对应,用于一般转动的配合,受温度影响不大、采用普通润滑油的轴与滑动轴承的配合,如齿轮箱、小电动机、泵等的转轴与滑动轴承的配合为 H7/f6	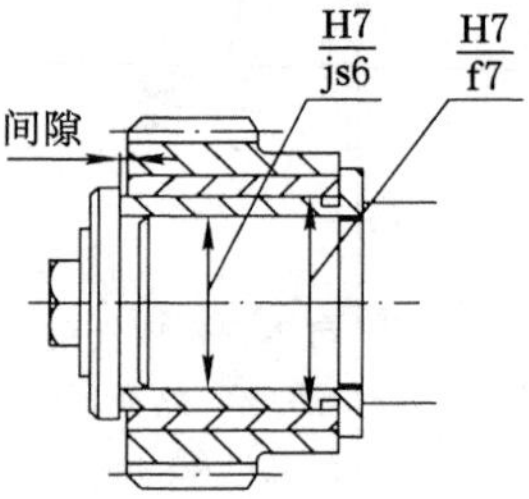 齿轮轴套与轴的配合
	g(G)	多与 IT5、IT6、IT7 对应,形成配合的间隙较小,用于轻载精密装置中的转动配合,用于插销的定位配合,滑阀、连杆销等处的配合,钻套孔多用 G	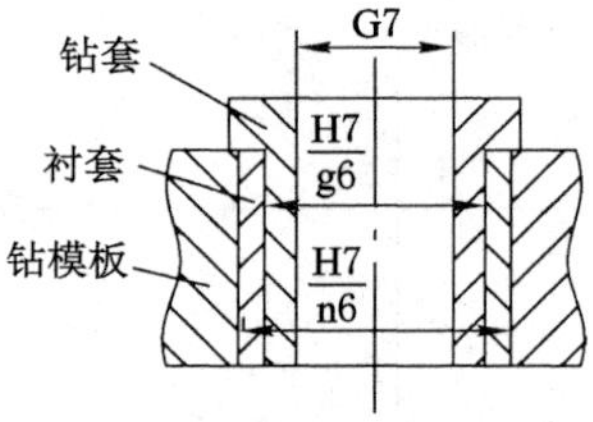 钻套与衬套的结合
	h(H)	多与 IT4～IT11 对应,广泛用于无相对转动的间隙配合、一般的定位配合。若没有温度、变形的影响也可用于精密滑动轴承,如车床尾座孔与顶尖套筒的配合为 H6/h5	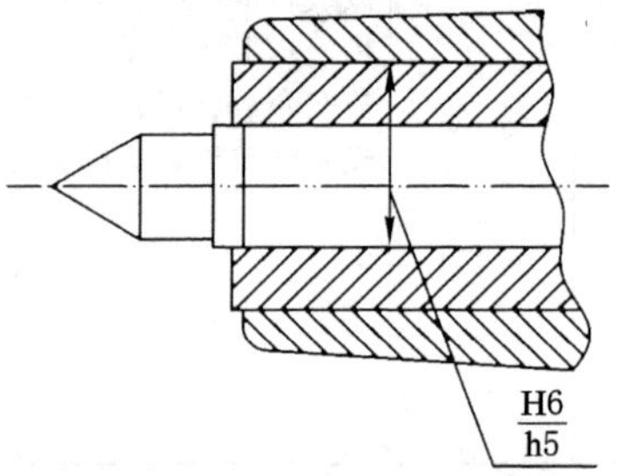 车床尾座体孔与顶尖套筒的结合

表 2-15(续)

配合	基本偏差	配合特性	应用实例
过渡配合	js(JS)	多用于 IT4～IT7 具有平均间隙的过渡配合，用于略有过盈的定位配合，如联轴节、齿圈与轮毂的配合，滚动轴承外圈与外壳孔的配合多用 JS7，一般用手或木槌装配	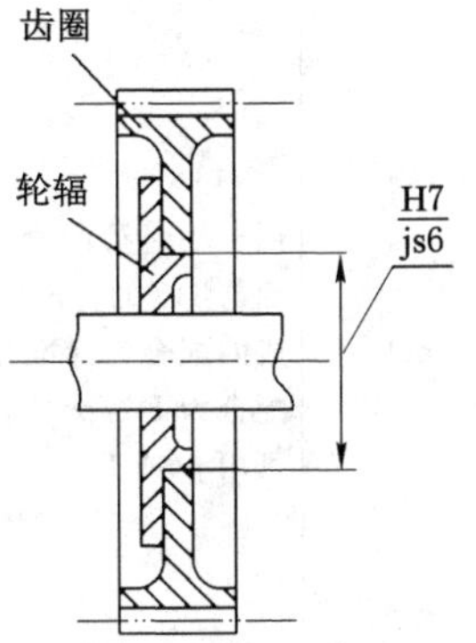 齿圈与钢轮辐的结合
	k(K)	多用于 IT4～IT7 平均间隙接近零的配合，用于定位配合，如滚动轴承的内、外圈分别与轴径、外壳孔的配合，用木槌装配	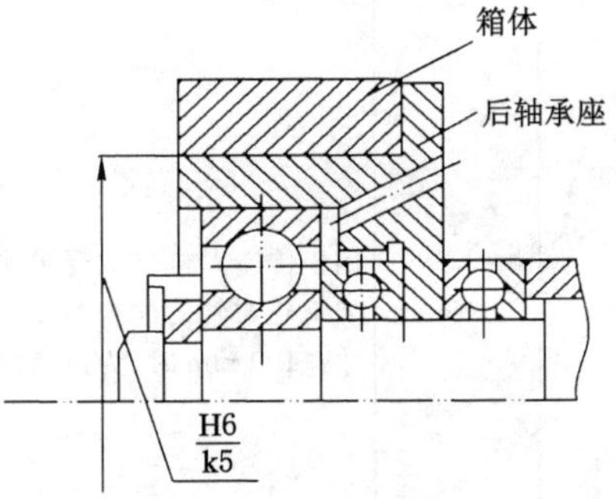 某车床主轴后轴承座与箱体孔的结合
	m(M)	多用于 IT4～IT7 平均过盈较小的配合，用于精密定位的配合，如蜗轮的青铜轮缘与轮毂的配合为 H7/m6	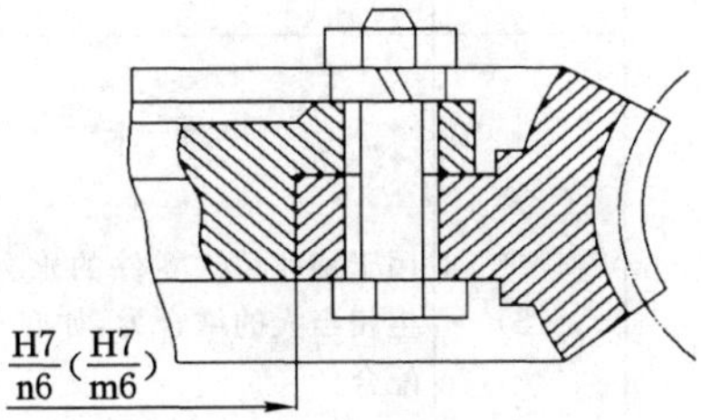 蜗轮青铜轮缘与轮辐的结合
	n(N)	多用于 IT4～IT7 平均过盈较大的配合，很少形成间隙。用于加键传递较大转矩的配合，如冲床上齿轮与轴的配合，用槌子或压力机装配	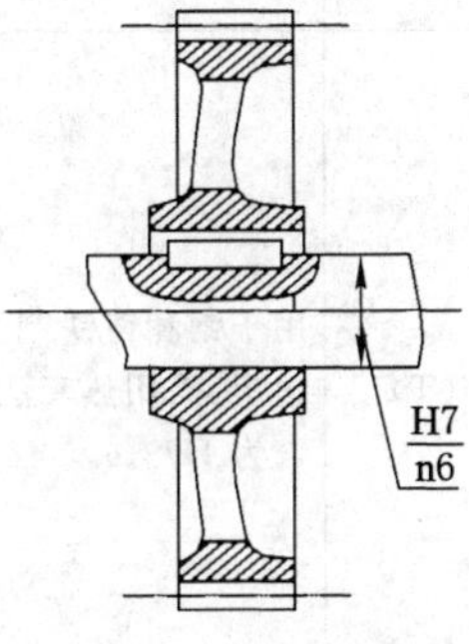 冲床齿轮与轴的结合

表 2-15(续)

配合	基本偏差	配合特性	应用实例
过盈配合	p(P)	用于小过盈配合，与 H6 或 H7 的孔形成过盈配合，而与 H8 的孔形成过渡配合。碳钢和铸铁制零件形成的配合为标准压入配合，如绞车的绳轮与齿圈的配合为 H7/p6。合金钢制零件的配合需要小过盈时可用 p(或 P)	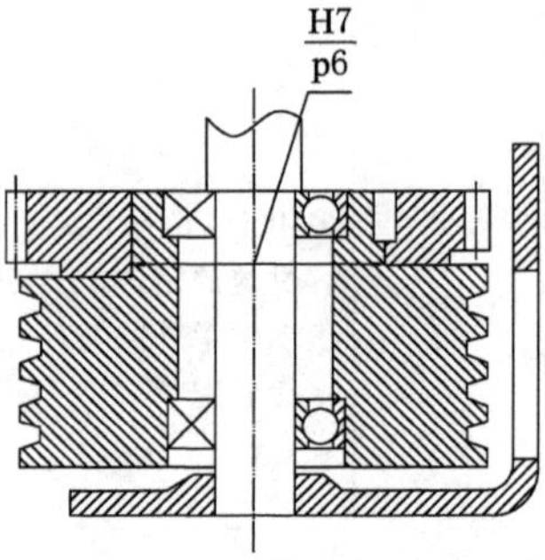 卷扬机的绳轮与齿圈的结合
	r(R)	用于传递大转矩或受冲击负荷而需要加键的配合，如蜗轮与轴的配合为 H7/r6。H8/r8 配合在基本尺寸<100 mm 时，为过渡配合	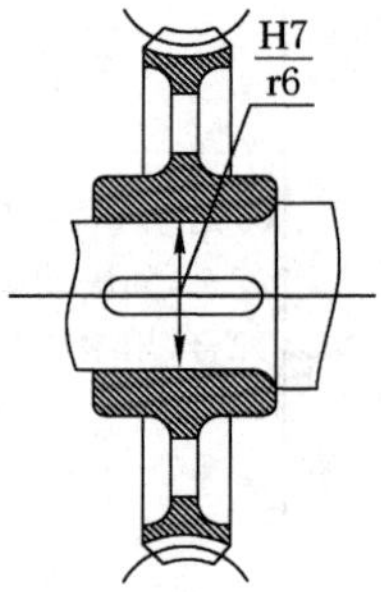 蜗轮与轴的结合
	s(S)	用于钢和铸铁零件的永久性和半永久性结合，可产生相当大的结合力，如套环压在轴、阀座上用 H7/s6 配合	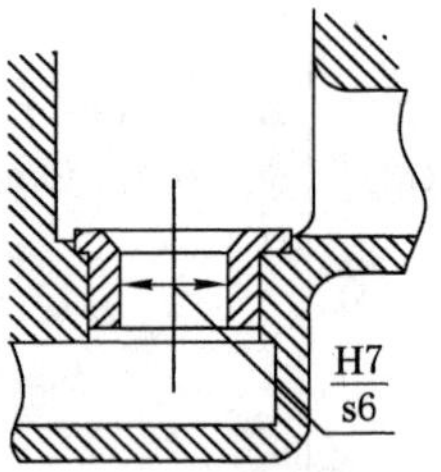 水泵阀座与壳体的结合
	t(T)	用于钢和铸铁制零件的永久性结合，不用键可传递扭矩，需用热套法或冷轴法装配，如联轴器与轴的配合为 H7/t6	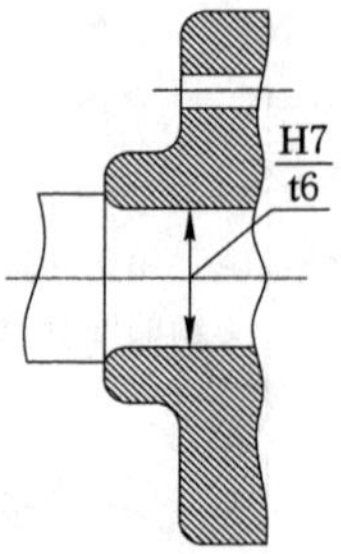 联轴器与轴的结合

表 2-15(续)

配合	基本偏差	配合特性	应用实例
过盈配合	u(U)	用于大过盈配合，最大过盈需验算。用热套法进行装配，如火车轮毂和轴的配合为 H7/u6	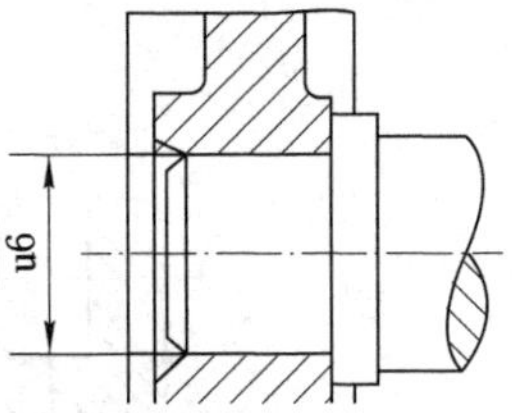 火车轮毂和轴的配合

2.3.4　应用示例分析

【例 2-2】　已知某孔、轴配合，其公称尺寸为 ϕ100 mm，工作时要求无相对运动且承受一定的轴向力，考虑工作要求及材料许用应力限制，要求过盈控制在－0.035～－0.095 mm 之间，试确定孔轴的公差等级和配合种类。

解　(1) 确定基准制

该配合属中等尺寸，结构上无特殊要求，故按国家标准推荐选用基孔制，则孔的基本偏差代号为 H，$EI=0$。

(2) 确定孔、轴公差等级

由已知条件知：

$$T_f=|Y_{max}-Y_{min}|=0.06\ \text{mm}$$

因为 $T_f=T_d+T_D=0.06$ mm，所以按工艺等价原则，由表 2-2 确定孔、轴的公差分别：$T_D=0.035$(即孔公差等级为 IT7)，$T_d=0.022$ mm (即轴公差等级为 IT6)。此时，$ES=+0.035$，$T_D+T_d=0.035+0.022=0.057<T_f=0.06$ (mm)，所以设计的孔、轴公差等级是合理的。

(3) 确定配合

由题设条件可知，该孔、轴采用的配合类别为过盈配合(Y'_{min}，Y'_{max})。

具体轴的基本偏差代号可按下列步骤确定。

① 基孔制条件下过盈配合的轴基本偏差为下偏差，由公式可得 $ei=ES-Y_{min}$。

② 由 $ei=+0.070$ mm，反查表 2-3，确定轴基本偏差代号为 s，其基本偏差值为 $ei=+0.071$ mm。

计算得：$es=ei+T_d=+0.071+0.022=+0.093$ (mm)

③ 配合代号为：ϕ100H7/s6

(4) 验算 ϕ100H7/s6 配合的极限过盈量

$$Y'_{min}=ES-ei=+0.035-(+0.071)=-0.036\ (\text{mm})$$

$$Y'_{max}=EI-es=0-(+0.093)=-0.093\ (\text{mm})$$

Y'_{min}、Y'_{max}满足过盈量，控制在－0.035～－0.095 mm 之间，故所设计的极限过盈量满足题设要求，说明配合设计是合理的。

【例 2-3】　图 2-23 为某减速器传动轴的局部装配图。其中，轴通过键带动齿轮传动；轴套和端盖主要起保证轴承轴向定位的作用，要求装卸方便、加工容易。已根据有关标准确定：滚动轴承精度等级为0级；齿轮精度等级为7级。试分析确定图示各处的配合。

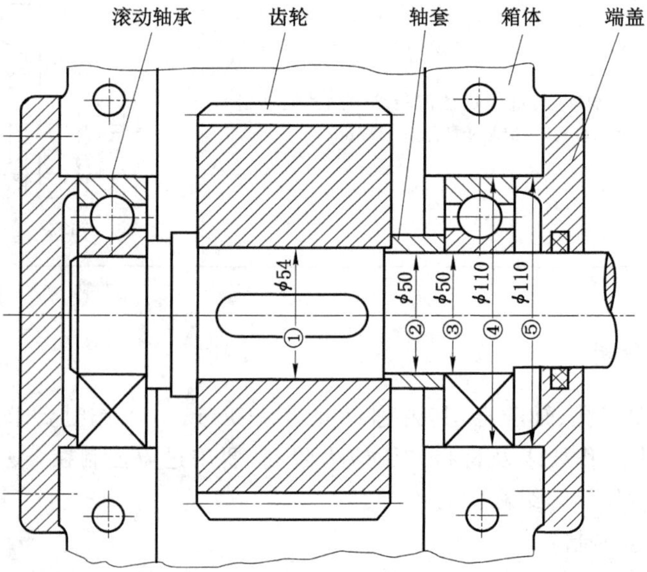

图 2-23　减速器传动轴的局部装配图

解　(1) 分析确定齿轮孔与轴的配合代号

齿轮孔与轴的配合一般采用基孔制，根据齿轮的精度等级为7级，确定齿轮孔的公差带为 φ54H7，根据工艺等价原则，与其配合的轴的公差等级为 IT6，该处配合要求通过键传递运动，还要求有一定的定心精度，故该处应选择小过盈配合，由表 2-14 选用优先配合，即轴公差带选为 φ54p6。

即：图 2-23①处的配合代号为 φ54H7/p6。分别查表 2-2、表 2-3、表 2-4，确定齿轮孔和轴径的对应极限偏差，得其公差带图解，如图 2-24(a)所示。

(2) 分析确定与滚动轴承相配合的轴颈及箱体孔的配合代号

① 基准制的确定

因为滚动轴承精度为标准件，与滚动轴承相配合的轴颈及箱体孔的基准制选择应以轴承为准，即滚动轴承内圈与轴的配合采用基孔制、外圈与箱体孔的配合采用基轴制。

② 公差带及配合的确定

与滚动轴承相配合的轴颈及箱体孔公差等级的确定，要考虑与滚动轴承的精度((0级)匹配，根据轴承的工作条件及工作要求分别确定轴颈的等级为 IT6，箱体孔的精度等级为 IT7；根据表 7-6、表 7-7 确定轴径和壳体孔的基本偏差代号分别为 k 和 J。

即图 2-23 中③轴颈配合处应标注 φ50k6，④壳体孔配合处应标注 φ110J7。分别查表 2-2、表 2-3、表 2-4，确定与轴承内圈配合的轴径、与轴承外圈配合的壳体孔的极限偏差，其对应的公差带图解分别如图 2-24(c)、(d)所示。

(3) 分析确定轴与轴套的配合代号

图 2-23②、③处结构为典型的一轴配两孔，且配合性质又不相同，其中轴承内圈与轴的

配合要求较紧，而轴套与轴的配合要求较松，若按基准制选用原则，②处的配合应选用基轴制。但是需要注意的是，轴承内圈与轴的配合只能选用基孔制，而且前面已确定轴的公差带代号为 ϕ50k6。如果轴套与轴的配合选用基轴制，则势必造成同一轴不同段按不同的公差等级进行加工，既不经济，也不利于装配。如果按基孔制使之形成 ϕ50H7/k6 的配合，则满足轴套与轴配合应有间隙的要求。故从满足轴套工作要求出发，兼顾考虑加工的便利及经济性，选用轴套孔公差带为 ϕ50F8/k6，分别查表 2-2、表 2-3、表 2-4，确定轴径和轴套孔的极限偏差，对应的尺寸公差带图如图 2-24(b)所示，其极限间隙为：＋0.007～＋0.062 mm，满足了设计要求。

(4) 分析确定端盖与箱体孔的配合代号

与轴套配合分析类似，由于与滚动轴承相配合，箱体孔的公差带已经确定，端盖与箱体孔之间为间隙配合，且配合精度要求不高，为避免箱体孔制成阶梯形，可选端盖公差带为 ϕ110e9。

即：图 2-23⑤处的配合代号为 ϕ110J7/e9，分别查表 2-2、表 2-3、表 2-4，确定端盖和壳体孔的极限偏差，其公差带图解如图 2-24(e)所示。

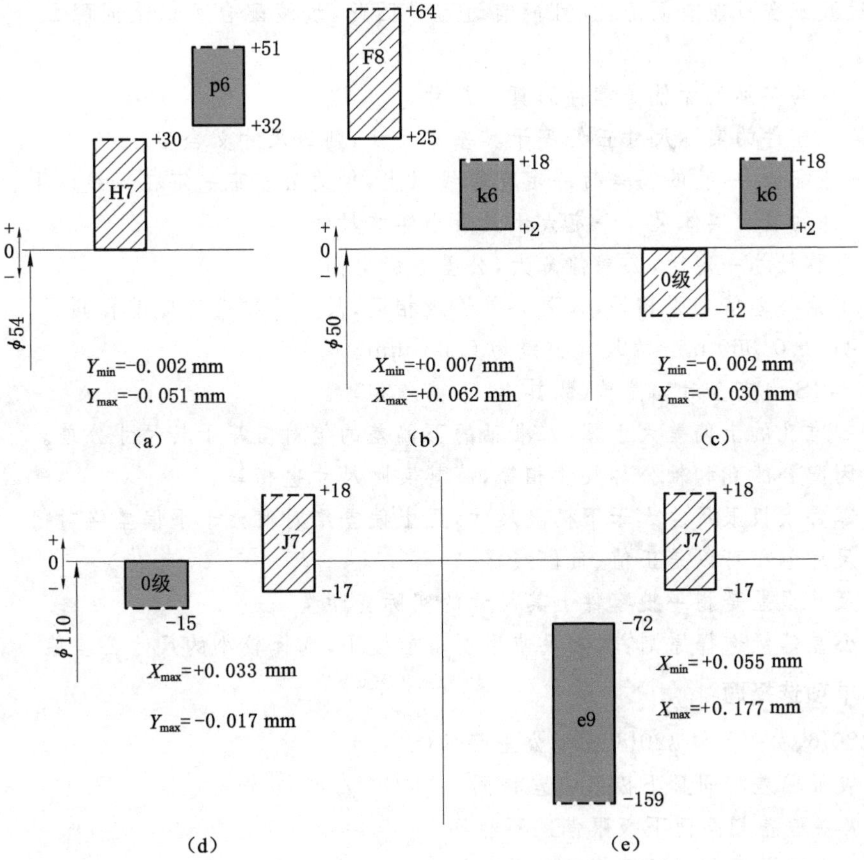

图 2-24　各处配合的公差带图

设计结果如下：

(1) 齿轮和轴的配合代号为:ϕ54H7/p6

(2) 轴套和轴的配合代号为:ϕ50F8/k6

(3) 轴承内圈和轴的配合代号为:ϕ50k6

(4) 轴承外圈和壳体孔的配合代号为:ϕ110J7

(5) 轴承端盖和壳体孔的配合代号为:ϕ110J7/e9

习　　题

2-1　判断题

(1) 公差是零件尺寸允许的最大偏差。

(2) 公差通常为正,在个别情况下也可以为负或零。

(3) 孔和轴的加工精度越高,则其配合精度也越高。

(4) 配合公差总是大于孔或轴的尺寸公差。

(5) 过渡配合可能有间隙,也可能有过盈。因此,过渡配合可以是间隙配合,也可以是过盈配合。

(6) 零件的实际尺寸就是零件的真实尺寸。

(7) 某一零件的实际尺寸正好等于其基本尺寸,则该尺寸必合格。

(8) 间隙配合中,孔的公差带一定在零线以上,轴的公差带一定在零线以下。

(9) 零件的最大实体尺寸一定大于其最小实体尺寸。

(10) 公称尺寸一定时,公差值愈大,公差等级愈高。

(11) 不论公差值是否相等,只要公差等级相同,尺寸的精确程度就相同。

(12) $\phi75\pm0.060$ mm 的尺寸公差为 0.06 mm。

(13) 因 JS 为完全对称偏差,故其上、下偏差相等。

(14) 基准孔的上偏差大于零,基准轴的下偏差的绝对值等于其尺寸公差。

(15) 因配合的孔和轴公称尺寸相等,故其实际尺寸也相等。

(16) 零件上极限尺寸大于下极限尺寸,且上偏差绝对值大于下偏差绝对值。

(17) 尺寸偏差可以是正值、负值或零。

(18) 尺寸误差是指一批零件上某尺寸的实际变动量。

(19) 公差等级选择原则:在满足使用要求前提下,选择较小的尺寸公差值。

2-2　单项选择题

(1) ϕ20f6、ϕ20f7 和 ϕ20f8 三个公差带的(　　)。

A. 上极限偏差相同且下极限偏差相同

B. 上极限偏差相同而下极限偏差不相同

C. 上极限偏差不相同而下极限偏差相同

D. 上、下极限偏差各不相同

(2) 与 ϕ40H7/k6 配合性质相同的配合是(　　)。

A. ϕ40H7/k7　　B. ϕ40K7/h7　　C. ϕ40K7/h6　　D. ϕ40H6/k6

(3) 比较孔或轴的加工难易程度的高低是根据(　　)。

A. 公差值大小　　　　　　　　　　C. 标准公差因子

B. 公差等级系数大小　　　　　　　D. 公称尺寸大小

(4) 相配合的孔与轴,若它们之间有相对运动要求,则应采用(　　)配合;若它们之间无相对运动要求,而且有对中性和不可拆卸的要求,则应采用(　　)配合;若它们之间是静连接(无相对运动)且要求可拆卸时,则应采用(　　)配合。

A. 间隙配合　　B. 间隙或过渡配合　　C. 过渡配合　　D. 过盈配合

(5) 在基孔制配合中,基本偏差代号为 a～h 的轴与基准孔组成(　　)配合。

A. 间隙配合　　B. 间隙或过渡配合　　C. 过渡配合　　D. 过盈配合

(6) 当孔、轴之间有相对运动且定心精度要求较高时,它们的配合应选择(　　)。

A. H7/m6　　B. H8/g8　　C. H7/g6　　D. H7/b6

(7) 孔、轴的最大间隙为 +0.023 mm,孔的下极限偏差为 −18 μm,轴的下极限偏差为 −16 μm,轴的公差为 16 μm,则配合公差为(　　)。

A. 32 μm　　B. 39 μm　　C. 34 μm　　D. 41 μm

(8) 利用同一方法加工 ϕ50H7 孔与 ϕ100H6 孔应理解为(　　)。

A. 前者加工困难　　　　　　　　B. 后者加工困难

C. 两者加工难易相当　　　　　　D. 加工难易程度无法比较

(9) ϕ30E8/h8 与 ϕ30E9/h9 的(　　)。

A. 最小间隙相同　　　　　　　　B. 最大间隙相同

C. 平均间隙相同　　　　　　　　D. 间隙变动范围相同

2-3　填空题

(1) GB/T 1800.2—2020 规定,尺寸公差带的大小由________决定;位置由______决定;孔、轴公差等级皆分为_______个等级。

(2) 已知 ϕ100m7 的上极限偏差为 +0.048 mm,下极限偏差为 +0.013 mm,ϕ100 的 6 级标准公差值为 0.022 mm,那么,ϕ100m6 的下极限偏差为__________,上极限偏差为_________。

(3) 基孔制是__________的公差带与_________的公差带形成各种配合性质的制度。

(4) 根据习题表 2-1 给出的数据求空格中应有的数据,并填入表中空格内。

习题表 2-1

公称尺寸	孔			轴			X_{max} 或 Y_{max}	X_{min} 或 Y_{min}	X_{av} 或 Y_{av}	T_f
	ES	EI	T_D	es	ei	T_d				
ϕ25		0		−0.040		0.021	+0.074	+0.040	+0.057	0.034
ϕ14		0		+0.012		0.010	+0.017	−0.012	+0.002 5	0.029
ϕ45			0.025	0			−0.009	−0.050	−0.029 5	0.041

2-4　简答题

(1) 什么是基孔制配合与基轴制配合?为什么要规定基准制?广泛采用基孔制配合的

原因何在？在什么情况下采用基轴制配合？

(2) 下面三根轴哪根精度最高？哪根精度最低？

① $\phi70^{+0.105}_{+0.075}$　　② $\phi250^{-0.015}_{-0.044}$　　③ $\phi10^{\ 0}_{-0.022}$

2-5 计算题

(1) 已知：某过盈配合的孔、轴公称尺寸为 45 mm，孔的公差为 0.025 mm，轴的上极限偏差为 0，最大过盈为 −0.050 mm，配合公差为 0.041 mm。则：① 计算孔的上、下极限偏差；② 计算轴的下极限偏差和公差；③ 计算最小过盈；④ 计算平均过盈；⑤ 画出尺寸公差带示意图；⑥ 写出配合代号。

(2) 有一基孔制配合，孔、轴的公称尺寸为 $\phi50$，最大间隙 $X_{max}=+0.049$ mm，最大过盈 $Y_{max}=-0.015$ mm，轴公差 $T_d=0.025$ mm。则：① 计算孔和轴的极限尺寸、配合公差；② 写出孔和轴的尺寸标注形式；③ 查表并写出配合代号；④ 画出孔、轴尺寸公差带示意图；⑤ 画出配合公差带示意图。

第 3 章　测量技术基础

本 章 要 点

（1）了解测量四要素：被测对象、测量单位、计量方法和测量精度；

（2）了解量块的“等”和“级”及应用；

（3）掌握计量器具的主要度量指标；

（4）了解产生测量误差的原因、处理方法及测量结果的表达式。

3.1 概　　述

本节介绍几何量测量技术方面的基础知识，包括测量与检验的概念、计量单位与长度基准、长度量值传递系统以及在生产实际中作为标准量具的量块及其应用等。

3.1.1 测量与检验的概念

完工后实际零件的几何量精度要经过测量或检验，才能判断其合格与否。测量是指为确定被测量的量值而进行的实验过程，即将被测的量 L 与复现计量单位的标准量 E 进行比较，从而确定两者比值 q 的过程。被测量的量值可表示为

$$L = qE \tag{3-1}$$

上式表明，任何几何量的量值都由两部分组成：表征几何量的数值和该几何量的计量单位。例如，几何量 $x=40$ mm，毫米为长度计量单位，40 则是该几何量的数值。

检验是指判断被测量是否合格的实验过程。任何一个完整的测量过程必须有被测对象和所采用的计量单位，同时要采用与被测对象相适应的测量方法，并使测量结果达到所要求的测量精度。因此，测量过程应包括被测对象、计量单位、测量方法和测量精度四个要素。

① 被测对象。在几何量测量中，被测对象主要是指零件的尺寸、几何误差以及表面粗糙度等几何参数。由于被测对象种类繁多，复杂程度各异，因此熟悉和掌握被测对象的定义，分析和研究被测对象的特点十分重要。

② 计量单位。我国规定的法定计量单位中长度单位为米(m)。在机械制造业中，常用的长度单位为毫米(mm)；精密测量时，多采用微米(μm)；超精密测量时，多采用纳米(nm)。

③ 测量方法。其是指在进行测量时所采用的测量原理、计量器具以及测量条件的总和。

④ 测量精度。其是指测得值与其真值的一致程度。测量过程中不可避免地存在测量误差，测量误差小，测量精度高；测量误差大，测量精度低。只有测量误差足够小，才表明测量结果是可靠的。因此，不知道其测量精度的测量结果是没有意义的。通常用测量的极限误差或测量的不确定度来表示测量精度。

3.1.2 计量单位与长度基准

(1) 计量单位

为了保证计量的准确度，首先需要建立统一、可靠的计量单位。

1984 年国务院发布了《关于在我国统一实行法定计量单位的命令》，在采用国际单位制的基础上，规定我国的计量单位一律采用《中华人民共和国法定计量单位》，其中规定“米”(m)为长度的基本单位。机械制造中常用的长度单位为毫米(mm)。

(2) 长度基准

1983 年 10 月在第十七届国际计量大会上通过“米”的现行定义为：“米是光在真空中 1/299792458秒的时间间隔内所经过的路程的长度。”这是米在理论上的定义，使用时，需要对米的定义进行复现才能获得各自国家的长度基准。

3.1.3 长度量值传递系统

在工程上，一般不能直接按照米的定义用光波来测量零件的几何参数，而是采用各种计量器具。为了保证量值的准确和统一，必须建立从长度基准一直到被测零件的量值传递系统。

我国长度量值传递的主要标准器是量块(端面量具)和线纹尺(刻线量具)，其传递系统如图 3-1 所示。

3.1.4 量块及其应用

量块又称块规，它是平面平行端面长度的标准量具，多用铬锰钢制成，具有尺寸稳定、不易变形和耐磨性好等特点。量块用途广泛，除作为标准器具进行长度量值的传递外，还可用来调整仪器、机床和其他设备，也可以用来直接测量零件。

量块通常制成长方体，如图 3-2(a)所示。其中两个表面光洁($Rz \leqslant 0.08$ μm)且是平面度误差很小的平行平面，称为测量面。量块的精度极高，但是两个测量面也不是绝对平行的。因此，量块的长度规定为：把量块的一个测量面研合在平晶(辅助体)的工作平面上，另一个测量面的中心到平晶平面的垂直距离称为量块中心长度 l_c，如图 3-2(b)所示。测量面上的任意点到平晶平面的垂直距离称为量块长度 l。量块上标出的量值称为量块的标称长度 l_n。标称长度不大于 5.5 mm 的量块，有数字的一面为上测量面；大于 5 mm 的量块，有数字面的右侧面为上测量面。

为了满足不同生产的要求，量块按其制造精度分为 K、0、1、2、3 级。其中 0 级精度最

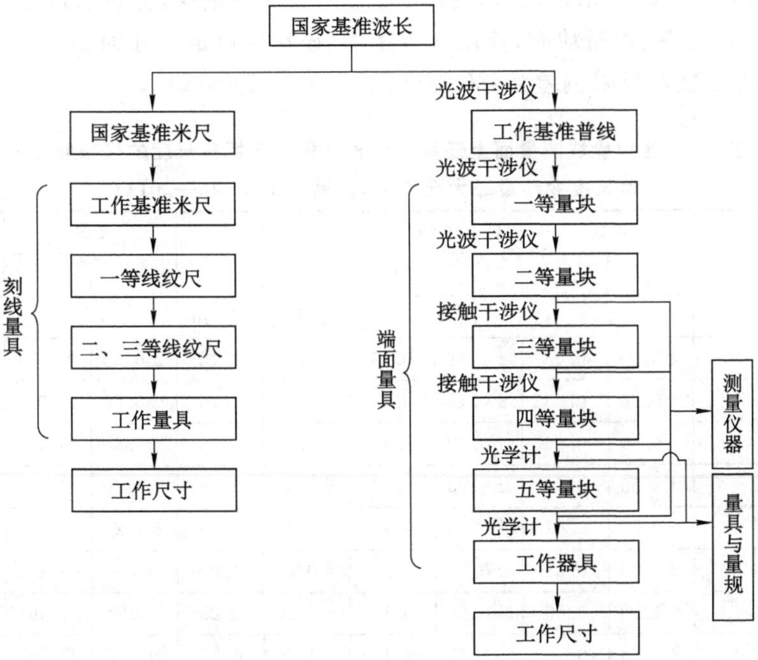

图 3-1　长度量值传递系统

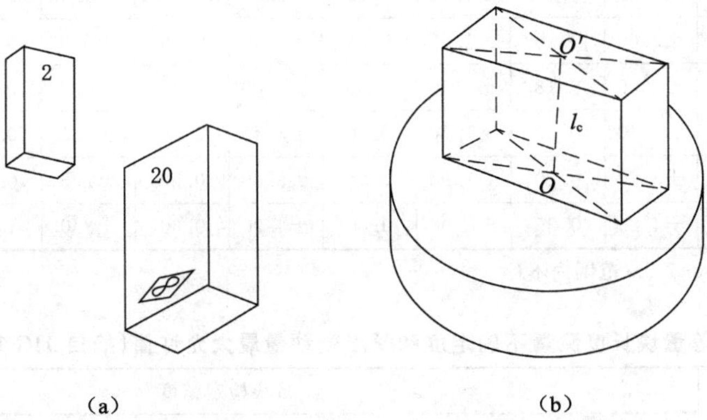

图 3-2　量块的形状与尺寸

高，3 级精度最低，K 级为校准级。按级使用时各级量块的长度偏差（量块长度 l－标称长度 l_n 的代数差，用 e 表示）的极限偏差 t_e 和长度变动量（量块长度的最大值 l_{max} 与最小值 l_{min} 之差，用 ϑ 表示）的最大允许值 t_ϑ 见表 3-1。

量块按其检定精度分 1、2、3、4、5 等。其中，1 等精度最高，5 等精度最低。各等量块长度测量的不确定度允许值和长度变动量的允许值见表 3-2。

量块按级使用时，应以量块的标称长度为工作尺寸，该尺寸包含了制造时的尺寸误差；量块按等使用时，应以经检定所得到的量块中心长度的实际尺寸为工作尺寸，该尺寸不受制造误差的影响，只包含检定时较小的测量误差。因此，量块按“等”使用比按“级”使用时的精度高。例如，按“级”使用量块时，使用1级、30 mm的量块，标称长度极限偏差为(30±0.000 4) mm；按“等”使用量块时，使用3等量块，该量块检定尺寸为30.000 2 mm，其中心长度的测量不确定度的极限偏差为(30.000 2±0.000 15)mm。

表3-1　各级量块测量面上任意点的长度相对于标称长度的极限偏差 t_e 和长度变动量最大允许值 t_ϑ（摘自JJG 146—2011）

	K级		0级		1级		2级		3级	
	t_e	t_ϑ	t_e	t_ϑ	t_e	t_ϑ	t_e	t_ϑ	t_e	t_ϑ
	最大允许值/μm									
$l_n \leqslant 10$	±0.20	0.05	±0.12	0.10	±0.20	0.16	±0.45	0.30	±1.0	0.50
$10 < l_n \leqslant 25$	±0.30	0.05	±0.14	0.10	±0.30	0.16	±0.60	0.30	±1.2	0.50
$25 < l_n \leqslant 50$	±0.40	0.06	±0.20	0.10	±0.40	0.18	±0.80	0.30	±1.6	0.55
$50 < l_n \leqslant 75$	±0.50	0.06	±0.25	0.12	±0.50	0.18	±1.00	0.35	±2.0	0.55
$75 < l_n \leqslant 100$	±0.60	0.07	±0.30	0.12	±0.60	0.20	±1.20	0.35	±2.5	0.60
$100 < l_n \leqslant 150$	±0.80	0.08	±0.40	0.14	±0.80	0.20	±1.6	0.40	±3.0	0.65
$150 < l_n \leqslant 200$	±1.00	0.09	±0.50	0.16	±1.00	0.25	±2.0	0.40	±4.0	0.70
$200 < l_n \leqslant 250$	±1.20	0.10	±0.60	0.16	±1.20	0.25	±2.4	0.45	±5.0	0.75
$250 < l_n \leqslant 300$	±1.40	0.10	±0.70	0.18	±1.40	0.25	±2.8	0.50	±6.0	0.80
$300 < l_n \leqslant 400$	±1.80	0.12	±0.90	0.20	±1.80	0.30	±3.6	0.50	±7.0	0.90
$400 < l_n \leqslant 500$	±2.20	0.14	±1.10	0.25	±2.00	0.35	±4.4	0.60	±9.0	1.00
$500 < l_n \leqslant 600$	±2.60	0.16	±1.30	0.25	±2.60	0.40	±5.0	0.70	±11.0	1.10
$600 < l_n \leqslant 700$	±3.00	0.18	±1.50	0.30	±3.00	0.45	±6.0	0.70	±12.0	1.20
$700 < l_n \leqslant 800$	±3.40	0.20	±1.70	0.30	±3.40	0.50	±6.5	0.80	±14.0	1.30
$800 < l_n \leqslant 900$	±3.80	0.20	±1.90	0.35	±3.80	0.50	±7.5	0.90	±15.0	1.40
$900 < l_n \leqslant 1\,000$	±4.20	0.25	±2.00	0.40	±4.20	0.60	±8.0	1.00	±17.0	1.50

注：距离测量面边缘0.8 mm范围内不计。

表3-2　各等量块长度测量不确定度和长度变动量最大允许值（摘自JJG 146—2011）

	量块检定精度									
	1等		2等		3等		4等		5等	
	①	②	①	②	①	②	①	②	①	②
	最大允许值/μm									
$l_n \leqslant 10$	0.022	0.05	0.06	0.10	0.11	0.16	0.22	0.30	0.6	0.50
$10 < l_n \leqslant 25$	0.025	0.05	0.07	0.10	0.12	0.16	0.25	0.30	0.6	0.50
$25 < l_n \leqslant 50$	0.030	0.06	0.08	0.10	0.15	0.18	0.30	0.30	0.8	0.55
$50 < l_n \leqslant 75$	0.035	0.06	0.09	0.12	0.18	0.18	0.35	0.35	0.9	0.55
$75 < l_n \leqslant 100$	0.04	0.07	0.10	0.12	0.20	0.20	0.40	0.35	1.0	0.60
$100 < l_n \leqslant 150$	0.05	0.08	0.12	0.14	0.25	0.20	0.5	0.40	1.2	0.65
$150 < l_n \leqslant 200$	0.06	0.09	0.15	0.16	0.30	0.25	0.6	0.40	1.5	0.70

表 3-2(续)

	量块检定精度									
	1 等		2 等		3 等		4 等		5 等	
	①	②	①	②	①	②	①	②	①	②
	最大允许值/μm									
$200<l_n\leqslant250$	0.07	0.10	0.18	0.16	0.35	0.25	0.7	0.45	1.8	0.75
$250<l_n\leqslant300$	0.08	0.10	0.20	0.18	0.40	0.25	0.8	0.50	2.0	0.80
$300<l_n\leqslant400$	0.10	0.12	0.25	0.20	0.50	0.30	1.0	0.50	2.5	0.90
$400<l_n\leqslant500$	0.12	0.14	0.30	0.25	0.60	0.35	1.2	0.60	3.0	1.00
$500<l_n\leqslant600$	0.14	0.16	0.35	0.25	0.7	0.40	1.4	0.70	3.5	1.10
$600<l_n\leqslant700$	0.16	0.18	0.40	0.30	0.8	0.45	1.6	0.70	4.0	1.20
$700<l_n\leqslant800$	0.18	0.20	0.45	0.30	0.9	0.50	1.8	0.80	4.5	1.30
$800<l_n\leqslant900$	0.20	0.20	0.50	0.35	1.0	0.50	2.0	0.90	5.0	1.40
$900<l_n\leqslant1000$	0.22	0.25	0.55	0.40	1.1	0.60	2.2	1.00	5.5	1.50

注：1. ① 量块长度测量不确定度最大允许值；② 量块长度变动量最大允许值。
2. 距离测量面边缘 0.8 mm 范围内不计。
3. 表内测量不确定度置信概率为 0.99。

为了能用较少的块数组合成所需要的尺寸，量块按一定的尺寸系列成套生产。GB/T 6093—2001 中规定的量块系列有 91 块、83 块、46 块、38 块、10 块等 17 套，见表 3-3。

表 3-3　成套量块的尺寸(摘自 GB/T 6093—2001)

套别	总块数	级别	尺寸系列/mm	间隔/mm	块数
1	91	0,1	0.5	—	1
			1	—	1
			1.001,1.002,…,1.009	0.001	9
			1.01,1.02,…,1.49	0.01	49
			1.5,1.6,…,1.9	0.1	5
			2.0,2.5,…,9.5	0.5	16
			10,20,…,100	10	10
2	83	0,1,2	0.5	—	1
			1	—	1
			1.005	—	1
			1.01,1.02,…,1.49	0.01	49
			1.5,1.6,…,1.9	0.1	5
			2.0,2.5,…,9.5	0.5	16
			10,20,…,100	10	10
3	46	0,1,2	1	—	1
			1.001,1.002,…,1.009	0.001	9
			1.01,1.02,…,1.09	0.01	9
			1.1,1.2,…,1.9	0.1	9
			2,3,…,9	1	8
			10,20,…,100	10	10

表 3-3(续)

套别	总块数	级别	尺寸系列/mm	间隔/mm	块数
4	38	0,1,2	1 1.005 1.01,1.02,…,1.09 1.1,1.2,…,1.9 2,3,…,9 10,20,…,100	— — 0.01 0.1 1 10	1 1 9 9 8 10
…	…	…	…	…	…
17	6	3	201.2,400,581.5,750,901.8,990	—	6

由于量块测量面的平面度误差和表面粗糙度数值均很小,所以当测量面上有一层极薄的油膜时,两个量块的测量面相互接触,在不大的压力下做切向相对滑动,就能使两个量块黏附在一起。于是,就可以用不同尺寸的量块在一定尺寸范围内组合成所需要的尺寸。为了减少量块的组合误差,保证测量精度,应尽量减少量块的数目,一般不应超过 4 块,并使各量块的中心长度在同一直线上。实际组合时,应从消去所需尺寸的最小尾数开始,每选一块量块应至少减少所需尺寸的一位小数。

例如,用 83 块一套的量块组成尺寸 28.785 mm,其组合方法如下:

量块组的尺寸	28.785	
第一块量块的尺寸	—)1.005	(尺寸 1.005)
剩余尺寸	27.78	
第二块量块的尺寸	—)1.28	(间隔 0.01)
剩余尺寸	26.50	
第三块量块的尺寸	—)6.5	(间隔 0.5)
剩余尺寸(即第四块量块的尺寸)	20	(间隔 10)

3.1.5 计量器具和测量方法的分类

1. 计量器具的分类

计量器具按其测量原理、结构特点和用途可分为以下几类。

(1) 基准量具

基准量具是用来调整和校对一些计量器具或作为标准尺寸进行比较测量的器具。它又分为定值基准量具(如量块、角度块等)和变值基准量具(如线纹尺等)。

(2) 极限量规

极限量规是一种没有刻度的用于检验零件的尺寸和几何误差的专用计量器具。它只能用来判断被测几何量是否合格,而不能得到被测几何量的具体数值,如光滑极限量规、位置量规和螺纹量规等。

(3) 检验夹具

检验夹具也是一种专用计量器具,它与有关计量器具配合使用,可方便、快速地测得零件的多个几何参数,如检验滚动轴承的专用检验夹具可同时测得内、外圈尺寸和径向与轴向圆跳动等。

(4) 通用计量器具

通用计量器具是指能将被测几何量的量值转换成可直接观测的指示值或等效信息的器具。按其工作原理不同，又可分为以下几种：

① 游标量具，如游标卡尺、游标深度尺和游标量角器等；

② 微动螺旋量具，如外径千分尺和内径千分尺等；

③ 机械式指示计、比较仪，即用机械传动方法实现信息转换的量仪，如指示计(百分表、千分表等)、齿轮杠杆比较仪、扭簧比较仪等；

④ 光学量仪，即用光学方法实现信息转换的量仪，如光学比较仪、工具显微镜、投影仪、光波干涉仪等；

⑤ 电动量仪，即将原始信息转换成电信号参数的量仪，如电感测微仪、电容测微仪、接触式三坐标测量机、电动轮廓仪等；

⑥ 气动量仪，即通过气动系统的流量或压力的变化来实现原始信息转换的量仪，如游标式气动量仪、薄膜式气动量仪和波纹管式气动量仪等；

⑦ 光电式量仪，即采用非接触方式，通过将光学信号转换成电量，以实现几何量测量的量仪，如光学显微镜、激光干涉仪、光学干涉显微镜、光子扫描隧道显微镜等。

(5) 微机化量仪

微机化量仪是指在微机系统控制下，结合光学、电学等测量原理，利用软件测量及分析平台，可实现数据的自动采集、自动处理、自动显示和打印测量结果的智能一体化量仪，如电脑圆度仪、电脑几何误差测量仪和电脑表面粗糙度测量仪等。

(6) 机器视觉

机器视觉作为当今最新技术之一，是运用计算机模拟人的视觉功能，以机器代替人眼进行目标对象的识别、判断和测量，具有快速、准确、可靠与智能化等优点。目前，机器视觉已广泛应用于机械制造、电子制造、食品、制药、化工、建材等多种行业，对于提高产品检验的一致性和产品生产的安全性、降低工人劳动强度以及实现智能化生产具有不可替代的作用。

机器视觉利用光学或光电学原理进行测量，硬件系统主要包括光源、镜头、图像传感器(CCD/CMOS 等)、图像采集硬件等(图 3-3)，结合分析软件，可完成从宏观到微观、从一维到三维的复杂测量、识别、分类标定等。

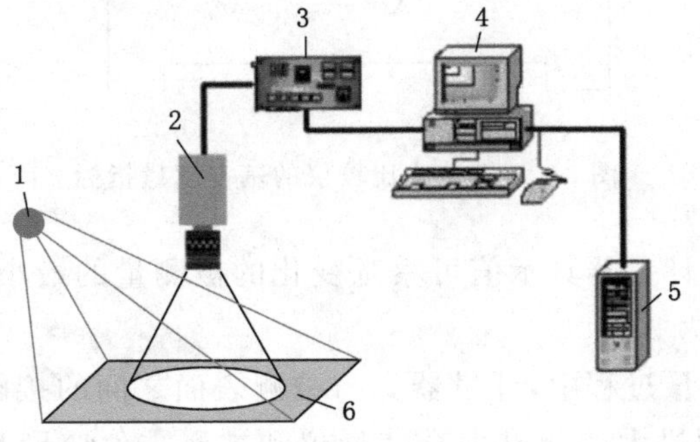

1—光照系统；2—CCD 摄像机；3—图像采集卡；4—工业计算机；5—控制机构；6—被检测图标。

图 3-3　典型机器视觉系统硬件组成

2. 计量器具的技术性能指标

① 刻度间距——刻度尺或刻度盘上相邻两刻线中心线间的距离。为便于目力估读一个分度值的小数部分，一般将刻度间距取为 1～2.5 mm。

② 分度值(又称刻度值)——刻度尺或刻度盘上每一刻度间距所代表的量值。几何量计量器具的常用分度值有 0.1 mm、0.05 mm、0.02 mm、0.01 mm、0.002 mm 和 0.001 mm，图 3-4 所示为某比较仪，分度值为 0.002 mm。

③ 示值范围——由计量器具所显示或指示的最低值到最高值的范围。如图 3-4 所示，比较仪的示值范围是±100 μm。

④ 测量范围——在允许误差限内计量器具所能测量的最小和最大被测量值的范围。如图 3-4 所示，比较仪的测量范围是 0～180 mm。

⑤ 灵敏度和放大比——计量器具对被测量变化的反应能力。如果被测参数的变化量为 ΔL，引起计量器具的示值变化量为 Δx，则灵敏度 $S=\Delta x/\Delta L$。对于一般长度计量器具，灵敏度又称放大比。对于具有等分刻度的刻度尺或刻度盘的量仪，放大比 K 等于刻度间距 a 与分度值 i 之比，即

$$K=\frac{a}{i} \tag{3-2}$$

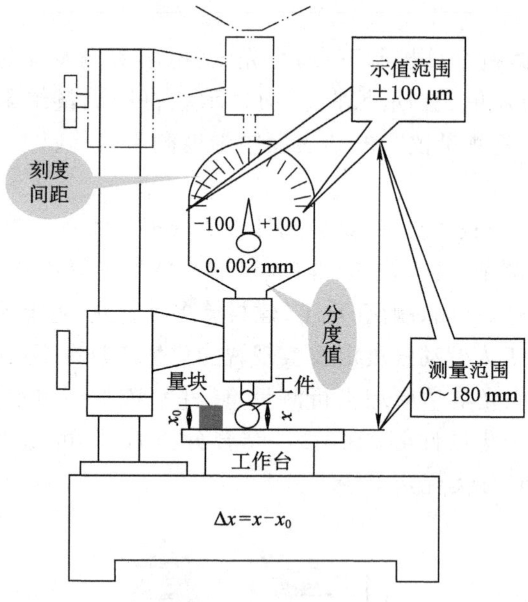

图 3-4　机械式比较仪的基本度量指标

⑥ 灵敏限——引起计量器具示值可察觉变化的被测量的最小变化值。它表示量仪反映被测量微小变化的能力。

⑦ 测量力——在测量过程中，计量器具与被测表面之间的接触力。在接触测量时，测量力可保证接触可靠，但过大的测量力会使量仪和被测零件变形和磨损，而测量力的变化会使示值不稳定，影响测量精度。

⑧ 示值误差——测量仪器的示值与被测量真值之差。

⑨ 示值变动——在测量条件不变的情况下，对同一被测量进行多次重复测量（一般5～10次）时，各测得值的最大差值。

⑩ 回程误差——在相同条件下，对同一被测量进行往返两个方向测量时，测量示值的变化范围。

⑪ 修正值——为了消除或减少系统误差，用代数法加到未修正测量结果上的数值。修正值等于示值误差的负值。例如，若示值误差为－0.003 mm，则修正值为＋0.003 mm。

⑫ 测量不确定度——由于测量误差的影响而使测量结果不能确定的程度。不确定度用误差界限表示。

3. 测量方法的种类及其特点

测量方法是指测量原理、测量器具、测量条件的总和。但在实际工作中，往往以获得测量结果的方式来划分测量方法的种类。

(1) 按计量器具的示值是否为被测量的全值，可分为绝对测量和相对测量。

① 绝对测量——计量器具的示值就是被测量的全值。例如，用游标卡尺、千分尺测量轴孔的直径属于绝对测量。

② 相对测量——又称比较测量，指计量器具的示值只表示被测量相对于已知标准量的偏差值，而被测量为已知标准量与该偏差值的代数和。例如，用比较仪测量轴的直径尺寸，首先用与被测轴径的公称尺寸相同的量块将比较仪调零，然后换上被测轴，测得被测直径相对量块的偏差。该偏差值与量块尺寸的代数和就是被测轴直径的实际尺寸。

(2) 按实测量是否为被测量，可分为直接测量和间接测量。

① 直接测量——无须对被测的量与其他实测的量进行函数关系的辅助计算，而直接测得被测量值的测量方法。例如，用外径千分尺测量轴的直径就属于直接测量。

② 间接测量——实测量与被测量之间有已知函数关系的其他量，经过计算求得被测量值的方法。例如，采用“弓高弦长法”间接测量圆弧样板的半径 R，只要测得弓高 h 和弦长 L 的量值，然后按照有关公式进行计算，就可获得样板的半径 R 的量值。

(3) 按零件上是否同时测量多个被测量，可分为单项测量和综合测量。

① 单项测量——对被测量分别进行测量。例如，在工具显微镜上分别测量螺纹的中径螺距和牙型半角的实际值。

② 综合测量——对零件上一些相关联的几何参数误差的综合结果进行测量，例如齿轮的切向综合偏差的测量。

(4) 按被测工件表面与计量器具的测头之间是否接触，可分为接触测量和非接触测量。

① 接触测量——计量器具的测头与被测表面相接触，并有机械作用的测量力的测量。例如，用立式光学比较仪测量轴径。

② 非接触测量——计量器具的测头与被测表面不接触，因而不存在机械作用的测量力的测量。例如，用光切显微镜测量表面粗糙度。

(5) 按测量结果对工艺过程所起的作用，可分为被动测量和主动测量。

① 被动测量——对完工零件进行的测量。测量结果仅限于发现并剔除不合格品。

② 主动测量——在零件加工过程中所进行的测量。此时，测量结果可直接用来控制加工过程，以防止废品的产生。例如，在磨削滚动轴承内、外圈的外、内滚道过程中，测量头测量磨削直径尺寸，当达到尺寸合格范围时，则停止磨削。

(6) 按被测零件在测量中所处的状态,可分为静态测量和动态测量。

① 静态测量——在测量时,被测表面与测头相对静止的测量。例如,用千分尺测量零件的直径。

② 动态测量——在测量时,被测表面与测头之间有相对运动的测量。它能反映被测参数的变化过程。例如,用电动轮仪测量表面粗糙度。

主动测量和动态测量是测量技术的主要发展方向,前者能将加工和测量紧密结合起来,从根本上改变测量技术的被动局面,后者能较大地提高测量效率和保证零件的质量。

3.2 测量误差及数据处理

本节介绍测量误差的基本概念、测量误差产生的原因、测量误差的特性及分类、测量误差的数据处理方法及如何获得测量结果等内容。

3.2.1 概述

1. 测量误差的基本概念

测量误差是指测得值与被测量的真值之差。在实际中,任何测量不论使用的仪器多么精密,采用的测量方法多么可靠,工作多么细心,测量误差总是会有的。因此一般说来,真值是难以得到的。在实际测量中,常用相对真值或不存在系统误差情况下的算术平均值来代替真值。例如,用量块检定千分尺时,对千分尺的示值来说,量块的尺寸就可作为约定真值。测量误差可用绝对误差和相对误差来表示。

(1) 绝对误差

绝对误差 Δ 是指被测量的实际值 x 与其真值 μ_0 之差,即

$$\Delta = x - \mu_0 \tag{3-3}$$

绝对误差是代数值,可能是正值、负值或零。

例如,用外径千分尺测量某轴的直径,若测得的实际直径为 35.005 mm,而用高精度量仪测得的结果为 35.012 mm(可看作是约定真值),则用千分尺测得的实际直径值的绝对误差为

$$\Delta = 35.005\ \text{mm} - 35.012\ \text{mm} = -0.007\ \text{mm}$$

(2) 相对误差

相对误差 ε 是指绝对误差的绝对值与被测量的真值(或用约定测得值 x_i 代替真值)之比,即

$$\varepsilon = \frac{|\Delta|}{\mu_0} \times 100\% \approx \frac{|\Delta|}{x_i} \times 100\% \tag{3-4}$$

上例中的相对误差为

$$\varepsilon = \frac{|-0.007|}{35.012} \times 100\% \approx 0.02\%$$

当被测量的大小相同时,可用绝对误差的大小来比较测量精度的高低。而当被测量的大小不同时,则用相对误差的大小比较测量精度的高低。例如,有(100±0.008) mm 和

(80±0.007) mm 两个测量结果，倘若用绝对误差进行比较，则无法判断测量精度高低，这就需用相对误差进行比较。由于

$$\varepsilon_1=\frac{0.008}{100}\times 100\%\approx 0.008\%$$

$$\varepsilon_2=\frac{0.007}{80}\times 100\%\approx 0.00875\%$$

可见，前者的测量精度较后者高。

在长度测量中，相对误差应用较少，通常所说的测量误差，一般是指绝对误差。

2. 测量误差的来源

在测量过程中产生误差的原因很多，主要的误差来源如下。

(1) 计量器具误差

计量器具误差是指计量器具本身所具有的误差。计量器具误差的来源十分复杂，它与计量器具的结构设计、制造和安装调试不良等许多因素有关，其主要来源有以下几种：

① 基准件误差

任何计量器具都有供比较的基准，而作为基准的已知量也不可避免地会存在误差，称为基准件误差。例如，刻线尺的划线误差、分度盘的分度误差、量块长度的极限偏差等。

显然，基准件误差将直接反映到测量结果之中，它是计量器具的主要误差来源。例如，在立式光学比较仪上，用 2 级量块作为基准测量 $\phi 25$ 的零件时，由于量块制造误差为 ±0.6 μm，测得值中就有可能带入 ±0.6 μm 的测量误差。

② 原理误差

在设计计量器具时，为了简化结构，有时采用近似设计，用近似机构代替理论上所要求的机构而产生原理误差。或者设计的器具在结构布置上，未能保证被测长度与标准长度安置在同一直线上，不符合阿贝原则而引起阿贝误差，这些都会产生测量误差。再如，用标准尺的等分刻度代替理论上应为不等分的刻度而引起的示值误差等。在这种情况下即使计量器具制造得绝对准确，仍然会有测量误差，故称为原理误差。当然，这种设计带来的固有原理误差通常是较小的，否则这种设计便不能采用。

在几何量计量中有两个重要的测量原则，即长度测量中的阿贝比长原则和圆周分度测量中的封闭原则。

阿贝比长原则是指在长度测量中，使测量误差最小应将标准量安放在被测量的延长线上，也就是说，量具或仪器的标准量系统和被测尺寸应按串联的形式排列。

圆周封闭原则是指对于圆周分度器件(如刻度盘、圆柱齿轮等)的测量，利用“在同一圆周上所有夹角之和等于 360°，亦即所有夹角误差之和等于零”的这一自然封闭特性。

③ 制造误差

计量器具在制造过程中必然产生误差。例如，传递系统零件制造不准确引起的放大比误差、刻线尺划线不准引起的误差、机构间隙引起的误差、千分尺的测微螺杆的螺距制造误差、使千分表刻度盘的刻度中心与指针回转中心不重合而引起的偏心误差等，均属于制造误差。

④ 测量力引起的误差

在接触测量中，由于测量力的存在，被测零件和量仪会产生弹性变形(包括接触变形、

结构变形、支承变形)，这种变形量虽不大，但在精密测量中就需要加以考虑。由于测头形状、零件表面形状和材料的不同，因测量力而引起的压陷量也不同。

(2) 测量方法误差

测量方法误差是指采用近似测量方法或测量方法不当而引起的测量误差。例如，用π尺测量大型零件的外径，是先测量圆周长 S，然后按 $d=\frac{S}{\pi}$ 计算出直径。按此式算得的是平均直径，当被测截面轮廓存在较大的椭圆形状误差时，可能出现最大和最小实际直径已超差但平均直径仍合格的情况，从而导致做出错误的判断。再如，测量圆柱表面的素线直线度误差代替测量轴线直线度误差，等等。

另外，同一参数可用不同的方法测量。不同的测量方法所得的测量结果往往不同，当采用不妥当的测量方法时，就存在测量方法误差。

(3) 环境条件误差

环境条件误差是指测量时的环境条件不符合标准条件而引起的测量误差。测量环境的温度、湿度、气压、振动和灰尘等都会引起测量误差。其中，温度的影响是主要的，而其余各因素一般在精密测量时才予以考虑。

在长度测量中，特别是在测量大尺寸零件时，温度的影响尤为明显。当温度变化时，由于被测件、量仪和基准件的材料不同，其线膨胀系数也不同，测量时的温度偏离标准温度(20 ℃)所引起的测量误差 ΔL 可按下式计算：

$$\Delta L = L[\alpha_2(t_2 - 20\ ℃) - \alpha_1(t_1 - 20\ ℃)] \tag{3-5}$$

式中，L 为被测长度尺寸，mm；α_1、α_2 为标准件、被测件材料的线膨胀系数，10^{-6}/℃；t_1、t_2 为标准件、被测件的实际温度，℃。

式(3-5)可改写成

$$\Delta L = L[(\alpha_2 - \alpha_1)(t_2 - 20\ ℃) + \alpha_1(t_2 - t_1)] \tag{3-6}$$

由式(3-6)可知，当标准件与被测件材料的线膨胀系数相同($\alpha_1=\alpha_2$)时，只要使两者在测量时的实际温度相等($t_1=t_2$)，即使偏离标准温度，也不存在温度引起的测量误差。

由温度变化和被测件与测量器具的温差引起的未定系统误差，可按随机误差处理，由下式计算：

$$\Delta_{\lim} = L\sqrt{(\alpha_2 - \alpha_1)^2 + \Delta t_2^2 + \alpha_1^2(t_2 - t_1)^2} \tag{3-7}$$

式中，L 为被测长度尺寸，mm；α_1、α_2 为标准件、被测件材料的线膨胀系数，10^{-6}/℃；Δt_2 为测量温度(环境温度)的最大变化量，℃；(t_2-t_1)为被测件与标准件的极限温度差，℃。

为了减少温度引起的测量误差，应尽量使测量时的实际温度接近标准温度，或进行等精度处理，也可按式(3-7)的计算结果，对测得值进行修正。

(4) 人为误差

人为引起的测量误差常指测量者的估计判断误差、眼睛分辨能力的误差、斜视误差等。

3.2.2 测量误差的种类及特性

为了提高测量精度就必须减少测量误差，而要减少测量误差，就必须了解和掌握测量误差的性质及规律。根据误差的性质和出现的规律，可以将测量误差分为系统误差、随机误差和粗大误差。

1. 系统误差及其消除方法

系统误差是指在一定的测量条件下，对同一被测量进行多次重复测量时，误差的绝对值和符号保持不变或按一定规律变化的测量误差。前者称为定值（或已定）系统误差，后者称为变值（或未定）系统误差。例如，在光学比较仪上用相对测量法测量轴的直径时，按量块的标称长度调整光学比较仪的零点，由量块的制造误差所引起的测量误差就是定值系统误差。而千分表指针的回转中心与刻度盘上各条刻线的中心之间的偏心所引起的按正弦规律周期变化的示值误差则是变值系统误差。

对于定值系统误差，可用不等精度测量法来发现。

对于变值系统误差，可根据它对测得值的残差的影响，采用"残差观察法"来发现。即将各测得值的残差按测量顺序排列，若各残差大体上正、负相间，又无显著变化[见图3-5(a)]，则可认为不存在变值系统误差；若各残差大体上按线性规律递增或递减[见图3-5(b)]，则可认定存在线性变值系统误差；若各残差的变化基本上呈周期性[见图3-5(c)]，则可认为存在周期性变值系统误差。

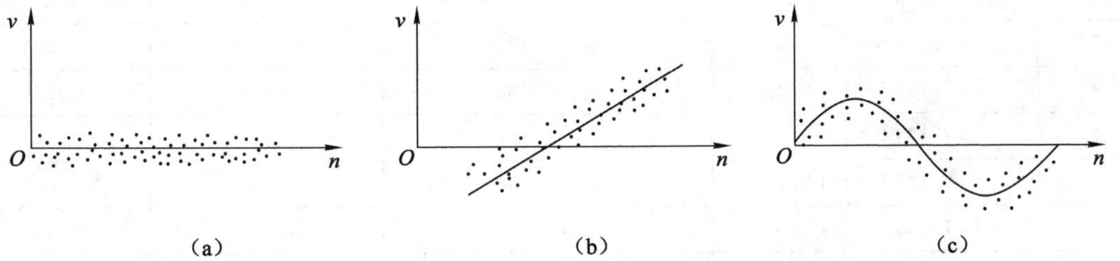

图3-5　变值系统误差的发现

在测量过程中，应尽量消除或减小系统误差，以提高测量结果的正确度。消除系统误差有如下方法：

① 从产生误差的根源上消除系统误差。要求测量人员对测量过程中可能产生系统误差的各个环节作仔细的分析，并在测量前就将系统误差从产生根源上加以消除。

② 用修正法消除系统误差。预先将计量器具的系统误差检定或计算出来，然后将测得值减去系统误差，即可得到不包含系统误差的测量结果。

③ 用抵消法消除定值系统误差。在对称位置上分别测量一次，使这两次测量中读数出现的系统误差大小相等，符号相反，取两次平均值作为测量结果，即可消除定值系统误差。

④ 用半周期法消除周期性系统误差。周期性系统误差可每相隔半个周期测量一次，以两次测量的平均值作为一个测得值，即可有效消除周期性系统误差。

2. 随机误差的特性与评定

随机误差是指在一定的测量条件下，对同一被测量连续多次测量时，绝对值和符号以不可预定方式变化的误差。对于随机误差，虽然每一单次测量所产生的误差的绝对值和符号不能预料，但是以足够多的次数重复测量，随机误差的总体服从一定的统计规律。

随机误差是由测量过程中未加控制又不起显著作用的多种随机因素引起的。这些随机因素包括温度的波动、测量力的变动、量仪中油膜的变化、传动件之间的摩擦力变化以及读数时的视差等。

随机误差是难以消除的，但可用概率论和数理统计的方法，估算随机误差对测量结果的影响程度，并通过对测量数据的适当处理减小其对测量结果的影响程度。

试进行以下实验，即在某一条件下，对某一个工件的同一部位用同一方法进行 150 次重复测量，得到 150 个测得值，这一系列测得值通常称为测量列。为了描述随机误差的分布规律，假设测得值中的系统误差已消除，同时也不存在粗大误差。然后将 150 个测得值按尺寸的大小分为 11 组，每组间隔 $\Delta x=0.001$ mm，统计出每组的频数 n_i（工件尺寸出现的次数），计算出每组的频率 n_i/n（n 为测量次数），列于表 3-4 中。

表 3-4　测量数据统计表

组号	测得值分组区间/mm	区间中心值/mm	频数 n_i	频率 n_i/n
1	7.130 5～7.131 5	$x_1=7.131$	$n_1=1$	0.007
2	>7.131 5～7.132 5	$x_2=7.132$	$n_2=3$	0.02
3	>7.132 5～7.133 5	$x_3=7.133$	$n_3=8$	0.053
4	>7.133 5～7.134 5	$x_4=7.134$	$n_4=18$	0.12
5	>7.134 5～7.135 5	$x_5=7.135$	$n_5=28$	0.187
6	>7.135 5～7.136 5	$x_6=7.136$	$n_6=34$	0.227
7	>7.136 5～7.137 5	$x_7=7.137$	$n_7=29$	0.193
8	>7.137 5～7.138 5	$x_8=7.138$	$n_8=17$	0.113
9	>7.138 5～7.139 5	$x_9=7.139$	$n_9=9$	0.06
10	>7.139 5～7.140 5	$x_{10}=7.140$	$n_{10}=2$	0.013
11	>7.140 5～7.141 5	$x_{11}=7.141$	$n_{11}=1$	0.007
	测得值的平均值：7.136		$n=\sum n_i=150$	$\sum(n_i/n)=1$

再以测得值 x 为横坐标，以频率 n_i/n 为纵坐标，画出频率直方图。连接每个直方图上部中点，得到一条折线，称为实际分布曲线，如图 3-6(a)所示。若将上述测量次数 n 无限增大，而分组间隔 Δx 区间趋于无限小，则该折线就变成一条光滑的曲线，称为理论分布曲线。

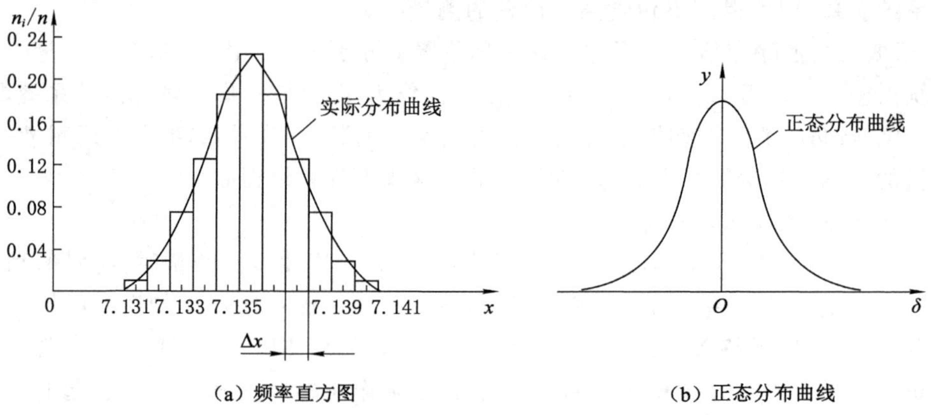

图 3-6　频率直方图与正态分布曲线

如果横坐标以测量的随机误差 δ 代替测得值 x_i，纵坐标以表示对应各随机误差的概率密度 y 代替频率 n_i/n，那么就得到随机误差的正态分布曲线，如图 3-6(b)所示。

大量的观测实践表明，测量时的随机误差通常服从正态分布规律。正态分布的随机误差具有下列 4 个基本特性：

① 单峰性。绝对值小的误差出现的概率大，而绝对值大的误差出现的概率小。

② 离散性。随机误差有正有负，有大有小，离散分布，不可预知。

③ 抵偿性。对同一量在同一条件下进行重复测量，其随机误差的算术平均值随着测量次数的增加而趋近于零，呈现对称性，即

$$\sum_{i=1}^{+\infty} \delta_i = 0$$

④ 有界性。在一定的测量条件下，随机误差的绝对值不会超出一定的界限。随机误差除了按正态分布之外，也可能按其他规律分布，如等概率分布、三角形分布等。本章讨论的随机误差为服从正态分布的随机误差。评定随机误差的特性时，以服从正态分布曲线的标准偏差作为评定指标。根据概率论，正态分布曲线的数学表达式为

$$y = \frac{1}{\sigma\sqrt{2\pi}} e^{-\frac{\delta^2}{2\sigma^2}} \tag{3-8}$$

式中，y 为概率密度；e 为自然对数的底；σ 为标准偏差；δ 为随机误差。

从式(3-8)可知，概率密度 y 与随机误差 δ 及标准偏差 σ 有关。当 $\delta=0$ 时，概率密度最大，且有 $y_{\max}=\frac{1}{\sigma\sqrt{2\pi}}$。概率密度的最大值 $y_{\max}$ 与标准偏差 σ 成反比。在图 3-7 中有三条不同标准偏差的正态分布曲线，即 $\sigma_1<\sigma_2<\sigma_3$，$y_{1\max}>y_{2\max}>y_{3\max}$。标准偏差 σ 表示了随机误差的离散(或分散)程度。可见，σ 越小，$y_{\max}$ 越大，分布曲线越陡峭，测得值越集中，即测量精度越高；反之，σ 越大，$y_{\max}$ 越小，分布曲线越平坦，测得值越分散，测量精度越低。

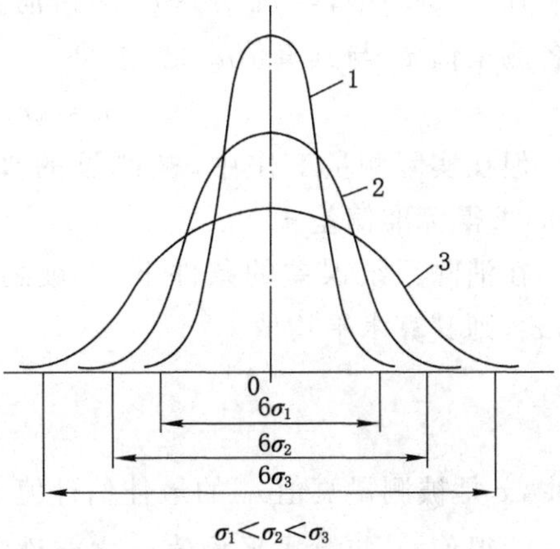

1—标准偏差值 σ_1 的正态分布曲线；
2—标准偏差值 σ_2 的正态分布曲线；
3—标准偏差值 σ_3 的正态分布曲线

图 3-7　不同标准偏差的正态分布曲线

按照误差理论，随机误差的标准偏差 σ 的计算公式为

$$\sigma = \sqrt{\frac{\sum_{i=1}^{n} \delta_i^2}{n}} \tag{3-9}$$

式中，δ_i 为各测得值的随机误差，$i=1,2,\cdots,n$；n 为测量次数。

由概率论可知，全部随机误差的概率之和为 1，即

$$P = \int_{-\infty}^{+\infty} y\mathrm{d}\delta = \frac{1}{\sigma\sqrt{2\pi}}\int_{-\infty}^{+\infty} e^{-\frac{\delta^2}{2\sigma^2}}\mathrm{d}\delta = 1$$

随机误差出现在区间$(-\delta,+\delta)$内的概率为

$$P = \frac{1}{\sigma\sqrt{2\pi}}\int_{-\delta}^{+\delta} e^{-\frac{\delta^2}{2\sigma^2}} d\delta$$

若令 $t=\frac{\delta}{\sigma}$，则 $dt=\frac{d\delta}{\sigma}$，于是有

$$P = \frac{1}{\sqrt{2\pi}}\int_{-t}^{+t} e^{-\frac{t^2}{2}} dt = \frac{1}{\sqrt{2\pi}}\int_{0}^{t} e^{-\frac{t^2}{2}} dt = 2\varphi(t)$$

式中，$\varphi(t)=\frac{1}{\sqrt{2\pi}}\int_0^t e^{-\frac{t^2}{2}} dt$，函数 $\varphi(t)$ 称为拉普拉斯函数。

当已知 t 时，在拉普拉斯函数表中可查得函数 $\varphi(t)$ 的值。

例如：当 $t=1$ 时，即 $\delta=\pm\sigma$ 时，$2\varphi(t)=68.27\%$

当 $t=2$ 时，即 $\delta=\pm 2\sigma$ 时，$2\varphi(t)=95.44\%$

当 $t=3$ 时，即 $\delta=\pm 3\sigma$ 时，$2\varphi(t)=99.73\%$

由于超出 $\pm 3\sigma$ 范围的随机误差的概率仅为 0.27%，因此，可将随机误差的极限值取作 $\pm 3\sigma$，并记作：$\Delta_{\lim}=\pm 3\sigma$，如图 3-8 所示。

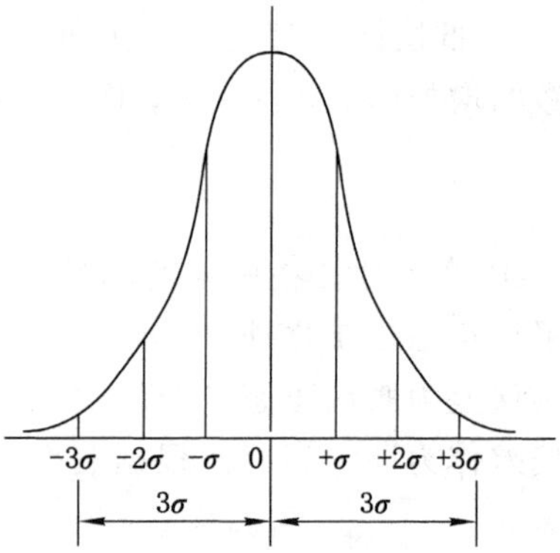

图 3-8　随机误差的极限值

在式(3-9)中，随机误差 δ_i 是指消除系统误差后的各测量值 x_i 与其真值 μ_0 之差，即

$$\delta_i = x_i - \mu_0, i = 1,2,\cdots,n \tag{3-10}$$

但在实际测量工作中，被测量的真值 μ_0 是未知的，δ_i 也是未知的，因此无法根据式(3-9)求得标准偏差 σ。

在消除系统误差的条件下，对被测量进行等精度、有限次的测量，若测量列为 $x_1, x_2, \cdots, x_n$，则其算术平均值

$$\bar{x} = \frac{1}{n}\sum_{i=1}^{n} x_i \tag{3-11}$$

式中，$\bar{x}$ 是被测量真值 μ_0 的最佳估计值。

测得值 x_i 与算术平均值 $\bar{x}$ 之差称为残余误差（简称残差），并记作

$$\nu_i = x_i - \bar{x}, i = 1,2,\cdots,n \tag{3-12}$$

由于随机误差 δ_i 是未知的，所以在实际应用中，采用贝塞尔(Bessel)公式计算标准偏差的估计值，即

$$\sigma = \sqrt{\frac{\sum_{i=1}^{n}\nu_i^2}{n-1}} \tag{3-13}$$

按式(3-13)估计出 σ 值后，若只考虑随机误差的影响，则单次测量结果可表示为

$$X = x_i \pm 3\sigma \tag{3-14}$$

这表明：被测量真值 μ_0 在 $(x_i \pm 3\sigma)$ 之中的概率是 99.73%。

若在相同条件下，对同一被测量值重复进行若干组的“n”次测量”，虽然每组 n 次测量的算术平均值也不会完全相同，但这些算术平均值的分布范围要比单次测量值（一组 n 次

测量)的分布范围小得多。算术平均值 $\overline{x}$ 的分散程度可用算术平均值的标准偏差 $\sigma_{\overline{x}}$ 来表示，$\sigma_{\overline{x}}$ 与单次测量的标准偏差 σ 存在下列关系：

$$\sigma_{\overline{x}} = \frac{\sigma}{\sqrt{n}} \tag{3-15}$$

在正态分布情况下，测量列算数平均值的极限偏差可取作

$$\Delta_{\overline{x}\lim} = \pm 3\sigma_{\overline{x}} \tag{3-16}$$

相应的置信概率为 99.73%。

3. 粗大误差及其剔除方法

粗大误差(简称粗误差)又称过失误差，指超出规定条件下预计的误差。粗大误差是由某些不正常的原因造成的，例如测量者的粗心大意所造成的读数错误或记录错误、被测零件或计量器具的突然振动等。粗大误差会对测量结果产生严重的歪曲，因此要从测量数据中剔除掉。

判断是否存在粗大误差，可以随机误差的分布范围为依据，凡超出规定范围的误差，就可视为粗大误差。例如，对于服从正态分布的等精度多次测量结果，测得值的残差绝对值超出 $\pm 3\sigma$ 的概率仅为 0.27%，因此可按 3σ 准则剔除粗大误差。

3σ 准则又称拉依达准则。对于服从正态分布的误差，应按式(3-13)计算出标准偏差 σ 的估计值，然后用 3σ 作为准则来检查所有的残余误差 ν_i。若某一个或若干个 $|\nu_i| > 3\sigma$，则该残差(或若干个残差)为粗大误差，相对应的测量值应从测量列中剔除。然后就剔除了粗大误差的测量列重新按式(3-11)～式(3-13)计算 σ，再将新计算出的残余误差进行判断，直到无粗大误差为止。

3.2.3　测量精度的分类

在 3.2.2 小节中讨论了随机误差和系统误差的特性及其对测量结果的影响。在实际测量过程中，常常用测量精度来描述测量误差的大小。测量精度是指测得值与其真值的接近程度。它是和测量误差从不同角度说明同一概念的术语。测量误差是指测得值与其真值的差别量。测量精度与测量误差是相对应的概念，都是用来描述测量结果的。测量误差越大，测量精度就越低；反之，测量精度就越高。为了反映不同性质的测量误差对测量结果的不同影响，可以将测量精度分为以下几类：

① 精密度——在一定条件下进行多次测量时，各测得值的一致程度。它表示测量结果中随机误差的大小，即随机误差越小，精密度越高；反之，精密度越低。

② 正确度——在一定条件下进行多次测量时，各测得值的平均值与其真值的一致程度。它表示测量结果中定值系统误差的大小，定值系统误差越小，正确度越高。

③ 准确度——在一定条件下进行多次测量时，各测得值与其真值的一致程度。它表示系统误差和随机误差的综合影响。

测量精度和测量误差的概念可用图 3-9 所示的打靶例子加以说明。图 3-9(a)表示随机误差小而系统误差大，即精密度高，正确度低。图 3-9(b)表示随机误差大而系统误差小，即精密度低，正确度高。图 3-9(c)表示随机误差和系统误差均较大，即精密度和正确度均较低。图 3-9(d)表示随机误差和系统误差都小，即准确度高。

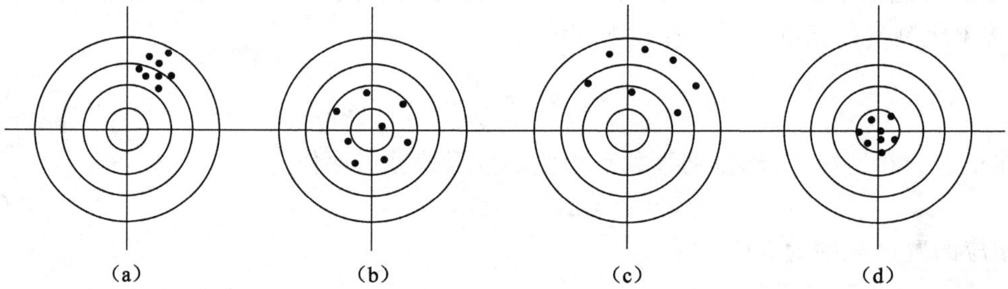

图 3-9　靶示测量精度与测量误差

3.2.4　测量数据的处理

1. 直接测量数据的处理

在测得值中，可能含有系统误差、随机误差和粗大误差，为了获得可靠的测量结果，应对这些测量数据进行处理。

(1) 对于粗大误差应剔除。

(2) 对于已定系统误差按代数和合成，即

$$\Delta_{总,系} = \sum_{i=1}^{n} \Delta_{i,系} \tag{3-17}$$

式中，$\Delta_{总,系}$、$\Delta_{i,系}$ 分别为测量结果总的系统误差和各误差来源的系统误差。

(3) 对于服从正态分布，彼此独立的随机误差和未定系统误差按方和根法合成，即

$$\Delta_{总,\lim} = \sqrt{\sum_{i=1}^{n} \Delta_{i,\lim}^2}$$

式中，$\Delta_{总,系}$、$\Delta_{i,\lim}$ 分别为测量结果总的极限误差和各误差来源的极限误差。

【例 3-1】　用外径千分尺测量黄铜材料轴的直径。测得的实际直径 $d_a = 40.115$ mm，千分尺的极限误差 $\Delta_{\lim} = 4$ μm，车间温度为 (23±2.5) ℃，测量时被测零件与千分尺的温差不超过 1 ℃，千分尺未调零，有 +0.005 mm 的误差，试求单次测量结果。已知千分尺材料的线膨胀系数 $\alpha_1 = 11.5 \times 10^{-6}$/℃，被测工件黄铜的线膨胀系数 $\alpha_2 = 18 \times 10^{-6}$/℃。

解　(1) 确定各种误差

已定系统误差(千分尺未调零而引起的误差)$\Delta_{1,系} = +0.005$ mm $= +5$ μm。

温度引起的误差(偏离标准温度引起的误差)按式(3-5)计算，即

$$\begin{aligned}\Delta_{2,系} &= L[\alpha_2(t_2-20)-\alpha_1(t_1-20)] \\ &= 40.115\times[18\times(23-20)-11.5\times(23-20)]\times10^{-6} \\ &= +0.000\ 78\ (\text{mm}) \approx +0.8\ (\mu\text{m})\end{aligned}$$

随机误差(千分尺的极限误差)$\Delta_{1,\lim} = \pm 4$ μm。

未定系统误差(车间温度变化、被测零件与千分尺的温度差引起的误差)按式(3-7)计算，即

$$\begin{aligned}\Delta_{2,\lim} &= L\sqrt{(\alpha_2-\alpha_1)^2\Delta t_2^2+\alpha_1^2(t_2-t_1)^2} \\ &= 40.115\sqrt{(18-11.5)^2\times5^2+11.5^2\times1^2}\times10^{-6}\end{aligned}$$

$$=0.0014\ (\text{mm})=1.4\ (\mu\text{m})$$

(2) 将以上各项误差分别合成

$$\Delta_{总,系}=\Delta_{1,系}+\Delta_{2,系}=[+5+(0.8)]\ (\text{mm})=+5.8\ (\mu\text{m})$$

$$\Delta_{总,\lim}=\sqrt{\Delta_{1,\lim}^2+\Delta_{2,\lim}^2}=\sqrt{4^2+1.4^2}\ (\text{mm})=4.2\ (\mu\text{m})$$

(3) 计算单次测量结果

$$d=(d_a-\Delta_{总,系})\pm\Delta_{总,\lim}=[(40.115-0.0058)\pm0.0042]\ (\text{mm})$$

$$\approx(40.109\pm0.004)\ (\text{mm})$$

即真值在 40.105～40.113 mm 的概率为 99.73%。

【例 3-2】 对某一零件同一部位进行多次重复测量，测量顺序和相应的测得值见表 3-5 中的第 1 列和第 2 列，试求测得结果。

表 3-5 测量数据及其处理计算表

测量顺序	x_i/mm	$\nu_i=x_i-\bar{x}$/μm	ν_i^2/μm²
1	29.955	−2	4
2	29.958	+1	1
3	29.957	0	0
4	29.958	+1	1
5	29.956	−1	1
6	29.957	0	0
7	29.958	+1	1
8	29.955	−2	4
9	29.957	0	0
10	29.959	+2	4
	$\bar{x}=\frac{1}{10}\sum_{i=1}^{10}x_i=29.957$	$\sum_{i=1}^{10}\nu_i=0$	$\sum_{i=1}^{10}\nu_i^2=16$

解 (1) 判断定值系统误差

根据发现系统误差的有关方法判断(假设已经过不等精度测量)，测量列中不存在定值系统误差。

(2) 计算测量值的算术平均值

$$\bar{x}=\frac{1}{n}\sum_{i=1}^{n}x_i=\frac{1}{10}\sum_{i=1}^{10}x_i=\frac{299.57}{10}\ (\text{mm})=29.957\ (\text{mm})$$

(3) 计算残差

按式(3-12)计算各测量数据的残差为

$$\nu_i=x_i-\bar{x}=x_i-29.957\ (\text{mm})$$

计算结果列于表 3-5 中的第 3 列。

(4) 判断变值系统误差

按残差观察法，本例题中各测量数据的残差符号大体上正、负相间，但不是周期变化，因此可以判断该测量列中不存在变值系统误差。

（5）计算单次测量的标准偏差

按式(3-13)计算测量列单次测得值的标准偏差的估计值

$$\sigma=\sqrt{\frac{\sum_{i=1}^{n}\nu_i^2}{n-1}}=\sqrt{\frac{16}{10-1}}\ (\mu\text{m})\approx 1.3\ (\mu\text{m})$$

（6）判断粗大误差

根据拉依达准则，测量列中没有出现绝对值大于 3σ(3.9 μm)的残差，因此判定测量列中不存在粗大误差。

（7）计算测量列算术平均值的标准偏差

按式(3-15)计算得

$$\sigma_{\bar{x}}=\frac{\sigma}{\sqrt{n}}=\frac{1.3}{\sqrt{10}}\ (\mu\text{m})\approx 0.41\ (\mu\text{m})$$

（8）计算测量列算术平均值的测量极限误差

按式(3-16)计算得

$$\Delta_{\bar{x}\lim}=\pm 3\sigma_{\bar{x}}=(\pm 3\times 0.41)\ \mu\text{m}=\pm 1.23\ \mu\text{m}$$

（9）确定测量结果

$$X=\bar{x}_i\pm\Delta_{\bar{x}\lim}=(29.957\,0\pm 0.001\,2)\ \text{mm}$$

即零件该处的真值在 29.955 8～29.958 2 mm 之中的概率为 99.73%。

【例 3-3】 在标准温度下，对某减速器实际输出轴 ϕ56h6 某部位尺寸进行了 15 次等精度测量，测量数据依次为 55.995、55.996、55.993、55.996、55.995、55.996、55.992、55.983、55.993、55.996、55.995、55.994、55.992、55.992、55.993。该测量所用仪器有＋0.3 μm 的零位误差，要求对测得数据进行处理得出测量结果。

解 （1）按测量顺序，将实测数据写在表 3-6 的第 2 列

表 3-6 测量数据及其处理计算

序号	x_i/mm	ν_i/mm ($\nu_i=x_i-\bar{x}$)	ν_i^2/mm^2	$\nu_{i(-8)}$/mm ($\nu_{i(-8)}=x_i-\bar{x}_{(-8)}$)	$\nu_{i(-8)}^2$/mm^2
1	55.995	+0.001 6	0.000 002 56	+0.000 9	0.000 000 81
2	55.996	+0.002 6	0.000 006 76	+0.001 9	0.000 003 61
3	55.993	+0.000 4	0.000 000 16	−0.001 1	0.000 001 21
4	55.996	+0.002 6	0.000 006 76	+0.001 9	0.000 003 61
5	55.995	+0.001 6	0.000 002 56	+0.000 9	0.000 000 81
6	55.996	+0.002 6	0.000 006 76	+0.001 9	0.000 003 61
7	55.992	−0.001 4	0.000 001 96	−0.002 1	0.000 004 41
8	55.983	−0.010 4	0.000 008 16	—	—
9	55.993	−0.000 4	0.000 000 16	−0.001 1	0.000 001 21
10	55.996	+0.002 6	0.000 006 76	+0.001 9	0.000 003 61
11	55.995	+0.001 6	0.000 002 56	+0.000 9	0.000 000 81
12	55.994	+0.000 6	0.000 000 36	−0.000 1	0.000 000 01

表 3-6(续)

序号	x_i/mm	ν_i/mm ($\nu_i=x_i-\overline{x}$)	ν_i^2/mm^2	$\nu_{i(-8)}$/mm ($\nu_{i(-8)}=x_i-\overline{x}_{-8}$)	$\nu_{i(-8)}^2$/mm^2
13	55.992	−0.001 4	0.000 001 96	−0.002 1	0.000 004 41
14	55.992	−0.001 4	0.000 001 96	−0.002 1	0.000 004 41
15	55.993	−0.000 4	0.000 000 16	−0.001 1	0.000 001 21
	$\overline{x}=\frac{\sum_{i=1}^{15}x_i}{15}$ $=55.993\ 4$	$\sum_{i=1}^{15}\nu_i=0$	$\sum_{i=1}^{15}\nu_i^2=0.000\ 149\ 6$	$\overline{x}_{(-8)}=\frac{\sum_{i=1}^{7}x_i-\sum_{i=9}^{15}x_i}{14}$ $=55.994\ 1$	$\sum_{i=1}^{14}\nu_{i(-8)}^2$ $=0.000\ 033\ 74$

(2) 判断定值系统误差

根据案例，测量所用仪器有＋0.3 μm 的零位误差，由此判断测量列存在定值系统误差，即

$$\Delta_{定值}=+0.3\ \mu m$$

(3) 求出算术平均值

$$\overline{x}=\frac{1}{n}\sum_{i=1}^{n}x_i=\frac{1}{15}\sum_{i=1}^{15}x_i=\frac{839.901}{15}\ (mm)=55.993\ 4\ (mm)$$

(4) 计算残差

各测量数据的残差为

$$\nu_i=x_i-\overline{x}=x_i-55.993\ 4\ (mm)$$

计算结果列于表 3-6 中的第 3 列。

(5) 判断变值系统误差

按残差观察法，本例中各测量数据的残差符号大体上正、负相间，但不是周期变化，因此可以判断该测量列中不存在变值系统误差。

(6) 计算测量列单次测量值的标准偏差的估计值

$$\sigma=\sqrt{\frac{\sum_{i=1}^{n}\nu_i^2}{n-1}}=\sqrt{\frac{0.000\ 149\ 6}{15-1}}\ (mm)=0.003\ 3\ (mm)$$

(7) 判断粗大误差

根据拉依达准则，第 8 测得值的残余误差为

$$|\nu_8|=0.010\ 4>3\sigma=3\times0.003\ 3\ (mm)=0.009\ 9\ (mm)$$

即第 8 测得值 x_8 含有粗大误差，故将此测得值 x_8 剔除。再就剩下的 14 个测得值重新计算，得

$$\overline{x}_{(-8)}=\frac{1}{15-1}\left[\sum_{i=1}^{7}x_i+\sum_{i=9}^{15}x_i\right]=\frac{783.918}{14}\ (mm)=55.994\ 1\ (mm)$$

$$\nu_{i(-8)}=x_i-\overline{x}_{(-8)}=x_i-55.994\ 1\ (mm)$$

计算结果列于表 3-6 中的第 5 列。

$$\sigma_{(-8)}=\sqrt{\frac{\sum_{i=1}^{n}\nu_{i(-8)}^2}{n-1}}=\sqrt{\frac{0.000\ 033\ 74}{14-1}}\ (mm)=0.001\ 6\ (mm)$$

由表 3-6 中的第 5 列知，剩下的 14 个测得值残余误差均未超出 $3\sigma_{(-8)}=3\times0.0016$ (mm)=0.004 8 (mm)，即均满足 $|\nu_{i(-8)}|<3\sigma_{(-8)}$。故可认为这些测得值不再含有粗大误差。

(8) 求不含有粗大误差的 14 个测得值算术平均值的极限误差

$$\Delta_{\bar{x},\lim}=\frac{3\sigma_{(-8)}}{\sqrt{n}}=\pm\frac{0.0048}{\sqrt{14}}\ (\mathrm{mm})=\pm0.0013\ (\mathrm{mm})$$

(9) 测量结果的表示

$$d=[\bar{x}_{(-8)}-\Delta_{定值}]\pm\Delta_{\bar{x}\lim}=(55.9941-0.0003)\ \mathrm{mm}\pm0.0013\ \mathrm{mm}$$
$$=55.9938\ \mathrm{mm}\pm0.0013\ \mathrm{mm}\approx(55.994\pm0.001)\ \mathrm{mm}$$

即该处直径的真值在 55.993～55.995 mm 之中的概率为 99.73%。

以上是对多次测量结果的表示，若需要表示单次测量结果，可设某测得值为单次测量数据，例如设测量列中第 5 次测得值为单次测量数据，则第 5 次测量结果为

$$d_5=(x_5-\Delta_{定值})\pm3\sigma_{(-8)}=(55.995-0.0003)\ \mathrm{mm}\pm0.0048\ \mathrm{mm}$$
$$=55.9947\ \mathrm{mm}\pm0.0048\ \mathrm{mm}\approx(55.995\pm0.005)\ \mathrm{mm}$$

即单次测量的真值在 55.990～56.000 mm 之中的概率为 99.73%。

2. 间接测量数据的处理

间接测量是指测量与被测量有确定函数关系的其他量，并按照这种确定的函数关系通过计算求得被测量。

若令被测量 y 与实际测量的其他有关量 $x_1,x_2,\cdots,x_k$ 的函数表达式为

$$y=f(x_1,x_2,\cdots,x_k) \tag{3-18}$$

则被测量 y 的已定系统误差为

$$\Delta y=\sum_{i=1}^{k}C_i\Delta x_i \tag{3-19}$$

式中，Δx_i 为各实测量的系统误差；C_i 为各实测量 x_i 对确定函数的偏导数，称为误差传递系数，即

$$C_i=\frac{\partial f}{\partial x_i} \tag{3-20}$$

若各实测量 x_i 的随机误差服从正态分布，则被测量 y 的极限误差为

$$\Delta_{y,\lim}=\sqrt{\sum_{i=1}^{k}C_i^2\Delta_{i,\lim}^2} \tag{3-21}$$

式中，$\Delta_{i,\lim}$ 为各实测量的极限误差。

间接测量数据处理的步骤如下：

(1) 确定被测量与各实测量的函数关系及其表达式；

(2) 把各实际测量的测得值代入表达式，求出被测量量值；

(3) 按式(3-19)～式(3-21)分别计算被测量的系统误差 Δy、函数的偏导数 C_i 和测量极限误差 $\Delta_{y,\lim}$；

(4) 确定测量结果。

【例 3-4】 在万能工具显微镜上，用弓高弦长法间接测量某样板的圆弧半径(见图 3-10)。测得弓高 $h=6$ mm，弦长 $L=36$ mm。若 $\Delta_{h,\lim}=\pm 3$ μm，$\Delta_{L,\lim}=\pm 4$ μm，求圆弧半径 R 的测量结果。

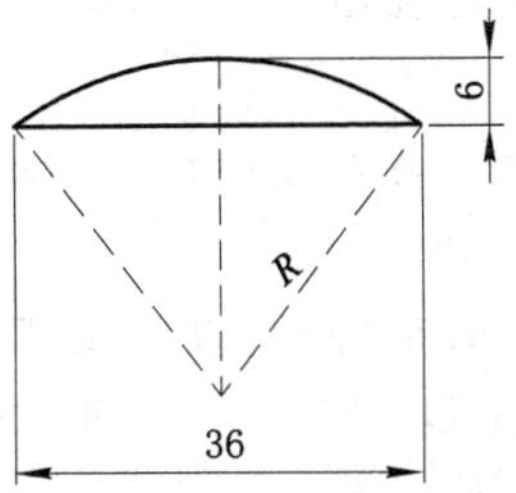

图 3-10　弓高弦长法测量圆弧半径

解　(1) 确定圆弧半径 R 与弓高 h 和弦长 L 的几何关系：

$$R=\frac{L^2}{8h}+\frac{h}{2}$$

(2) 把实际测量 h、L 的测得值代入上式，求出被测量 R 的量值：

$$R=\frac{L^2}{8h}+\frac{h}{2}=\frac{36^2}{8\times 6}\text{ mm}+\frac{6}{2}\text{ mm}=30\text{ mm}$$

(3) 按式(3-20)计算函数的偏导数：

$$C_L=\frac{\partial R}{\partial L}=\frac{L}{4h}=\frac{36}{4\times 6}=1.5$$

$$C_h=\frac{\partial R}{\partial h}=-\frac{L^2}{8h^2}+\frac{1}{2}=-\frac{36^2}{8\times 6^2}+\frac{1}{2}=-4$$

(4) 按式(3-21)计算被测量 R 的极限误差 $\Delta_{h,\lim}$：

$$\Delta_{h,\lim}=\sqrt{C_L^2\Delta_{L,\lim}^2+C_h^2\Delta_{h,\lim}^2}=\sqrt{1.5^2\times 4^2+(-4)^2\times 3^2}\ \mu\text{m}=13.4\ \mu\text{m}$$

(5) 确定测量结果：

$$R=(30\pm 0.013\,4)\text{ mm}\approx(30\pm 0.013)\text{ mm}$$

习　题

3-1　简答题

(1) 测量的实质是什么？一个完整的测量过程包括哪几个要素？

(2) 量块的作用是什么？其结构上有何特点？

(3) 量块分等、分级的依据各是什么？在实际测量中，按“级”和按“等”使用量块有何区别？

(4) 说明分度间距与分度值、示值范围与测量范围、示值误差与修正值有何区别。

(5) 测量误差按其性质可分为哪几类？测量误差的主要来源有哪些？

3-2　计算题

(1) 试从 83 块一套的量块中选择合适的量块组成如下尺寸(单位 mm)：24.575、

68.875、72.94。

(2) 三个量块的标称尺寸和极限误差(单位 mm)分别为 20±0.000 3、1.005±0.000 3、1.48±0.000 3,试计算这三个量块组合后的尺寸和极限误差。

(3) 试用 83 块一套的 2 级量块组合出尺寸 75.695 mm,并确定该量块组按“级”使用时尺寸的测量极限误差。

(4) 仪器读数在 20 mm 处的示值误差为+0.002 mm,当用它测量工件时,读数正好是 20 mm。试问工件的实际尺寸是多少?

(5) 用两种方法测量 $d=200$ mm 的轴,其测量极限误差分别为 $\Delta_{d_1,\mathrm{lim}}=\pm 10\ \mu\mathrm{m}$,$\Delta_{d_2,\mathrm{lim}}=\pm 9\ \mu\mathrm{m}$。用第三种方法测量 $D=70$ mm 的孔,其测量极限误差为 $\Delta_{D,\mathrm{lim}}=\pm 7\ \mu\mathrm{m}$。试比较三种测量方法所得测量结果的准确度。

第 4 章　几何公差及其检测

本 章 要 点

(1) 掌握与零件几何精度关系密切的国家最新颁布的标准；
(2) 掌握几何公差、公差原则及设计方法；
(3) 掌握常见的几何误差的检测方法、数据处理的方法；
(4) 掌握机械产品的零件几何公差的设计方法和具体要求。

4.1　几何公差概述

机械零件上几何要素的几何精度是一项重要的质量指标，直接影响零件(机械产品)的使用功能和互换性，正确选择几何公差是机械产品几何量精度设计的重要内容。零件的几何公差，即形状和位置公差，是对零件上各要素的形状及其相互间的方向或位置精度所给出的重要技术要求。

几何公差的研究对象是构成零件几何特征的点、线、面，这些点、线、面统称为零件的几何要素。在选择几何公差、图样标注以及几何误差检测时，需要弄清几何要素及其分类。

4.1.1　几何公差类型、几何特征及符号

《产品几何技术规范(GPS) 几何公差形状、方向、位置和跳动公差标注》(GB/T 1182—2018)规定了 14 种几何公差的特征项目。几何公差类型、几何特征、符号及基准如表 4-1 所示。

4.1.2　几何要素及其分类

如图 4-1 所示，零件上的要素有：点(球心、锥顶)、线(圆柱面和圆锥面的素线、轴线)、面(球面、圆锥面、端平面、圆柱面)。

表 4-1　几何公差类型、几何特征、符号及基准

公差类型	几何特征	符号	有无基准
形状公差	直线度	—	无
	平面度	▱	无
	圆度	○	无
	圆柱度	⌭	无
	线轮廓度	⌒	无
	面轮廓度	⌓	无
方向公差	线轮廓度	⌒	有
	面轮廓度	⌓	有

公差类型	几何特征	符号	有无基准
方向公差	平行度	//	有
	垂直度	⊥	有
	倾斜度	∠	有
位置公差	位置度	⌖	有或无
	同心度(用于中心点)	◎	有
	同轴度(用于轴线)	◎	有
	线轮廓度	⌒	有
	面轮廓度	⌓	有
跳动公差	圆跳动	↗	有
	全跳动	⌰	有

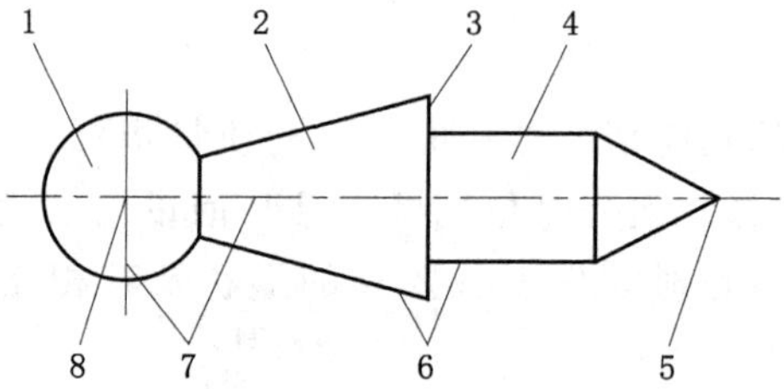

1—球面；2—圆锥面；3—平面(端面)；4—圆柱面；5—顶点；6—素线；7—中心(轴)线；8—球心。

图 4-1　零件的几何要素

为了研究几何公差与误差，参考《产品几何技术规范(GPS) 通用概念 第 1 部分：几何规范和检验的模型》(GB/T 24637.1—2020)对常用要素进行分类。

1. 尺寸要素

尺寸要素是由一定大小的线性尺寸或角度尺寸确定的几何形状(GB/T 18780.1—2002)。尺寸要素可以是圆柱形、球形、两平行对应面、圆锥形或楔形。

2. 组成要素

组成要素是指属于工件实际表面上或表面模型上的几何要素(GB/T 16671—2018)。

3. 导出要素

导出要素是指实际不存在于工件实际表面上的几何要素，其类型包括从一个或多个组成要素中定义出的中心点、中心线和中心面(GB/T 16671—2018)。

4. 公称要素

公称要素是指具有几何意义的要素。它包括公称组成要素和公称导出要素。公称组成要素是由技术制图或其他方法确定的理论正确组成要素,如图 4-2(a)中圆柱外轮廓。

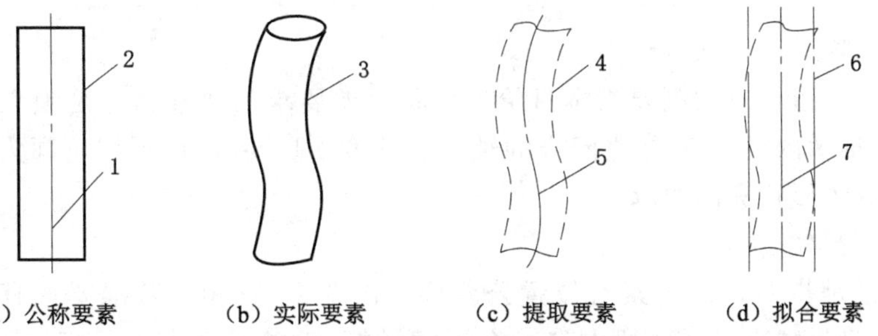

1—公称导出要素;2—公称组成要素;3—实际要素;4—提取组成要素;
5—提取导出要素;6—拟合组成要素;7—拟合导出要素。

图 4-2　零件的几何要素

公称导出要素是由一个或几个公称组成要素导出的中心点、轴线或中心面,如图 4-2(a)中圆柱轴线。

公称要素不存在任何误差,是绝对正确的几何要素。公称要素是评定实际要素误差的依据。如评定圆度误差,需要将具有几何意义的理想圆与实际有误差的圆轮廓进行比较,从而确定圆度误差值。

5. 实际要素

实际(组成)要素是指由接近实际(组成)要素所限定的工件实际表面的组成要素部分。测量时,实际要素由提取要素所代替,见图 4-2(b)。

6. 提取要素

提取要素包括提取组成要素和提取导出要素。提取组成要素是按规定方法由实际(组成)要素提取有限数目的点所形成的实际(组成)要素的近似替代,如图 4-2(c)中提取轮廓。

提取导出要素是由一个或几个提取组成要素得到的中心点、中心线或中心面,如图 4-2(c)中提取轮廓轴线。

7. 拟合要素

拟合要素包括拟合组成要素和拟合导出要素。拟合要素是指通过拟合操作由非理想表面模型或实际表面建立的理想要素(GB/T 24637.1—2020)。

拟合组成要素是按规定的方法由提取组成要素形成的具有理想形状的组成要素,如图 4-2(d)中拟合圆柱。

拟合导出要素是按规定的方法由拟合组成要素得到的中心点、中心线或中心面,如图 4-2(d)中拟合圆柱轴线。

8. 被测要素

被测要素是指图样中有几何公差要求的要素,是检测对象。例如,轴承内径 $\phi25$,与之配合的轴对圆柱轮廓有直径尺寸和形状要求,因此,$\phi25$ 圆柱面为圆柱度、径向圆跳动项目的被测要素。

9. 基准要素

基准要素是指用来确定被测要素的方向和位置的参照要素，它应是公称（理想）要素。例如，轴直径 $\phi24$ 段上有一个平键键槽，则圆柱轴线是该圆柱面上键槽对称度项目的基准要素。

10. 单一要素

单一要素是指仅对被测要素本身给出形状公差要求的要素。它是独立的，与基准要素无关。例如，轴承内径 $\phi25$，与之配合的轴有圆柱度项目要求，该圆柱轮廓为单一要素，它仅对圆柱面本身的形状提出要求。

11. 关联要素

关联要素是指对几何要素有位置公差要求的要素，它相对基准要素有位置关系，即与基准相关。例如，轴直径 $\phi24$ 段上有一个平键键槽，键槽对称中心面相对圆柱 $\phi24$ 轴线的对称度项目，它们之间有位置关系。所以，此处被测要素（键槽对称中心面）是关联要素。

当几何要素不同时，几何公差要求、标注方法和检测方法也是不相同的。

4.1.3 几何公差带的概念

1. 几何公差带

几何公差带是相对于公称模型（理论正确几何要素）构建的。几何公差带由理论正确几何形体定义的理论正确几何要素限定。

2. 几何公差带的四要素

① 公差带的形状。由被测要素特征及设计要求确定，见表 4-2。公差带形状有 9 种，如图 4-3 所示。

表 4-2 几何公差带的形状

<table>
<tr><th colspan="2">被测几何要素</th><th colspan="2">被测要素特征</th><th>设计的功能要求</th><th>几何公差带形状</th><th>图例 4-3</th></tr>
<tr><td colspan="2" rowspan="2">点</td><td colspan="2">给定平面上</td><td>位置要求</td><td>圆</td><td>图(a)</td></tr>
<tr><td colspan="2">空间上</td><td>位置要求</td><td>球</td><td>图(a)</td></tr>
<tr><td rowspan="5">线</td><td rowspan="3">直线</td><td colspan="2">给定平(截)面上</td><td>直线度要求</td><td>两平行直线</td><td>图(b)</td></tr>
<tr><td colspan="2" rowspan="2">空间上</td><td>一个方向上直线度要求</td><td>两平行平面</td><td>图(c)</td></tr>
<tr><td>任意方向上直线度要求</td><td>圆柱面</td><td>图(a)</td></tr>
<tr><td rowspan="2">曲线</td><td rowspan="2">给定平(截)面上</td><td>未封闭</td><td>线轮廓度要求</td><td>两等距曲线</td><td>图(b)</td></tr>
<tr><td>封闭</td><td>圆度要求</td><td>两共面同心圆</td><td>图(b)</td></tr>
<tr><td colspan="2" rowspan="3">面</td><td colspan="2">平面</td><td>平面度要求</td><td>两平行平面</td><td>图(c)</td></tr>
<tr><td rowspan="2">曲面</td><td>未封闭</td><td>面轮廓度要求</td><td>两等距曲面</td><td>图(c)</td></tr>
<tr><td>封闭</td><td>圆柱度要求</td><td>两同轴圆柱面</td><td>图(c)</td></tr>
</table>

② 公差带的大小。它是指公差带之间的间距、宽度或直径，由所给定的几何公差值确定。

③ 公差带的方向。公差带相对基准在方向上的要求，一般有公差带与基准平行、垂直

和夹角为理论正确角度在 0°～90°(不包括[0°]和[90°])之间的要求。

④ 公差带的位置。公差带相对基准在位置上的要求。它不仅有方向上的要求,而且有公差带的对称中心相对基准或理想位置的距离要求。

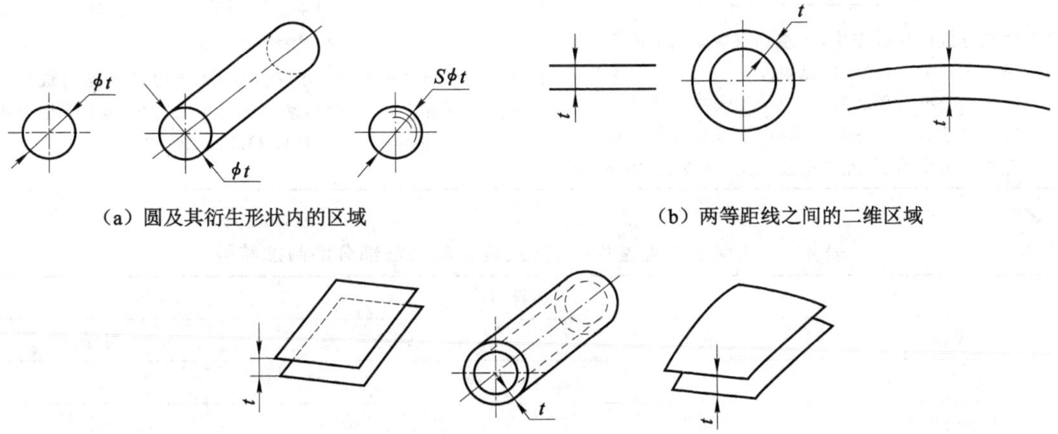

(a) 圆及其衍生形状内的区域　　(b) 两等距线之间的二维区域

(c) 两等距面之间的三维区域

图 4-3　几何公差带的形状

4.1.4　几何公差图样标注的基本规则

采用几何公差框格表示法进行图样标注时,主要标注三部分内容:框格、被测要素和基准要素。

在零件图样上,应按照国家标准规定的要求,正确、规范地标注几何公差。在技术图样中标注几何公差时,应规范标注几何公差。GB/T 1182—2018 规定了几何公差规范标注的具体内容,包括几何公差框格和基准符号(见表 4-3)以及几何公差框格内公差带、要素与特征部分的附加符号(见表 4-4)。只有当图样上无法采用标准规定的符号标注时,才允许在技术要求中采用文字说明,但应做到内容完整,不应产生不同的理解。几何公差标注应清晰、醒目、简洁和整齐,尤其是结构复杂的中、大型零件(如机床箱体零件等),应尽量防止框格的指引线和尺寸线等线条纵横交错。

表 4-3　几何公差框格和基准符号

几何公差框格以及可选的辅助平面、要素标注、相邻标注
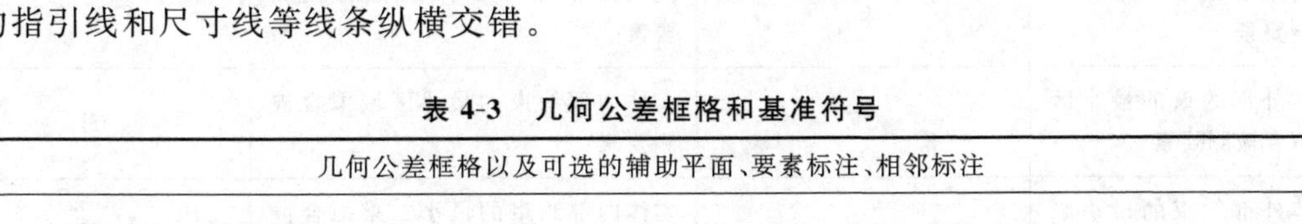
1—公差框格;2—辅助平面和要素框格;3—相邻标注;4—参照线,它可与公差框格的左侧中点相连(见上图左侧),如果有可选的辅助平面和要素标注,参照线也可与最后一个辅助平面和要素框格的右侧中点相连(见上图右侧),此标注同时适用于二维、三维标注;5—指引线,它与参照线相连

表 4-3(续)

<table>
<tr><th>几何公差框格</th><th>基准符号</th></tr>
<tr><td>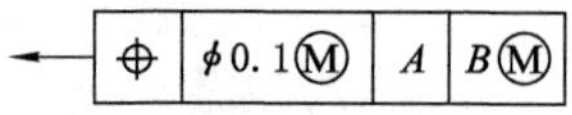
公差框格分成两格或多格,从左到右填写以下内容:
第一格——几何特征符号,见表 4-1。
第二格——公差数值和有关符号,见表 4-2、表 4-3。
第三格及以后各格——基准部分(字母和有关符号)。
框格应尽量水平绘制,允许垂直绘制,其线型为细实线</td><td>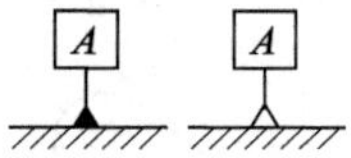
基准符号由基准字母、方框、连线和等边三角形组成。方框内字母都应水平书写,基准字母用大写的拉丁字母表示(尽量不用的字母:E、I、J、M、O、P、L、R、F)</td></tr>
</table>

表 4-4 几何公差框格内公差带、要素与特征部分的附加符号

<table>
<tr><td colspan="6">附加符号</td></tr>
<tr><td colspan="2">描述</td><td>符号</td><td colspan="2">描述</td><td>符号</td></tr>
<tr><td colspan="6">组合规范元素</td></tr>
<tr><td colspan="2">组合公差带</td><td>CZ</td><td colspan="2">独立公差带</td><td>SZ</td></tr>
<tr><td colspan="3">不对称公差带</td><td colspan="3">公差带约束</td></tr>
<tr><td colspan="2" rowspan="2">(规定偏置量的)
偏置公差带</td><td rowspan="2">UZ</td><td colspan="2">(未规定偏置量的)
线性偏置公差带</td><td>OZ</td></tr>
<tr><td colspan="2">(未规定偏置量的)
角度偏置公差带</td><td>VA</td></tr>
<tr><td colspan="6">拟合被测要素</td></tr>
<tr><td colspan="2">最小区域(切比雪夫)要素</td><td>Ⓒ</td><td colspan="2">最小二乘(高斯)要素</td><td>Ⓖ</td></tr>
<tr><td>描述</td><td>符号</td><td>描述</td><td>符号</td><td>描述</td><td>符号</td></tr>
<tr><td>最小外接要素</td><td>Ⓝ</td><td>最大内切要素</td><td>Ⓧ</td><td>贴切要素</td><td>Ⓣ</td></tr>
<tr><td colspan="6">导出要素</td></tr>
<tr><td colspan="2">中心要素</td><td>Ⓐ</td><td colspan="2">延伸公差带</td><td>P</td></tr>
<tr><td colspan="6">评定误差时拟合操作方法的参照要素</td></tr>
<tr><td colspan="2">无约束的最小区域拟合被测要素</td><td>C</td><td colspan="2">无约束的最小二乘的拟合被测要素</td><td>G</td></tr>
<tr><td colspan="2">实体外部约束的最小区域拟合被测要素</td><td>CE</td><td colspan="2">实体内部约束的最小区域拟合被测要素</td><td>CI</td></tr>
<tr><td colspan="2">实体外部约束的最小二乘拟合被测要素</td><td>GE</td><td colspan="2">实体内部约束的最小二乘拟合被测要素</td><td>GI</td></tr>
<tr><td colspan="2">最小外接拟合被测要素</td><td>N</td><td colspan="2">最大内切拟合被测要素</td><td>X</td></tr>
<tr><td colspan="6">被测要素标识符</td></tr>
<tr><td colspan="2">区间</td><td> </td><td colspan="2">联合要素</td><td>UF</td></tr>
<tr><td colspan="2">全周(轮廓)</td><td>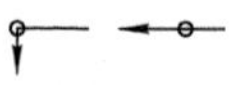</td><td colspan="2">小径、大径</td><td>LD、MD</td></tr>
</table>

表 4-4(续)

被测要素标识符			
全表面(轮廓)		中径/节径	PD
辅助要素标识符或框格			
相交平面框格	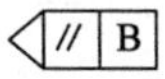	定向平面框格	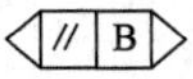
方向要素框格	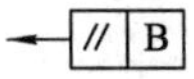	组合平面框格	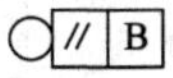
工程图样或技术文件中的相关符号			
任意横截面	[ACS]	任意纵截面	[ALS]
接触要素	[CF]	可变距离(用于公共基准)	[DV]
点(方位要素的类型)	[PT]	直线(方位要素的类型)	[SL]
平面(方位要素的类型)	[PL]	理论正确尺寸/角度(TED)	50
基准目标		可移动基准目标框	
自由状态条件(非刚性零件)	Ⓕ	仅约束方向	
形状误差的参数			
偏差的总体范围	T	标准差	Q
峰值	P	谷深	V

几何公差框格指引线、参考线和基准符号的标注方法参见表 4-5，被测要素的标注方法参见表 4-6，被测要素的简化注法参见表 4-7，基准要素的标注方法参见表 4-8。公差值和有关符号的标注方法参见表 4-9。

表 4-5　公差框格指引线、参照线和基准符号的标注方法

标准方法		示例	说明
指引线与框格的连接	自框格的左端或右端引出	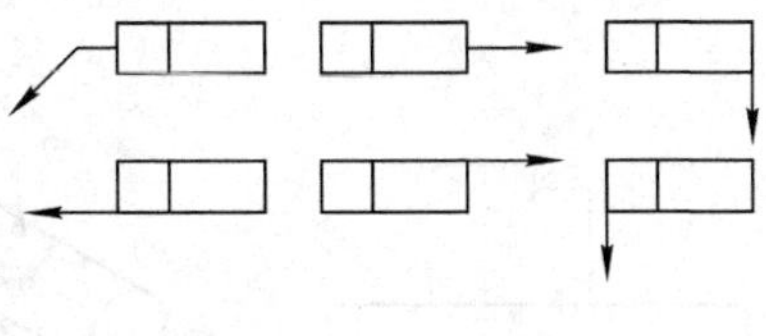	为简便起见，允许自框格的侧边直接引出
指示箭头所指方向	指示箭头应指向公差带的宽度或直径方向	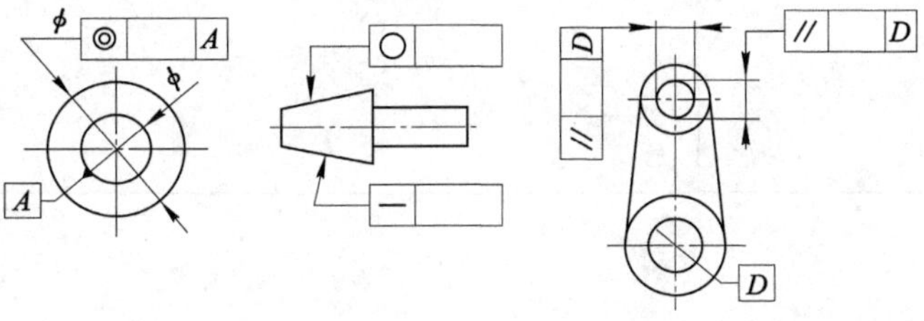	

表 4-5(续)

标准方法		示例	说明
基准符号的标注	基准部位必须画出基准符号,并在公差框格中标注基准字母	 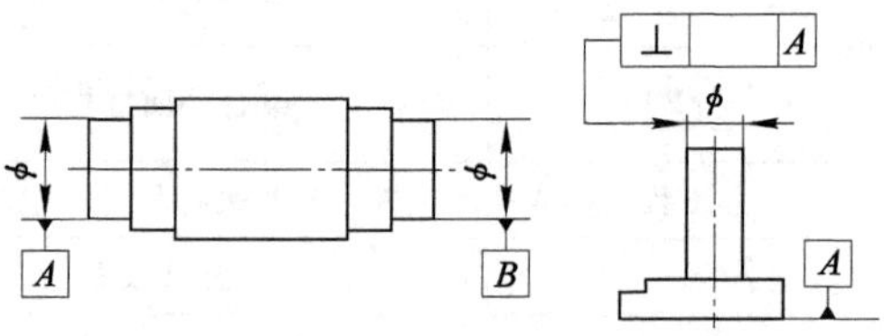	基准为中心要素(见左图)、轮廓要素(见右图)。错误标注: 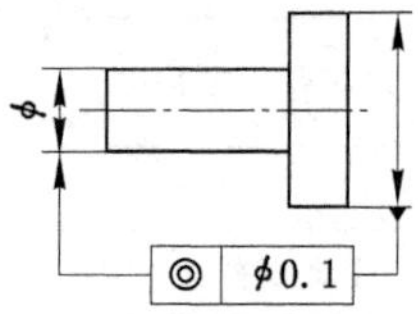

表 4-6 被测要素的标注方法

被测要素	标注方法	示例	说明
组成要素	当被测要素为轮廓线或表面时,指引线的箭头应指在该要素的轮廓线或其引出线上 注意:应明显地与尺寸线错开	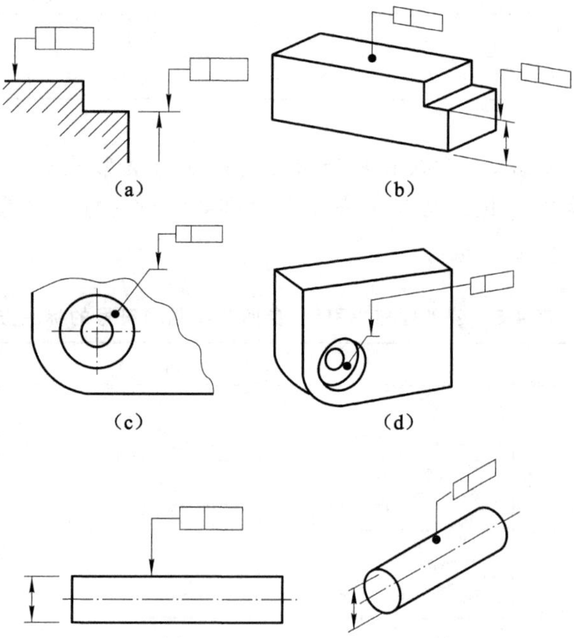 (a) (b) (c) (d) (e) (f)	1. 在二维(2D)标注中,若指引线终止在要素的轮廓上或轮廓的延长线上,则以箭头终止,见图(a)、图(e) 2. 在三维(3D)标注中,若指引线终止在要素的界限以内,则以圆点终止,见图(b)。当该面要素可见时,此圆点是实心的,指引线为实线,见图(d)、图(f);当该面要素不可见时,此圆点是空心的,指引线为虚线 3. 指引线的终点可以是放在使用指引线横线上的箭头,并指向该面要素,见图(c)、图(d)

表 4-6(续)

被测要素	标注方法	示例	说明
导出要素	当被测要素为中心线、中心面或中心点时，指引线用箭头终止在尺寸要素的尺寸延长线上，即带箭头的指引线应与尺寸线的延长线重合	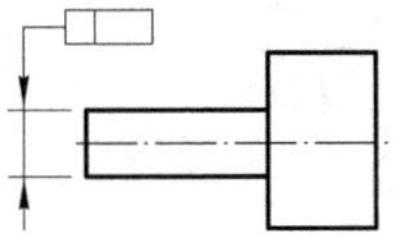 (a) 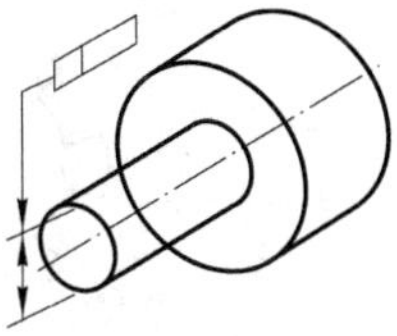 (b) 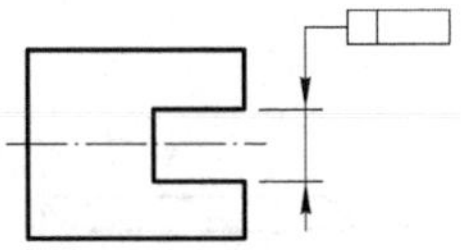 (c) 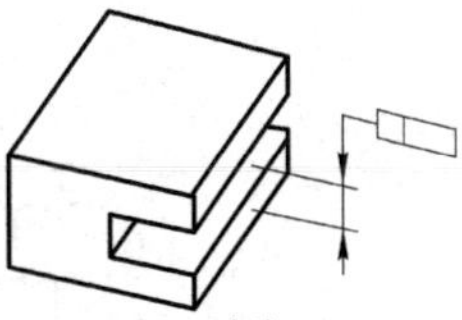 (d)	当箭头与尺寸线的箭头重叠时，可代替尺寸线的箭头 错误标注：指引线的箭头不能直接指向轴线
中心要素	回转体的中心要素，将修饰符Ⓐ放置在公差框格内公差带、要素与特征部分	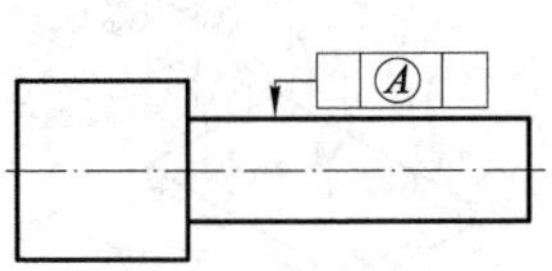 (a) 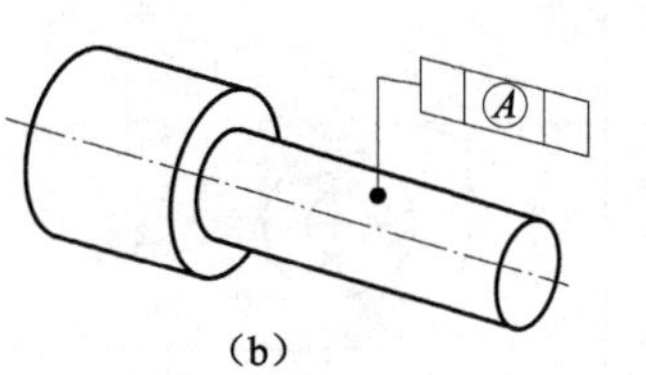 (b)	指引线可在组成要素上用箭头，见图(a)；用圆点，见图(b) 注意：该修饰符只可用于回转体，不可用于其他类型的尺寸要素
任意横截面	被测要素为提取中心线与相交平面相交所定义的交线或交点，或提取组成要素与横截平面相交，用辅助要素标识符“ACS”表示	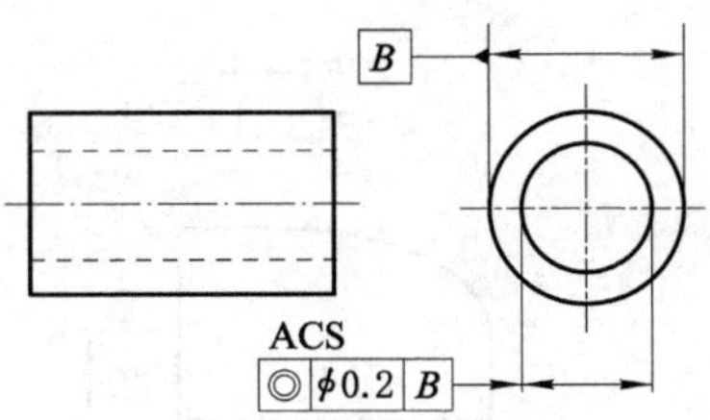	该标注表明：被测要素是套筒零件的内孔中心线，是由“在若干个与外圆中心线(基准 B)垂直的任意横截面上”提取的内孔中心点形成的 “ACS”仅适用于回转体表面、圆柱表面或棱柱表面

表 4-6(续)

被测要素	标注方法	示例	说明
联合要素	被测要素是断续的六个圆柱面组合的提取组成要素,可视为联合要素,用标识符“UF”表示	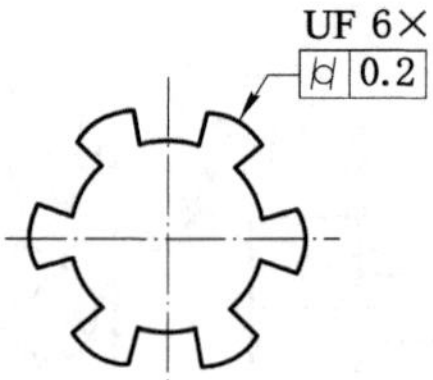	联合要素定义一个公差带
局部要素	局部区域标注	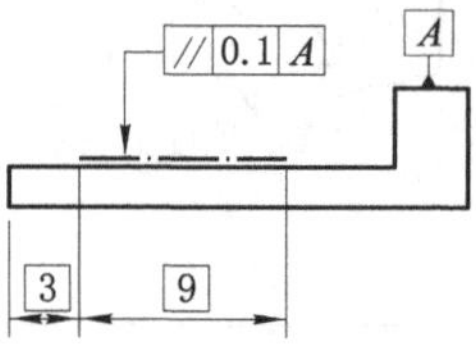 (a) 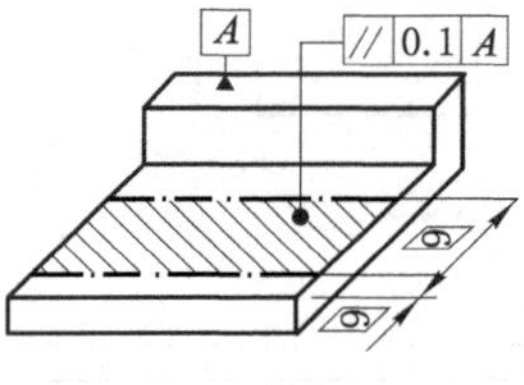 (b) 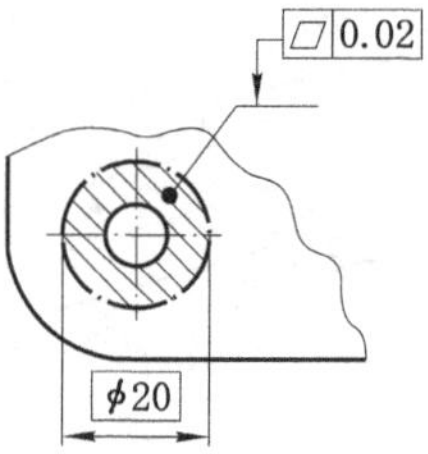 (c) 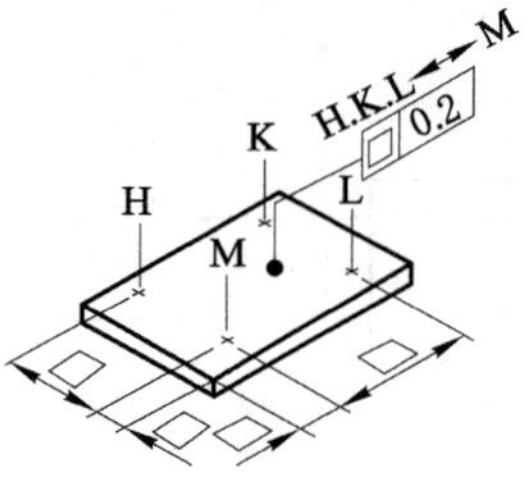 (d)	应使用以下方法定义被测要素的局部区域: 1. 用粗长点画线定义部分表面,使用理论正确尺寸 TED 定义其位置与尺寸,如图(a)所示 2. 用阴影区域定义,可用粗长点画线定义部分表面,同样使用 TED (Theoretically Exact Dimension)定义其位置与尺寸,如图(b)、图(c)所示 3. 将拐角点定义为组成要素的交点(拐角点的位置用 TED 定义),并且用大写字母及区间符号“↔”定义,如图(d)所示
全周与全表面	1. 连续的非封闭被测要素的标注,注意不是横截面的整个轮廓,也不是轮廓表示的整个面要素 2. 应标识出被测要素的起始点和终止点,用大写字母分别代表,并用区间符号隔开	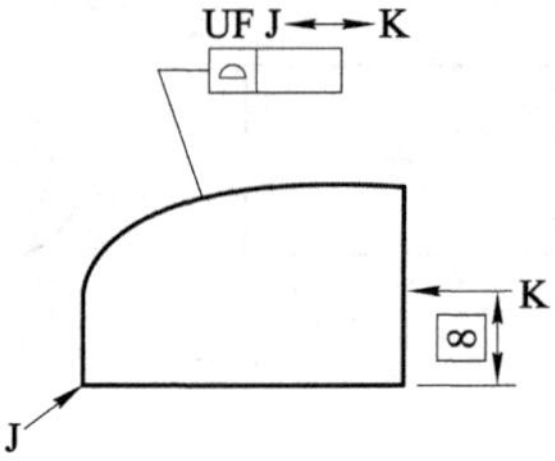	注:图样未标注完整轮廓的公称几何形状未定义。示例为被测要素,是从线 J 开始到线 K 结束的上部面要素

表 4-6(续)

被测要素	标注方法	示例	说明
全周与全表面	连续的封闭被测要素(指封闭轮廓所表示的所有要素) 全周加一个同心圆,见图(a)、(b),全表面加两个同心圆,见图(c)	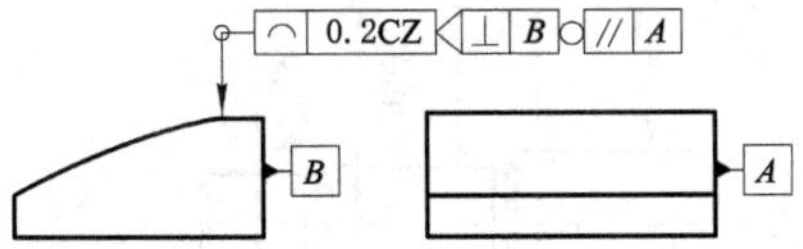 (a) 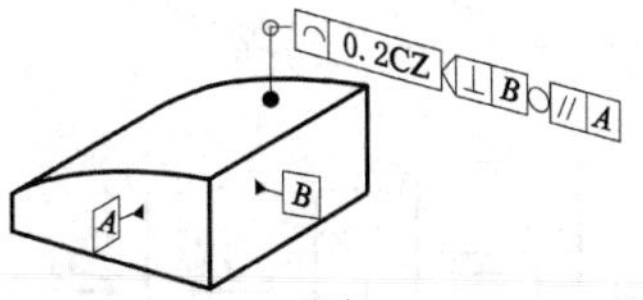 (b) 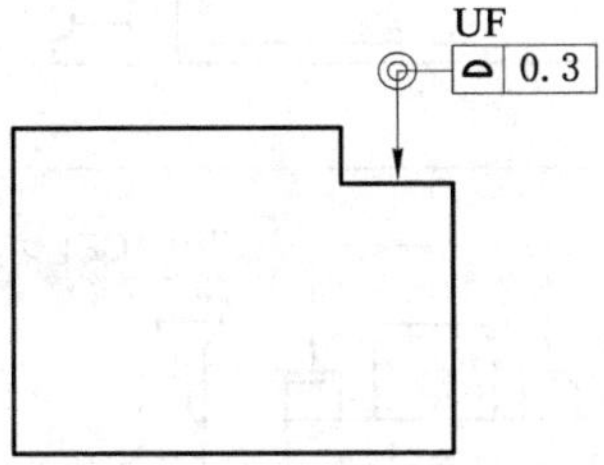 (c)	注:图样未标注完整。轮廓的公称几何形状未定义。图中被测要素不包括基准面 A 与它的平行面。 相交平面框格符号 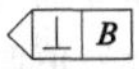 和组合平面框格符号 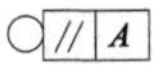 表示被测要素是在垂直于基准面 B,而且平行于基准面 A 的任意截面提取的一组线要素 (a)、(b)中 CZ 为组合公差带,指被测要素(曲线+左右+底边的直线)是同一公差带 (c)中 UF 为联合要素,面轮廓度公差要求适用于零件全表面,即适用于零件所有三维轮廓
圆锥体轴线	当被测要素为圆锥体的轴线时,指引线的箭头应与圆锥体的直径尺寸线(大端或小端)对齐	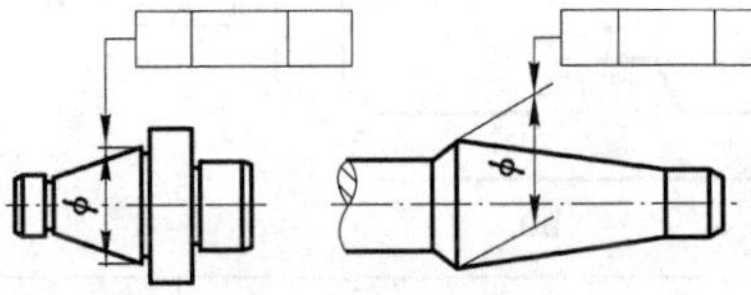	
	如直径尺寸不能明显地区别圆锥体和圆柱体时,则应在圆锥体内画出空白的尺寸线,并将指引线的箭头与该空白尺寸线对齐	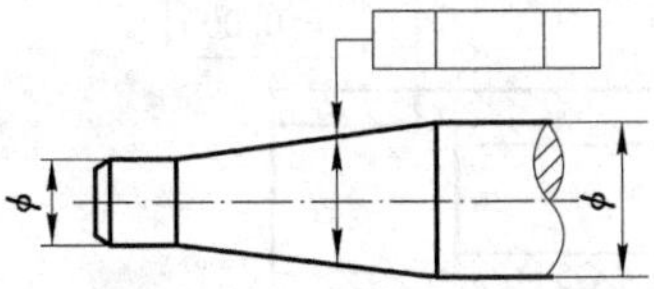	
	如圆锥体采用角度尺寸标注,则指引线的箭头应对着该角度尺寸线画出,且箭头后的指引线与被测轴线垂直	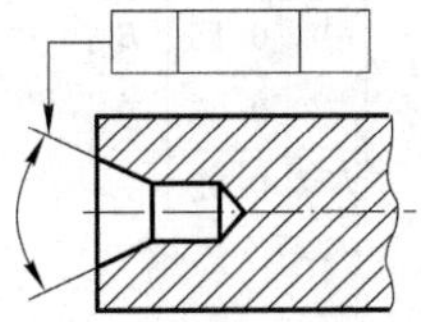	错误标注: 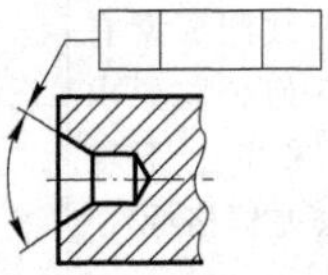

表 4-7　被测要素的简化注法

标注方法	示例	说明
当多个单独的被测要素有相同的几何特征和公差值时的标注	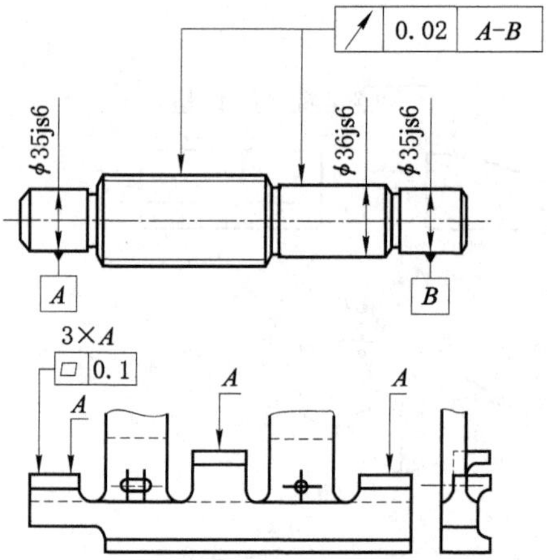	错误标注： 1. 指引线箭头不能自框格的两端同时引出 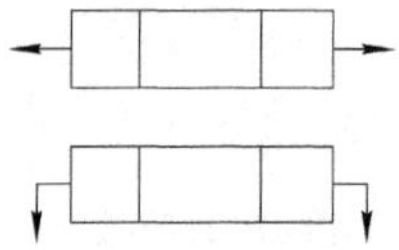 2. 不能在一根引线上画出多个同方向的箭头 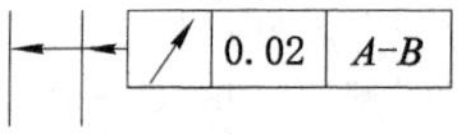
用同一公差带控制几个分离的被测要素时，应在公差框格内公差数值的后面加注组合公差带符号“CZ”，它们的公差带应采用明确的理论正确尺寸(TED)或缺省的TED约束相互之间的位置及方向	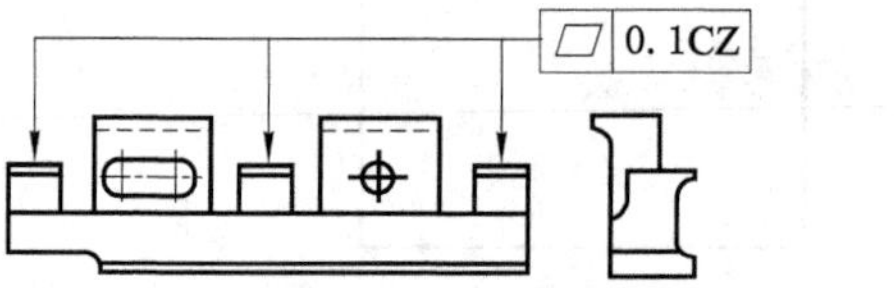 (a) 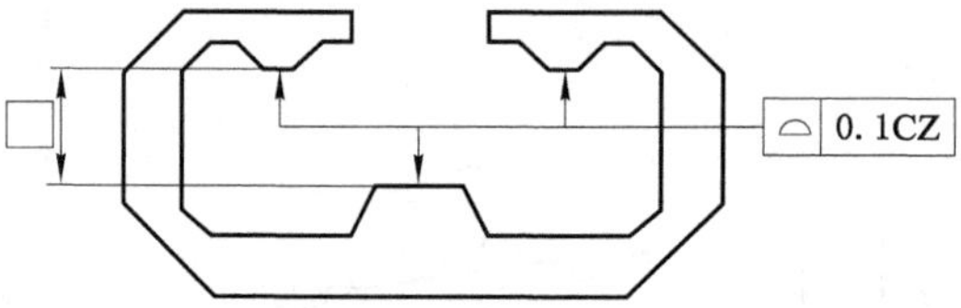 (b)	若被测要素是平面，也可使用面轮廓度符号表示相同的含义，见图(b)
当多个被测要素有相同的多项几何公差要求时，可以把多个框格联合在一起，自其一端引出多个指引线箭头	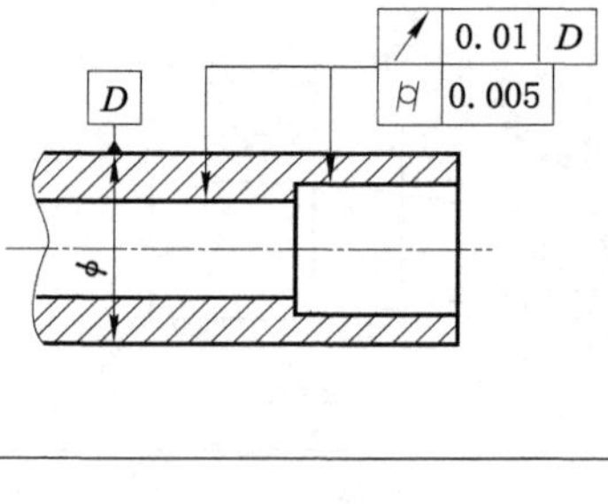	
多层公差标注： 当一个被测要素有多项几何公差要求时，可采用上下堆叠的公差框格标注	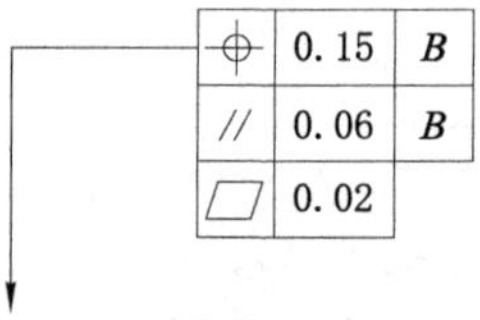	推荐公差框格按公差值从上到下依次递减的顺序排布

表 4-7(续)

标注方法	示例	说明
辅助要素框格应用说明：若是相对于基准面的一组在表面上的线平行度公差，基准面 *B* 为基准面 *A* 的辅助基准	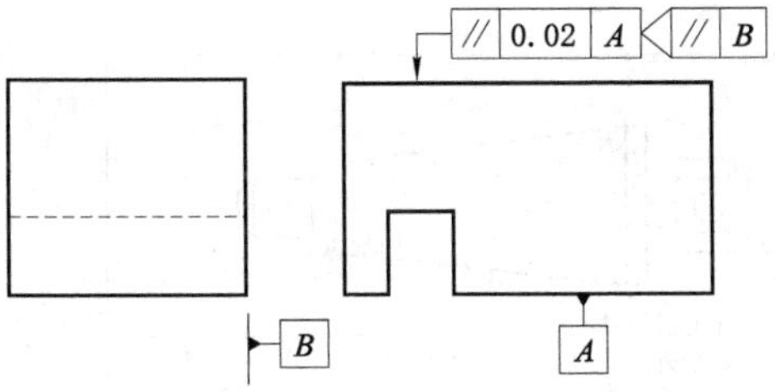	
在用文字作附加说明时，属于被测要素数量的说明应写在公差框格的上方，属于解释性的说明应写在公差框格的下方，包括对测量方法的要求等	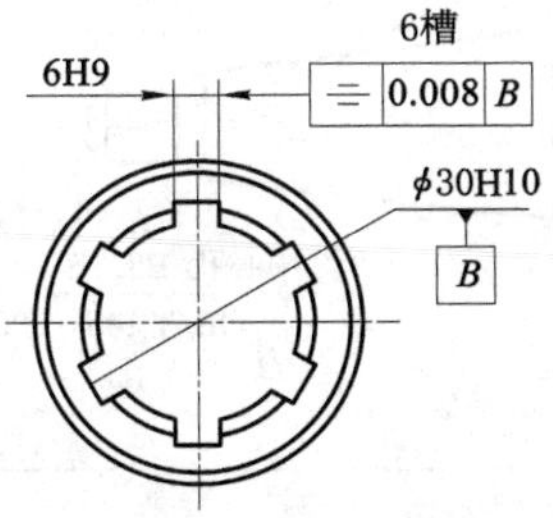	当一个以上要素作为被测要素时，如 6 个要素，应在框格上方标明“6×”或“6 槽”等

表 4-8　基准要素的标注方法

基准要素	标注方法	示例	说明
组成要素基准	当基准要素为组成要素时，基准符号应置于该要素轮廓线或其引出线上标注，并应明显地与尺寸线错开	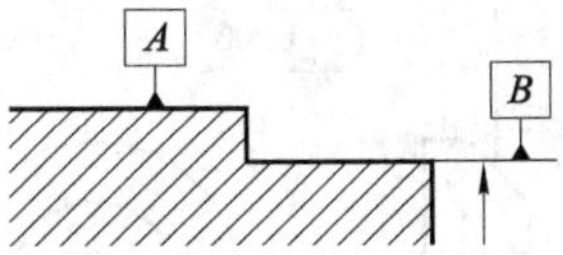	
导出要素基准	当基准要素是中心线或中心平面或由带尺寸要素确定的点时，基准符号的连线应与该要素的尺寸线对齐	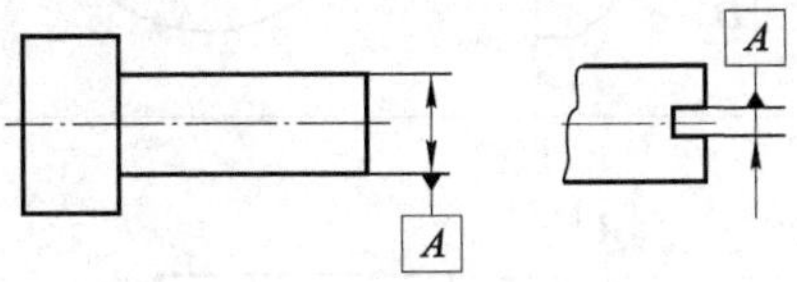	当基准符号与尺寸线的箭头重叠时，可代替尺寸线的箭头。错误标注：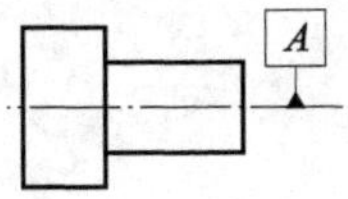
公共基准要素	由两个要素组成的公共基准，在公差框格的第三格内填写与基准字母相同的两个字母，字母之间用短横线隔开	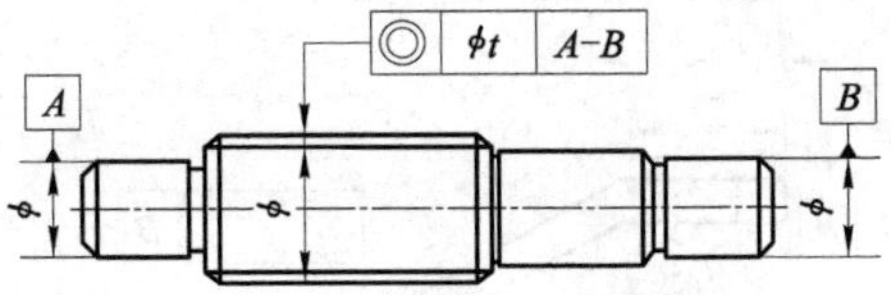 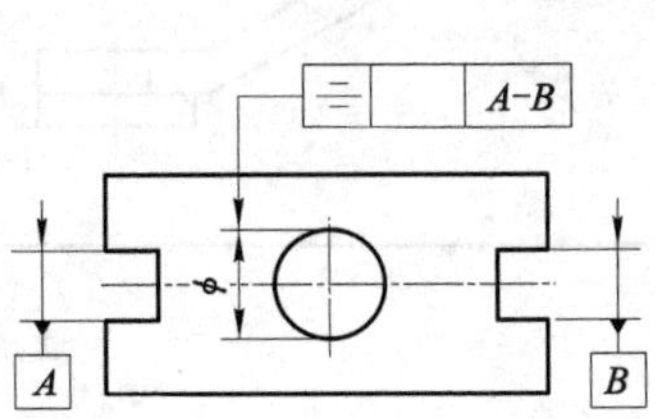	凡由两个或两个以上的要素构成一独立基准符号，都称为公共基准，例如公共中心线、公共平面、公共对称中心平面等。公共基准无论由多少要素组合而成，都只能理解为一个基准

表 4-8(续)

基准要素	标注方法	示例	说明
中心孔基准	当基准要素为中心孔时,基准符号可标注在中心孔引出线的下方 当两端中心孔规格相同时,可采用右上图的简化标注 当两端中心孔规格不同时,采用右下图标注	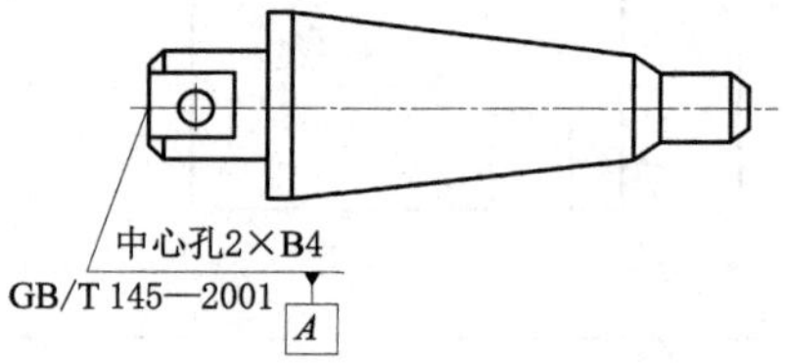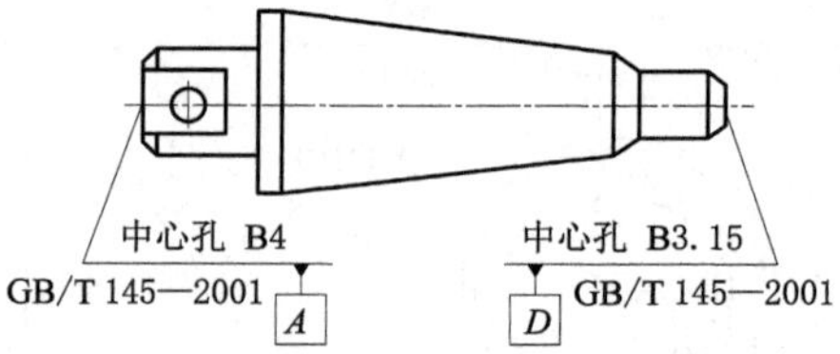	中心孔用代号标注时,基准符号与中心孔代号一起标注
圆锥体轴线基准	当基准要素为圆锥体轴线时,基准符号的连线可与圆锥体的大端(或小端)直径尺寸(或角度)线对齐	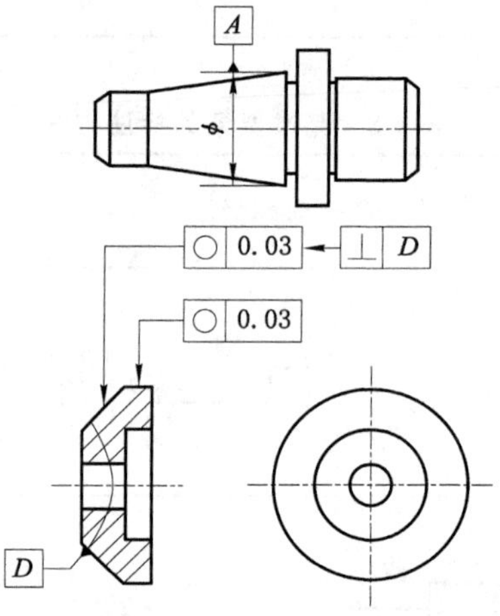	
局部基准	如要求某要素的一部分作为基准,用粗点划线表示该基准的局部区域,并加注理论正确尺寸	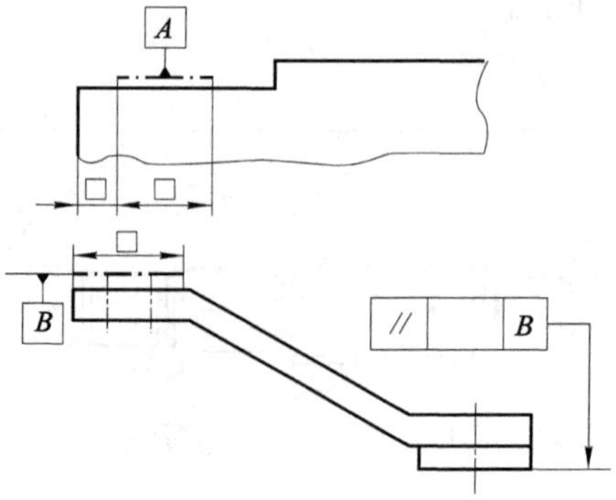	为了能确切地反映基准实际情况,以要素的某一局部范围(用TED定义基准的位置与尺寸)作为基准

表 4-9　公差值和有关符号的标注方法

	标注方法	示例	说明
公差值	如果图样上所标注的几何公差无附加说明，则被测范围是箭头所指的整个组成要素或导出要素	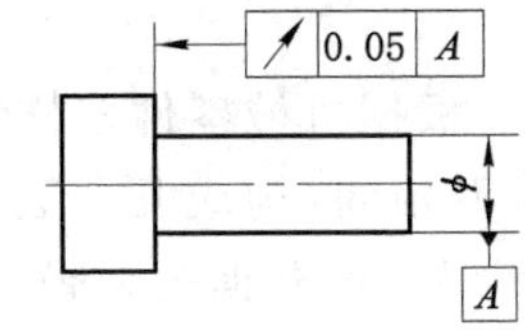	在公差框格内的公差值都是指公差带的宽度或直径，如果不加说明，是指被测表面的全部范围
	如果公差适用于整个要素内的任何局部区域，则使用线性与/或角度单位将局部区域的范围添加在公差值后面	— 0.2/75 (a) ▱ 0.2/ϕ75 (b)	图(a)所示为线性局部公差带，公差值指整个被测直线上任意 75 mm 长度上公差值 0.2 mm 图(b)所示为圆形局部公差带，在图样上应配有“局部区域”标注，见表 4-6
	如需给出被测要素任一范围(面积)的公差值时，标注方法如示例所示	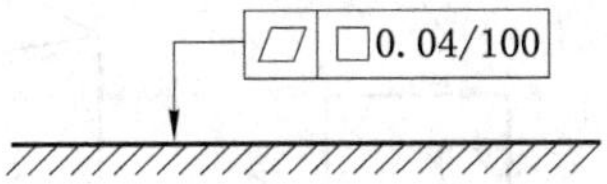	指定任意范围或任意长度： 示例表示在整个表面内任意 100 mm×100 mm 的面积内，平面度误差不得大于 0.04 mm
	如需给出被测要素任一范围(长度)的公差值时，标注方法如示例所示	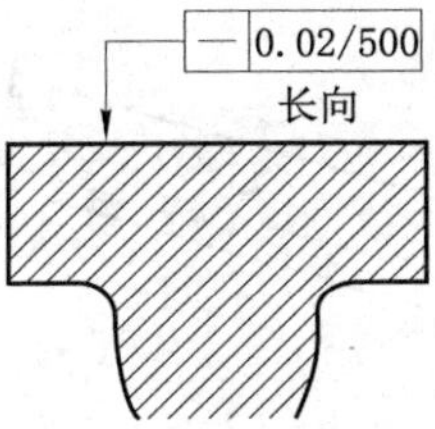	在整个被测表面长向上，任意 500 mm 的长度内，直线度误差不得大于 0.02 mm
	既有整体被测要素的公差要求，也有局部被测要素的公差要求，则标注如示例所示	— 0.05 / 0.02/200 ▱ 0.05 / □0.01/100	分子表示整个要素(或全长)的公差值，分母表示限制部分(长度或面积)的公差值，这种限制要求可以直接放在表示全部被测要素公差要求的框格下面
公差带形状和附加要求的符号	当给定的公差带为圆形或圆柱形时，应在公差值前加注符号 ϕ 当给定的公差带为球时，应在公差值前加注符号 sϕ	◎ ϕ0.1 A ⌖ Sϕ0.1 A	公差值仅表示公差带的宽度或直径，公差带的形状规范元素也是几何公差的重要元素
		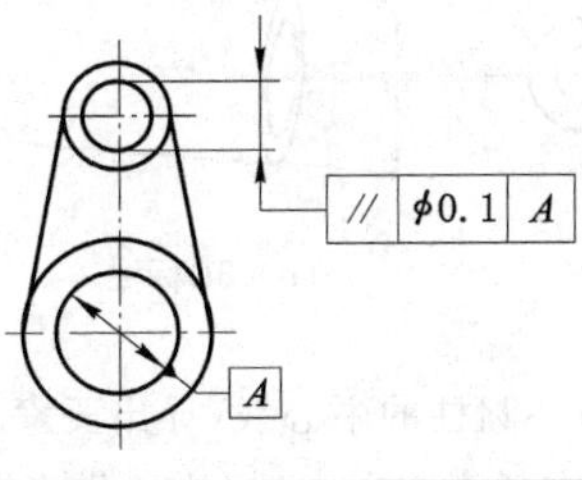	公差值前加“ϕ”，其被测中心线必须位于直径为公差值 0.1 mm，且平行于基准中心线 A 的圆柱面内

4.2 几何公差标注和几何公差带

由表 4-1 可知，几何公差类型多。根据机械零件多样性，当被测要素、基准要素、使用功能要求不同时，公差带的各要素也各不相同，构成几何公差标注的复杂性。以下列举生产实际中常见的几何公差标注例子和所对应的几何公差带。

4.2.1 形状公差

1. 直线度

图 4-4 表示在平行于（相交平面框格给定的）基准 A 的给定截面内，被测上表面的提取（实际）线应限制在间距等于 0.1 mm 的两平行直线之间。

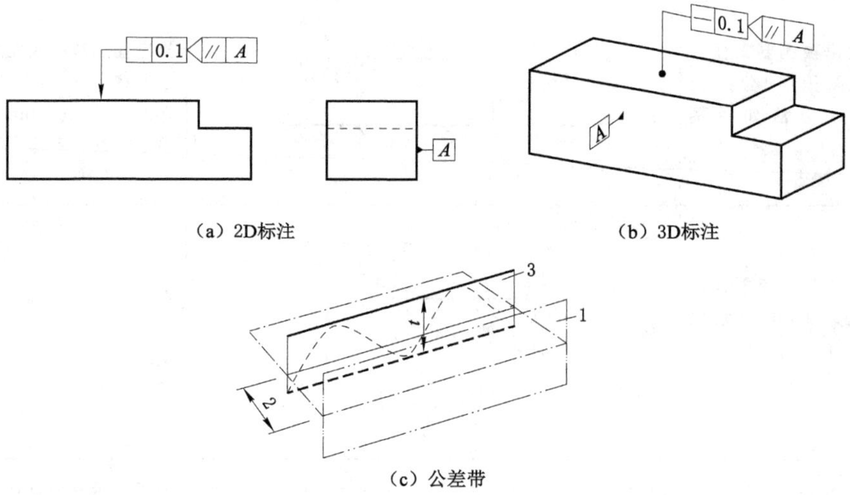

1—基准 A；2—任意距离；3—平行于基准 A 的相交平面。

图 4-4 给定截面内一组直线（组成要素）直线度公差（在一个方向上）标注和公差带图

图 4-5 表示被测中心线在任意方向上都有直线度要求，其公差带为直径等于 $\phi0.08$ 的圆柱所限定的区域。

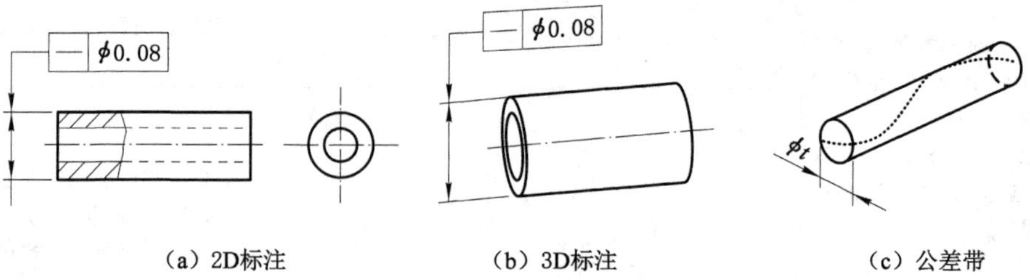

图 4-5 套筒外圆柱的中心线（导出要素）直线度公差（在任意方向上）标注和公差带

2. 平面度

图 4-6 表示被测上平面的提取（实际）表面应限定在间距等于 0.08 mm 的两平行面之间。

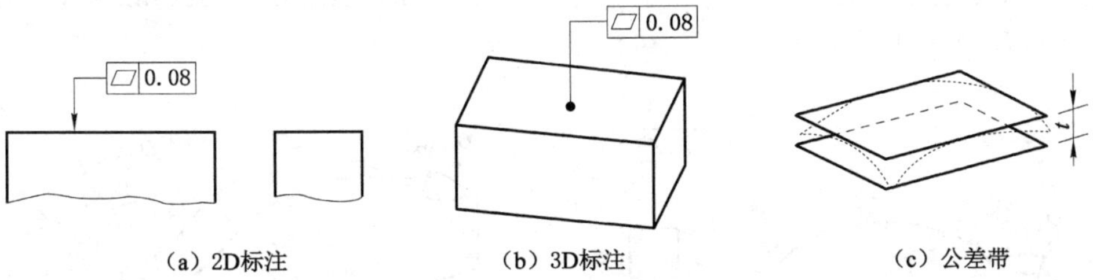

图 4-6　平面度公差标注和公差带

3. 圆度

图 4-7 表示在圆柱面、圆锥面的任意横截面内，被测要素的提取（实际）圆周线（组成要素）应限定在半径差为 0.03 mm 的两共面同心圆之间。这是圆柱表面的缺省标注的应用方式，而对于圆锥表面则应使用方向要素框格进行标注，表明在垂直于基准轴线 D 的横截面上提取被测实际圆周线。

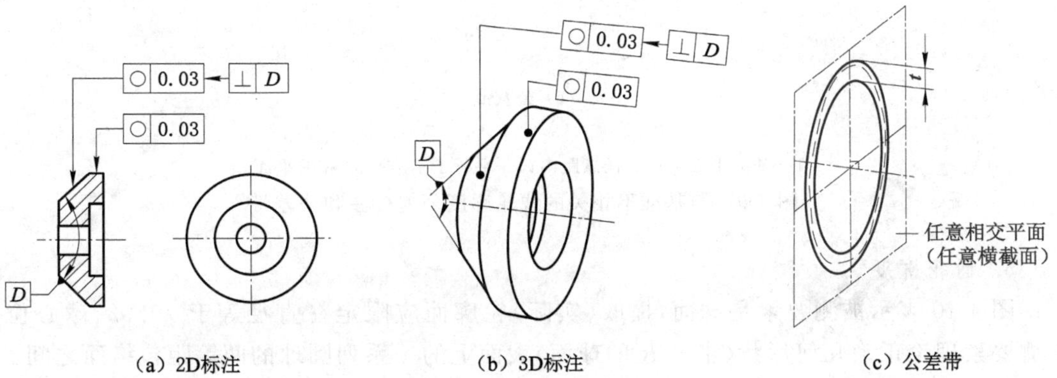

图 4-7　圆度公差标注和公差带

4. 圆柱度

图 4-8 表示圆柱度公差带为半径差等于公差值 $t=0.1$ mm 的两个同轴圆柱面所限定的区域。

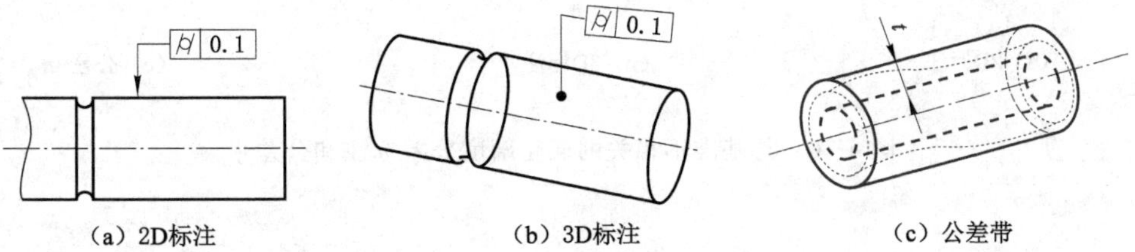

图 4-8　圆柱度公差标注和公差带

5．线轮廓度

图 4-9 表示在任一平行于基准平面 A 的截面内（如相交平面框格所规定的），被测要素的提取（实际）轮廓线应限定在 $t=\phi 0.04$、圆心位于理论正确形状上的一系列圆的两等距包络线之间。UF 表示组合要素上的三个半径 R（TED，theoretically exact dimension）圆弧部分（从 D 到 E）组成联合要素。

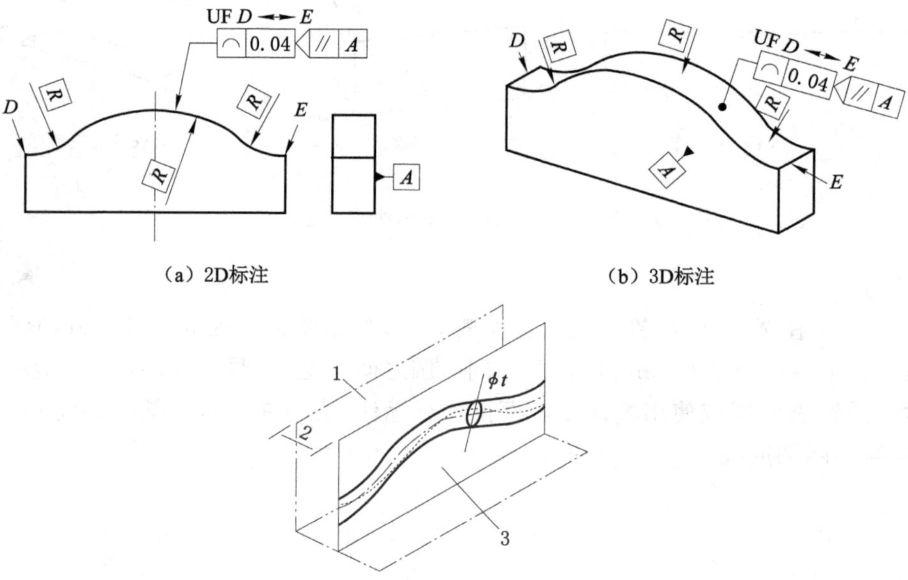

（a）2D标注
（b）3D标注
（c）公差带

1—基准平面 A；2—任意距离；3—平行于基准平面 A 的平面。

图 4-9　与基准不相关的线轮廓度公差标注和公差带

6．面轮廓度

图 4-10 表示被测要素是球面，提取（实际）轮廓面应限定在直径等于 $\phi 0.02$、球心位于被测要素理论正确几何形状（半径 R 的球面）表面上的一系列圆球的两等距包络面之间。

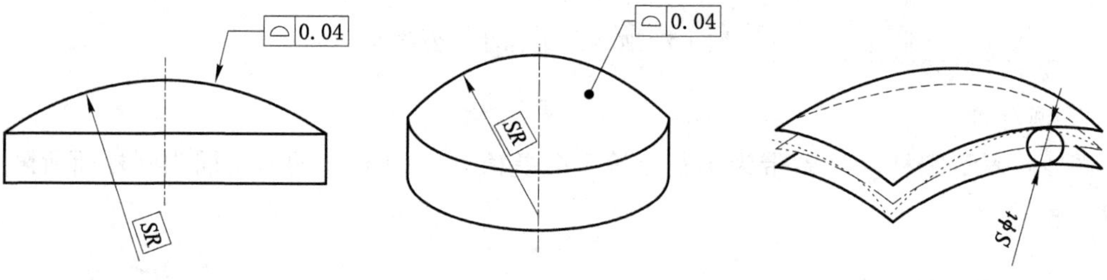

（a）2D标注
（b）3D标注
（c）公差带

图 4-10　与基准不相关的面轮廓度公差标注和公差带

4.2.2　方向公差

1. 平行度

图 4-11 表示被测要素的提取(实际)中心线应限定在间距等于 0.1 mm、平行于基准轴线 A 的两平行平面之间。限定公差带的平面均平行于由定向平面框格规定的基准平面 B。基准 B 为基准 A 的辅助基准。

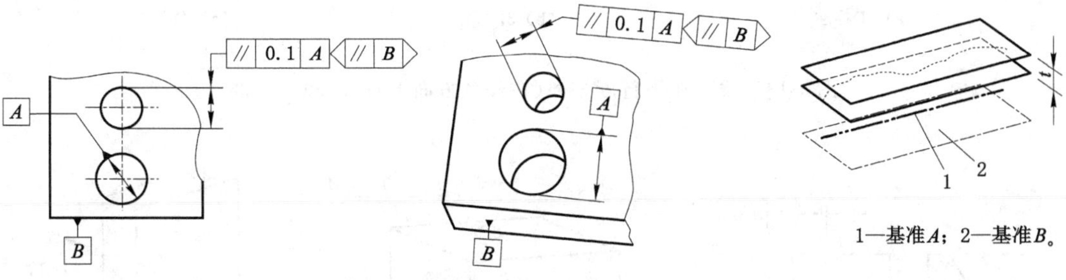

(a) 2D标注　(b) 3D标注　(c) 公差带

图 4-11　线对线平行度公差(在与基准 B 平行的方向上)标注和公差带

图 4-12 与图 4-11 的区别在于:图 4-12 的公差带(两平行平面)均与辅助基准 B 垂直,其他相同。

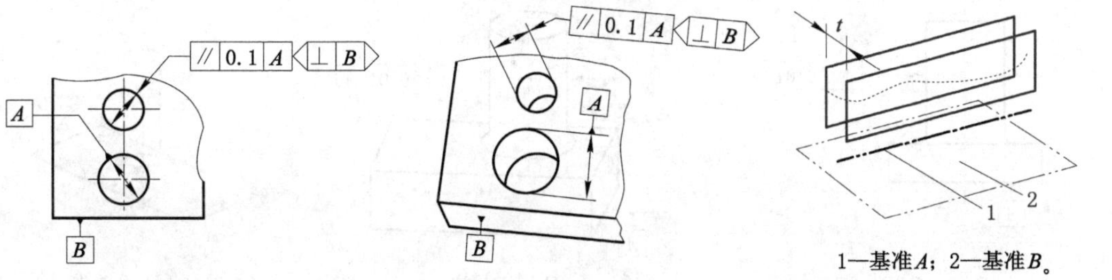

(a) 2D标注　(b) 3D标注　(c) 公差带

图 4-12　线对线平行度公差(在与基准 B 垂直的方向上)标注和公差带

图 4-13 表示被测要素的提取(实际)中心线应限定在平行于基准轴线 A、直径等于 ϕ0.03的圆柱面内。

2. 垂直度

图 4-14 表示被测要素的提取(实际)中心线应限定在间距等于 $t=0.06$ mm、垂直于基准轴线 A 的两平行平面之间。

图 4-15 所示圆柱轴线的公差带是直径等于 ϕ0.01 的圆柱,与基准平面 A 垂直。

3. 倾斜度

图 4-16 表示被测要素的提取(实际)表面应限定在间距 $t=0.08$ mm 的两平行平面之间。该两平行平面按照理论正确角度 40°倾斜于基准平面 A。

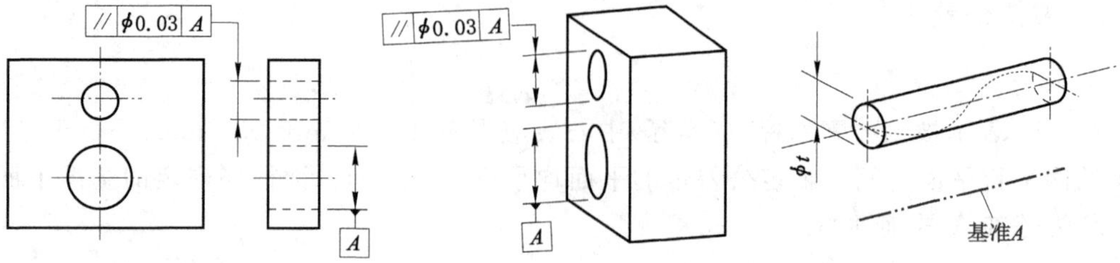

(a) 2D标注　　(b) 3D标注　　(c) 公差带

图 4-13　线对线平行度公差(在任意方向上)标注和公差带

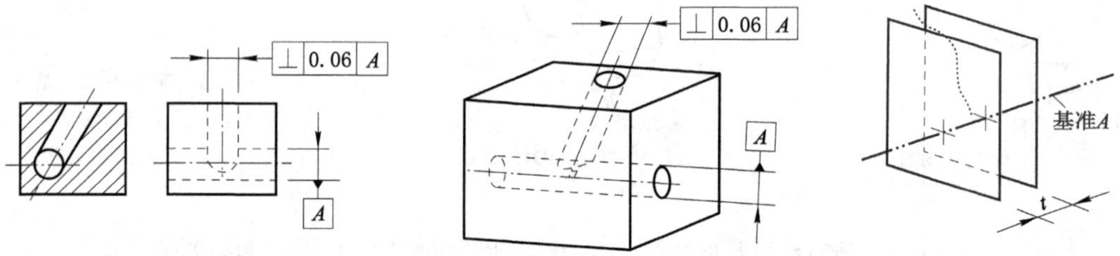

(a) 2D标注　　(b) 3D标注　　(c) 公差带

图 4-14　线对线垂直度公差(在一个方向上)标注和公差带

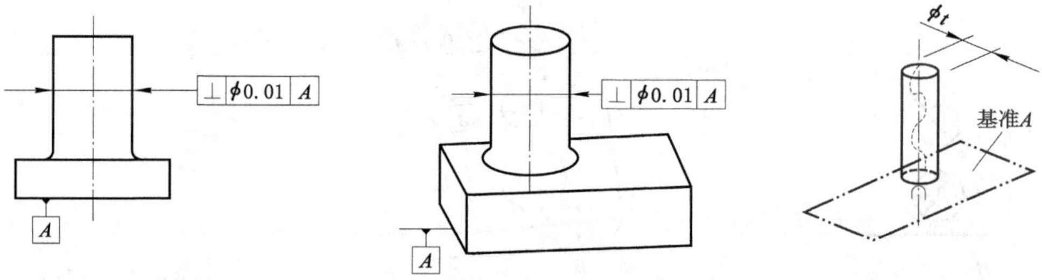

(a) 2D标注　　(b) 3D标注　　(c) 公差带

图 4-15　线对面垂直度公差(在任意方向上)标注和公差带

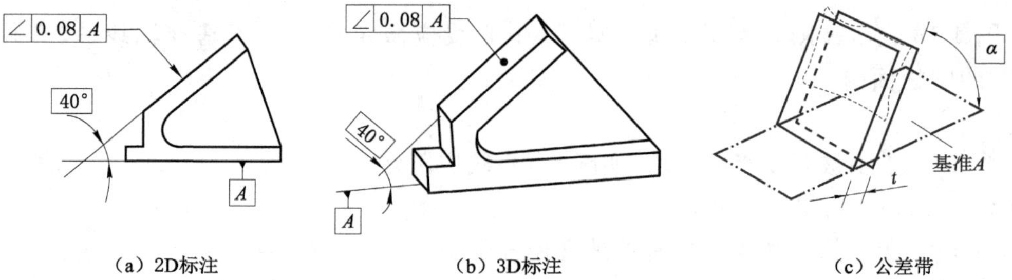

(a) 2D标注　　(b) 3D标注　　(c) 公差带

图 4-16　面对面倾斜度公差标注和公差带

图 4-17 表示斜端面的公差带是间距为 0.1 mm 的两平行平面，与基准轴线 A 相交理论正确角度 75°。

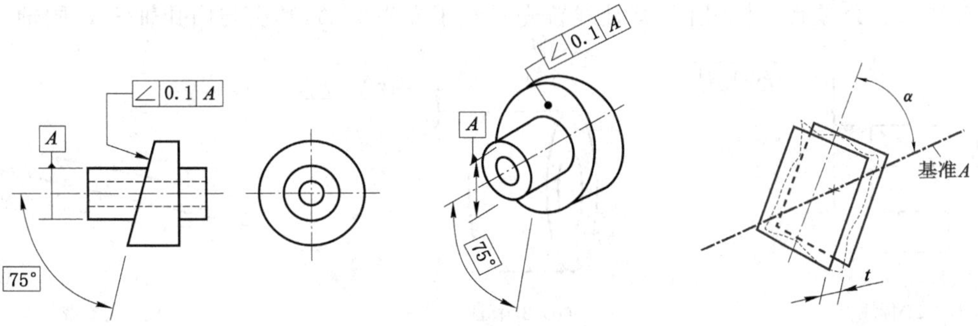

图 4-17　面对线倾斜度公差标注和公差带

4.2.3　位置公差

1. 同轴度(同心度)

图 4-18 表示在任意横截面内，内圆的提取(实际)中心应限定在直径等于 $\phi 0.1$、以基准点 A(在同一横截面内)为圆心的圆周内。

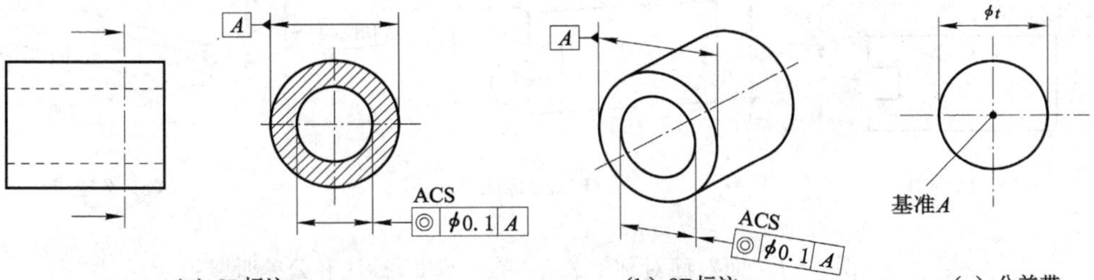

图 4-18　点对点的同心度公差标注和公差带

图 4-19 表示被测圆柱的提取(实际)中心线应限定在直径等于 $\phi 0.08$、以公共基准轴线

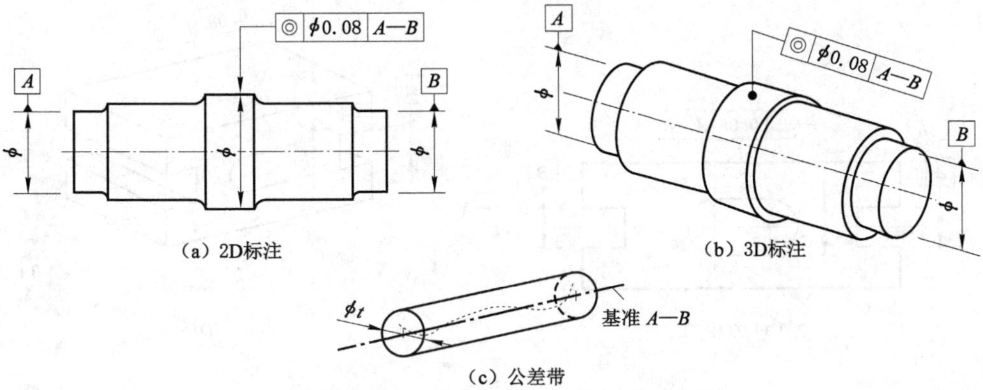

图 4-19　线对线的同轴度公差(公共基准)标注

$A—B$ 为轴线的圆柱面内，如图 4-19(c)公差带所示。

图 4-20 表示的被测要素是外圆柱面的中心线，第一基准要素是左端面 A，第二基准是内孔轴线 B。公差带是圆柱面，其轴线首先垂直于左端面 A，其次与内孔轴线 B 同轴。

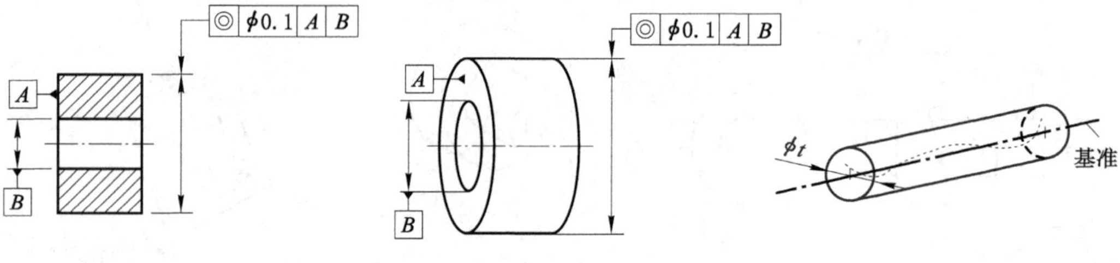

（a）2D标注 （b）3D标注 （c）公差带

图 4-20　线对线同轴度公差(两个基准)标注和公差带

2. 对称度

图 4-21 表示被测要素的提取(实际)槽的对称中心面应限定在间距等于 0.08 mm、对称分布在基准中心面 A 两侧的两平行平面之间。基准中心平面 A 是上、下平面的对称中心面，见公差带示意图[图 4-21(c)]。

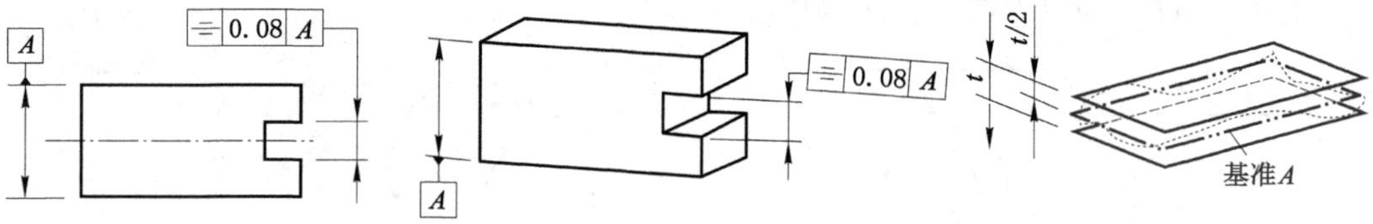

（a）2D标注 （b）3D标注 （c）公差带

图 4-21　面对面对称度公差(单一基准)标注和公差带

图 4-22 表示的被测要素是中间长圆孔的上、下内平面的对称中心面，基准要素是两侧槽的公共对称中心面。

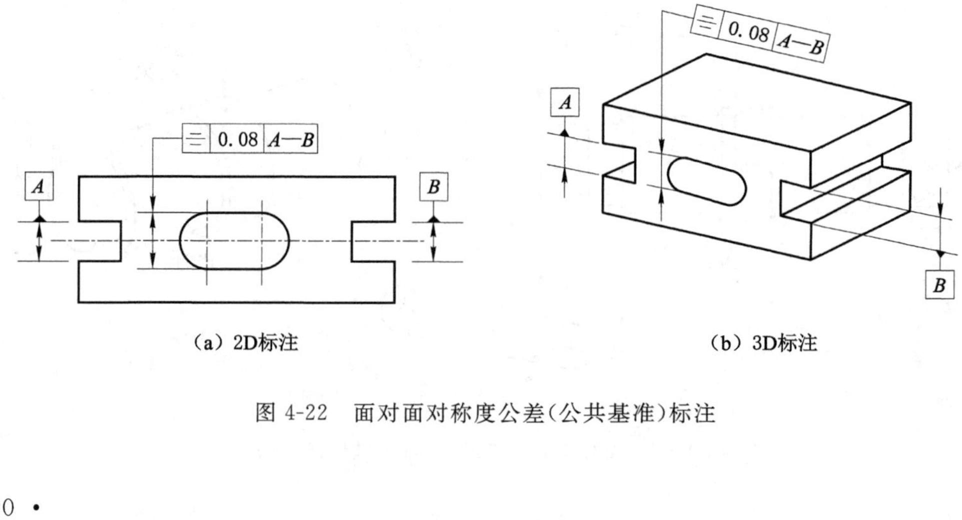

（a）2D标注 （b）3D标注

图 4-22　面对面对称度公差(公共基准)标注

3. 位置度

图 4-23 表示被测要素的提取(实际)球心(导出要素)应限定在直径等于 ϕ0.3 的圆球面内。该圆球面的中心与基准平面 A、基准平面 B、基准中心平面 C 相距的理论正确尺寸分别是 30 mm、25 mm 和 0,如图 4-23(c)所示。

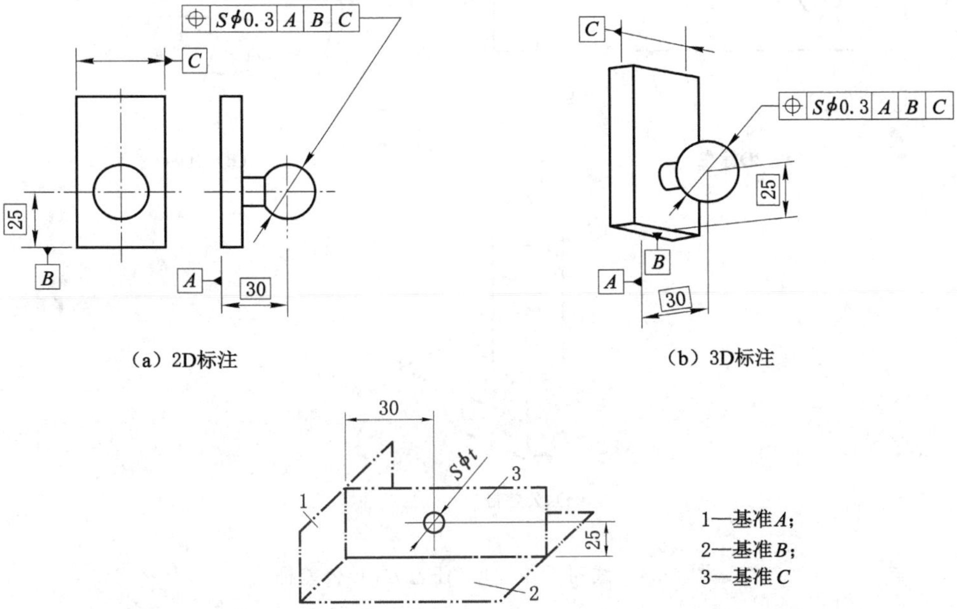

(a) 2D标注　　(b) 3D标注

(c) 公差带

图 4-23　点位置度公差标注和公差带

图 4-24 所示的被测要素是孔的中心线(导出要素),其公差带形状是圆柱,直径为 ϕ0.08。该圆柱轴线垂直于基准平面 C,圆心位于"与基准 A 相距理论正确尺寸 100"和"与基准 B 相距理论正确尺寸 68"的交点上,如图 4-24(c)所示(图中 $d_1 = \boxed{68}$,$d_2 = \boxed{100}$)。

图 4-25 所示的被测要素是斜端面(组成要素),其提取(实际)表面应限定在间距等于 0.05 mm 的两平行平面之间。该两平行平面的对称中心面与基准轴线 B 的相交点位置在"与基准平面 A 相距理论正确尺寸 15"上,而且对称中心面与基准轴线 B 相交理论正确角度 105°,如图 4-25(c)所示。

4. 线轮廓度

图 4-26 表示在任一由相交平面框格规定的平行于基准平面 A 的截面内,被测要素的提取(实际)轮廓线(组成要素)应限定在直径等于 ϕ0.04、圆心位于由基准平面 A 与基准平面 B 确定的被测要素理论正确几何形状线上的一系列圆的两包络线之间。

5. 面轮廓度

图 4-27 表示被测要素的提取(实际)轮廓面(组成要素)应限定在直径等于 ϕ0.1、球心位于由基准平面 A 确定的被测要素理论正确几何形状上的一系列圆球的两包络面之间。

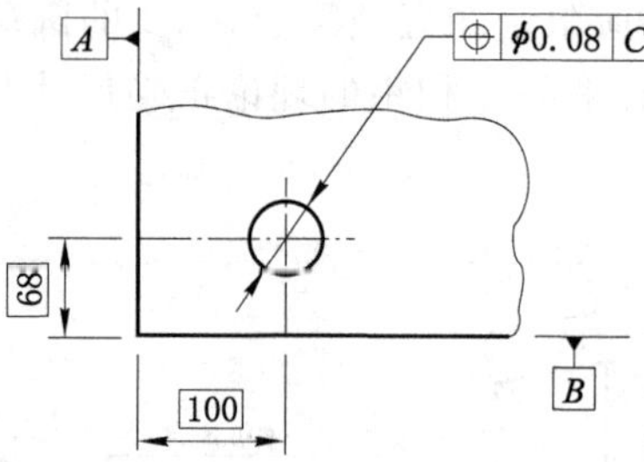

（a）2D标注

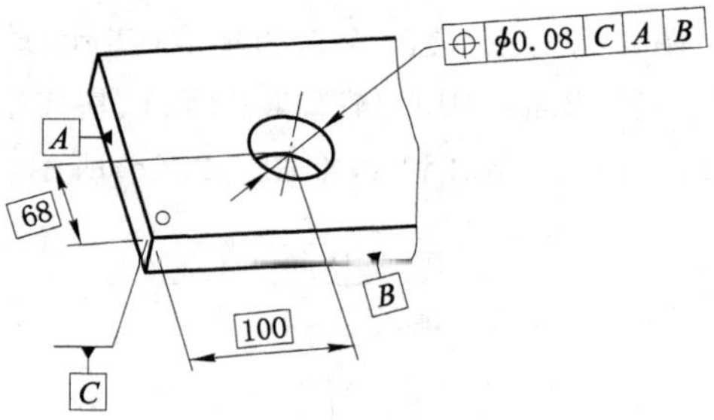

（b）3D标注

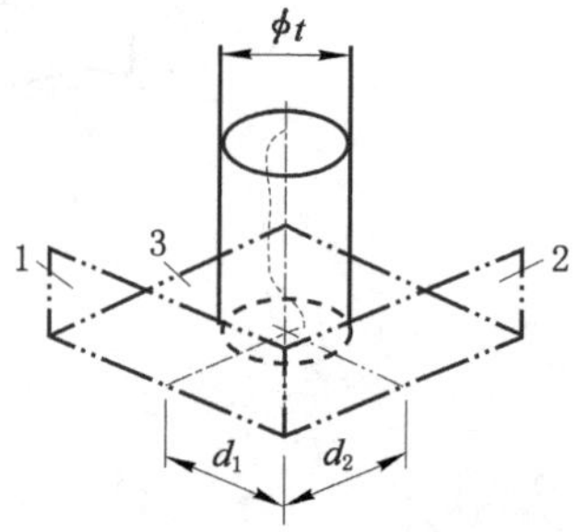

（c）公差带

图 4-24　线对面位置度(任意方向)公差标注

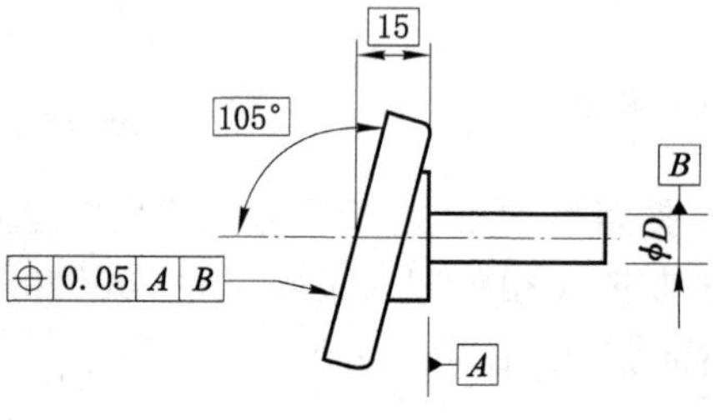

（a）2D标注

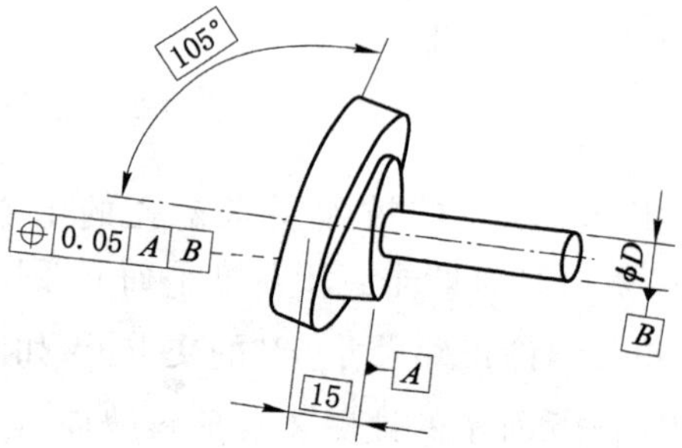

（b）3D标注

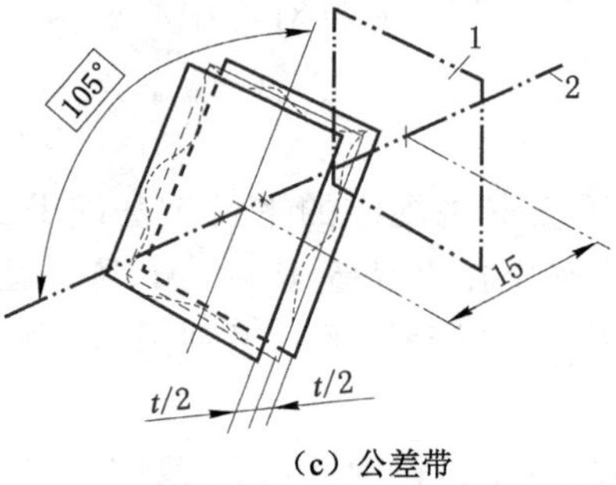

1—基准A；2—基准B。

（c）公差带

图 4-25　面对“面、线”位置度公差标注

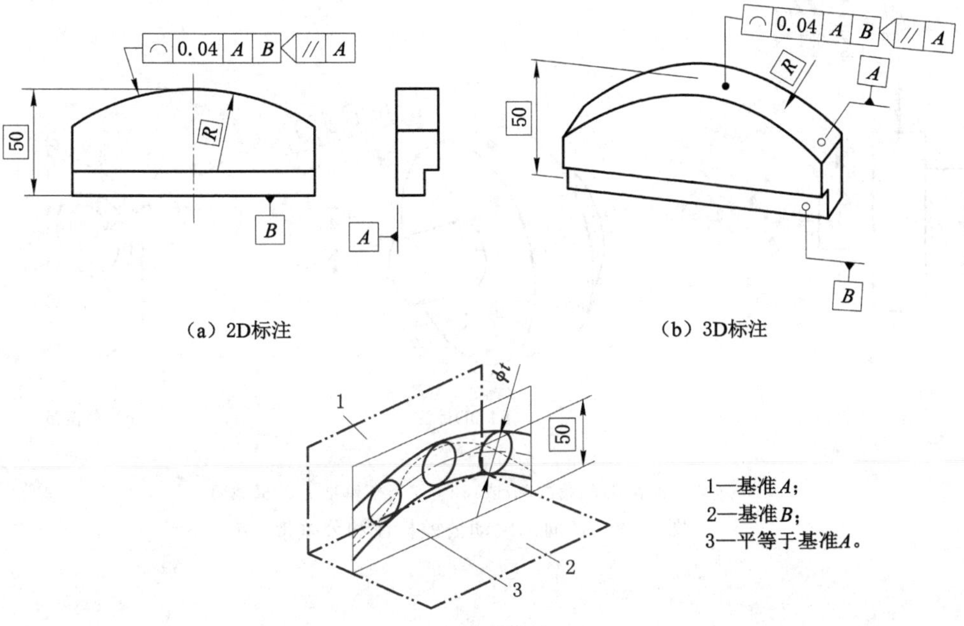

（a）2D标注　　（b）3D标注

（c）公差带

图 4-26　与基准相关的线轮廓度公差标注和公差带

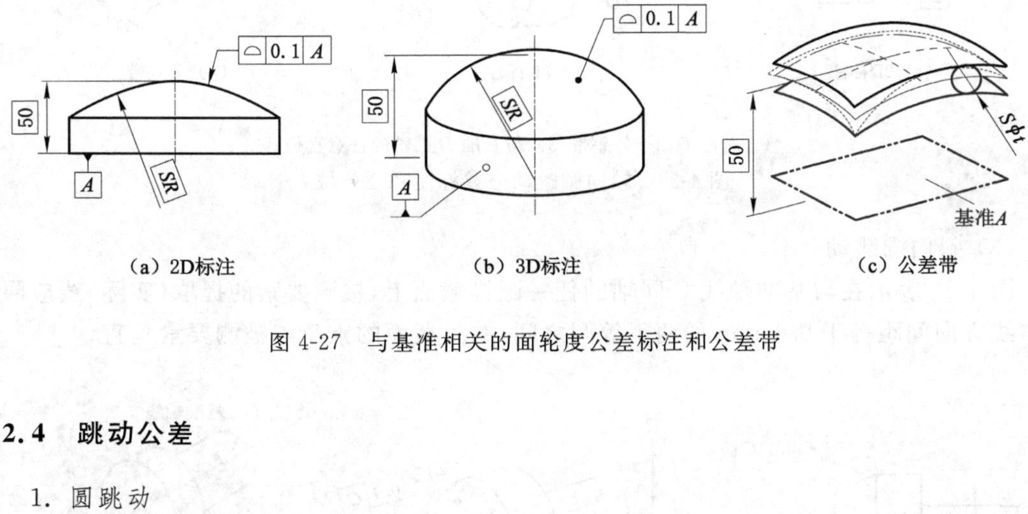

（a）2D标注　　（b）3D标注　　（c）公差带

图 4-27　与基准相关的面轮廓度公差标注和公差带

4.2.4　跳动公差

1. 圆跳动

（1）径向圆跳动

图 4-28 表示在任一平行于基准平面 B、垂直于基准轴线 A 的横截面上，被测要素的提取（实际）圆（组成要素）应限定在半径差等于 0.1 mm、圆心在基准轴线 A 上的两共面同心圆之间。

（2）轴向圆跳动

图 4-29 表示在与基准轴线 D 同轴的任一圆柱形截面上，被测要素的提取（实际）圆应限定在轴向距离等于 0.1 mm 的两个等圆之间。

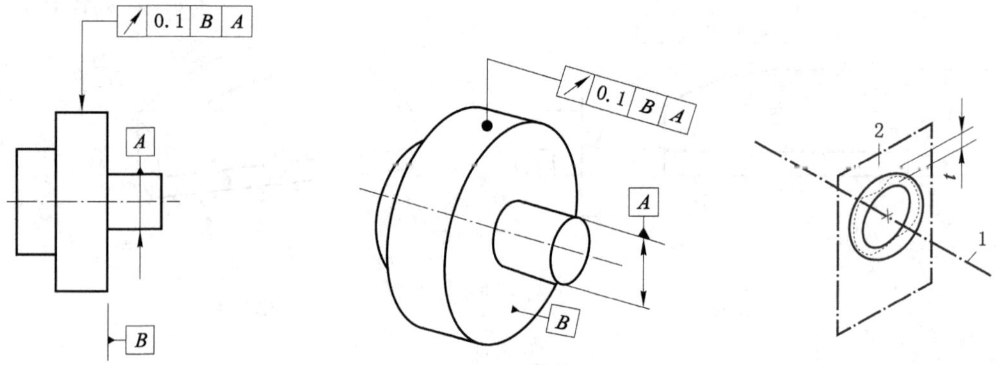

（a）2D标注　　（b）3D标注　　（c）公差带

1—垂直于基准 B 的第二基准 A；2—平行于基准 B 的横截面。

图 4-28　径向圆跳动公差标注和公差带

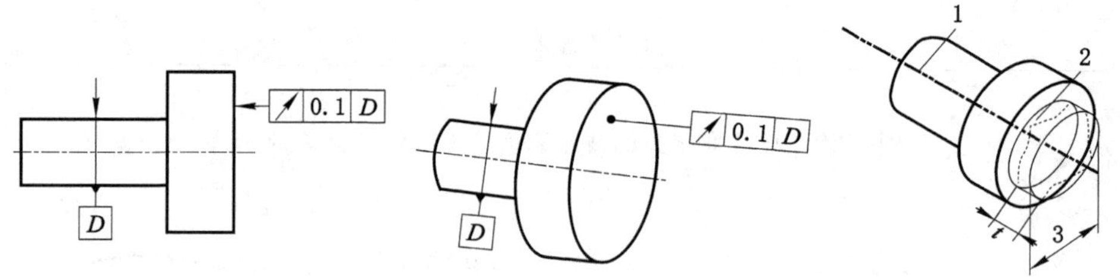

（a）2D标注　　（b）3D标注　　（c）公差带

1—基准 D；2—公差带；3—与基准 D 同轴的任意直径。

图 4-29　轴向圆跳动公差标注和公差带

（3）斜向圆跳动

图 4-30 表示在与基准轴线 C 同轴的任一圆锥截面上，被测要素的提取（实际）线应限定在素线方向间距等于 0.1 mm 的两不等圆之间，并且截面的锥角与被测要素垂直。

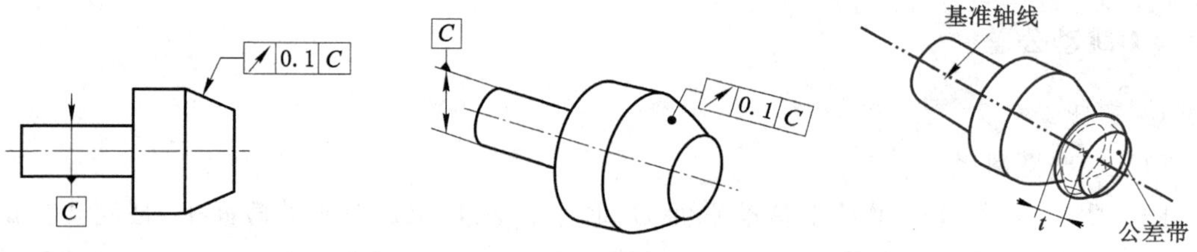

（a）2D标注　　（b）3D标注　　（c）公差带

图 4-30　圆锥面的斜向圆跳动公差标注和公差带

图 4-31 表示在相对于方向要素（给定角度 α）的任一圆锥截面上，被测要素的提取线应

限定在圆锥截面内间距等于 0.1 mm 的两不等圆之间。该项目的公差带如图 4-31(c)所示。

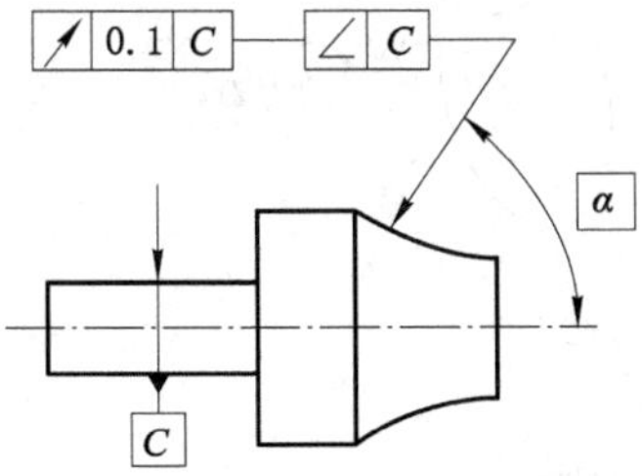

(a) 2D标注

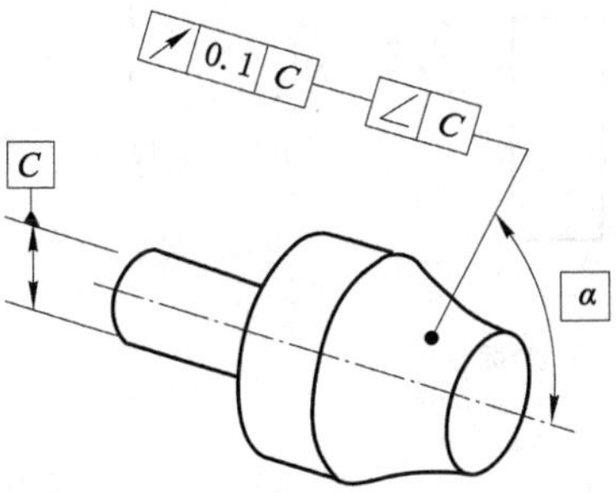

(b) 3D标注

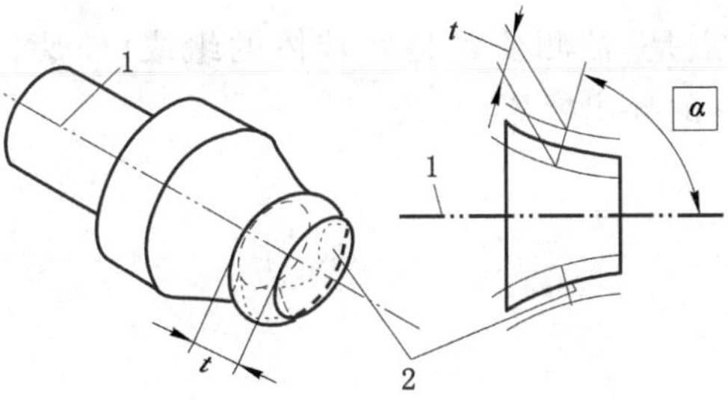

(c) 公差带

1—基准 C；2—公差带。

图 4-31　轴向截面的圆锥素线是曲线(在给定方向上)的斜向圆跳动公差标注和公差带

2. 全跳动

(1) 径向全跳动

图 4-32 表示被测要素的提取(实际)圆柱表面(组成要素)应限定在半径差等于 0.1 mm、与公共基准轴线 $A—B$ 同轴的两圆柱面之间。

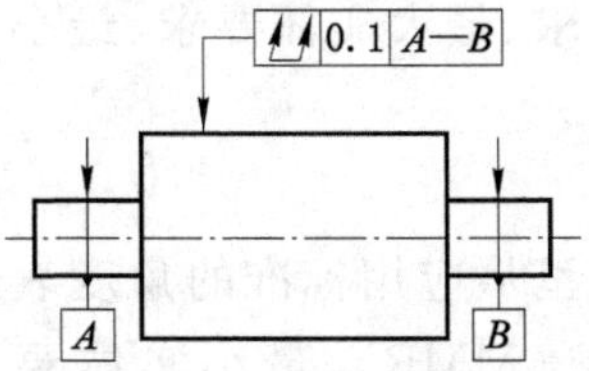

(a) 2D标注

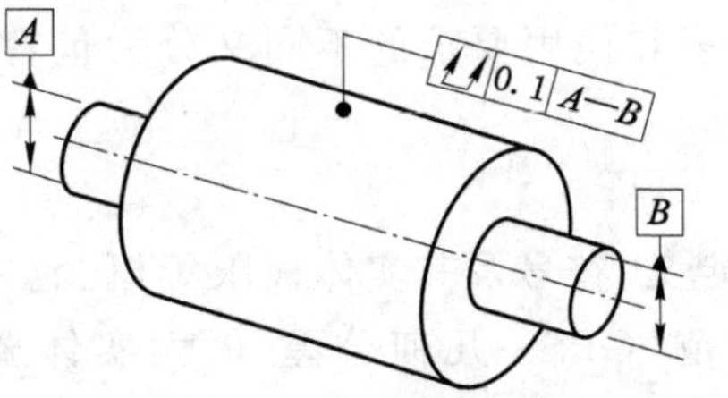

(b) 3D标注

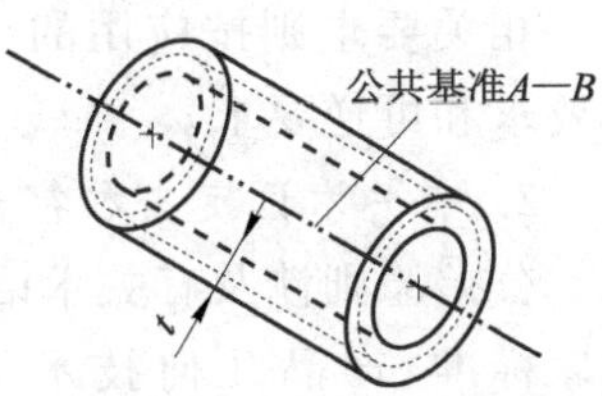

(c) 公差带

图 4-32　径向全跳动公差标注和公差带

(2) 轴向全跳动

图 4-33 表示被测要素的提取(实际)表面应限定在间距等于 0.1 mm、垂直于基准轴线 D 的两平行平面之间(该描述与垂直度公差的含义相同)。

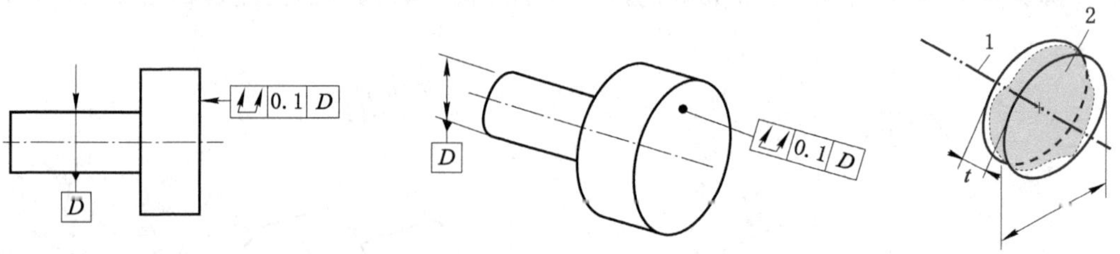

（a）2D标注　（b）3D标注　（c）公差带

1—基准 D；2—提取表面。

图 4-33　轴向全跳动公差标注和公差带

常见跳动公差标注的特点是：被测要素是回转体的组成（轮廓）要素（圆柱面、锥面）或端面，第一基准要素是回转体的导出要素（轴线）。

4.3　公差原则

在机械零件精度设计中，一些几何要素不仅有尺寸公差要求，而且还有几何公差要求。为了满足某些配合性质、装配性质以及最低强度等要求，对于这些要素提出了尺寸公差与几何公差之间的关系问题。公差原则就是处理尺寸公差与几何公差之间关系的一项原则。

4.3.1　概述

国家标准《产品几何技术规范（GPS）基础概念、原则和规则》（GB/T 4249—2018）规定了几何公差与尺寸公差之间的关系。

1. 公差原则分类

公差原则按几何公差是否与尺寸公差发生关系分为独立原则和相关要求。几何公差与尺寸公差之间无关系的为独立原则，有关系的为相关要求。

相关要求则按应用的要素和使用要求的不同又分为包容要求、最大实体要求、最小实体要求和可逆要求。

2. 有关术语定义和符号

公差原则涉及有关术语定义、符号及其实体极限等概念。这里从应用标准的角度表述国家标准《产品几何技术规范（GPS）几何公差 最大实体要求（MMR）、最小实体要求（LMR）和可逆要求（RPR）》（GB/T 16671—2018）中的有关内容。

（1）实体状态及实体尺寸

实体状态（MC）分为最大实体状态（MMC）和最小实体状态（LMC）。其中，最大实体状态是当尺寸要素的提取组成要素的实际尺寸处处位于极限尺寸且使其具有材料最多（实体最大）时的状态。最小实体状态是当尺寸要素的提取组成要素的实际尺寸处处位于极限尺寸且使其具有材料最少（实体最小）时的状态。

实体尺寸（MS）分为最大实体尺寸（MMS）和最小实体尺寸（LMS）。其中，最大实体尺寸是确定要素最大实体状态的尺寸。对于外尺寸要素，例如轴，其最大实体尺寸就是轴的上极限尺寸；对于内尺寸要素，例如孔，其最大实体尺寸就是孔的下极限尺寸。最小实体尺寸是确定要素最小实体状态的尺寸。对于外尺寸要素，例如轴，其最小实体尺寸就是轴的下极限尺寸；对于内尺寸要素，例如孔，其最小实体尺寸就是孔的上极限尺寸。

例如，在图 4-34(a)中，轴颈 $\phi 20_{-0.03}^{0}$，当实际轴的尺寸处处等于 20 mm 时，该轴所具有的材料量为最多，该轴处于最大实体状态。因此，尺寸 20 mm 为最大实体尺寸，它是该轴的上极限尺寸。当实际轴的尺寸处处等于 19.97 mm 时，该轴处于最小实体状态，则尺寸 19.97 mm为最小实体尺寸，它是该轴的下极限尺寸。

又如，在图 4-34(b)中，孔 $\phi 15_{-0.1}^{0}$ 的最大实体状态是实际孔尺寸处处等于 14.9 mm 的状态，尺寸 14.9 mm 为该孔的最大实体尺寸，也是孔的下极限尺寸；而 15 mm 为该孔的最小实体尺寸(孔的上极限尺寸)。

(2) 最大实体边界和最小实体边界

最大实体边界(MMB)：最大实体状态的理想形状的极限包容面。

对于外尺寸(轴)，其最大实体边界是：尺寸为最大实体尺寸，形状为理想的内圆柱面；对于内尺寸(孔)，其最大实体边界是：尺寸为最大实体尺寸，形状为理想的外圆柱面。

例如，图 4-34(a)中，轴颈 $\phi 20_{-0.03}^{0}$ 的最大实体边界是：尺寸为 20 mm，形状为理想的内圆柱面。图 4-34(b)中，孔 $\phi 15_{-0.1}^{0}$ 的最大实体边界是：尺寸为 14.9 mm，形状为理想的外圆柱面。

最小实体边界(LMB)：最小实体状态的理想形状的极限包容面。

对于外尺寸(轴)，其最小实体边界是：尺寸为最小实体尺寸，形状为理想的内圆柱面；对于内尺寸(孔)，其最小实体边界是：尺寸为最小实体尺寸，形状为理想的外圆柱面。例如图 4-34(a)中，轴颈 $\phi 20_{-0.03}^{0}$ 的最小实体边界是：尺寸为 19.7 mm，形状为理想的内圆柱面；图 4-34(b)中，孔 $\phi 15_{-0.1}^{0}$ 的最小实体边界是：尺寸为 15 mm，形状为理想的外圆柱面。

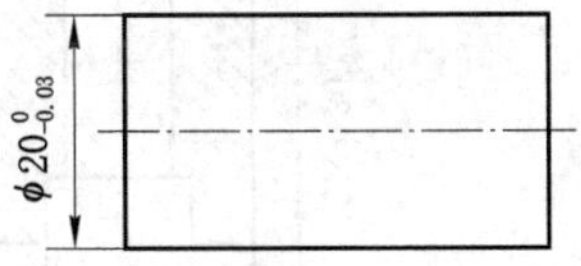

(a) 轴

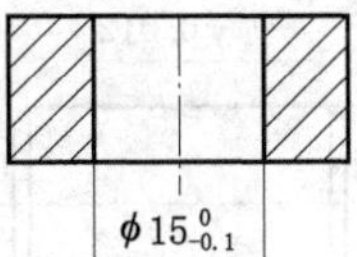

(b) 孔

图 4-34　实体状态与实体尺寸

(3) 实体实效尺寸和实体实效状态

实体实效尺寸(MVS)分为最大实体实效尺寸(MMVS)和最小实体实效尺寸(LMVS)。

其中，最大实体实效尺寸是尺寸要素的最大实体尺寸和其导出要素的几何公差(形状、方向或位置)共同作用产生的尺寸。最小实体实效尺寸是尺寸要素的最小实体尺寸和其导出要素的几何公差(形状、方向或位置)共同作用产生的尺寸。

最大实体实效尺寸：对于外尺寸要素(即轴)，MMVS＝MMS＋几何公差

对于内尺寸要素(即孔)，MMVS＝MMS－几何公差

最小实体实效尺寸：对于外尺寸要素(即轴)，LMVS＝LMS－几何公差

对于内尺寸要素(即孔),LMVS=LMS+几何公差

实体实效状态(MVC)分为最大实体实效状态(MMVC)和最小实体实效状态(LMVC)。

其中,最大实体实效状态是指拟合要素的尺寸为其最大实体实效尺寸时的状态,最小实体实效状态是指拟合要素的尺寸为其最小实体实效尺寸时的状态。

(4) 最大实体实效边界和最小实体实效边界

最大实体实效状态对应的极限包容面称为最大实体实效边界(MMVB)。最小实体实效状态对应的极限包容面称为最小实体实效边界(LMVB)。

4.3.2 独立原则

独立原则(IP)是指图样上给定的每个尺寸和几何(形状、方向或位置)要求是独立的,应分别满足要求。它是线性尺寸公差和几何公差之间相互关系所遵循的一项基本原则。

1. 图样标注

当注有公差的被测要素的尺寸公差和几何公差采用独立原则时,图样上不做任何附加标记。

(1) 独立原则应用于单一要素

图 4-35 标注表示:直径尺寸及尺寸公差为 $\phi 30_{-0.021}^{\ 0}$,该轴的轴线直线度公差为 $\phi 0.012$,长度尺寸 50 mm。$\phi 30_{-0.021}^{\ 0}$ 的尺寸公差与轴线的直线度公差 $\phi 0.012$ 相互独立。

(2) 独立原则应用于关联要素

图 4-36 标注表示:直径尺寸及尺寸公差为 $\phi 50_{\ 0}^{+0.025}$,该孔的垂直度公差为 0.05,基准为 $2\times\phi 30_{\ 0}^{+0.021}$ 的轴线。$\phi 50_{\ 0}^{+0.025}$ 的尺寸公差与垂直度公差 0.05 相互独立。

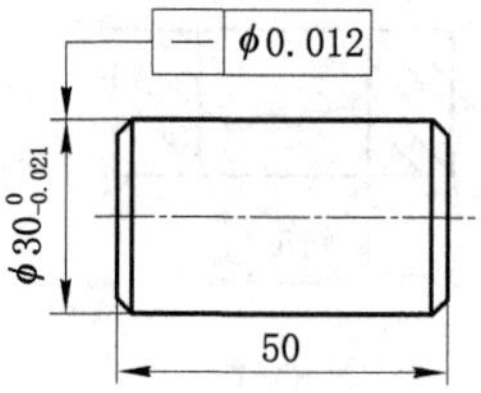

图 4-35 独立原则应用于单一要素的标注示例

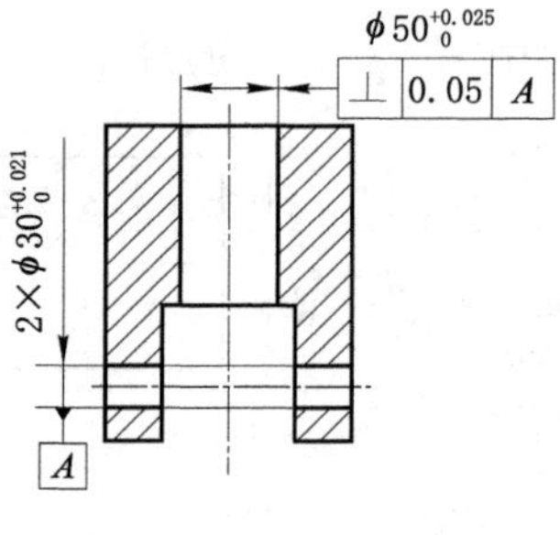

图 4-36 独立原则应用于关联要素的标注示例

2. 被测要素的合格条件

(1) 独立原则应用于单一要素的合格条件

当被测要素应用独立原则时,该要素的合格条件是:提取要素的实际尺寸应在其两个极限尺寸之间;被测提取要素均应位于给定的几何公差带内,并且其几何误差允许达到最大值。即

① 尺寸公差要求:对于轴,$d_{max} \geqslant d_a \geqslant d_{min}$;对于孔,$D_{max} \geqslant D_a \geqslant D_{min}$。

② 几何公差要求:几何误差 $f_{几何} \leqslant$ 几何公差 $t_{几何}$。

如图 4-35 所示例子，被测轴的合格条件是：轴径 $\phi30$ 提取要素的实际尺寸应在 29.979～30.000 mm 之间；轴的轴线直线度误差小于或等于 $\phi0.012$；轴长尺寸 50 mm 的尺寸误差不超过其未注公差范围；轴的两端面平面度误差不超过其未注平面度公差，其他未注公差项目的误差都不得超过其未注公差值。

(2) 独立原则应用于关联要素的合格条件

如图 4-36 所示，被测孔的合格条件是：$\phi50$ 孔径提取要素的实际尺寸应在 50.000～50.025 mm之间；该孔的轴线应垂直于 $2\times\phi30$ 公共轴线，其垂直度误差值不大于0.05 mm。

3. 被测要素的检测方法和计量器具

当被测要素应用独立原则时，采用的检测方法是用通用计量器具测量被测要素的提取要素实际尺寸和几何误差。

以独立原则应用于单一要素为例，可用立式光学比较仪测量轴各部位直径的提取要素实际尺寸，再用计量器具测量该轴的轴线直线度误差。

4. 应用场合

独立原则主要应用的场合：一是应用于零件上非配合部位；二是应用于零件的几何公差要求较高，而对尺寸公差要求相对较低的场合。例如台钻工作台面的平面度公差，该工作面相对底面的平行度要求较高，而工作台面到底面的尺寸精度要求不高。

4.3.3　包容要求

包容要求(ER)是尺寸要素的导出要素的形状公差与其相应的组成要素的尺寸公差之间相互有关的公差要求。

包容要求表示提取组成要素不得超越其最大实体边界，其实际尺寸不得超出最小实体尺寸。当被测要素的提取组成要素偏离了最大实体状态时，可将尺寸公差的一部分或全部补偿给几何公差。因此，它属于相关要求，这表明尺寸公差与几何公差之间有关系。

值得注意的是：包容要求仅适用于单一要素，如圆柱表面或两平行对应面之间的尺寸与形状要素。

1. 图样标注

图 4-37 表示包容要求的标注方法，即在被测要素的尺寸公差或公差带代号后加注符号Ⓔ。其中，图 4-37(a)、(b)为轴应用包容要求的例子，图 4-37(c)为孔应用包容要求的例子。

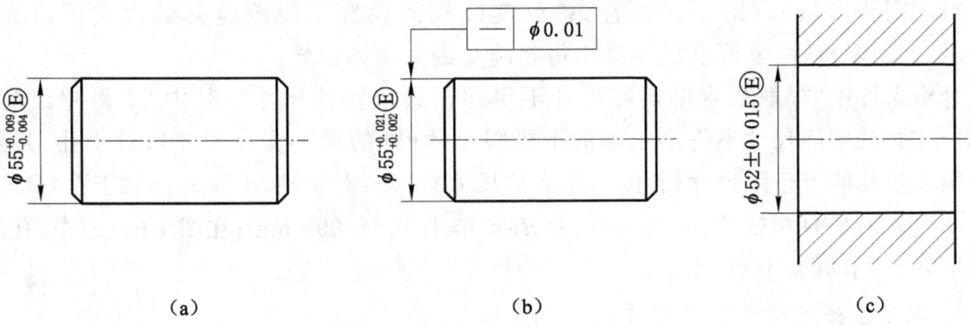

图 4-37　包容要求的标注示例

2. 被测实际轮廓遵守的理想边界

包容要求遵守的理想边界是最大实体边界。最大实体边界是由最大实体尺寸构成的具有理想形状的边界。如被测要素是轴或孔(圆柱面),则其最大实体边界是:直径为最大实体尺寸,形状是理想的内(或外)圆柱面。

如图 4-37(a)所示,被测要素是轴,它的最大实体边界是:直径为 25.009 mm(最大实体尺寸),形状是理想的内圆柱面。图 4-37(c)所示被测要素是孔,它的最大实体边界是:直径为 51.985 mm(最大实体尺寸),形状是理想的外圆柱面。

3. 合格条件

被测要素应用包容要求的合格条件是被测实际轮廓应处处不得超越最大实体边界,其提取要素的实际尺寸不得超出最小实体尺寸。

合格条件中"被测实际轮廓"是由被测要素的实际尺寸和实际形状综合构成的,为实际真实存在的轮廓。合格条件中的"处处不得超越最大实体边界"是指当被测要素为轴时,被测实际轮廓不得从最大实体边界内向外超越。如图 4-38(a)所示,实际轴若穿越其最大实体边界而不发生干涉,表明实际轮廓未超越最大实体边界。而当被测要素为孔时,被测实际轮廓不得从最大实体边界外向内超越。如图 4-38(b)所示,将边界穿越实际孔,若不发生干涉,则表明孔的实际轮廓未超越其最大实体边界。这样,可保证被测要素所拥有的材料实体量不会多于最大实体尺寸所体现的最大实体量,即被测要素实际实体状态不会超出最大实体状态。

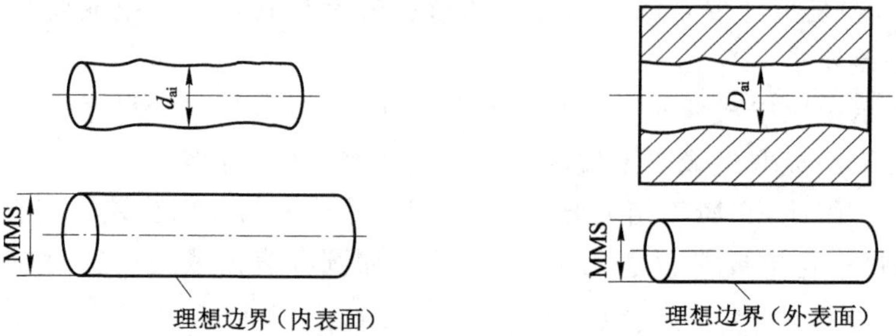

(a) 实际轴和最大实体边界　　(b) 实际孔和最大实体边界

图 4-38　轴、孔的实际轮廓和最大实体边界

对于图 4-37(a)、(b)所示标注,被测实际轴的轮廓不得超越其最大实体边界;对于图 4-37(c)所示标注,实际孔的轮廓不得超越其最大实体边界。

合格条件中"提取要素的实际尺寸不得超出最小实体尺寸",其中"不得超出"的含义是:对于轴,其实际尺寸不得小于轴的下极限尺寸(轴的最小实体尺寸);对于孔,其实际尺寸不得大于孔的上极限尺寸(孔的最小实体尺寸)。即:对于轴,$d_a \geqslant d_{min}$;对于孔,$D_a \leqslant D_{max}$。

在图 4-37(a)中,轴的任一实际尺寸 d_{ai}不得小于 24.996 mm;在图 4-37(c)中,孔的任一实际尺寸 D_{ai}不得大于 52.015 mm。

4. 尺寸公差与形状公差的关系

尺寸公差与形状公差的关系是指在包容要求中,当被测要素的实体状态偏离了最大实体状态时,尺寸公差中的一部分或全部可以补偿给几何公差的一种关系。

被测要素遵守最大实体边界，可以理解为：当被测要素的实际尺寸处处为最大实体尺寸时，其形状应是理想的形状，即形状公差为零，被测要素的形状没有误差。这种情况实际是不存在的。也就是说：被测要素的实际尺寸不得加工到最大实体尺寸（轴为上极限尺寸；孔为下极限尺寸），因为实际要素肯定存在着形状误差。当被测要素实际拥有的实体材料量少于最大实体量时，则允许被测要素存在形状误差，只要不超越最大实体边界即可。说明当被测要素的实体状态偏离了最大实体状态时，形状公差可不为零，即形状（几何）公差得到一个补偿量。此补偿量为大于零到尺寸公差值之间的某一值。这就是尺寸公差与形状（几何）公差的关系所在。

图 4-39(a)中，尺寸公差与形状公差遵守包容要求。圆柱表面必须在最大实体边界内，该边界的尺寸为最大实体尺寸 $\phi150$ mm。当局部实际直径为最小实体尺寸 $\phi149.96$ mm 时，其形状误差可以有 0.04 mm 的补偿，如图 4-39(b)所示。当局部实际直径为 $\phi150$ mm 时，圆柱表面具有理想的形状，如图 4-39(c)所示。

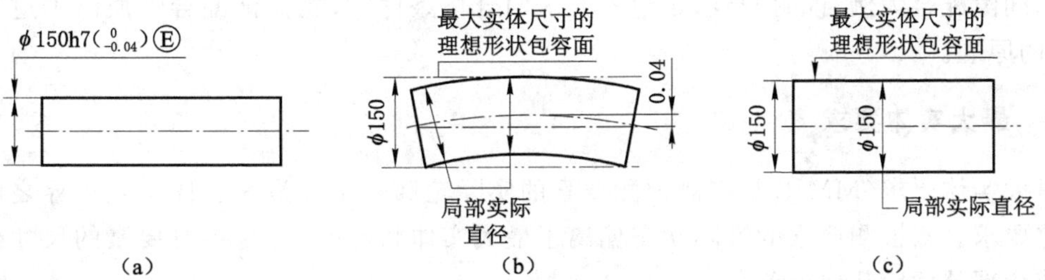

图 4-39　包容要求

5. 计量器具和检测方法

根据被测要素应用包容要求的合格条件，设计和选用计量器具以及检测方法。

(1) 计量器具

用光滑极限量规检验被测要素。光滑极限量规的内容见 6.2 节。

光滑极限量规是一种无刻度的定值量具，它有塞规和卡规。塞规检验孔（内圆柱面），卡规检验轴（外圆柱面）。光滑极限量规用于检验的工作量规有通规和止规。通规体现最大实体边界（其中卡规的通规体现最大实体尺寸），而止规体现最小实体尺寸。

(2) 检测方法

当孔（内圆柱面）应用包容要求时，用塞规（见图 6-6）的通规检验被检孔的实际轮廓。通规通过，表明被检孔的实际轮廓未超越最大实体边界。用塞规的止规检验被检孔的实际尺寸。止规不通过，表明被检孔的实际尺寸未超出最小实体尺寸。因此，检验结果为被检孔合格。

当轴（外圆柱面）应用包容要求时，用卡规（见图 6-7）的通规检验被检轴的实际尺寸。通规通过，表明被检轴的实际尺寸未超过最大实体尺寸。用卡规的止规检验被测轴的实际尺寸。止规不通过，表明被检轴的实际尺寸未超出最小实体尺寸。因此，检验结果为被检轴合格。

由此可见，用卡规检验实际轴未按理论要求进行检验。卡规的通规仅体现最大实体尺寸，而未体现最大实体边界。若按理论要求检验轴，应该采用环规检验轴的实际轮廓。环规的工作面是内圆柱面(见图 4-40),它体现最大实体边界。若轴的实际轮廓通过环规的内圆柱面,则表明实际轮廓未超越最大实体边界。例如,检验图 4-37(a)的实际轴,对应的环规工作面的直径尺寸按 MMS=25.009 mm 设计,而且其形状有较严的圆柱度公差要求。

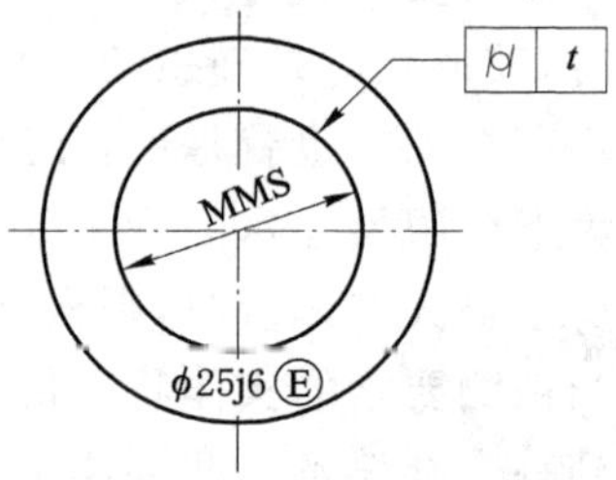

图 4-40　轴用环规示意图

6. 应用场合

包容要求常常用于有配合性质要求的场合,需要保证配合性质。若配合的轴、孔采用包容要求,则不会因为轴、孔的形状误差影响配合性质。例如,回转轴颈和滚动轴承内圈内径、主轴箱体孔与轴承外圈外径等配合部位。

当相互配合的轴、孔应用包容要求时,合格的轴与合格的孔一一结合,其产生的实际间隙或过盈满足配合性质的要求,即实际间隙或过盈均在两个极限间隙或极限过盈之间。

以间隙配合为例,说明“当满足包容要求的合格条件时,能保证配合性质既不过紧也不过松”的原理。

4.3.4　最大实体要求

最大实体要求(MMR)是控制被测要素的实际轮廓处于其最大实体实效边界之内的一种公差要求。当被测要素的实际状态偏离了最大实体状态时,可将被测要素的尺寸公差的部分或全部补偿给几何公差。

1. 图样标注

应用最大实体要求的标注方法是在被测要素的几何公差框格中的公差数值后加注符号 Ⓜ。有以下几种标注形式:

① 单一要素应用最大实体要求,如图 4-41(a)所示;

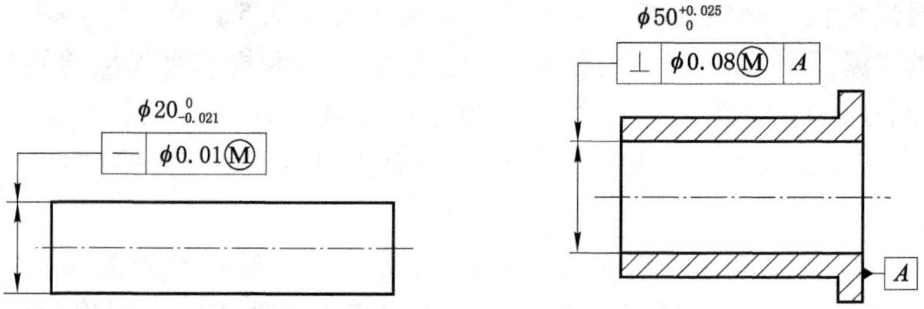

(a) 单一要素应用最大实体要求　　(b) 关联要素应用最大实体要求

图 4-41　最大实体要求的标注示例

② 关联要素应用最大实体要求,如图 4-41(b)所示;

③ 最大实体要求的零几何公差,如图 4-42 所示;

④ 几何公差受限的最大实体要求,如图 4-43 所示;

⑤ 被测要素和基准要素均应用最大实体要求,且基准要素本身应用包容要求(见图 4-44)。

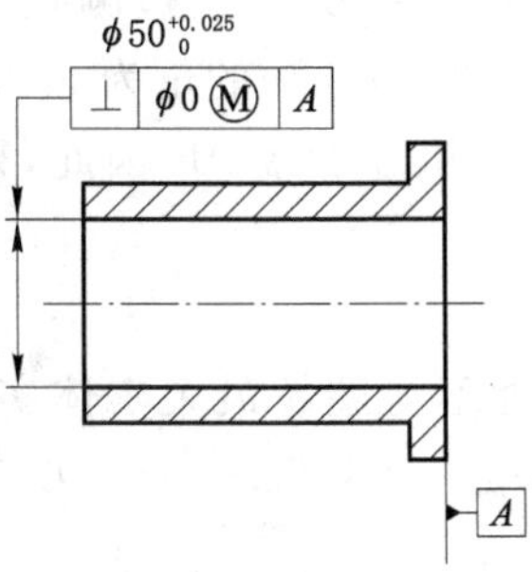

图 4-42　最大实体要求的零几何公差的标注示例

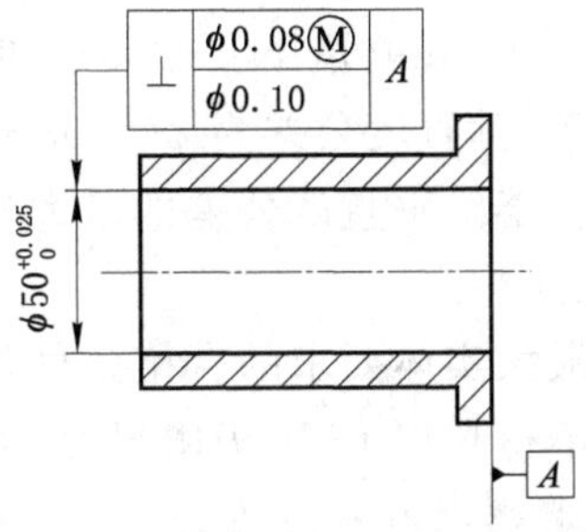

图 4-43　几何公差受限的最大实体要求的标注示例

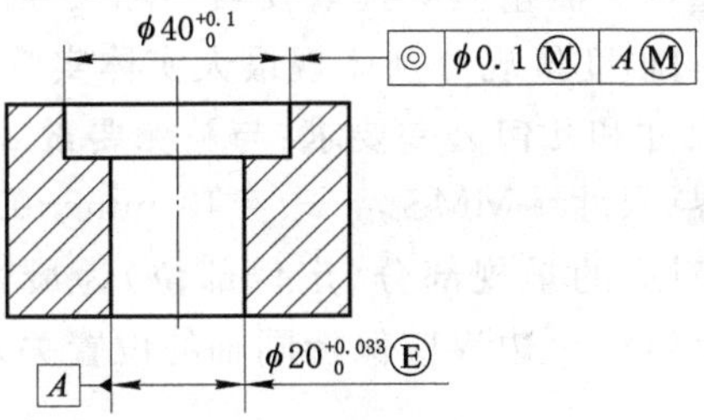

图 4-44　同时满足最大实体要求和包容要求的标注示例

2. 被测实际轮廓遵守的理想边界

最大实体要求遵守的理想边界是最大实体实效边界。最大实体实效边界是指尺寸为最大实体实效尺寸，形状为理想的边界。对于关联要素，最大实体实效边界的方位按图样标注位置关系。

最大实体实效尺寸(MMVS)为：

$$MMVS = MMS \pm t$$

式中，MMS 为被测要素的最大实体尺寸；t 为几何公差值（在最大实体状态下给定的公差值），如果是轴用“＋”，如果是孔用“－”。

图 4-41(a)中被测要素是轴，它应遵守的最大实体实效边界是：直径为(20＋0.01) mm＝20.01 mm（最大实体实效尺寸 MMVS），形状是理想的内圆柱面。

图 4-41(b)中被测要素是孔，它应遵守的最大实体实效边界是：直径为(50－0.08) mm＝49.92 mm（最大实体实效尺寸），形状是理想的外圆柱面，该圆柱面的轴线与右端面垂直。

图 4-42 的标注表明：垂直度公差值 $\phi 0$ 是在被测要素为最大实体状态下给定的，即被测要素处于最大实体状态下，孔的轴线与右端面的垂直度误差应为零。该零件的孔遵守最大实体实效边界，最大实体实效尺寸为 $MMS - t = MMS$。因为垂直度公差 $t=0$，所以，此时的最大实体实效边界就是最大实体边界。

图 4-43 的标注表明：被测孔遵守的边界与图 4-41(b)相同，同样当被测实际轮廓偏离最大实体状态时，垂直度公差可以得到补偿。但是，补偿后的垂直度公差值不能超过 $\phi 0.1$，即垂直度公差受限。例如，当被测孔 1 的尺寸处处等于 50.02 mm 时，偏离最大实体尺寸

50.00 mm的量为 0.02 mm，则垂直度公差为 ϕ(0.08+0.02)＝ϕ0.1；当被测孔 2 的尺寸处处等于 50.025 mm(最小实体尺寸)时，偏离最大实体尺寸 50.00 mm 的量为 0.025 mm。若按补偿关系，垂直度公差为 ϕ(0.08+0.025)＝ϕ0.105，但它超过了 ϕ0.1，因此，被测孔 2 的尺寸公差补偿给垂直度公差的最大量仅为 ϕ0.02。

3. 合格条件

应用最大实体要求的合格条件是被测实际轮廓应处处不得超越最大实体实效边界，其局部尺寸不得超出上、下极限尺寸，即对于轴，$d_{max} \geqslant d_a \geqslant d_{min}$；对于孔，$D_{min} \leqslant D_a \leqslant D_{max}$。

4. 计量器具和检测方法

根据被测要素应用最大实体要求的合格条件，明确计量器具以及检测方法。

(1) 计量器具

当应用最大实体要求时，一是用综合量规(或位置量规)检验被测要素是否超越最大实体实效边界；二是用通用计量器具测量被测提取要素实际尺寸。

以图 4-44 标注为例，用同轴度量规分别体现最大实体实效边界和最大实体边界。如图 4-45 所示，该同轴度量规的尺寸和几何公差要求：与被测要素 $\phi 40^{+0.1}_{0}$ 相对应的量规部分(测量部位)为最大实体实效边界(尺寸＝$MMS_{被测} - t$＝40 mm－0.1 mm＝ϕ39.9，形状是外圆柱面)；与基准要素 $\phi 20^{+0.033}_{0}$ 对应的量规部分(定位部位)为最大实体边界(尺寸＝$MMS_{基准}$＝ϕ20.0，形状是外圆柱面)。这两个边界应保持同轴的位置关系。

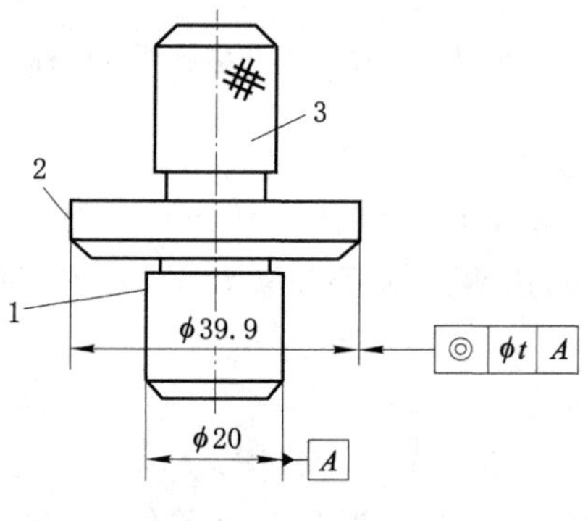

1—基准要素遵守的最大实体边界；2—被测要素遵守的最大实体实效边界；3—柄部。

图 4-45　同轴度量规示意图

(2) 检测方法

在图 4-44 中，被检测要素和基准要素阶梯孔的检验方法如下：

① 当同轴度量规通过被检工件的阶梯孔时，说明被测要素和基准要素均未超越各自遵守的边界(被测要素未超越其最大实体实效边界，基准要素未超越其最大实体边界)；

② 用通用计量器具测量被测孔在若干横截面内直径的实际尺寸，然后将各处的实际尺寸与被测孔的两个极限尺寸比较，判断是否满足“$40.0 \leqslant D_{a被测} \leqslant 40.1$”的条件；

③ 用光滑极限量规的止规检验基准 $\phi 20^{+0.033}_{0}$ 的实际尺寸是否超过基准要素的最小实体尺寸，要求“止规不通过”。

若被测阶梯孔满足上述 3 个条件，则被检测项目合格。

5. 应用场合

最大实体要求通常用于对机械零件配合性质要求不高，但要求顺利装配，即保证零件可装配性的场合。如某减速器输出轴的轴端端盖上的 4 个螺栓孔（见图 4-46），其轴线的位置度公差可应用最大实体要求，这样能保证 4 个螺栓顺利装配。

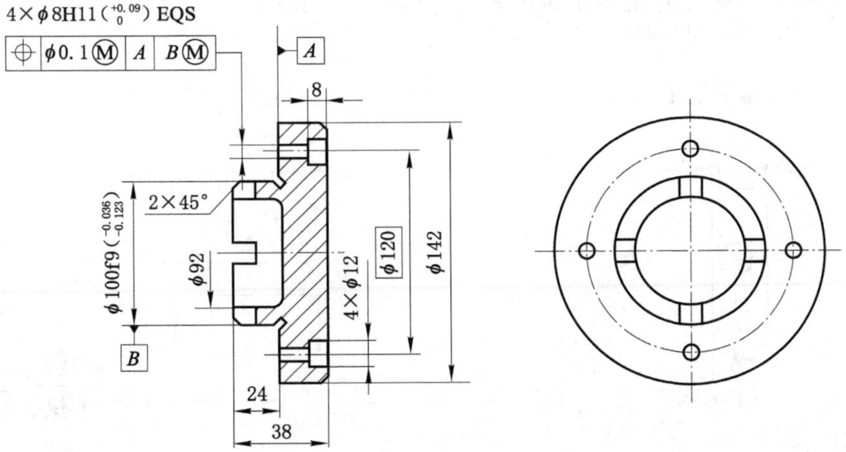

图 4-46　端盖零件示意图

需要说明的是：最大实体要求适用于导出要素，不能应用于组成要素。因为当应用最大实体要求时，若被测要素偏离最大实体状态，可将偏离量补偿给几何公差。对于被测要素是组成要素（如平面）的情况，组成要素只有形状和位置要求，而无尺寸要求，也就无偏离量，所以不存在补偿问题。如图 4-47 所示，基准要素是组成要素，公差框格表示被测要素和基准要素均采用最大实体要求，图中框格内基准要素 A 后加注 Ⓜ，这为错误标注。

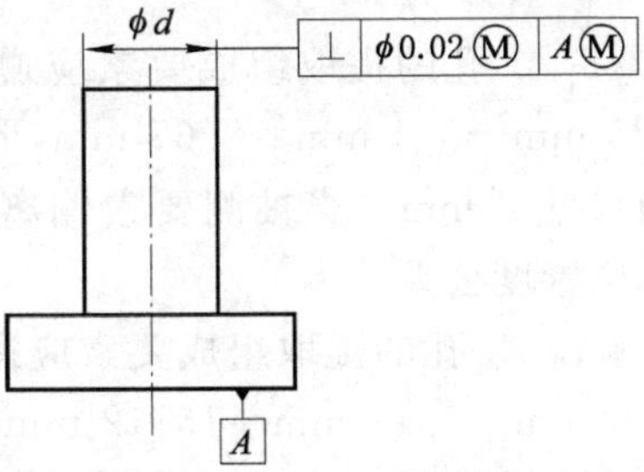

图 4-47　错误标注示例

4.3.5　最小实体要求

最小实体要求（LMR）是控制注有公差的要素的提取要素不得违反其最小实体实效状态。当要素的提取要素实际状态偏离了最小实体状态时，可将要素的尺寸公差一部分或全部补偿给几何公差。

1. 图样标注

最小实体要求的标注方法是在被测要素的几何公差框格中的公差数值后加注符号 Ⓛ。以下列出两种标注形式：

① 关联要素应用最小实体要求，如图 4-48 所示；

② 被测、基准要素均应用最小实体要求，如图 4-49 所示。

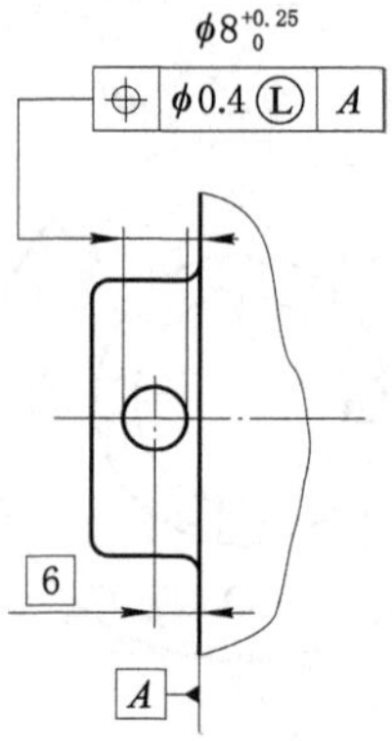

图 4-48　关联要素应用最小实体要求

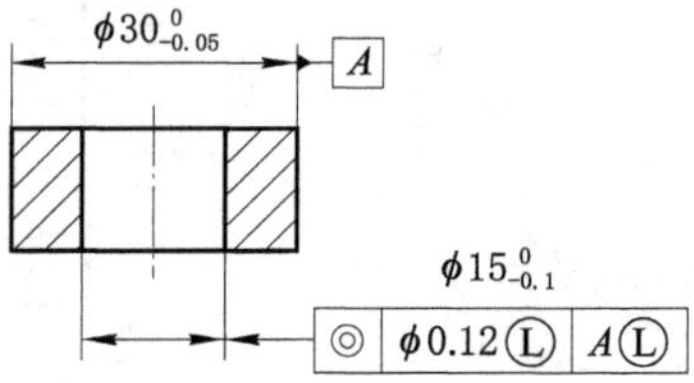

图 4-49　被测、基准要素均应用最小实体要求

2. 被测要素的提取要素遵守的理想边界

最小实体要求遵守的理想边界是最小实体实效边界。最小实体实效边界的尺寸是最小实体实效尺寸，形状为理想的边界。对于关联要素，边界的方位按图样标注的位置关系。

最小实体实效尺寸为

$$\mathrm{LMVS}=\mathrm{LMS}\mp t$$

式中，LMS 为最小实体尺寸；t 为几何公差值（在最小实体状态下给定的公差值）；"∓"符号的意义：轴"−"孔"+"。

如图 4-48 所示，被测要素 $\phi 8^{+0.25}_{0}$孔的提取组成要素应遵守最小实体实效边界，其边界尺寸为 $\mathrm{LMVS}=\mathrm{LMS}+t=8.25\ \mathrm{mm}+0.4\ \mathrm{mm}=8.65\ \mathrm{mm}$，形状为理想圆柱面，其轴线与基准 A（侧面）的距离为理论正确尺寸 6 mm。当被测要素偏离最小实体状态时，可将被测孔部分或全部的尺寸公差补偿给位置度公差。

如图 4-49 所示，被测要素 $\phi 15^{0}_{-0.1}$孔的提取组成要素应遵守最小实体实效边界，其边界尺寸为 $\mathrm{LMVS}=\mathrm{LMS}+t=15.0\ \mathrm{mm}+0.12\ \mathrm{mm}=15.12\ \mathrm{mm}$，形状为理想圆柱面，其轴线与基准 A（$\phi 30^{0}_{-0.05}$轴线）同轴。当被测的提取要素偏离最小实体状态时，可将被测孔部分或全部的尺寸公差补偿给同轴度公差。当基准的提取要素偏离其最小实体状态时，同样可将基准要素部分或全部的尺寸公差补偿给同轴度公差。

3. 合格条件

应用最小实体要求的合格条件是被测实际轮廓应处处不得超越最小实体实效边界（即被测实际要素所拥有的实体量不得少于最小实体量），其实际尺寸不得超出上、下极限尺寸。

4. 计量器具和检测方法

根据被测要素应用最小实体要求的合格条件，设计和选用计量器具和检测方法。

由于控制实际轮廓的最小实体边界是与被测实际轮廓在体内相切，无法使用专用量规检验。因此，可用三坐标测量机测量被测要素的提取要素（按规定提取），将其拟合要素与其最小实体实效边界相比较，从而判断是否超越最小实体实效边界。

用通用量仪测量被测要素的实际尺寸，与其上、下极限尺寸比较，判断被测实际尺寸是否超出两个极限尺寸。

5. 应用场合

最小实体要求常用于保证机械零件必要的强度和最小壁厚的场合，如大型减速器箱体的吊耳孔（见图 4-48）中心相对箱体外（或内）壁的位置度项目、空心的圆柱凸台（同轴的两圆柱面）及带孔的小垫圈的同轴度项目等。

同理，最小实体要求仅应用于导出（中心）要素，不能应用于组成（轮廓）要素。

4.3.6　可逆要求

可逆要求（RPR）是既允许尺寸公差补偿给几何公差，反过来，在实际几何误差小于几何公差时，也可将它们的差值补偿给尺寸公差的一种要求。可逆要求通常与最大实体要求或最小实体要求一起应用，不能单独应用。

1. 图样标注

应用可逆要求的标注方法是在被测要素的几何公差框格中的公差数值后加注 M、L、R 符号。以下列出两种标注形式：

① 被测要素同时应用最大实体要求和可逆要求，如图 4-50(a)所示；

② 被测要素同时应用最小实体要求和可逆要求，如图 4-50(b)所示。

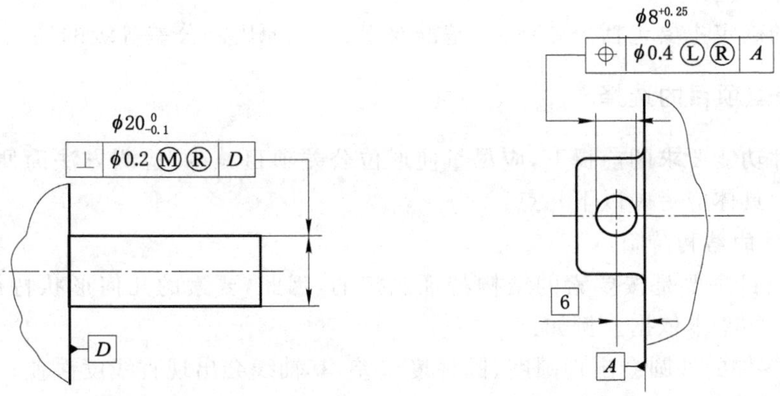

(a) 应用最大实体要求和可逆要求　　(b) 应用最小实体要求和可逆要求

图 4-50　可逆要求的标注示例

2. 被测实际轮廓遵守的理想边界

当被测要素同时应用最大实体要求和可逆要求时，被测要素遵守的理想边界仍是最大实体实效边界，与被测要素只应用最大实体要求时所遵守的边界相同。

同理，当被测要素同时应用最小实体要求和可逆要求时，被测要素遵守的理想边界是最小实体实效边界。

3. 尺寸公差与形状公差的关系

最大(小)实体要求应用于被测要素，其尺寸公差与几何公差的关系反映了当被测要素的实体状态偏离了最大(小)实体状态时，可将尺寸公差的一部分或全部补偿给几何公差的关系。

可逆要求与最大(小)实体要求同时应用时，不仅具有上述的尺寸公差补偿给几何公差的关系，还具有当被测轴线或中心面的几何误差值小于给出的几何公差值时，允许相应的尺寸公差增大的关系。

图 4-50(a)所示为同时应用最大实体要求和可逆要求的例子。设：被测要素轴$\phi 20_{-0.1}^{0}$，相对基准 D(端面)的垂直度误差为 $\phi 0.1$，而垂直度公差值为 $\phi 0.2$，那么，垂直度公差剩余的 0.1 mm 可以补偿给尺寸公差，即被测轴的实际直径尺寸允许大于最大实体尺寸 20.0 mm，但被测实际轮廓不得超越其最大实体实效边界。

4.4 零件几何精度设计

零件几何误差对机械产品、机械设备正常工作有很大影响，因此，正确合理地设计零件几何精度，对保证机械产品、机械设备的功能要求、提高经济效益有着十分重要的意义。

零件几何精度设计的主要内容包括：根据零件的结构特征、功能关系、检测条件以及有关标准件的要求，选择几何公差项目；根据几何公差的相关原则选择几何公差基准；根据零件的功能和精度要求、结构特点和制造成本等，选择公差原则和确定几何公差值；按国家标准规定进行图样标注。

形位公差的确定主要包括公差项目、基准要素、公差原则和公差等级的确定等。

4.4.1 形位公差项目的选择

在保证零件功能要求的前提下，应尽量使形位公差项目减少，检测方法简便，以获得较好的经济效益。具体应考虑以下几点：

1. 考虑零件的结构特征

形位公差项目主要是按要素的结构特征制定的，因此，要素的几何形状特征是选择被测要素公差项目的基本依据。例如：

① 圆柱形零件的外圆会出现圆度、圆柱度误差，其轴线会出现直线度误差；

② 圆锥形零件会有圆度和素线直线度误差；

③ 平面零件会出现平面度误差；

④ 阶梯轴、孔会出现同轴度误差；

⑤ 零件上的孔、槽会出现位置度或对称度误差；

⑥ 凸轮类零件会出现轮廓度误差等。

2. 考虑零件的功能要求

从要素的形位误差对零件在机器中使用性能的功能要求入手，确定所要控制的形位公差项目。例如：

① 对于圆柱形零件，当仅需要顺利装配，或保证轴、孔之间的相对运动以减少磨损时，

可选轴线的直线度公差。如果轴、孔之间既有相对运动，又要求密封性能好，为了保证在整个配合表面有均匀的小间隙，需要标注圆柱度公差，以综合控制圆度、素线直线度和轴线直线度（如柱塞与柱塞套、阀心与阀体等）。

② 减速箱上各轴承孔轴线间平行度误差会影响齿轮的接触精度和齿侧间隙的均匀性，为保证齿轮的正确啮合，需要对其规定轴线之间的平行度公差。

③ 影响车床主轴旋转精度的主要误差是前、后轴颈的圆柱度误差和同轴度误差；车床导轨的直线度误差影响溜板的运动精度。

④ 传动机械中，与滚动轴承内圈配合的轴颈圆柱度误差和轴肩轴向圆跳动影响轴颈与轴承内圈的配合性能、轴承的工作性能与寿命等。

3. 各几何公差项目的特点

在几何公差项目中，有单项控制项目和综合控制项目，应该充分发挥综合控制公差项目的功能，这样可以减少图样上给出的几何公差项目，从而减少需要检测的几何误差项目，提高检测效率和降低检测成本。

4. 检测条件

检测条件包括生产单位所具备的检测设备品种、数量、精度和自动化程度等情况，以及检测环境和检测技术水平等条件。在满足功能要求的前提下，应选用简便易行的检测项目代替测量难度较大的项目。例如：

① 等级不高的同轴度公差项目常常可以用径向圆跳动或径向全跳动公差项目近似代替。

② 端面对轴线的垂直度公差项目可以用轴向圆跳动或轴向全跳动公差项目近似替代。代替后测量方便，但必须注意，径向全跳动误差是同轴度误差与圆柱度误差的综合结果，故用径向全跳动量代替同轴度误差时，给出的径向全跳动公差值应略大于同轴度公差值，否则就会要求过严。用轴向圆跳动量代替端面对轴线的垂直度误差值并不可靠，如采用车削加工的端面可能呈现圆锥形，而非平面误差，则该轴向圆跳动量小于轴向垂直度误差。这种情况下，不能用轴向圆跳动公差控制垂直度误差。但是，端面的轴向全跳动量和端面对轴线的垂直度误差值相同，故可以等价替代。

4.4.2　几何公差基准的选择

选择几何公差项目的基准时，主要根据零件的功能和设计要求，并兼顾基准统一原则和零件结构特征等几方面来考虑。

(1) 遵守基准统一原则，即设计基准、定位基准和装配基准是同一要素。这样，既可减少因基准不重合而产生的误差，又可简化工夹量具的设计、制造和检测过程。例如，对于阶梯轴的几何误差测量，应以加工该轴时定位安装该轴的两轴颈的公共轴线（或轴的两端中心孔的公共轴线）作为测量基准和设计基准。

(2) 选用三基面体系时，应选择对被测要素的功能要求影响最大或定位最稳的平面（可以定位三点）作为第一基准；影响次之或窄而长的表面（可以定位二点）作为第二基准；影响小或短小的表面（定位一点）作为第三基准。

(3) 基准部位的选择，主要应根据设计和使用要求、零件的结构特征，并兼顾基准统一等原则进行。具体应考虑以下几点：

① 选用零件在机器中定位的结合面作为基准部位。例如，箱体的底平面和侧面、盘类零件的轴线、回转零件的支承轴颈或支承孔等。

② 基准要素应具有足够的刚度和尺寸，以保证定位稳定可靠。

③ 选用加工精度较高的表面作为基准部位。

（4）基准数量的确定。定向公差大多只需要一个基准，而定位公差则需要一个或多个基准。例如，平行度、垂直度、同轴度和对称度等，一般只用一个平面或一条轴线做基准要素；对于位置度，就可能要用到两个或三个基准要素。

4.4.3 公差原则的选择

选择公差原则时，应根据被测要素的功能要求，并考虑采用该种公差原则的可行性与经济性。表 4-10 列出了独立原则和相关要求的应用示例，以供选择时参考。

表 4-10 独立原则和相关要求的应用示例

<table>
<tr><th>公差原则</th><th>功能要求</th><th>应用示例</th></tr>
<tr><td rowspan="13">独立原则</td><td rowspan="2">尺寸精度与几何精度需要分别满足要求</td><td>减速器、齿轮传动箱体各孔的尺寸精度与各孔轴线的平行度</td></tr>
<tr><td>连杆、活塞销孔的尺寸精度与圆柱度</td></tr>
<tr><td rowspan="5">尺寸精度与几何精度要求差别较大</td><td>台钻工作台的工作面到底面的尺寸精度要求低，工作面的平面度及其对底面的平行度精度要求较高</td></tr>
<tr><td>滚筒类零件的尺寸精度要求很低，形状精度要求较高</td></tr>
<tr><td>平板的形状精度要求高，而尺寸精度无要求</td></tr>
<tr><td>冲模架的下模座尺寸精度无要求，平行度要求较高</td></tr>
<tr><td>通油孔的尺寸精度有一定要求，形状精度无要求</td></tr>
<tr><td rowspan="3">尺寸精度与几何精度无联系</td><td>滚子链条的套筒或滚子内、外圆柱轴线的同轴度与尺寸精度</td></tr>
<tr><td>传动箱体孔的尺寸精度与孔轴线间的位置精度</td></tr>
<tr><td>发动机连杆上的孔的尺寸精度与孔之间的位置精度</td></tr>
<tr><td>保证运动精度</td><td>机床导轨的形状精度有严格要求，尺寸精度为次要要求</td></tr>
<tr><td>保证密封性</td><td>气缸套的形状精度有严格要求，尺寸精度为次要要求</td></tr>
<tr><td>未注尺寸公差、未注几何公差</td><td>退刀槽、倒角、圆角等非功能要素</td></tr>
<tr><td rowspan="2">包容要求</td><td rowspan="2">保证孔、轴的配合性质</td><td>轴承与轴颈、轴承座孔的配合</td></tr>
<tr><td>齿轮孔与传动轴颈的配合等</td></tr>
<tr><td rowspan="2">最大实体要求</td><td>保证关联要素的孔和轴配合性质</td><td>采用零几何公差的最大实体要求</td></tr>
<tr><td>保证提取导出要素的可装配性</td><td>轴承端盖、法兰盘上用于穿越螺栓（钉）的通孔轴线位置度项目</td></tr>
<tr><td rowspan="2">最小实体要求</td><td>最低强度</td><td>减速器箱盖上的吊耳孔轴线相对箱盖内壁面的位置度项目</td></tr>
<tr><td>保证最小壁厚</td><td>滑动轴承的轴套内、外轴线的同轴度项目</td></tr>
<tr><td>可逆要求</td><td>保证零件的实际轮廓不超越最大实体实效边界，且允许超出尺寸公差的范围</td><td></td></tr>
</table>

4.4.4 几何公差等级(或公差值)的选择

在几何公差的国家标准中，将几何公差分为注出公差和未注公差两种。一般对几何精度要求较高时，需在图样上注出公差项目和公差值。而对几何精度要求不高，用一般机床加工能够保证精度的，则不必将几何公差在图样上注出，而由未注几何公差来控制。这样，既可以简化制图，又突出了注出公差的要求。

1. 几何公差等级和公差值

按国家标准《形状和位置公差 未注公差值》(GB/T 1184—1996)中的规定，在几何公差各项目中，除了线轮廓度和面轮廓度两个项目未规定公差值以外，其余项目都规定了公差值。其中，除位置度一项外，其余项目还划分了 12 个公差等级(1～12 级)；圆度和圆柱度公差划分为 13 个等级，即 0 级、1 级、……、12 级，等级依次降低；各几何公差等级的公差值见表4-11～表 4-14。

表 4-11　直线度、平面度的公差值(摘自 GB/T 1184—1996)　　单位：μm

主参数 L 图例

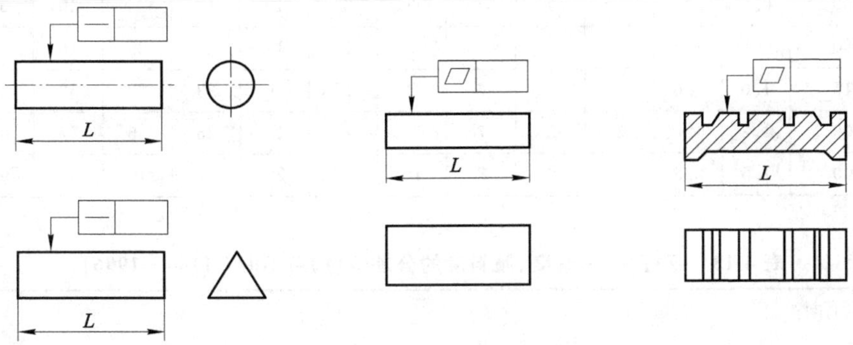

主参数 L/mm	公差等级											
	1	2	3	4	5	6	7	8	9	10	11	12
≤10	0.2	0.4	0.8	1.2	2	3	5	8	12	20	30	60
>10～16	0.25	0.5	1	1.5	2.5	4	6	10	15	25	40	80
>16～25	0.3	0.6	1.2	2	3	5	8	12	20	30	50	100
>25～40	0.4	0.8	1.5	2.5	4	6	10	15	25	40	60	120
>40～63	0.5	1	2	3	5	8	12	20	30	50	80	150
>63～100	0.6	1.2	2.5	4	6	10	15	25	40	60	100	200
>100～160	0.8	1.5	3	5	8	12	20	30	50	80	120	250
>160～250	1	2	4	6	10	15	25	40	60	100	150	300
>250～400	1.2	2.5	5	8	12	20	30	50	80	120	200	400
>400～630	1.5	3	6	10	15	25	40	60	100	150	250	500

表 4-12　圆度、圆柱度的公差值(摘自 GB/T 1184—1996)　　单位：μm

主参数 $d(D)$ 图例

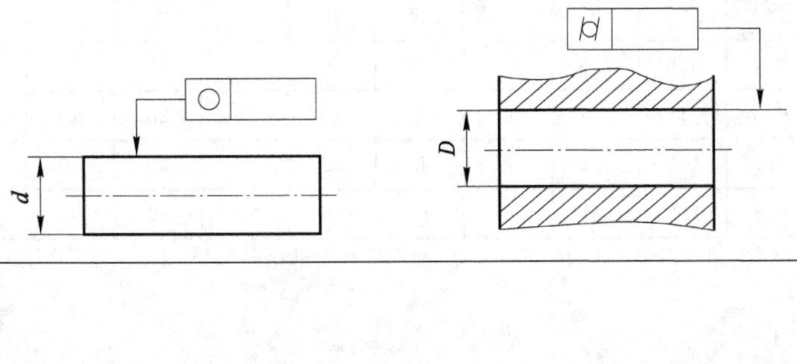

表 4-12(续)

主参数 $d(D)$/mm	公差等级												
	0	1	2	3	4	5	6	7	8	9	10	11	12
≤3	0.1	0.2	0.3	0.5	0.8	1.2	2	3	4	6	10	14	25
>3～6	0.1	0.2	0.4	0.6	1	1.5	2.5	4	5	8	12	18	30
>6～10	0.12	0.25	0.4	0.6	1	1.5	2.5	4	6	9	15	22	36
>10～18	0.15	0.25	0.5	0.8	1.2	2	3	5	8	11	18	27	43
>18～30	0.2	0.3	0.6	1	1.5	2.5	4	6	9	13	21	33	52
>30～50	0.25	0.4	0.6	1	1.5	2.5	4	7	11	16	25	39	62
>50～80	0.3	0.5	0.8	1.2	2	3	5	8	13	19	30	46	74
>80～120	0.4	0.6	1	1.5	2.5	4	6	10	15	22	35	54	87
>120～180	0.6	1	1.2	2	3.5	5	8	12	18	25	40	63	100
>180～250	0.8	1.2	2	3	4.5	7	10	14	20	29	46	72	115
>250～315	1.0	1.6	2.5	4	6	8	12	16	23	22	52	81	130
>315～400	1.2	2	3	5	7	9	13	18	25	36	57	89	140
>400～500	1.5	2.5	4	6	8	10	15	20	27	40	63	97	155

表 4-13　平行度、垂直度、倾斜度的公差值(摘自 GB/T 1184—1996)　单位：μm

主参数 L、$d(D)$图例

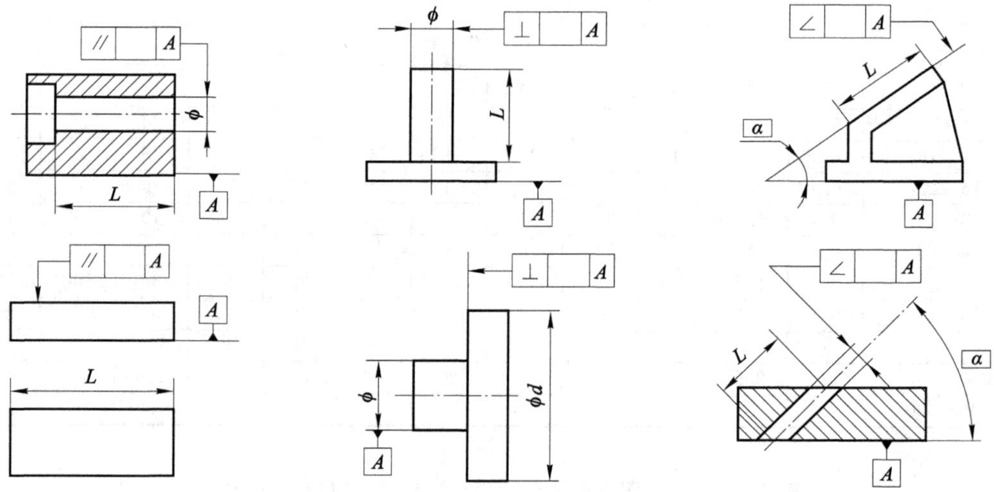

主参数 $L,d(D)$/ mm	公差等级											
	1	2	3	4	5	6	7	8	9	10	11	12
≤10	0.4	0.8	1.5	3	5	8	12	20	30	50	80	120
>10～16	0.5	1	2	4	6	10	15	25	40	60	100	150
>16～25	0.6	1.2	2.5	5	8	12	20	30	50	80	120	200
>25～40	0.8	1.5	3	6	10	15	25	40	60	100	150	250

表 4-13(续)

主参数 L,d(D)/mm	公差等级											
	1	2	3	4	5	6	7	8	9	10	11	12
>40～63	1	2	4	8	12	20	30	50	80	120	200	300
>63～100	1.2	2.5	5	10	15	25	40	60	100	150	250	400
>100～160	1.5	3	6	12	20	30	50	80	120	200	300	500
>160～250	2	4	8	15	25	40	60	100	150	250	400	600
>250～400	2.5	5	10	20	30	50	80	120	200	300	500	800
>400～630	3	6	12	25	40	60	100	150	250	400	600	1 000

表 4-14　同轴度、对称度、圆跳动和全跳动的公差值(摘自 GB/T 1184—1996)　单位:μm

主参数 d(D)、b(B)、L 图例

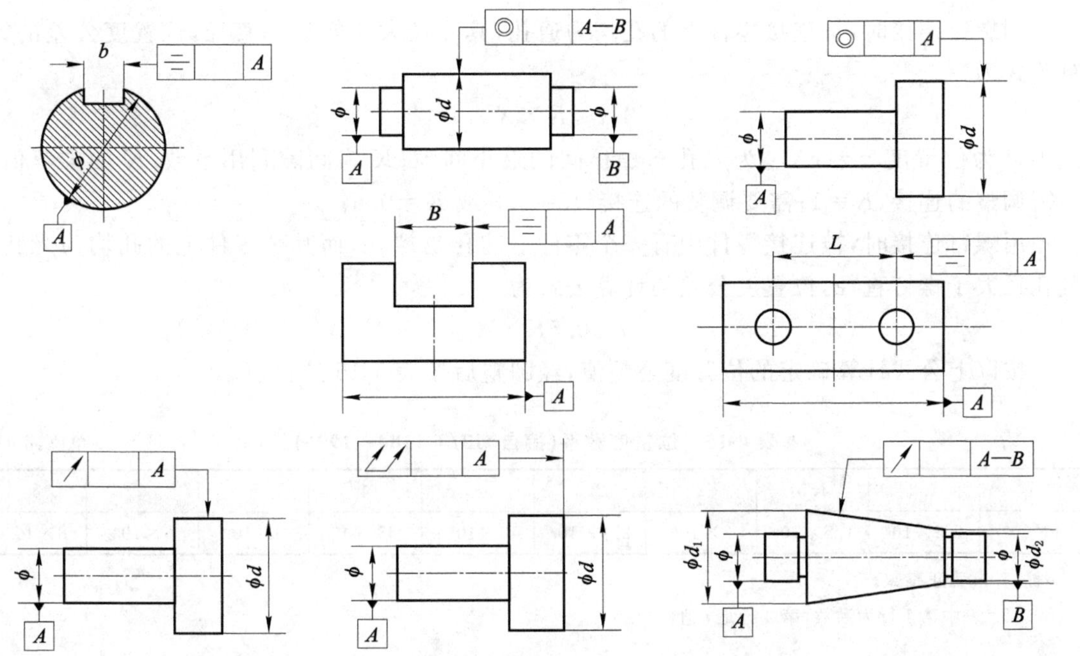

主参数 d(D)、b(B)、L/mm	公差等级											
	1	2	3	4	5	6	7	8	9	10	11	12
≤1	0.4	0.6	1.0	1.5	2.5	4	6	10	15	25	40	60
>1～3	0.4	0.6	1.0	1.5	2.5	4	6	10	20	40	60	120
>3～6	0.5	0.8	1.2	2	3	5	8	12	25	50	80	150
>6～10	0.6	1	1.5	2.5	4	6	10	15	30	60	100	200
>10～18	0.8	1.2	2	3	5	8	12	20	40	80	120	250
>18～30	1	1.5	2.5	4	6	10	15	25	50	100	150	300
>30～50	1.2	2	3	5	8	12	20	30	60	120	200	400

表 4-14(续)

主参数 $d(D)$、$b(B)$、L/mm	公差等级											
	1	2	3	4	5	6	7	8	9	10	11	12
>50～120	1.5	2.5	4	6	10	15	25	40	80	150	250	500
>120～250	2	3	5	8	12	20	30	50	100	200	300	600
>250～500	2.5	4	6	10	15	25	40	60	120	250	400	800

注:1. 当被测要素为圆锥面时,取 $d=(d_1+d_2)/2$。

2. 使用同轴度公差值时,应在表中查得的数值前加注 ϕ。

位置度公差的确定方法:对于用螺栓或螺钉连接的两个或两个以上的零件,被连接零件的位置度公差值按《产品几何规范(GPS) 几何公差 成组(要素)与组合几何规范》(GB/T 13319—2020)给出的计算方法确定,它适用于呈任何分布形式的内、外相配要素,并保证装配互换。

用螺栓连接时,被连接零件上的孔均为通孔,其孔径大于螺栓的直径,位置度公差的计算公式为

$$t \leqslant K \times X_{min}$$

式中,t 为位置度公差;X_{min} 为光孔与螺栓间的最小间隙;K 为间隙利用系数,K 的推荐值:不需调整的连接,$K=1$;需要调整的连接,$K=0.8$ 或 $K=0.6$。

用螺钉连接时,被连接零件中有一个零件上的孔是螺孔,而其余零件上的孔均为光孔,其孔径大于螺钉直径,位置度公差的计算公式为

$$t \leqslant 0.5K \times X_{min}$$

按以上公式计算确定的位置度公差值,经圆整后按表 4-15 选择值。

表 4-15 位置度数系(摘自 GB/T 1184—1996) 单位:μm

1	1.2	1.5	2	2.5	3	4	5	6	8
1×10^n	1.2×10^n	1.5×10^n	2×10^n	2.5×10^n	3×10^n	4×10^n	5×10^n	6×10^n	8×10^n

注:1. n 为正整数。

2. 表中第 1 行为系数,第 2 行是 t 值。

2. 几何公差等级(或公差值)的选择方法

几何公差等级的选择是在满足零件功能要求的前提下,尽量选取较低的公差等级。

确定几何公差值的方法有计算法和类比法。在有些情况下,可利用尺寸链来计算位置公差值,如平行度、垂直度、倾斜度、位置度、同轴度、对称度公差值等。类比法是根据零件的结构特点和功能要求,参考现有资料和经过实际生产验证的同类产品中类似零件的几何公差要求,经过分析后确定较为合理的公差值的方法。使用类比法确定几何公差值时,应注意以下几点:

① 形状、方向、位置、尺寸公差间的关系应相互协调。

其一般原则是形状公差<方向公差<位置公差<尺寸公差。但应注意特殊情况:细长轴轴线的直线度公差远大于尺寸公差;位置度和对称度公差往往与尺寸公差相当;当形状

或方向或位置公差与尺寸公差相等时，对同一要素按包容要求处理。

② 位置公差大于方向公差。一般情况下，位置公差包含方向公差的要求，反之不然。

③ 综合公差大于单项公差。如圆柱度公差大于圆度公差、素线和轴线直线度公差。

④ 形状公差与表面粗糙度之间的关系也应协调。通常，中等尺寸和中等精度的零件，表面粗糙度参数 Ra 值可占形状公差的 20%～25%。

表 4-16～表 4-19 列出了一些几何公差等级的应用场合，供选择几何公差等级时参考。

表 4-16　直线度和平面度公差常用等级的应用举例

公差等级	应用举例
1,2	用于精密量具、测量仪器以及精度要求较高的精密机械零件。如 0 级样板和平尺以及宽平尺、工具显微镜等精密测量仪器的导轨面，喷油嘴针阀体端面平面度，液压泵柱塞套端面的平面度等
3	用于 0 级及 1 级宽平尺工作面，1 级样板平尺的工作面，测量仪器圆弧导轨的直线度，测量仪器的测杆等
4	用于量具、测量仪器和机床导轨。如 1 级宽平尺、0 级平板，测量仪器的 V 形导轨，高精度平面磨床的 V 形导轨和滚动导轨，轴承磨床及平面磨床床身直线度等
5	用于 1 级平板，2 级宽平尺，平面磨床纵导轨、垂直导轨、立柱导轨和平面磨床的工作台，液压龙门刨床导轨面，转塔车床床身导轨面，柴油机进气门导杆等
6	用于 1 级平板，卧式车床床身导轨面，龙门刨床导轨面，滚齿机立柱导轨、床身导轨及工作台，自动车床床身导轨、平面磨床垂直导轨、卧式镗床和铣床工作台以及机床主轴箱导轨等工作面，柴油机进气门导杆直线度，柴油机机体上部结合面等
7	用于 2 级平板，分度值为 0.02 游标卡尺尺身的直线度，机床主轴箱体，柴油机气门导杆，滚齿机床身导轨的直线度，镗床工作台，摇臂钻底座工作台面，液压泵盖的平面度、压力机导轨及滑块工作面等
8	机床传动箱体，交换齿轮箱体，车床溜板箱体，柴油机汽缸体，连杆分离面，缸盖结合面，汽车发动机缸盖、曲轴箱结合面，液压管件和法兰连接面等
9	用于 3 级平板，机床溜板箱、立钻工作台、螺纹磨床的挂轮架、金相显微镜的载物台、柴油机气缸体连杆的分离面，缸盖的结合面，阀片的平面度，空气压缩机气缸体，柴油机缸孔环面的平面度以及辅助机构及手动机械的支承面等
10	用于 3 级平板，自动车床床身底面的平面度，车床挂轮架的平面度，柴油机汽缸体，摩托车的曲轴箱体，汽车变速箱的壳体与汽车发动机缸盖结合面，阀片的平面度以及液压管件和法兰的连接面等
11,12	用于易变形的薄片零件，如离合器的摩擦片、汽车发动机缸盖的结合面等

表 4-17　圆度和圆柱度公差常用等级的应用举例

公差等级	应用举例
1	高精度量仪主轴、高精度机床主轴、滚动轴承滚珠和滚柱面等
2	精密量仪主轴、外套、阀套，高压油泵柱塞及套，纺锭轴承，高速柴油机进、排气门，精密机床主轴轴颈，针阀圆柱表面，喷油泵柱塞及柱塞套等
3	工具显微镜套管外圆，高精度外圆磨床轴承，磨床砂轮主轴套筒，喷油嘴针、阀体，高精度微型轴承内外圈等
4	较精密机床主轴，精密机床主轴箱孔，高压阀门活塞、活塞销、阀体孔，工具显微镜顶针，高压液压泵柱塞，较高精度滚动轴承配合轴，铣削动力头箱体孔等
5	一般量仪主轴，测杆外圆，陀螺仪轴颈，一般机床主轴，较精密机床主轴及主轴箱孔，柴油机、汽油机活塞及活塞销孔，铣削动力头轴承箱座孔，高压空气压缩机十字头销、活塞，较低精度滚动轴承配合轴等

表 4-17(续)

公差等级	应用举例
6	仪表端盖外圆,一般机床主轴及箱体孔,中等压力下液压装置工作面(包括泵、压缩机的活塞和汽缸),汽车发动机凸轮轴,纺机锭子,通用减速器轴颈,高速船用发动机曲轴,拖拉机曲轴主轴颈等
7	大功率低速柴油机曲轴、活塞、活塞销、连杆、气缸,高速柴油机箱体孔,千斤顶或压力液压缸活塞,液压传动系统的分配机构,机车传动轴,水泵及一般减速器轴颈等
8	低速发动机、减速器、大功率曲柄轴轴颈,气压机连杆盖、体,拖拉机气缸体、活塞,炼胶机冷铸轴辊,印刷机传墨辊,内燃机曲轴,柴油机机体孔、凸轮轴,拖拉机、小型船用柴油机气缸套等
9	空气压缩机缸体,液压传动筒,通用机械杠杆与拉杆用套筒销,拖拉机活塞环、套筒孔等
10	印染机导布辊,绞车、吊车、起重机滑动轴承轴颈等

表 4-18 平行度、垂直度公差常用等级的应用举例

公差等级	面对面平行度应用举例	面对线、线对线平行度应用举例	垂直度应用举例
1	高精度机床、高精度测量仪器以及量具等主要基准面和工作面等		高精度机床,高精度测量仪器以及量具等主要基准面和工作面等
2,3	精密机床,精密测量仪器、量具以及夹具的基准面和工作面等	精密机床上重要箱体主轴孔对基准面及对其他孔的要求等	精密机床导轨,普通机床重要导轨,机床主轴轴向定位面,精密机床主轴肩端面,滚动轴承座孔端面,齿轮测量仪的心轴,光学分度头心轴端面,精密刀具、量具工作面和基准面等
4,5	卧式车床,测量仪器、量具的基准面和工作面,高精度轴承座孔,端盖、挡圈的端面等	机床主轴孔对基准面的要求,重要轴承孔对基准面的要求,主轴箱体重要孔间的要求,齿轮泵的端面等	普通机床导轨,精密机床重要零件,机床重要支承面,普通机床主轴偏摆,测量仪器,刀具,量具,液压传动轴瓦端面,刀具、量具的工作面和基准面等
6,7,8	一般机床零件的工作面和基准面,一般刀具、量具、夹具等	机床一般轴承孔对基准面的要求,床头箱一般孔间的要求,主轴花键对定心直径的要求,刀具,量具,模具等	普通精密机床主要基准面和工作面,回转工作台端面,一般导轨,主轴箱体孔、刀架、砂轮架及工作台回转中心,一般轴肩对其轴线等
9,10	低精度零件,重型机械滚动轴承端盖等	柴油机和燃气发动机的曲轴孔、轴颈等	花键轴轴肩端面,带式运输机法兰盘等对端面、轴线,手动卷扬机及传动装置中轴承端面,减速器壳体平面等
11,12	零件的非工作面,绞车、运输机上用的减速器壳体平面等		农业机械齿轮端面等

注:1. 在满足设计要求的前提下,考虑到零件加工的经济性,对于线对线和线对面的平行度和垂直度公差等级,应选用低于面对面的平行度和垂直度公差等级。

2. 使用本表选择面对面平行度和垂直度时,宽度应不大于 1/2 长度;若大于 1/2,则降低一级公差等级选用。

表 4-19 同轴度、对称度和跳动公差常用等级的应用举例

公差等级	应用举例
5,6,7	应用范围较广的公差等级。用于形位精度要求较高、尺寸公差等级为 IT8 及高于 IT8 的零件。5 级常用于机床主轴轴颈,计量仪器的测杆,汽轮机主轴,柱塞油泵转子,高精度滚动轴承外圈,一般精度滚动轴承内圈;6、7 级用于内燃机曲轴、凸轮轴轴颈、齿轮轴、水泵轴,汽车后轮输出轴,电机转子、印刷机传墨辊的轴颈、键槽等

表(续)

公差等级	应用举例
8,9	常用于形位精度要求一般、尺寸公差等级为 IT9 至 IT11 的零件。8 级用于拖拉机发动机分配轴轴颈,与 9 级精度以下齿轮相配的轴,水泵叶轮,离心泵体,棉花精梳机前后滚子,键槽等;9 级用于内燃机气缸套配合面,自行车中轴等

3. 未注几何公差的规定

图样上没有具体注明几何公差值的要素,其几何精度由未注几何公差控制。国家标准《形状和位置公差 未注公差值》(GB/T 1184—1996)将未注几何公差分为 H、K、L 三个公差等级,精度依次降低。直线度、平面度、垂直度、对称度和圆跳动的未注公差值分别见表 4-20～表 4-23。

表 4-20 直线度、平面度的未注公差值(摘自 GB/T 1184—1996) 单位:mm

公差等级	公称长度范围					
	≤10	>10～30	>30～100	>100～300	>300～1 000	>1 000～3 000
H	0.02	0.05	0.1	0.2	0.3	0.4
K	0.05	0.1	0.2	0.4	0.6	0.8
L	0.1	0.2	0.4	0.8	1.2	1.6

表 4-21 垂直度的未注公差值(摘自 GB/T 1184—1996) 单位:mm

公差等级	公称长度范围			
	≤100	>100～300	>300～1 000	>1 000～3 000
H	0.2	0.3	0.4	0.5
K	0.4	0.6	0.8	1
L	0.6	1	1.5	2

表 4-22 对称度的未注公差值(摘自 GB/T 1184—1996) 单位:mm

公差等级	公称长度范围			
	≤100	>100～300	>300～1 000	>1 000～3 000
H	0.5			
K	0.6		0.8	1
L	0.6	1	1.5	2

表 4-23 圆跳动的未注公差值(摘自 GB/T 1184—1996) 单位:mm

公差等级	圆跳动公差值
H	0.1
K	0.2
L	0.5

圆度的未注公差值等于工件直径的公差值，但不能大于表 4-23 中的径向圆跳动的未注公差值。

圆柱度的未注公差值不作规定，原因是圆柱度误差是由圆度、直线度和相对素线的平行度误差综合形成的，而这三项误差均分别由它们的注出公差或未注公差控制。如果对圆柱度有较高的要求，则可以采用包容要求或注出圆柱度公差值。

平行度的未注公差值等于给出的尺寸公差值或是直线度和平面度未注公差值中的较大者。应取两要素中较长者作为基准，若两要素长度相等则可任选其一作为基准。

国家标准对同轴度的未注公差值未作规定，可用径向圆跳动的未注公差值加以控制。同样，标准对线轮廓度、面轮廓度、倾斜度、位置度和全跳动的未注公差值均不作规定。它们均由各要素的注出公差或未注线性尺寸公差或角度公差控制。

未注公差值的图样表示方法如下：在标题栏附近或在技术要求、技术文件（如企业标准）中注出标准号及公差等级代号。如选用 H 级，则标注为 GB/T 1184-H。

4.4.5 几何精度设计应用实例

【例 4-1】 设计图 4-51 所示台钻中花键套筒零件的几何公差以及公差原则项目，并进行正确标注。

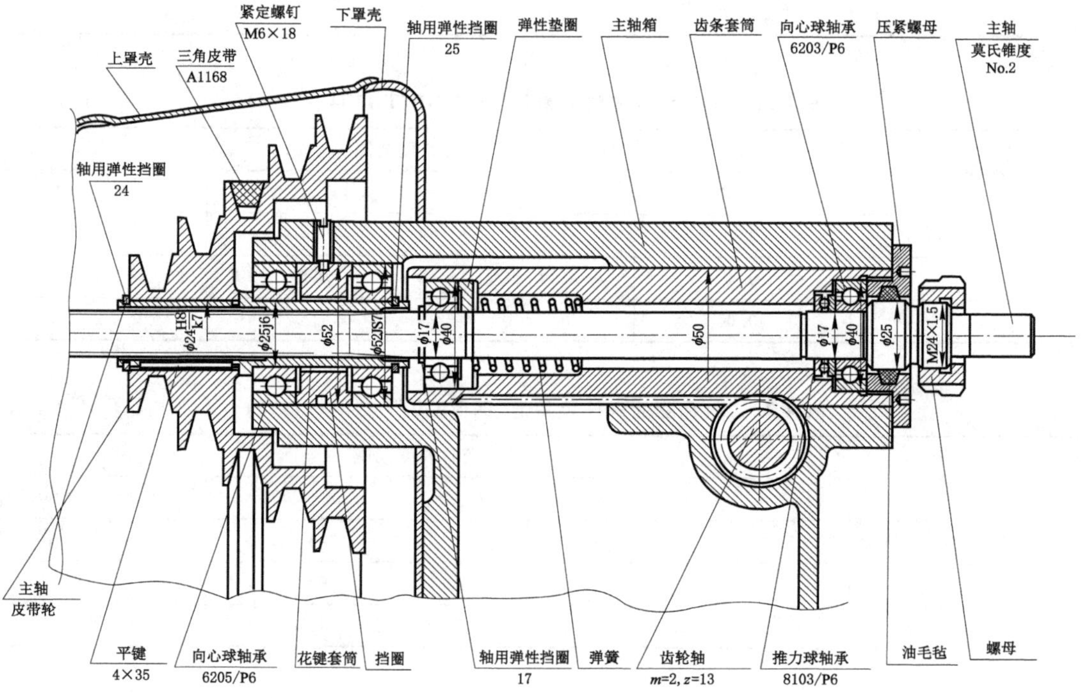

图 4-51　台钻主轴部件装配示意图

解　(1) 分析花键套筒零件在台钻工作中的功能要求：

由于花键套筒在传递运动和转矩的过程中要求具有一定的旋转精度，因此对花键套筒上各主要轴颈的相对位置提出一定的要求：

① 两处轴承位——ϕ25j6 轴颈是花键套筒上比较重要的表面，不但有形状要求，而且还有位置要求。为了保证此处与轴承内圈的配合性质，对于尺寸公差与形状公差之间关系要求应用“公差原则”中的包容要求，而且还要提出对轴颈的圆柱度公差要求；

② 轴颈 ϕ25j6（与轴承内圈内径配合）和轴颈 ϕ24k7（和皮带塔轮相配合）应保持一定精度的同轴的位置关系；

③ 为使主轴上的花键轴部分在花键套筒内能顺畅地左右滑动（见图 4-51），要求轴颈 ϕ25j6 与花键孔大径（大径定心）的轴线保持同轴的位置关系；

④ 轴肩 ϕ30 两端面应分别与 ϕ25j6、ϕ24k7 的轴线垂直，以保证在轴承和皮带塔轮安装时端面接触良好；

(2) 几何公差的选择

① 基准的选择

花键套筒上的各轴线在径向上保证相对位置。该零件属套类零件，基准选择分析如下：

a. 以轴承位 ϕ25j6 轴线为基准。为了保证位置精度，一般选择尺寸、形状精度较高的几何要素作为基准。按照花键套筒工作的功能要求，轴承位 ϕ25j6 精度要求较高，应以该轴线为基准。但是，以轴承位 ϕ25j6 轴线为基准，测量花键孔相对其相互位置误差，难度较大。

b. 以花键孔大径（定心直径）轴线作为基准。测量时，用花键心轴与花键孔配合，花键心轴两端上有中心孔，用顶尖定位花键孔心轴。这样可以很方便地测量 ϕ25j6、ϕ24k7 相对基准的位置误差。但花键心轴形状复杂，设计、制造难度大，成本高，所以，以花键孔的定心直径的轴线为基准，适用台钻批量较大的场合。

c. 花键套筒上 ϕ30 轴肩左、右端面的垂直度要求的基准选取。按照该处的功能要求轴肩左端面应以其左侧 ϕ25j6 的轴线为基准，而轴肩右端面应以 ϕ24k7 的轴线为基准。测量时，分别定位，测量效率较低。若选择花键孔大径（定心直径）轴线为基准，则可在被测工件一次定位、装夹之后，测量多项径向、轴向圆跳动量，效率高。但是，某些项目的位置精度是间接保证的。如图 4-52 所示，轴肩左端面对 ϕ25j6 轴线的垂直度要求是间接保证的，测量精度受到一定的影响。

分析比较后，采用花键孔大径（定心直径）轴线为基准，如图 4-52 所示。

② 公差项目的选择

根据花键套筒上各轴颈的相互位置要求，应选择同轴度公差项目。但从测量的难易程度考虑，测量同轴度误差难度大。在中、小企业中，多采用径向圆跳动公差项目代替同轴度公差项目。测量径向圆跳动量简便易行，可使用常规、价廉的计量器具——偏摆检查仪，测量费用低。

同理，花键套筒轴肩 ϕ30 左端面、右端面相对花键孔大径（定心直径）轴线的垂直要求也可采用轴向全跳动项目来保证。

③ 几何公差等级的选择

根据几何公差等级选择原则，在满足零件功能要求的前提下，尽量选取较低的公差等级。花键套筒上轴承位相对基准的位置精度对钻头旋转精度的影响比主轴小些，加之花键孔的加工难度大，综合考虑各种因素，慎重选择几何公差等级。

轴承位的 ϕ25j6 外圆柱面对基准的径向圆跳动公差等级选择 7 级，主参数 $d=\phi25$，查

表 4-14，径向圆跳动公差值为 0.015 mm。

考虑到塔轮旋转精度要求不高(皮带为柔性材料)，ϕ24k7 外圆柱面对基准的径向圆跳动公差等级选择 8 级。主参数 $d=\phi24$，查表 4-14，径向圆跳动公差值为 0.025 mm。轴肩 ϕ30 右端面的轴向全跳动公差等级取 9 级，主参数 $d=30$，查表 4-14，轴向全跳动公差值为 0.05 mm。

(3) 几何公差标注

几何公差标注见图 4-52 所示的花键套筒零件示意图。

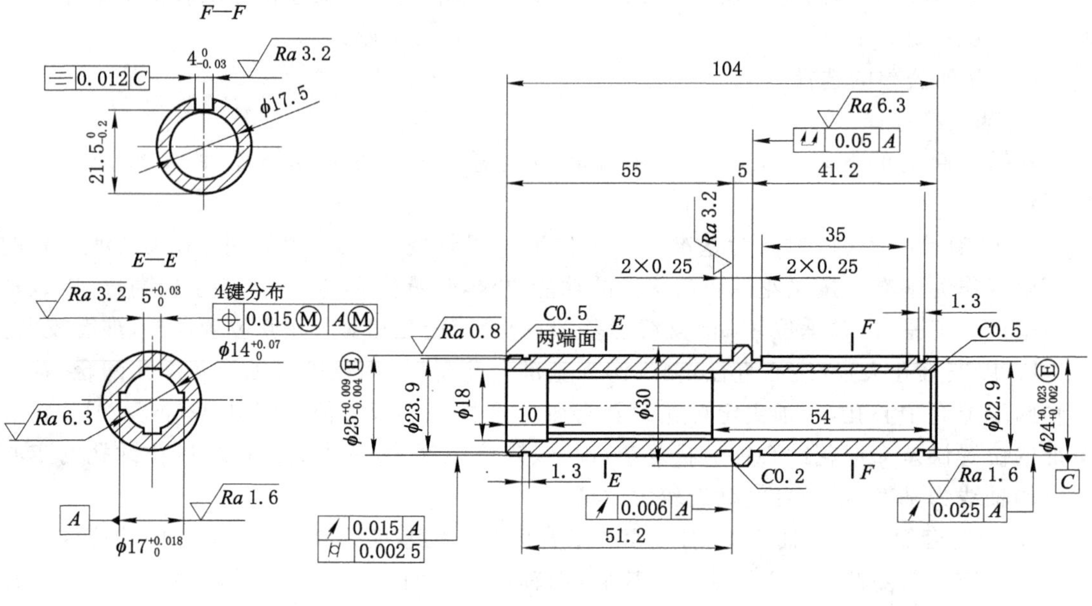

图 4-52　台钻花键套筒零件示意图

【例 4-2】 设计图 4-51 所示台钻主轴箱零件局部几何要素的几何公差以及公差原则项目，并进行正确标注。

解　(1) 分析

由图 4-51 可知，主轴箱是台钻中的重要零件，它将花键套筒、齿条套筒、主轴联系在一起，其位置、运动精度靠它们之间的几何量公差加以保证。

根据台钻的工作要求，主轴箱上几处几何要素有如下要求：

① ϕ50 孔的轴线与 ϕ52JS7 孔的轴线同轴。

② 主轴箱 ϕ50 孔的右端面相对 ϕ50 孔的轴线应垂直，便于主轴箱“一面两销”定位、加工。因此，选择 ϕ50 孔的轴线、右端面作为基准。

(2) 几何公差的选择

① ϕ52JS7 孔的轴线对 ϕ50 孔的轴线相互位置公差选取同轴度公差项目，公差等级选择 7 级，主参数范围：＞50～120，由表 4-14 可得，公差数值为 0.025 mm。

② 主轴箱右端面相对 ϕ50 孔的轴线垂直度公差等级取 8 级，主参数(约 70 mm)在“＞63～100”范围，由表 4-13 可得公差数值为 0.06 mm。

(3) 图样标注

将上述选择结果标注在图 4-53 所示主轴箱零件示意图上。

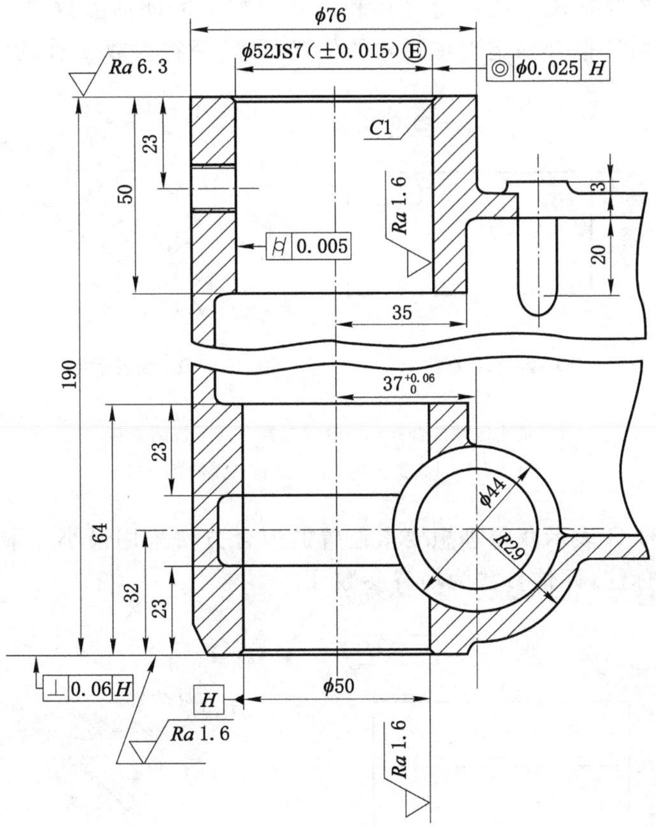

图 4-53　台钻主轴箱零件示意图

4.5　几何误差及其评定

几何误差包括形状误差、方向误差、位置误差和跳动。为了实现零件的互换性要求，要求在零件加工之后对零件的几何误差进行检测，所获得的几何误差值应小于或等于几何公差值。这涉及几何误差的评定与检测问题，相关国家标准是《产品几何技术规范(GPS) 几何公差 检测与检验》(GB/T 1958—2017)。

4.5.1　形状误差及其评定

1. 形状误差

形状误差是被测要素的提取要素对其理想要素的变动量。理想要素的形状由理论正确尺寸或/和参数化方程定义，理想要素的位置由对被测要素的提取要素进行拟合得到。拟合的方法有最小区域法 C(切比雪夫法)、最小二乘法 G、最小外接法 N 和最大内切法 X 等，工程图样或技术文件中的相关符号见表 4-4。如果工程图样上无相应的符号专门规定，获得理想要素位置的拟合方法一般缺省为最小区域法。

图 4-54 中，理想要素位置的获得方法和形状误差值的评估参数均采用了缺省标注，规范要求采用最小区域法拟合确定理想要素的位置，采用峰谷参数 T 作为评估参数。

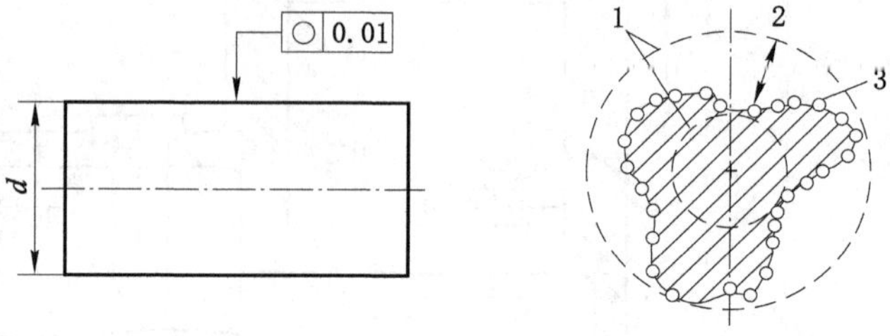

（a）圆度公差标注　　（b）解释示意图

1—最小区域拟合圆；2—峰谷参数 T；3—被测要素。

图 4-54　圆度公差图样标注及解释（一）

图 4-55 中，符号 G 表示获得理想要素位置的拟合方法采用最小二乘法，形状误差值为评估参数采用缺省标注，评估参数为峰谷参数 T。

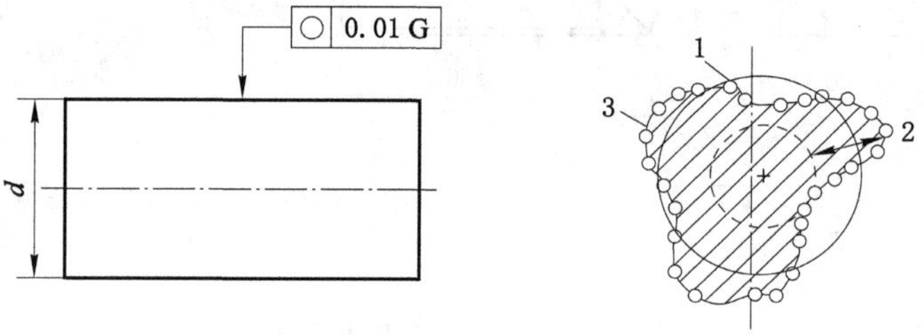

（a）圆度公差标注　　（b）解释示意图

1—最小二乘拟合圆；2—峰谷参数 T；3—被测要素。

图 4-55　圆度公差图样标注及解释（二）

2. 评定形状误差的最小区域法

形状误差值用最小包容区域（简称最小区域）的宽度或直径表示。最小区域法是指采用切比雪夫法（Chebyshev）对被测要素的提取要素进行拟合得到理想要素位置的方法，即被测要素的提取要素相对于理想要素的最大距离为最小。采用该理想要素包容被测要素的提取要素时，具有最小宽度 f 或直径 d 的包容区域称为最小包容区域，简称最小区域，如图 4-56、图 4-57 所示。

3. 评定形状误差的最小区域判别法

（1）直线度误差的最小区域判别法

凡符合下列条件之一者，表示被测要素的提取要素已被最小区域所包容。

① 在给定平面（或截面）内，由两平行直线包容提取要素时，成高点、低点相间三点接触，具有如图 4-58 中两种形式之一者。对提取组成要素（线、面轮廓度除外），其拟合要素位于实体之外且与被测提取组成要素相接触，如图 4-58 所示。在给定截面内评定直线度误

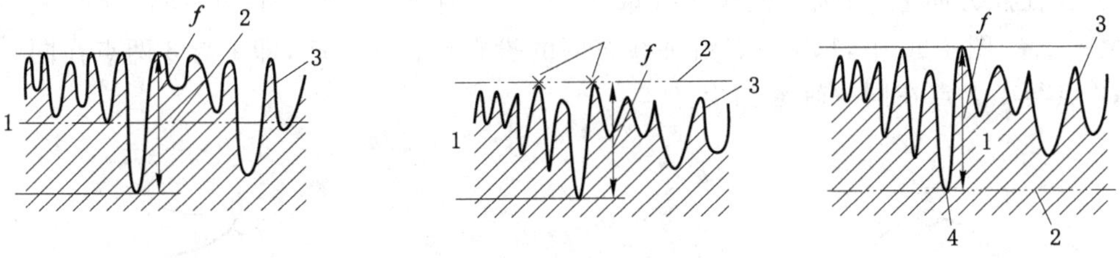

(a) 无约束(C)　　(b) 实体外约束(CE)　　(c) 实体内约束(CI)

1—最小区域；2—最小区域法拟合得到的理想要素；3—被测要素；4—被测要素与理想要素的交点。

图 4-56　不同约束情况下的最小区域法

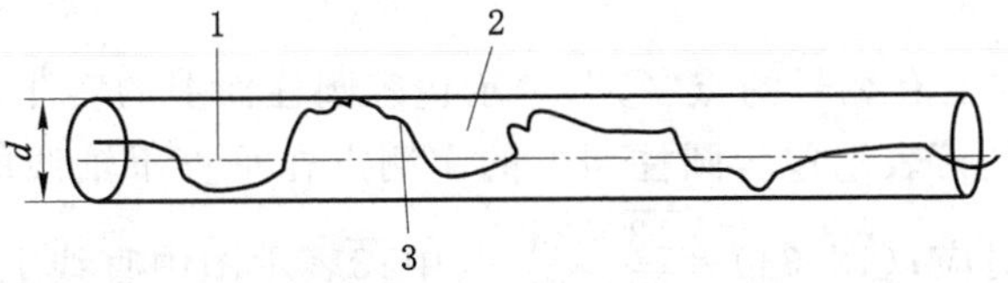

图 4-57　形状误差值为最小包容区域的直径

差，可用若干组两条平行直线包容实际直线，其中包容区域最小的是 A_1B_1 和与之相平行的直线所包容的区域。

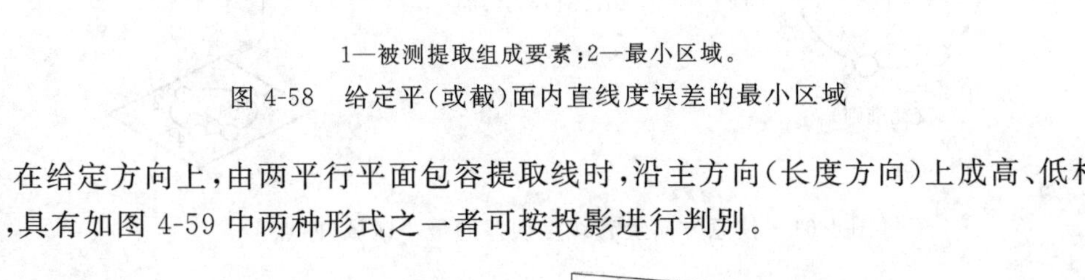

1—被测提取组成要素；2—最小区域。

图 4-58　给定平(或截)面内直线度误差的最小区域

② 在给定方向上，由两平行平面包容提取线时，沿主方向(长度方向)上成高、低相间三点接触，具有如图 4-59 中两种形式之一者可按投影进行判别。

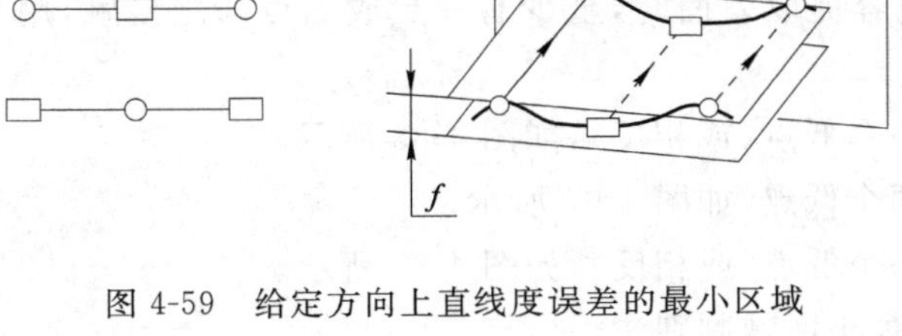

图 4-59　给定方向上直线度误差的最小区域

③ 在任意方向上，由圆柱面包容提取线时，至少有下列（见图 4-60～图 4-62）三种接触形式之一者。图 4-60 中，1、3 两点沿轴线方向的投影重合在一起，即 1 与 3 两点在同一条素线上；2 点与 1、3 点在同一轴截面上。

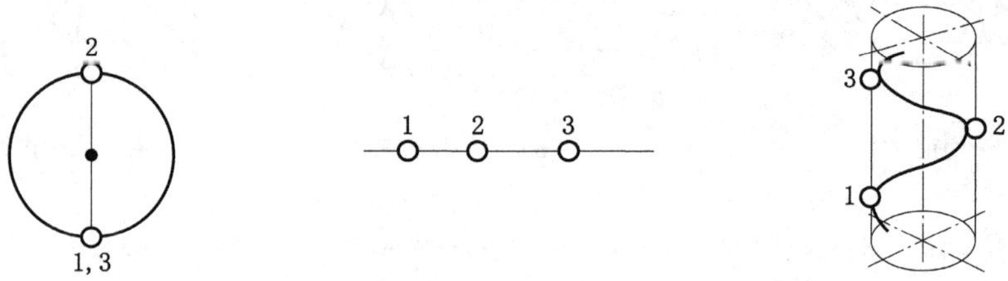

图 4-60　任意方向上直线度误差的最小区域（三点形式）

图 4-61 中，在直线上有编号的点“○”，表示包容圆柱面上的实测点在其轴线上的投影；在圆周上有编号的点“○”表示包容圆柱面上的实测点在垂直于轴线的平面上的投影，其编号与直线上点的编号对应；$(12,34)=\dfrac{\overline{13}\times\overline{24}}{\overline{23}\times\overline{14}}$，其中$\overline{13}$表示图中直线上两个编号点之间的距离，其他类同；$[12,34]=\dfrac{\sin\widehat{13}\sin\widehat{24}}{\sin\widehat{23}\sin\widehat{14}}$，其中$\widehat{13}$表示图中圆周上两个编号点对圆心的张角，其他类同；四点形式中的$(12,34)=[12,34]$，即$\dfrac{\overline{13}\times\overline{24}}{\overline{23}\times\overline{14}}=\dfrac{\sin\widehat{13}\sin\widehat{24}}{\sin\widehat{23}\sin\widehat{14}}$。图 4-62 中，各点说明同图 4-61。

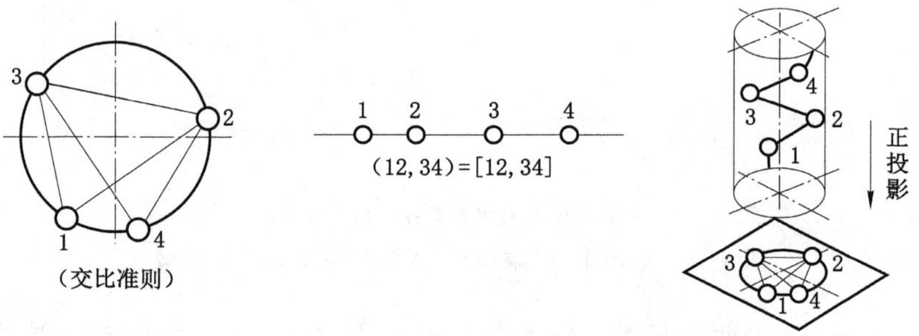

图 4-61　任意方向上直线度误差的最小区域（四点形式）

（2）平面度误差的最小区域判别法

由两平行平面包容提取表面时，至少有三点或四点与之接触，用下列形式之一判别平面度误差的最小区域。

① 三个高点与一个低点（或相反），如图 4-63 所示。

② 两个高点与两个低点，如图 4-64 所示。

③ 两个高点与一个低点（或相反），如图 4-65 所示。

（3）圆度误差的最小区域判别法

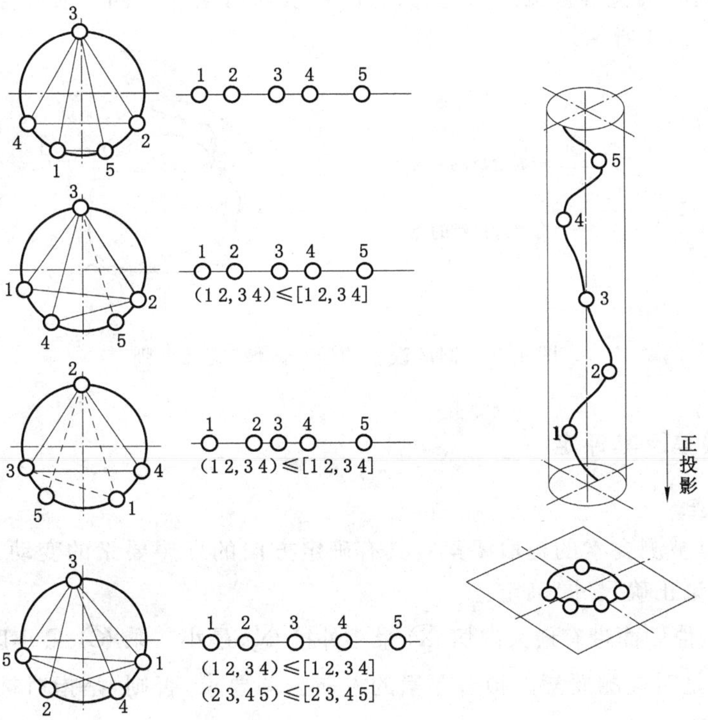

图 4-62　任意方向上直线度误差的最小区域(五点形式)

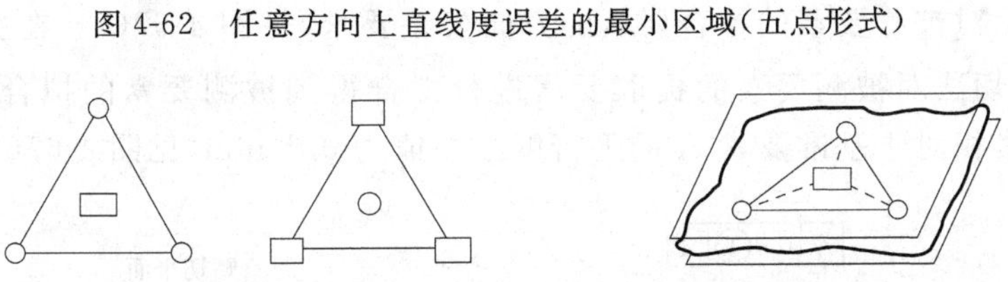

图 4-63　平面度误差的最小区域“三角形准则”

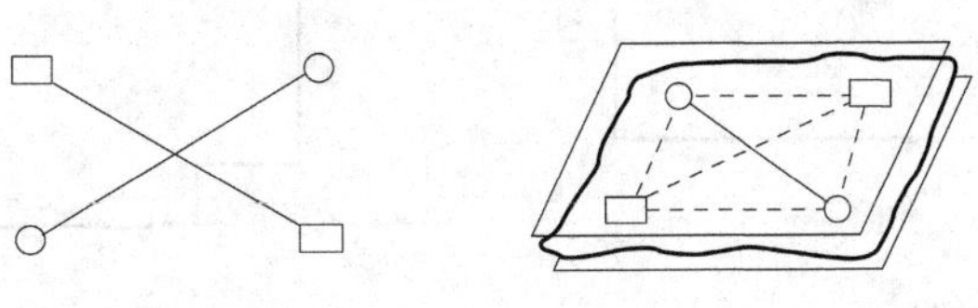

图 4-64　平面度误差的最小区域“交叉准则”

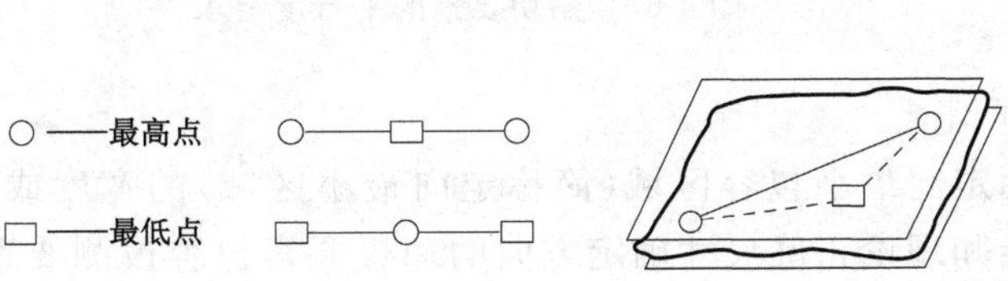

图 4-65　平面度误差的最小区域“直线准则”

由两共面同心圆包容被测提取轮廓(组成要素)时，至少有四个实测点内外相间地在两个圆周上，如图 4-66 所示。

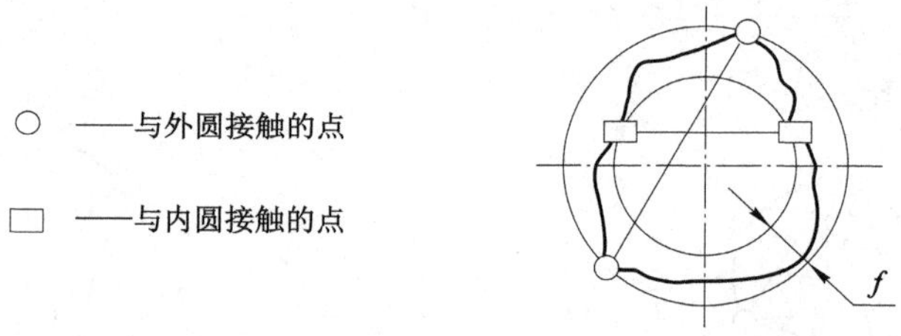

图 4-66　圆度误差的最小区域“交叉准则”

4.5.2　方向误差及其评定

1. 方向误差

方向误差是被测要素的提取要素对具有确定方向的理想要素的变动量，理想要素的方向由基准(和理论正确尺寸)确定。

当方向公差值后面带有最大内切 Ⓧ、最小外接 Ⓝ、最小二乘 Ⓖ、最小区域 Ⓒ、贴切Ⓣ等符号时，表示的是对被测要素的拟合要素的方向公差要求，否则，是指对被测要素本身的方向公差要求。

符号Ⓣ表示对被测要素的拟合要素的方向公差要求，见图 4-67(a)，在上表面被测长度范围内，采用贴切法对被测要素的提取要素进行拟合得到被测要素的拟合要素(即贴切要素)，该贴切要素相对于基准要素 A 的平行度公差值为 0.1 mm，见图 4-67(b)。

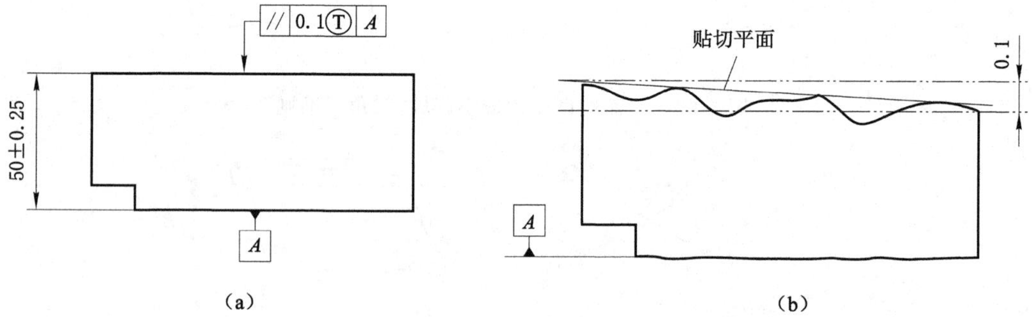

图 4-67　贴切要素的平行度要求

2. 方向误差的评定

方向误差值用定向最小包容区域(简称定向最小区域)的宽度或直径表示。定向最小区域是指用由基准和理论正确尺寸确定方向的理想要素包容被测要素的提取要素时，具有最小宽度 f 或直径 $d=\phi f$ 的包容区域，如图 4-68 所示。

各方向误差项目定向最小区域的形状分别和各自的公差带形状一致，但宽度(或直径)由被测提取要素本身决定。

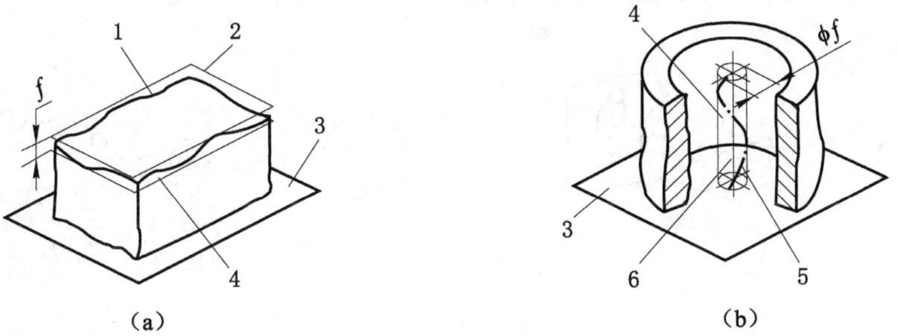

1—被测提取组成要素；2—与基准平面平行的拟合平面；3—基准平面；4—定向最小区域；
5—被测提取中心线；6—与基准平面垂直的拟合中心线。

图 4-68　方向误差的定向最小区域

3. 评定方向误差的定向最小区域判别法

(1) 平行度误差的定向最小区域判别法

凡符合下列条件之一者，表示被测的提取要素已被定向最小区域所包容。

① 平面(或直线)对基准平面：由定向两平行平面包容被测提取要素时，至少有两个实测点与之接触，一个为最高点，一个为最低点，如图 4-69 所示。

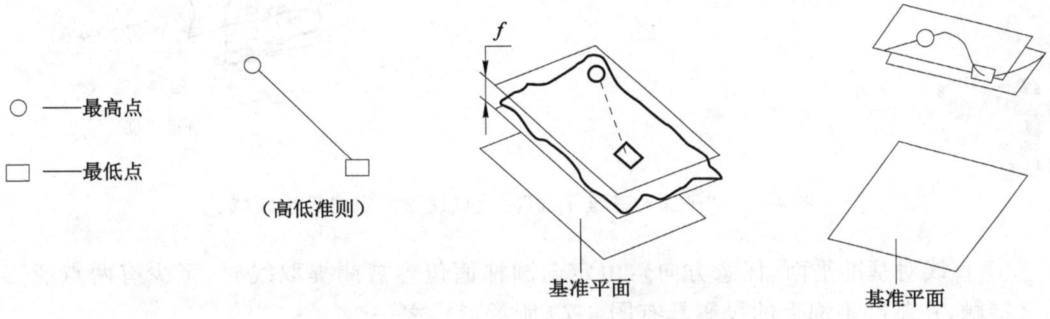

图 4-69　“平面(或直线)对基准面”平行度误差的定向最小区域

② 平面对基准直线：由定向两平行平面包容被测提取表面时，至少有两个或三个点与之接触，对于垂直基准直线的平面上的投影具有图 4-70 所示形式之一。

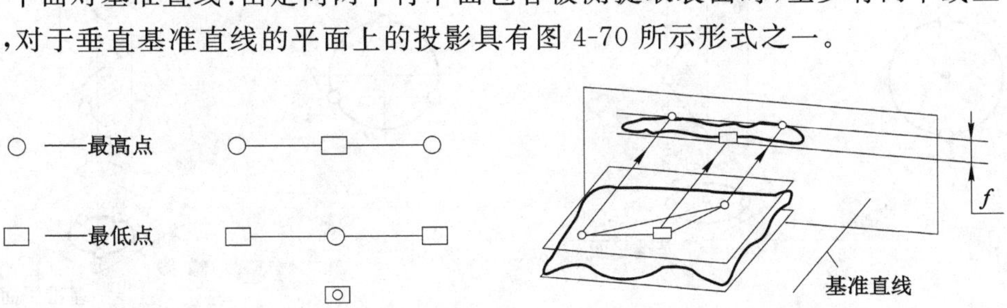

图 4-70　“平面对基准直线”平行度误差的定向最小区域

③ 直线对基准直线(任意方向)：由定向圆柱面包容提取线时，至少有两点或三点与之

接触，对于垂直基准直线的平面上的投影具有图 4-71 所示形式之一。

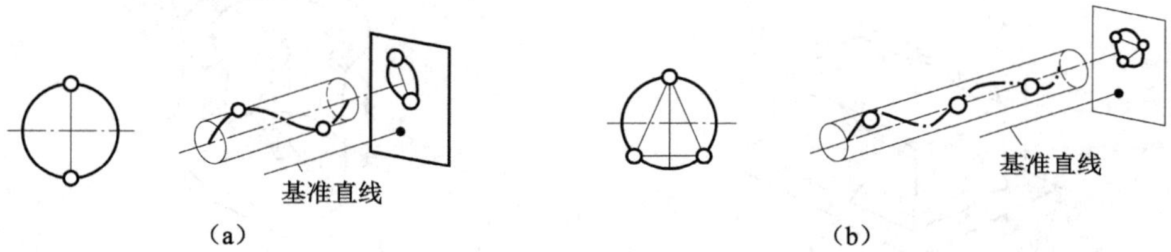

图 4-71 “直线对基准直线(任意方向)”平行度误差的最小区域

(2) 垂直度误差的定向最小区域判别法

① 平面对基准平面：由定向两平行平面包容被测提取表面时，至少有两点或三点与之接触，在基准平面上的投影具有图 4-72 所示形式之一，表示被测提取表面已被定向最小区域包容。

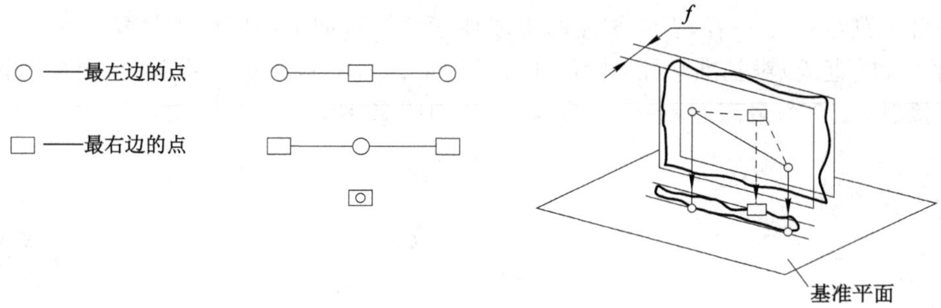

图 4-72 “平面对基准平面”垂直度误差的定向最小区域

② 直线对基准平面(任意方向)：由定向圆柱面包容被测提取线时，至少有两点或三点与之接触，在基准平面上的投影具有图 4-73 所示形式之一。

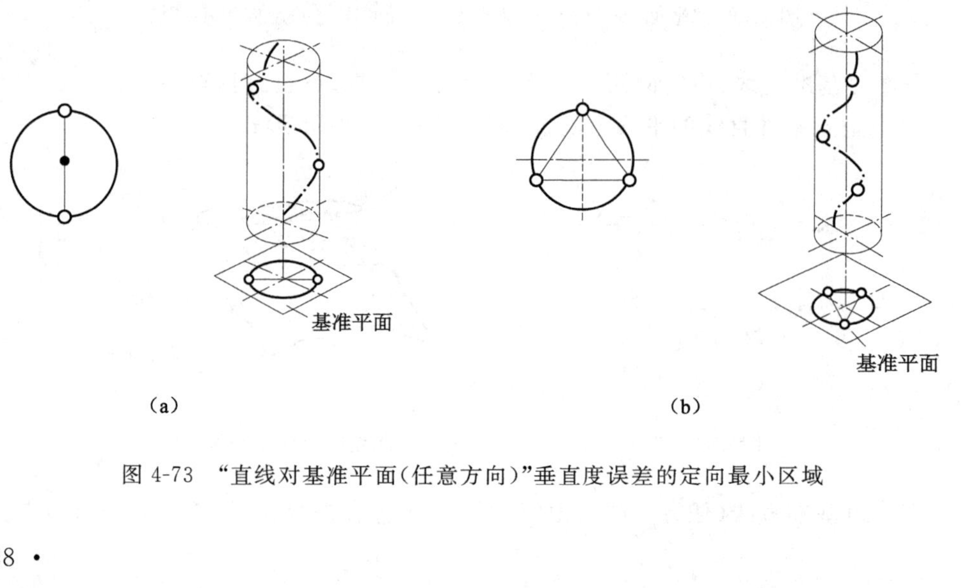

图 4-73 “直线对基准平面(任意方向)”垂直度误差的定向最小区域

③ 平面(或直线)对基准直线:由定向两平行平面包容被测要素的提取要素时,至少有两点或三点与之接触,具有图 4-74 所示的形式。

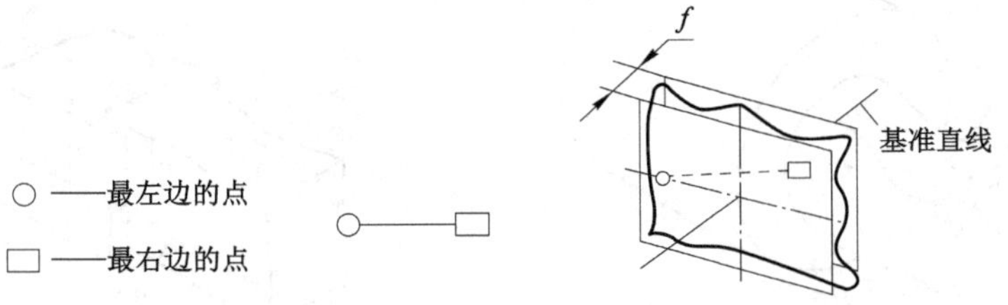

图 4-74　“平面(或直线)对基准直线”垂直度误差的定向最小区域

4.5.3　位置误差及其评定

1. 位置误差

位置误差是被测要素的提取要素对具有确定位置的理想要素的变动量,理想要素的位置由基准和理论正确尺寸确定。对于同轴度和对称度公差项目来说,理论正确尺寸为 0。

当位置公差值后面带有最大内切 Ⓧ、最小外接 Ⓝ、最小二乘 Ⓖ、最小区域 Ⓒ、贴切 Ⓣ等符号时,表示对被测要素的拟合要素的位置公差要求,否则,是指对被测要素本身的位置公差要求。

2. 位置误差的评定

位置误差值用定位最小包容区域(简称定位最小区域)的宽度或直径表示。

3. 评定位置误差的定位最小区域判别法

定位最小区域是指用由基准和理论正确尺寸确定位置的理想要素包容被测提取要素时,具有最小宽度 f 或直径 d 的包容区域,如图 4-75 所示。

同轴度误差的最小区域判别法用以基准轴线为轴线的圆柱面包容提取中心线,提取中心线与该圆柱面至少有一点接触,则该圆柱面内的区域即为同轴度误差 ϕd 的最小包容区域,如图 4-75(a)所示。

图 4-75(b)表示对称度误差的最小区域判别法用以基准中心平面为中心的两个平行平面包容被测要素的提取中心面,被测提取中心面与该两个平行平面至少有一点接触,则该两个平行平面内的区域即为对称度误差 f 的定位最小包容区域。

图 4-75(c)表示点的位置度误差的最小包容区域是以由两个基准和理论正确尺寸 $\boxed{X}$、$\boxed{Y}$ 确定的理想位置为圆心,过被测提取点作圆,该圆内区域即为位置度误差 d 的最小包容区域。

各位置误差项目的定位最小区域形状分别与各自的公差带形状一致,但宽度(或直径)由被测提取要素本身决定。

4.5.4　跳动误差及其评定

跳动是一项综合误差,该误差根据被测要素是线要素或是面要素分为圆跳动和全跳动。

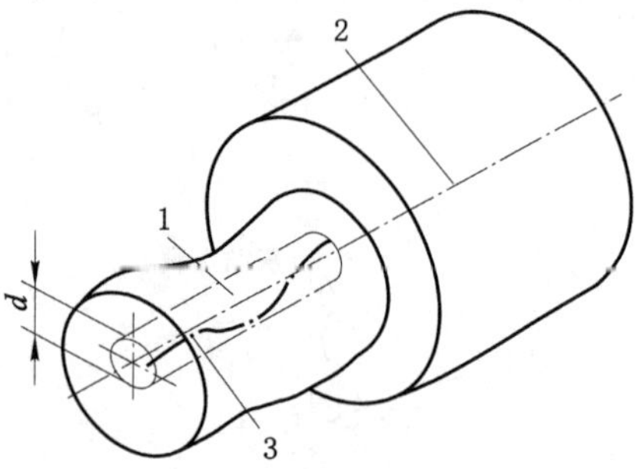

(a) 同轴度误差值为最小区域直径d

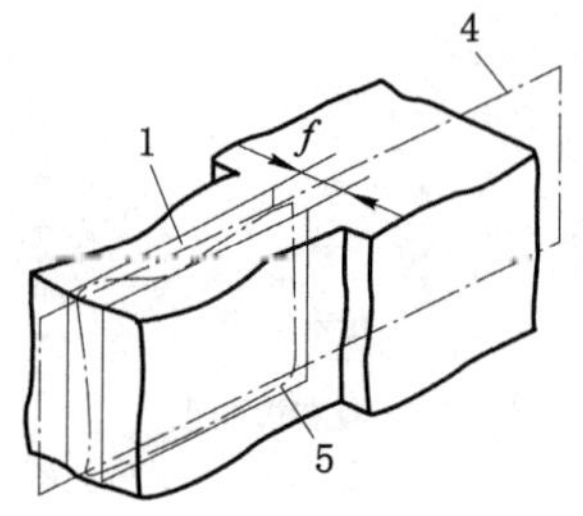

(b) 对称度误差值为最小区域宽度f

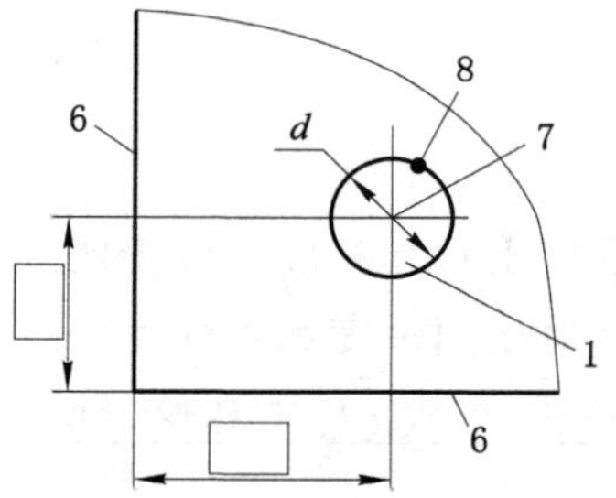

(c) 位置度误差值为最小区域直径d

1—定位最小区域；2—基准轴线(拟合要素与它同轴)；3—被测提取中心线；4—基准中心平面(拟合要素与它共面)；5—被测提取中心面；6—基准；7—由基准和理论正确尺寸确定的理想要素位置；8—被测提取点。

图 4-75　位置误差的定位最小区域

1. 圆跳动

圆跳动是任一被测要素的提取要素绕基准轴线做无轴向移动的相对回转一周时，指示计的测头在给定计值方向上测得的最大与最小示值之差。

2. 全跳动

全跳动是被测要素的提取要素绕基准轴线做无轴向移动的相对回转一周，同时指示计的测头沿给定方向的理想直线连续移动过程中，由测头在给定计值方向上测得的最大与最小示值之差。

习　　题

4-1　判断题

(1) 最大实体状态是在极限尺寸范围内允许占有材料量最多时的状态。

(2) 最大实体实效状态是尺寸为最大实体尺寸，且中心要素的几何误差等于图样上给定的几何公差值时的状态。

(3) 若某圆柱面的圆度误差值为 0.01 mm，则该圆柱面对轴线的径向圆跳动误差值亦不小于 0.01 mm。

(4) 可逆要求可用于任何公差原则与要求。

(5) 采用最大实体要求的零件,应遵循最大实体边界。

(6) 标注圆跳动公差时,公差框格的指引箭头应指向轮廓表面。

(7) 无论孔、轴,最大实体实效尺寸都等于零件的最大实体尺寸与几何公差之和。

4-2 填空

(1) 轴的最大实体尺寸为________尺寸,孔的最大实体尺寸为________。

(2) 形状误差应按________评定,这时用________的宽度或直径表示形状误差值。

(3) 独立原则是指图样上被测要素给出的尺寸公差与________各自独立,彼此无关,应分别满足要求的公差原则。这时,尺寸公差只控制________尺寸,不控制要素本身的________。

(4) 最大实体要求应用于被测要素时,其实际轮廓不得超越________边界,其实际尺寸不得超出________尺寸。

(5) 公差原则中,________要求通常用于保证孔、轴配合性质的场合;________要求通常用于只要求装配互换的几何要素。

(6) 在直线度公差中,给定平面内的公差带形状为________;给定方向上的公差带形状为________;任意方向上的公差带形状为________。

(7) 轴向全跳动公差控制端面对基准轴线的________误差,也控制端面的________误差。

(8)"公差原则"中的相关要求包括:________、________、________、________及可逆要求。

(9)"公差原则"中的包容要求规定:孔、轴的提取组成要素不得超越其________,且孔、轴的实际尺寸不得超出________。

4-3 单选题

(1) 几何公差中的方向公差带可以综合控制被测要素的( )。

A. 形状和位置误差　　B. 形状和方向误差

C. 方向和位置误差　　D. 形状误差和跳动

(2) 为保证使用要求,应规定轴的键槽两侧面的中心平面对基准轴线的( )。

A. 平行度公差　B. 垂直度公差　C. 倾斜度公差　D. 对称度公差

(3) 可以根据具体情况规定不同形状的公差带的几何公差特征项目是( )。

A. 直线度　B. 平面度　C. 圆度　D. 同轴度

(4) 某被测平面的平面度误差为 0.04 mm,则它对基准平面的平行度误差( )。

A. 不小于 0.04 mm　B. 不大于 0.04 mm　C. 大于 0.04 mm　D. 小于 0.04 mm

(5) 用立式光学比较仪测量光滑极限量规外径尺寸的测量方法是( )、( );用内径百分表测量孔径的测量方法是( )、( )。

A. 直接测量法　B. 间接测量法　C. 绝对测量法　D. 相对测量法

(6) 被测轴线的直线度公差与它对基准轴线的同轴度公差的关系应是( )。

A. 前者一定等于后者　　B. 前者一定大于后者

C. 前者不得大于后者　　D. 前者小于后者

(7) 位置公差带可以综合控制被测要素的(　　)。

A. 形状误差和位置误差　　B. 形状误差、方向误差和位置误差

C. 方向误差和位置误差　　D. 形状误差、方向误差和距离尺寸偏差

(8) 若某轴一横截面内实际轮廓由直径分别为 ϕ20.05 与 ϕ20.03 的两同心圆包容面形成最小包容区域，则该轮廓的圆度误差值为(　　)。

A. 0.02 mm　　B. 0.01 mm　　C. 0.015 mm　　D. 0.005 mm

(9) 在坐标测量仪上测得某孔圆心的实际坐标值(x,y)，将该两坐标值分别减去确定该孔圆心的理想位置的理论正确尺寸L_x、L_y，得到实际坐标值对理想位置坐标值的偏差$\Delta_x = x-L_x=+3\ \mu\text{m}$，$\Delta_y=y-L_y=-4\ \mu\text{m}$，于是被测圆心的位置度误差为 ϕ(　　)。

A. 2.5 μm　　B. 5 μm　　C. 10 μm　　D. 25 μm

(10) 在图样上标注被测要素的几何公差，若几何公差值前面加"ϕ"，则几何公差带的形状为(　　)。

A. 两共面同心圆　　B. 两同轴圆柱　　C. 圆形或圆柱形或球　　D. 圆形、圆柱形

(11) 孔的轴线在任意方向上的位置度公差带的形状是(　　)，圆度公差带的形状是(　　)。

A. 两同心圆　　B. 圆柱　　C. 两平行平面　　D. 相互垂直的两组平行平面

(12) 评定垂直度误差应采用(　　)。

A. 最小区域法　　B. 定向最小区域法　　C. 三点法　　D. 定位最小区域法

(13) 测得实际被测轴线至基准轴线的最大偏移量为 5 μm，最小偏移量为 3 μm，则该实际被测轴线相对于该基准轴线的同轴度误差为 ϕ(　　)。若某一被测实际直线至基准直线的最大距离为 9.006 mm，最小距离为 9.001 mm，则被测轴线对基准轴线的平行度误差为(　　)。

A. 5 μm　　B. 6 μm　　C. 10 μm　　D. 12 μm

(14) 若某圆柱轮廓相对两端中心孔的公共轴线径向圆跳动量为 0.08 mm，则圆柱该截面上的圆心对基准轴线的同心度误差一定(　　)0.08 mm，该截面上的圆度误差一定(　　)0.08 mm。

A. 不大于　　B. 等于　　C. 小于　　D. 大于　　E. 不小于

4-4　改错题

分别改正习题图 4-1 所示几何公差标注的错误(几何公差项目不允许变更或删除)。

4-5　标注题

(1) 试将下列各项几何公差要求标注在习题图 4-2(1)上：

① ϕ100h8 圆柱面对 ϕ40H7 孔轴线的径向圆跳动公差为 0.018 mm；

② ϕ40H7 孔遵守包容要求，圆柱度公差为 0.007 mm；

③ 左、右两凸台端面对 ϕ40H7 孔轴线的轴向圆跳动公差均为 0.012 mm；

④ 轮毂键槽对称中心面对 ϕ40H7 孔轴线的对称度公差为 0.02 mm。

(2) 试将下列各项几何公差要求标注在习题图 4-2(2)上：

① 2×ϕd 轴线对其公共轴线的同轴度公差均为 ϕ0.02；

② ϕD 轴线对 2×ϕd 公共轴线的垂直度公差为 0.01/100 mm；

③ ϕD 轴线对 2×ϕd 公共轴线的对称度公差为 0.02 mm。

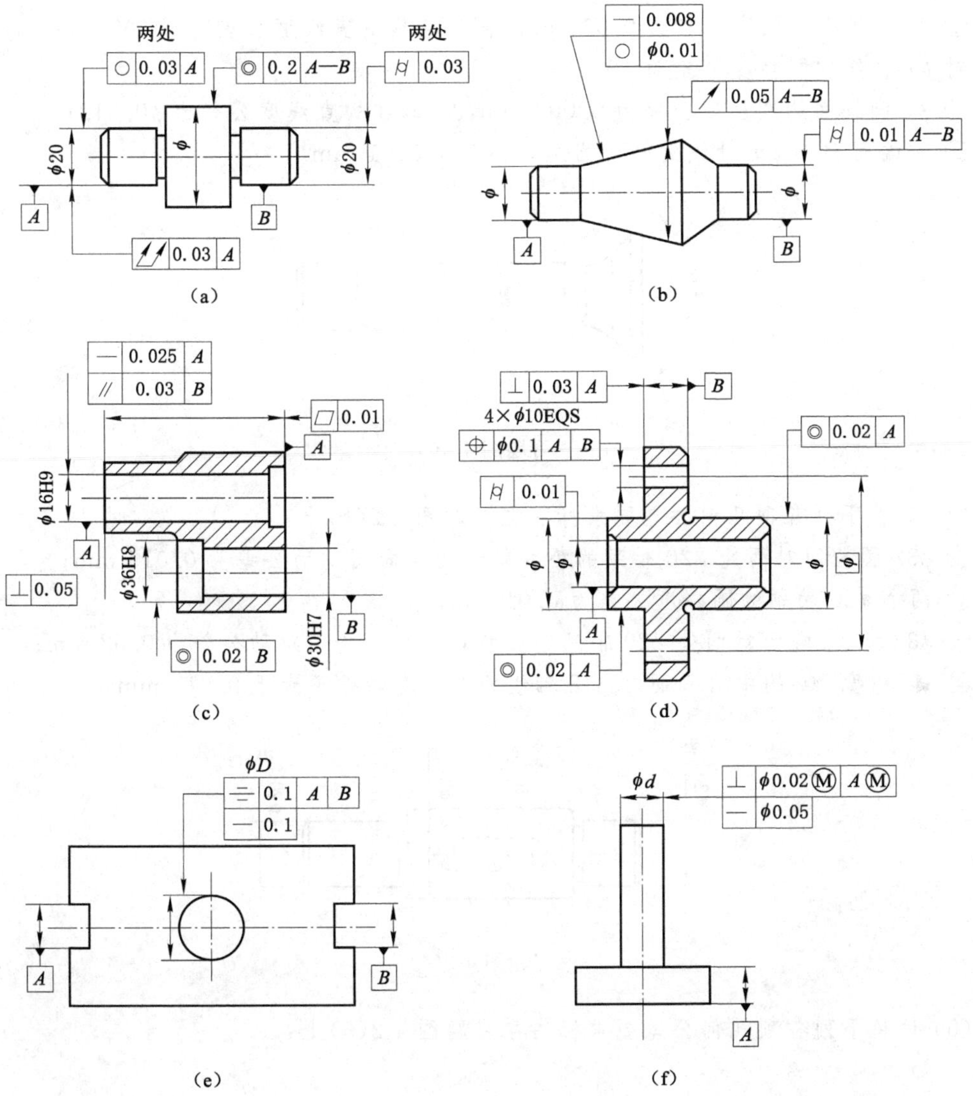

习题图 4-1

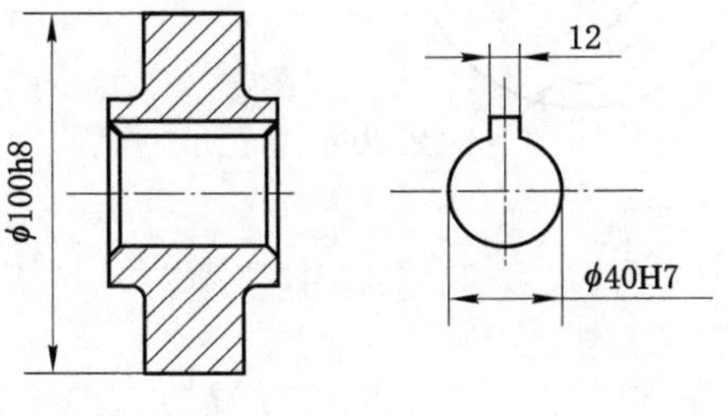

习题图 4-2(1)

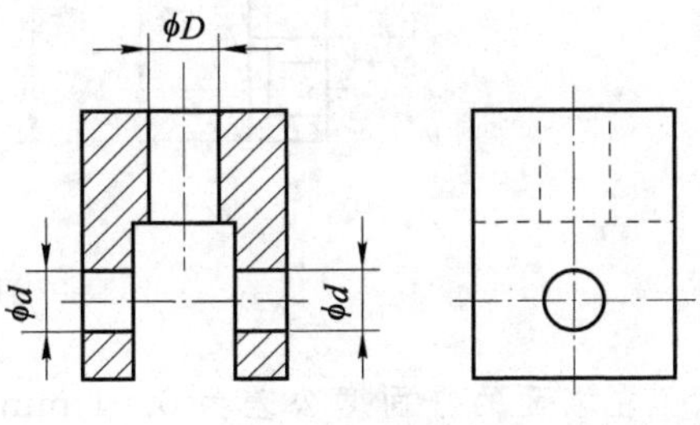

习题图 4-2(2)

(3) 试将下列各项几何公差要求标注在习题图 4-2(3)上：

① 圆锥面 A 的圆度公差为 0.006 mm、圆锥素线的直线度公差为 0.005 mm，圆锥面 A 轴线对 ϕd 轴线的同轴度公差为 ϕ0.01；

② ϕd 圆柱面的圆柱度公差为 0.009 mm，ϕd 轴线的直线度公差为 ϕ0.012；

③ 右端面 B 对 ϕd 轴线的轴向圆跳动公差为 0.01 mm。

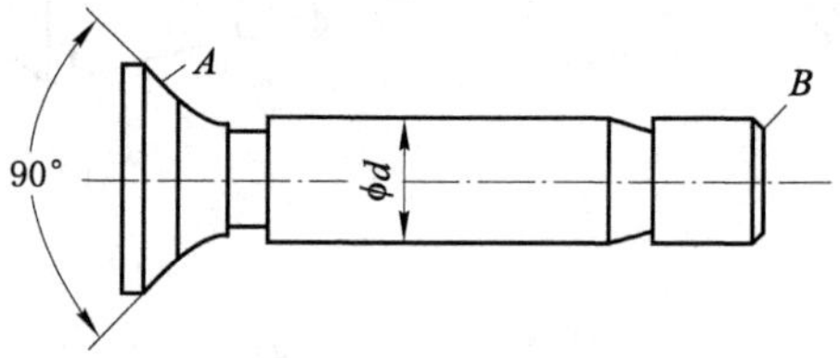

习题图 4-2(3)

(4) 试将下列各项几何公差要求标注在习题图 4-2(4)上：

① ϕ32 圆柱面对两处 ϕ20 轴颈的公共轴线的径向圆跳动公差为 0.015 mm；

② 两个 ϕ20 轴颈的圆柱度公差为 0.01 mm；

③ ϕ32 左、右端面对两处 ϕ20 轴颈的公共轴线的轴向圆跳动公差为 0.02 mm；

④ 键槽(宽 10)的中心平面对 ϕ32 轴线的对称度误差不大于 0.015 mm。

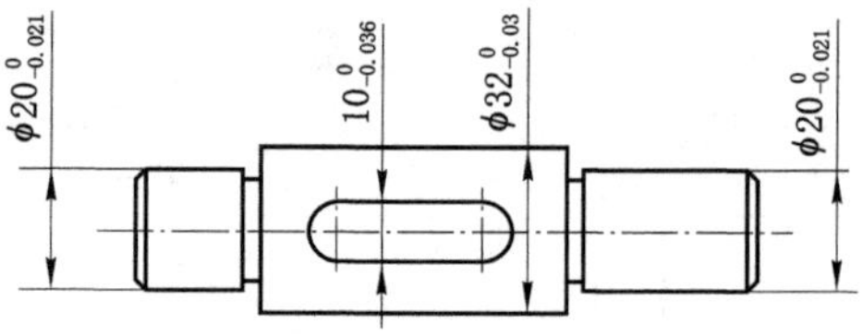

习题图 4-2(4)

(5) 试将下列各项几何公差要求标注在习题图 4-2(5)上：

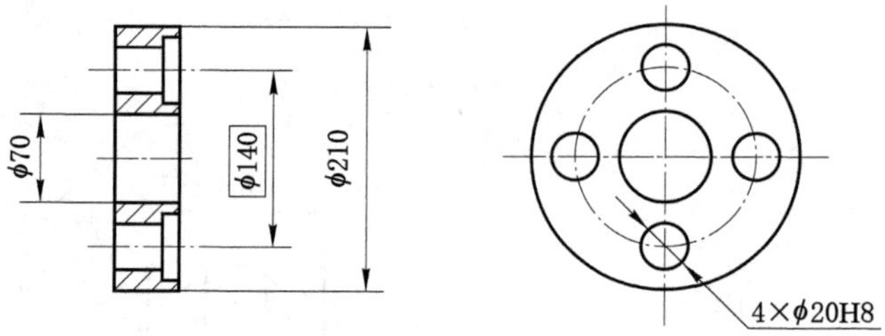

习题图 4-2(5)

① 左端面的平面度公差为 0.01 mm；

② 右端面对左端面的平行度误差不大于 0.04 mm；

③ ϕ70 孔按 H7 遵守包容要求，ϕ210 外圆柱按 h7 遵守独立原则；

④ $\phi70$ 孔轴线对左端面的垂直度公差为 $\phi0.02$；

⑤ $\phi210$ 外圆柱的轴线对 $\phi70$ 孔轴线的同轴度公差为 $\phi0.03$；

⑥ $4\times\phi20$H8 孔轴线对左端面与 $\phi70$ 孔轴线的位置度公差为 $\phi0.15$(要求均匀分布)，被测轴线的位置度公差与 $\phi20$H8、$\phi70$H7 尺寸公差的关系应用最大实体要求。

(6) 试将下列各项几何公差要求标注在习题图 4-2(6)上：

① $\phi50$k6、$\phi60$r6、$\phi65$k6 和 $\phi75$k6 皆采用包容要求；

② 轴键槽的对称中心面对 $\phi50$k6 轴线的对称度公差为 0.04 mm；

③ $\phi60$r6 圆柱面和 $\phi80$G7 孔对 $\phi65$k6 和 $\phi75$k6 的公共轴线的径向圆跳动公差为 0.025 mm；

④ F 面的平面度误差不大于 0.02 mm；

⑤ $10\times\phi20$P8 孔对 F 面、$\phi65$k6 和 $\phi75$k6 的公共轴线的位置度公差为 $\phi0.05$，而且被测要素的尺寸公差和基准导出(中心)要素分别与位置度公差的关系采用最大实体要求。

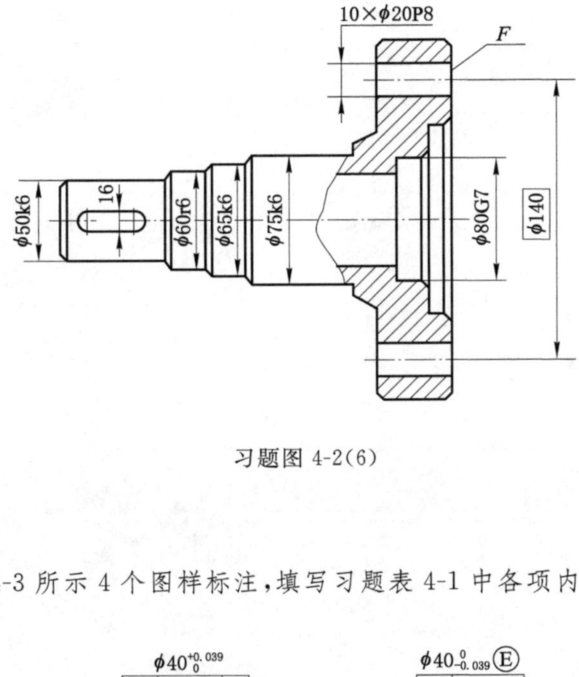

习题图 4-2(6)

4-6　填表题

试根据习题图 4-3 所示 4 个图样标注，填写习题表 4-1 中各项内容。

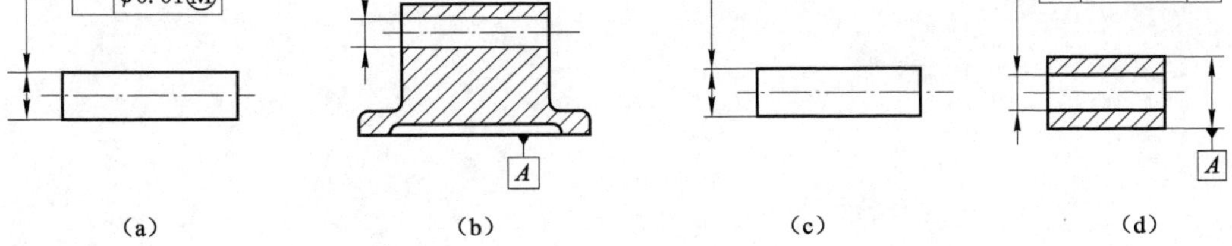

习题图 4-3

习题表 4-1

<table>
<tr><td rowspan="2">图号</td><td colspan="2">被测要素</td><td rowspan="2">采用的公差原则或要求</td><td colspan="2">遵守的理想边界</td><td rowspan="2">给定的几何公差值</td><td rowspan="2">允许发生的最大的几何误差</td></tr>
<tr><td>MMS</td><td>LMS</td><td>名称</td><td>尺寸</td></tr>
<tr><td>(a)</td><td></td><td></td><td></td><td></td><td></td><td></td><td></td></tr>
<tr><td>(b)</td><td></td><td></td><td></td><td></td><td></td><td></td><td></td></tr>
<tr><td>(c)</td><td></td><td></td><td></td><td></td><td></td><td></td><td></td></tr>
<tr><td>(d)</td><td></td><td></td><td></td><td></td><td></td><td></td><td></td></tr>
</table>

4-7　简答题

(1) 试述形位公差带与尺寸公差带的异同点。

(2) 径向圆跳动与同轴度、轴向跳动与端面垂直度有哪些关系？

(3) 试述径向全跳动公差带与圆柱度公差带、轴向全跳动公差带与回转体端面垂直度公差带的异同点。

第 5 章　表面粗糙度及其检测

本章要点

(1) 了解表面粗糙度含义及对机器零件使用性能的影响；
(2) 掌握表面粗糙度的评定标准和参数；
(3) 掌握表面粗糙度的评定参数及其数值的选用和表面粗糙度的标注方法；
(4) 掌握表面粗糙度的常用测量方法。

5.1　概　　述

表面轮廓(见图 5-1)一般包括表面粗糙度、表面波纹度和形状误差，可以按波距(波形起伏间距)λ 来划分：波距 $\lambda<1$ mm 属于表面粗糙度(微观几何形状误差)，波距 λ 在 1～10 mm 属于表面波纹度(中间几何形状误差)，波距 $\lambda>10$ mm 属于形状误差(宏观几何形状误差)。如图 5-2 所示，将某工件表面的一段实际轮廓按波距 λ 的大小分为三部分：表面粗糙度轮廓、波纹度轮廓和宏观形状轮廓。

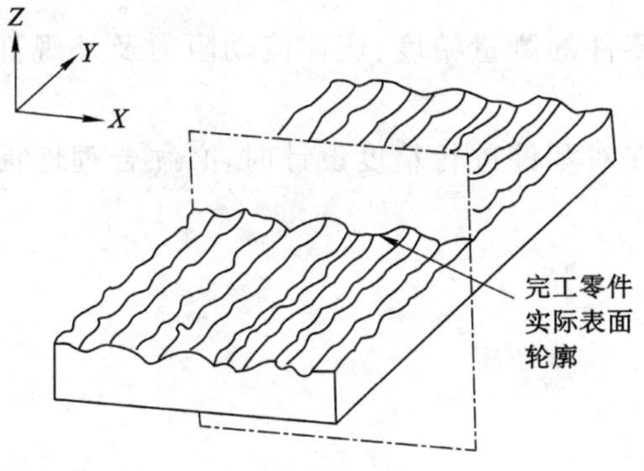

图 5-1　表面轮廓

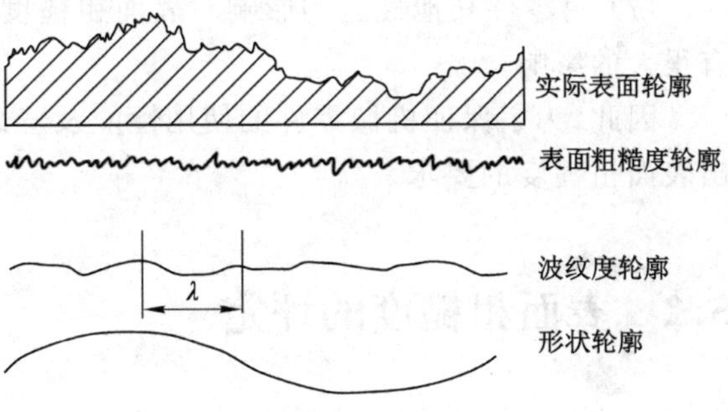

图 5-2　零件表面实际轮廓及其组成成分

5.1.1 表面粗糙度定义

零件加工表面上具有的微小峰谷的高低程度和间距状况称为表面粗糙度。

表面粗糙度主要由加工过程中刀具和零件表面间的摩擦、切屑分离时工件表面层金属的塑性变形以及工艺系统中的高频振动等所形成。

表面粗糙度反映的是零件表面微观几何形状误差。它是评定机械零件和产品质量的一个重要指标。

5.1.2 表面粗糙度对零件使用性能的影响

表面粗糙度对机械零件使用性能和寿命都有很大的影响,尤其是对在高温、高压和高速条件下工作的机械零件影响更大,其影响主要表现在以下几个方面。

(1) 对摩擦和磨损的影响　一般来说,零件表面越粗糙,则摩擦阻力越大,零件的磨损也越快。但是需要指出,并不是零件表面越光滑其摩擦阻力(或磨损量)就一定越小。因为摩擦阻力(或磨损量)除受表面粗糙度影响外,还与磨损下来的金属微粒的刻划作用、润滑油被挤出以及分子间的吸附作用等因素有关。所以,特别光滑表面的摩擦阻力反而会增大,有时磨损反而加剧。

(2) 对配合性能的影响　对于间隙配合,相对运动的表面因其粗糙不平而迅速磨损,致使间隙增大;对于过盈配合,表面轮廓峰顶在装配时容易被挤平,使实际有效过盈量减小,致使连接强度降低。因此,表面粗糙度影响配合性质的稳定性。

(3) 对抗腐蚀性的影响　粗糙的表面,易使腐蚀性物质存积在表面的微观凹谷处,并渗入金属内部,致使腐蚀加剧。因此,要增强零件表面抗腐蚀的能力,就必须提高表面质量。

(4) 对疲劳强度的影响　零件表面越粗糙,凹痕就越深,当零件承受交变载荷时,对应力集中很敏感。这会使疲劳强度降低,导致零件表面产生裂纹而损坏。

(5) 对接触刚度的影响　接触刚度影响零件的工作精度和抗振性,这是由于表面粗糙度使表面间只有一部分面积接触。表面越粗糙,受力后局部变形越大,接触刚度也越低。

(6) 对结合面密封性的影响　粗糙的表面结合时,两表面只在局部点上接触,中间有缝隙,影响密封性。

(7) 对零件其他性能的影响　表面粗糙度对零件的测量精度、流体流动阻力及外观都有很大的影响。

因此,为了保证机械零件的使用性能及寿命,在对零件进行精度设计时,必须合理地提出表面粗糙度的要求。

5.2 表面粗糙度的评定

经加工获得的零件表面的粗糙度是否满足使用要求,需要进行测量和评定。本节将介绍表面粗糙度的术语、定义和表面粗糙度的评定参数。

5.2.1　基本术语

1. 取样长度 lr

取样长度是用于判别被评定轮廓的不规则特征的 X 轴方向上的长度，即测量或评定表面粗糙度时所规定的一段基准线长度，它至少包含 5 个以上轮廓峰和轮廓谷，如图 5-3 所示。取样长度 lr 在数值上与滤波器的标志波长相等，X 轴的方向与轮廓走向一致。规定取样长度，是为了抑制和减弱表面波纹度对表面粗糙测量结果的影响。标准取样长度的数值见表 5-1。

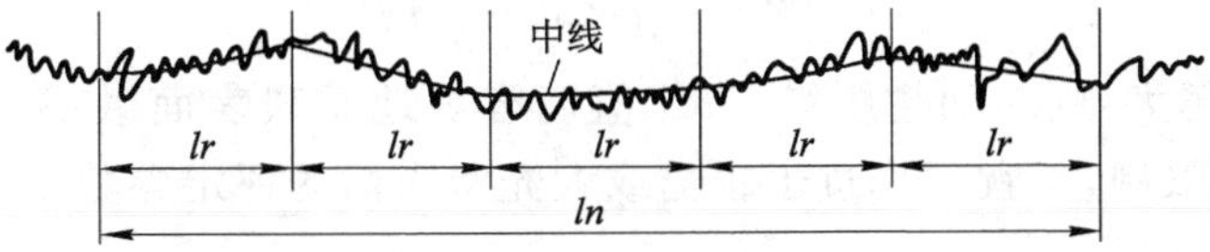

lr—取样长度；ln—评定长度。

图 5-3　取样长度、评定长度与轮廓中线

表 5-1　lr 和 ln 的标准数值

Ra/μm	Rz/μm	lr/mm	$ln=5lr$/mm
≥0.008～0.02	≥0.025～0.10	0.08	0.4
>0.02～0.10	>0.10～0.50	0.25	1.25
>0.10～2.0	>0.50～10.0	0.8	4.0
>2.0～10.0	>10.0～50.0	2.5	12.5
>10～80.0	>50～320	8.0	40.0

2. 评定长度 ln

评定长度是用于判别被评定轮廓的 X 轴方向上的长度。由于零件表面粗糙度不均匀，为了合理地反映其特征，在测量和评定时所规定的一段最小长度称为评定长度 ln，如图 5-3 所示。一般情况下，取 $ln=5lr$，称为标准长度，并以 5 个取样长度内的粗糙度数值的平均值作为评定长度内的粗糙度值。均匀性较差的轮廓表面可选 $ln>5lr$；均匀性较好的轮廓表面可选 $ln<5lr$。标准评定长度数值见表 5-1。

在一般情况下，按表 5-1 选用对应的取样长度及评定长度值，在图样上可省略标注取样长度值。当有特殊要求不能选用表 5-1 中的数值时，应在图上标注出取样长度值。

3. 表面粗糙度轮廓的中线

为了定量地评定表面粗糙度轮廓，首先应确定一条中线。轮廓中线是具有几何轮廓形状并划分轮廓的基准线，是用轮廓滤波器 λc 抑制了长波轮廓成分相对应的中线，如图 5-3 所示。确定轮廓中线的方法有轮廓的最小二乘中线和轮廓的算术平均中线两种。

5.2.2　表面粗糙度的评定参数

为了满足对零件表面不同的功能要求，国家标准《产品几何技术规范(GPS) 表面结构

轮廓法 术语、定义及表面结构参数》(GB/T 3505—2009)规定的评定参数有幅度参数、间距参数、混合参数、曲线和相关参数。下面介绍几种主要评定参数。

1. 轮廓的算术平均偏差 Ra(轮廓的幅度参数)

在一个取样长度内,纵坐标值 $Z(x)$ 绝对值的算术平均值,称为轮廓的算术平均偏差。如图 5-4 所示,即

$$Ra = \frac{1}{lr}\int_0^{lr} |Z(x)| \mathrm{d}x \tag{5-1}$$

或近似为

$$Ra = \frac{1}{n}\sum_{i=1}^{n} |Z_i| \tag{5-2}$$

测得的 Ra 值越大,则表面越粗糙。Ra 值能客观地反映表面微观几何形状误差,但因受到计量器具功能限制,不宜用作过于粗糙或太光滑表面的评定参数。

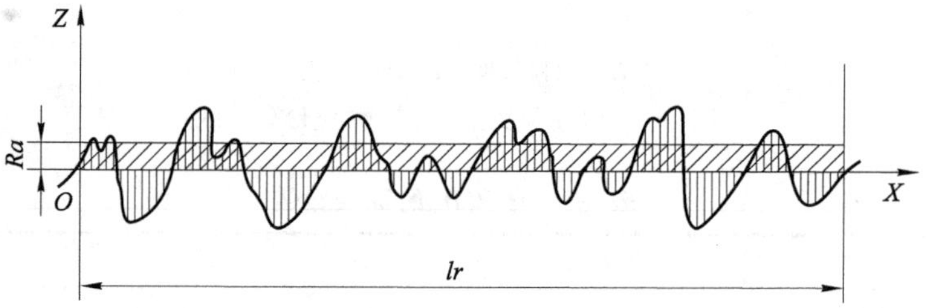

图 5-4 轮廓算术平均偏差 Ra 的确定

2. 轮廓的最大高度 Rz(轮廓的幅度参数)

在一个取样长度内,最大轮廓峰高 Zp 和最大轮廓谷深 Zv 之和的高度,称为轮廓的最大高度,如图 5-5 所示。即

$$Rz = Zp + Zv \tag{5-3}$$

式中,Zp、Zv 都取绝对值。

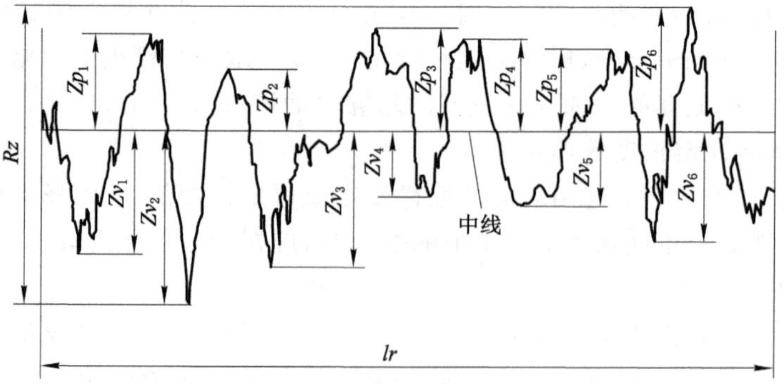

图 5-5 轮廓的最大高度 Rz 的确定

幅度参数(Ra、Rz)是国家标准规定必须标注的参数,故又称为基本参数。

3. 轮廓单元的平均宽度 Rsm(间距参数)

在一个取样长度内轮廓单元宽度 Xs 的平均值,称为轮廓单元的平均宽度,如图 5-6 所示,即

$$Rsm = \frac{1}{m}\sum_{i=1}^{m} Xs_i \tag{5-4}$$

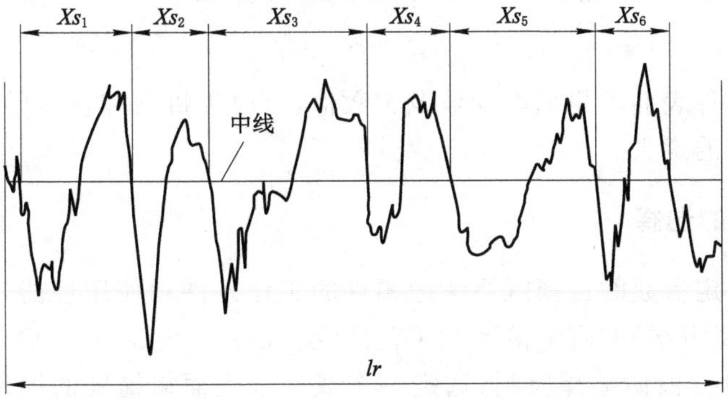

图 5-6　轮廓单元的平均宽度 Rsm 的确定

4. 轮廓的支承长度率 $Rmr(c)$(曲线及其相关参数)

在给定水平截面高度 c 上轮廓的实体材料长度 $Ml(c)$ 与评定长度的比率,称为轮廓的支承长度率,如图 5-7(a)所示,即

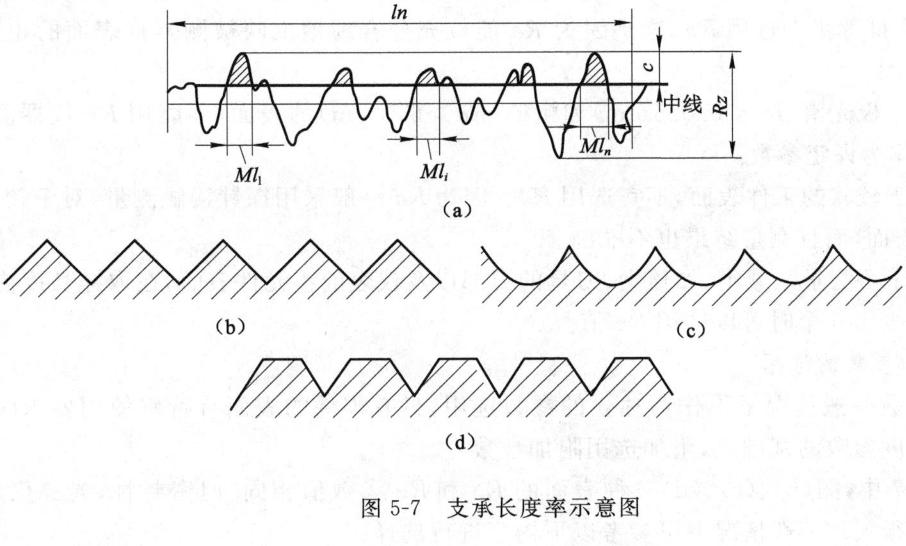

图 5-7　支承长度率示意图

$$Rmr(c) = \frac{Ml(c)}{ln} \tag{5-5}$$

$$Ml(c) = Ml_1 + Ml_2 + \cdots + Ml_n \tag{5-6}$$

轮廓的支承长度率是评定零件表面耐磨性能比较合理的指标。图 5-7(b)、(c)和(d)表示的是具有相同轮廓单元宽度和相同轮廓高度的轮廓图形,但其形状特性极不相同,显然,表面耐磨性也不相同。支承长度越长,表面接触刚度越大,耐磨性也越好。图 5-7(d)所示

轮廓的耐磨性最好。

间距参数 Rsm 与曲线及其相关参数 $Rmr(c)$，相对于基本参数而言，称为附加参数，只有零件表面有特殊使用要求时才选用。

5.3 表面粗糙度评定参数及其数值的选用

正确地选择零件表面的粗糙度参数及其数值，对改善机器和仪表的工作性能及提高其使用寿命有着重要的意义。

5.3.1 评定参数的选择

表面粗糙度评定参数的选择既要考虑零件的工作条件和使用性能，又要考虑表面粗糙度检测仪器（或测量方法）的测量范围和工艺的经济性。

设计人员一般可根据选择原则，选定一个或几个表面粗糙度的评定参数，以表达设计要求。在图样上标注表面粗糙度时，一般只给出幅度参数，只有少数零件的重要表面有特殊使用要求时，才给出附加参数。表面粗糙度的参数值已经标准化，设计时应按国家标准规定的参数值系列选取即可。

1. 幅度参数的选用

幅度参数是标准规定的基本参数（如 Ra 和 Rz），可以独立选用。对于有粗糙度要求的表面必须选用一个幅度参数。对于幅度方向的粗糙度参数值在 0.025～6.3 μm 的零件表面，国家标准推荐优先选用 Ra，这是因为 Ra 能较充分合理地反映被测零件表面的粗糙度特征。

(1) 对于极光滑（$Ra<0.025$ μm）和粗糙（$Ra>6.3$ μm）的表面，不能用 Ra 仪器测量，应采用 Rz 作为评定参数。

(2) 对于较软的工件表面，不宜选用 Ra。因为 Ra 一般采用探针接触测量，对于较软表面，易划伤表面，而且测量结果也不准确。

(3) 对于可测量区域小，如顶尖、刀具的刃部以及仪表的小元件表面，在取样长度内，轮廓的峰或谷少于 5 个时可以选用 Rz 值。

2. 附加参数的选用

附加参数一般情况下不作为独立的参数选用，只有零件的表面有特殊使用要求时，才在选用了幅度参数的基础上，附加选用附加参数。

如图 5-7 中，图(b)、(c)、(d)三种表面的 Ra 和 Rz 参数值相同，但密封性、光亮度和耐磨性却相差很大。一般情况下可参考以下内容进行选择：

(1) 对密封性、光亮度有特殊要求的表面，可选用 Ra、Rz、Rsm；

(2) 对支承刚度和耐磨性有特殊要求的表面，可选用 Ra、Rz、$Rmr(c)$；

(3) 对于承受交变应力的表面，可选用 Rz 和 Rsm。

5.3.2 评定参数值的选用

表面粗糙度评定参数选定后，应规定其允许值。表面粗糙度参数值选用得适当与否，不仅影响零件的使用性能，还关系到制造成本。

因此，表面粗糙度参数值选用的原则是：在满足使用性能要求的前提下，尽可能选用较大的参数允许值（*Rmr*(*c*)除外）。

表 5-2～表 5-5 中分别是 *Ra*、*Rz*、*Rsm* 和 *Rmr*(*c*)的参数值。具体选择表面粗糙度参数值时，通常根据某些统计资料采用类比法确定。表 5-6 列出了表面粗糙度的表面特征、经济加工方法及应用举例，供选用时参考。

表 5-2　*Ra* 的参数值（摘自 GB/T 1031—2009）　　单位：μm

Ra	0.012	0.2	3.2	50
	0.025	0.4	6.3	100
	0.05	0.8	12.5	
	0.1	1.6	25	

表 5-3　*Rz* 的参数值（摘自 GB/T 1031—2009）　　单位：μm

Rz	0.025	0.4	6.3	100	1 600
	0.05	0.8	12.5	200	
	0.1	1.6	25	400	
	0.2	3.2	50	800	

表 5-4　*Rsm* 的参数值（摘自 GB/T 1031—2009）　　单位：mm

Rsm	0.006	0.1	1.6
	0.012 5	0.2	3.2
	0.025	0.4	6.3
	0.05	0.8	12.5

表 5-5　*Rmr*(*c*)的参数值（摘自 GB/T 1031—2009）　　单位：%

Rmr(*c*)	10	15	20	25	30	40	50	60	70	80	90

表 5-6　表面粗糙度的表面特征、经济加工方法及应用举例

表面微观特征		*Ra*/μm	*Rz*/μm	加工方法	应用举例
粗糙表面	微见刀痕	≤20	≤80	粗车、粗刨、粗铣、钻、毛锉、锯断	半成品粗加工过的表面，非配合的加工表面，如轴端面、倒角、钻孔、齿轮皮带轮侧面、键槽底面、垫圈接触面
半光表面	可见加工痕迹	≤10	≤40	车、刨、铣、镗、钻、粗铰	轴上不安装轴承、齿轮处的非配合表面，紧固件的自由装配表面，轴和孔的退刀槽

表 5-6(续)

表面微观特征		$Ra/\mu m$	$Rz/\mu m$	加工方法	应用举例
半光表面	微见加工痕迹	≤5	≤20	车、刨、铣、镗、磨、拉、粗刮、滚压	半精加工表面，箱体、支架、盖面、套筒等和其他零件结合而无配合要求的表面，需要法兰的表面等
	看不清加工痕迹	≤2.5	≤10	车、刨、铣、镗、磨、拉、刮、滚压、铣齿	接近于精加工表面，箱体上安装轴承的镗孔表面，齿轮的工作面
光表面	可辨加工痕迹方向	≤1.25	≤6.3	车、镗、磨、拉、刮、精铰、磨齿、滚压	圆柱销、圆锥销，与滚动轴承配合的表面，普通车床导轨面，内、外花键定心表面
	微辨加工痕迹方向	≤0.63	≤3.2	精铰、精镗、磨、刮、滚压	要求配合性质稳定的配合表面，工作时受交变应力的重要零件，较高精度车床的导轨面
	不可辨加工痕迹方向	≤0.32	≤1.6	精磨、珩磨、研磨、超精加工	精密机床主轴锥孔，顶尖圆锥面，发动机曲轴，凸轮轴工作表面，高精度齿轮齿面
极光表面	暗光泽面	≤0.16	≤0.8	精磨、研磨、普通抛光	精密机床主轴轴颈表面，一般量规工作表面，气缸套内表面，活塞销表面
	亮光泽面	≤0.08	≤0.4	超精磨、精抛光、镜面磨削	精密机床主轴轴颈表面，滚动轴承的滚珠，高压油泵中柱塞孔和柱塞配合的表面
	镜状光泽面	≤0.04	≤0.2		
	镜面	≤0.01	≤0.05	镜面磨削、超精研	高精度量仪、量块的工作表面，光学仪器中的金属镜面

1. 选用原则

根据类比法初步确定表面粗糙度后，再对比工作条件作适当调整。调整时应遵循下述原则：

(1) 在满足功能要求的前提下，尽量选用较大的表面粗糙度参数值，以降低加工成本。

(2) 同一零件上，工作表面的粗糙度参数值应小于非工作表面的粗糙度参数值。

(3) 摩擦表面比非摩擦表面的粗糙度参数值要小，滚动摩擦表面比滑动摩擦表面的粗糙度参数值要小。

(4) 运动速度高、单位面积压力大的表面，受交变应力作用的重要零件上的圆角、沟槽的表面粗糙度参数值都应小些。

(5) 配合零件的表面粗糙度应与尺寸及形状公差相协调。一般来说，尺寸与形状公差要求越严，粗糙度值就越小。

(6) 配合精度要求高的配合表面(如小间隙配合的配合表面)以及受重载荷作用的过盈配合表面，其粗糙度参数值也应小些。

(7) 同一公差等级的零件，小尺寸比大尺寸、轴比孔的粗糙度参数值要小。

2. 表面粗糙度参数值的选用

在选择表面粗糙度参数值时，一般采用类比法进行确定，可参照表 5-6 中的应用举例和表 5-7 中的常用表面粗糙度参数值进行选择，也可参照表面尺寸公差和几何公差进行经验选择。

表 5-7　常用表面粗糙度参数值　　　单位：μm

经常拆卸的表面				过盈配合的配合表面						定心精度高的配合表面			滑动轴承表面		
公差等级	表面	公称尺寸/mm		公差等级		表面	公称尺寸/mm			径向跳动	轴	孔	公差等级	表面	Ra
		≤50	>50				≤50	>50~120	>120~150						
		Ra					Ra				Ra				
IT5	轴	0.2	0.4	压入装配法	IT5	轴	0.1~0.2	0.4	0.4	2.5	0.05	0.1	IT6~IT9	轴	0.4~0.8
	孔	0.4	0.8			孔	0.2~0.4	0.8	0.8	4	0.1	0.2		孔	0.8~1.6
IT6	轴	0.4	0.8		IT6~IT7	轴	0.4	0.8	1.6	6	0.1	0.2	IT10~IT12	轴	0.8~3.2
	孔	0.4~0.8	0.8~1.6			孔	0.4	1.6	1.6	10	0.2	0.4		孔	1.6~3.2
IT7	轴	0.4~0.8	0.8~1.6		IT8	轴	0.8	0.8~1.6	1.6~3.2	16	0.4	0.8	流体润滑	轴	0.1~0.4
	孔	0.8	1.6			孔	1.6	1.6~3.2	1.6~3.2	20	0.8	1.6		孔	0.2~0.8
IT8	轴	0.8	1.6	热装法		轴	1.6								
	孔	0.8~1.6	1.6~3.2			孔	1.6~3.2								

设表面几何公差为 T，尺寸公差为 IT，一般情况下，它们之间存在以下对应关系：

（1）当 T≈0.6IT 时，则 Ra≤0.05IT，Rz≤0.2IT；

（2）当 T≈0.4IT 时，则 Ra≤0.025IT，Rz≤0.1IT；

（3）当 T≈0.25IT 时，则 Ra≤0.012IT，Rz≤0.05IT；

（4）当 T<0.25IT 时，则 Ra≤0.15IT，Rz≤0.6IT。

5.4　表面粗糙度的符号、代号及其标注

表面粗糙度的评定参数及其数值确定后，要在图样上进行标注，图样上所标注的表面粗糙度符号、代号是该表面完工后的要求。

5.4.1　表面粗糙度的符号、代号

1. 表面粗糙度的符号

图样上表示零件表面粗糙度的符号见表 5-8。

2. 表面粗糙度的代号

在表面粗糙度符号的基础上，注出表面粗糙度数值及其有关的规定项目后就形成了表面粗糙度的代号。表面粗糙度数值及其有关的规定在符号中注写的位置见图 5-8。

表 5-8　表面粗糙度的符号(摘自 GB/T 131—2006)

符号	意义与说明
	表面粗糙度的基本图形符号,表示表面可用任何方法获得。仅适用于简化代号标注,没有补充说明(例如表面处理、局部热处理状况等),不能单独使用
	要求去除材料的图形符号(基本符号加一短划线),表示表面是用去除材料的方法获得的,例如车、铣、钻、磨、剪切、抛光、腐蚀、电火花加工、气割等
	不允许去除材料的图形符号(基本符号加一小圆),表示表面是用不去除材料的方法获得的,例如铸、锻、冲压变形、热轧、冷轧、粉末冶金等或者是用于保持原供应状况的表面(包括保持上道工序的状况)
	完整图形符号(在上述三个符号的长边上均可加一横线),用于标注有关参数和说明
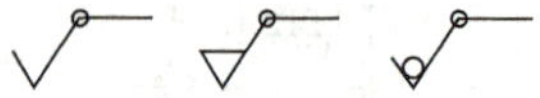	在上述三个符号上均可加一小圆,表示视图上构成封闭轮廓的各表面具有相同的表面粗糙度要求

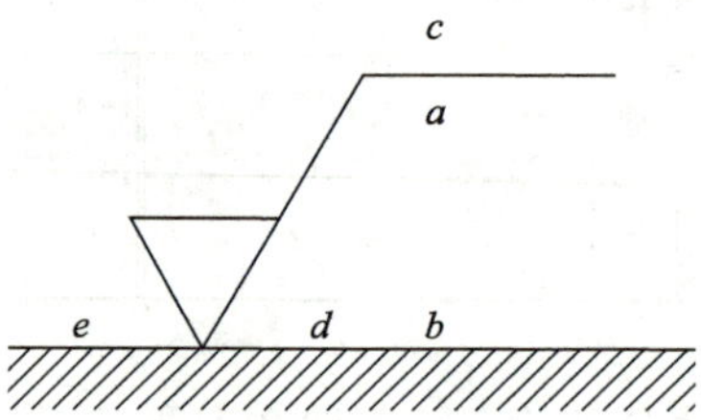

a—幅度参数代号及其数值等(单位:μm);*b*—附加参数代号及其数值;*c*—加工方法;
d—加工纹理方向符号;*e*—加工余量(单位:mm)。

图 5-8　表面粗糙度数值及其有关的规定在符号中注写的位置

3. 极限判断规则及标注

表面结构中给定极限值的判断规则有两种:16%规则和最大规则。

(1) 16%规则

16%规则是指允许在表面粗糙度参数的所有实测值中超过规定值的个数少于总数的 16%。

16%规则是表面粗糙度轮廓技术要求中的默认规则。若采用,则图样上不需注出。具体如图 5-9 所示。

(2) 最大规则

最大规则是指在表面粗糙度参数的所有实测值中不得超过规定值,若采用最大规则,在参数代号(如 *Ra* 或 *Rz*)后面标注一个"max"或"min"的标记,如图 5-10 所示。

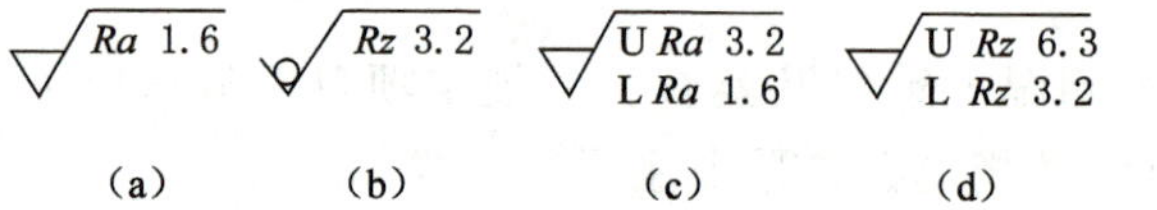

图 5-9　16%规则的标注示例

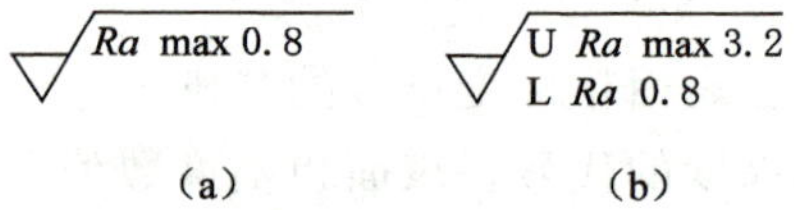

图 5-10　最大规则标注示例

4．传输带和取样长度、评定长度的标注

当表面结构要求采用默认的传输带时，不需注出。否则需要指定传输带，即短波滤波器或取样长度（长波滤波器）。传输带标注包括滤波器截止波长（mm），短波滤波器在前，长波滤波器在后，并用连字号“—”隔开。如果只标注一个滤波器，应保留连字号“—”，用以区分是短波滤波器还是长波滤波器。传输带标注在幅度参数符号的前面，并用斜线“/”隔开，如图 5-11 所示。

若不是默认评定长度，则需要指定评定长度，要在幅度参数代号的后面注写取样长度的个数，如图 5-12 所示。

√0.002 5—0.8/*Ra* 3.2　　√0.002 5—/*Ra* 3.2　　√—0.8/*Ra* 3.2

（a）　　（b）　　（c）

图 5-11　传输带和取样长度的标注示例

√—1/*Ra* 3 1.6　　√0.008—1/*Ra* 6 max 1.6

（a）　　（b）

图 5-12　指定评定长度的标注示例

5．单向极限或双向极限的标注

（1）单向极限的标注

当只标注参数代号、参数值和传输带时，默认为参数的上限值（16%规则或最大规则的极限值），如图 5-9（a）、（b）所示；当参数代号、参数值和传输带作为参数的单向下限值（16%规则或最大规则的极限值）标注时，参数代号前应加 L。示例：L *Ra* 3.2。

（2）双向极限的标注

当表示双向极限时，应标注极限代号，上限值在上方用 U 表示，下极限在下方用 L 表示（上下极限值为 16%规则或最大规则的极限值），如图 5-9（c）、（d）所示；如果同一参数具有双向极限要求，在不引起歧义的情况下，可以不加 U、L。

6．表面粗糙度幅度参数的标注方法及其意义

表面粗糙度幅度参数的具体标注方法及其意义见表 5-9。

表 5-9　表面粗糙度幅度参数的标注方法及其意义

代号	意义	代号	意义
√*Ra* 3.2	用任何方法获得的表面粗糙度，*Ra* 的上限值为 3.2 μm	√*Ra* max 3.2	用任何方法获得的表面粗糙度，*Ra* 的最大值为 3.2 μm
√*Ra* 3.2（去除材料）	用去除材料方法获得的表面粗糙度，*Ra* 上限值为 3.2 μm	√*Ra* max 3.2（去除材料）	用去除材料方法获得的表面粗糙度，*Ra* 的最大值为 3.2 μm

表 5-9(续)

代号	意义	代号	意义
Ra 3.2	用不去除材料方法获得的表面粗糙度,Ra 的上限值为 3.2 μm	Ra max 3.2	用不去除材料方法获得的表面粗糙度,Ra 的最大值为 3.2 μm
U Ra 3.2 L Ra 1.6	用去除材料方法获得的表面粗糙度,Ra 的上限值为 3.2 μm,Ra 的下限值为 1.6 μm	Ra max 3.2 Ra min 1.6	用去除材料方法获得的表面粗糙度,Ra 的最大值为 3.2 μm,Ra 的最小值为 1.6 μm
Rz 3.2	用任何方法获得的表面粗糙度,Rz 的上限值为 3.2 μm	Rz max 3.2	用任何方法获得的表面粗糙度,Rz 的最大值为 3.2 μm
U Rz 3.2 L Rz 1.6 Rz 3.2 Rz 1.6	用去除材料方法获得的表面粗糙度,Rz 的上限值为 3.2 μm,Rz 的下限值为 1.6 μm(在不引起误会的情况下,也可省略标注 U,L)	Rz max 3.2 Rz min 1.6	用去除材料方法获得的表面粗糙度,Rz 的最大值为 3.2 μm,Rz 的最小值为 1.6 μm
U Ra 1.6 U Rz 6.3	用去除材料方法获得的表面粗糙度,Ra 的上限值为 1.6 μm,Rz 的上限值为 6.3 μm,	Ra max 3.2 Rz max 6.3	用去除材料方法获得的表面粗糙度,Ra 的最大值为 3.2 μm,Rz 的最大值为 6.3 μm
0.08~0.8/Ra 3.2	用去除材料方法获得的表面粗糙度,Ra 的上限值为 3.2 μm,传输带 0.008~0.8 mm	-0.8/Ra 3 3.2	用去除材料方法获得的表面粗糙度,Ra 的上限值为 3.2 μm,取样长度 0.8 mm,评定包含三个取样长度

7. 加工方法、加工余量和表面纹理的标注

当零件表面的粗糙度要求由指定的加工方法(如车、磨)获得时,其标注如图 5-13 所示。若需要标注加工余量(设加工余量为 0.4 mm),其标注如图 5-13(a)所示;若需要控制表面加工纹理方向时,其标注如图 5-13(b)所示。

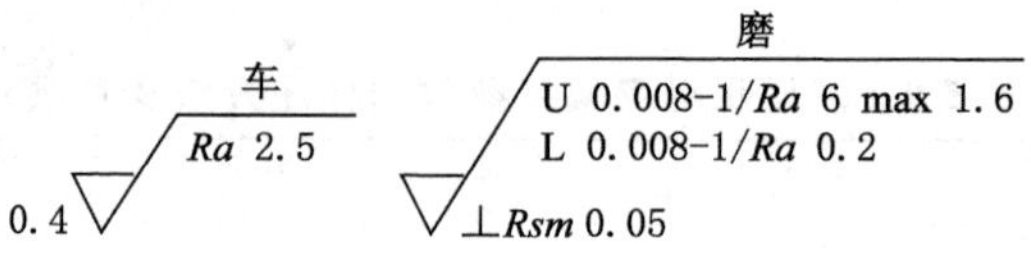

(a) (b)

图 5-13 加工方法、加工余量和表面纹理的标注示例

国家标准规定了加工纹理方向符号,见表 5-10。

表 5-10　加工纹理方向符号(摘自 GB/T 131—2006)

符号	示意图及说明	符号	示意图及说明
=	纹理方向平行于注有符号的视图投影面 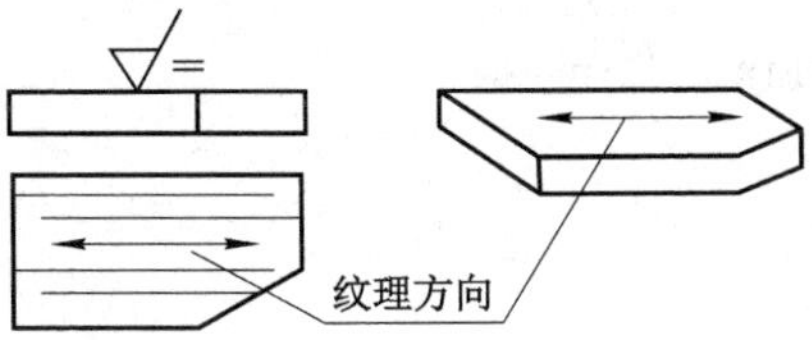	C	纹理对于注有符号表面的中心来说是近似同心圆 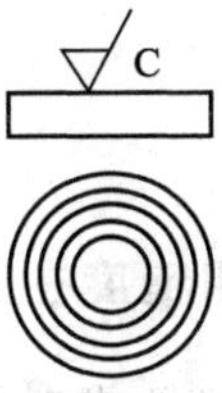
⊥	纹理方向垂直于注有符号的视图投影面 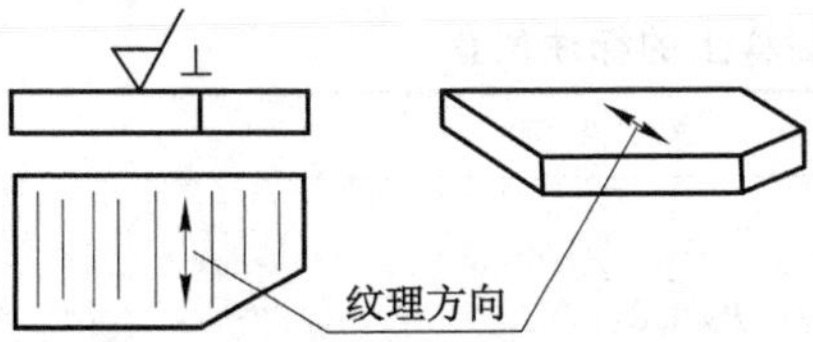	R	纹理对于注有符号表面的中心来说是近似放射形 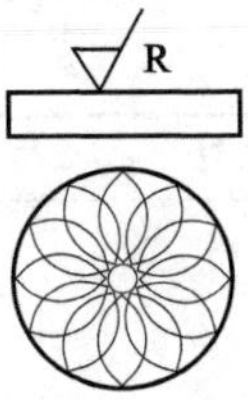
×	纹理对注有符号的视图投影面是两个相交的方向 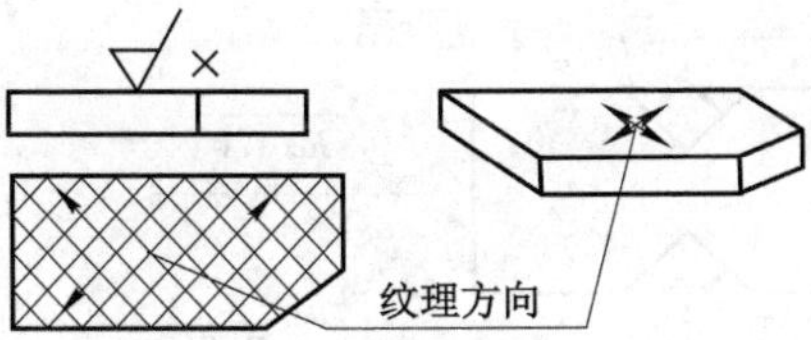	P	纹理无方向或呈凸起的细粒状 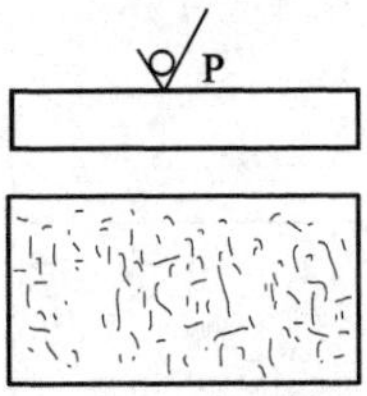
		M	纹理呈多方向 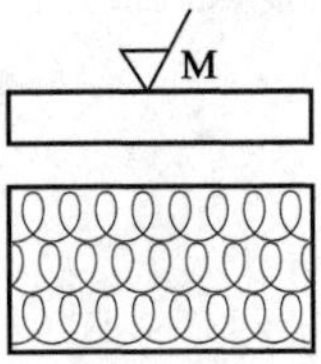

注:若表中所列符号不能清楚表明所要求的纹理方向,应在图样上用文字说明。

8. 表面粗糙度附加参数的标注

在基本参数未标注前,附加参数不能单独标注,如图 5-13(b)、图 5-14 所示。图 5-14(a)为 *Rsm* 上限值的标注示例;图 5-14(b)为 *Rsm* 最大值的标注示例;图 5-14(c)为 *Rmr*(*c*)的标注示例,表示水平截距 *c* 在 *Rz* 的 50%位置上,*Rmr*(*c*)为 70%,此时 *Rmr*(*c*)为下限值。图 5-14(d)为 *Rmr*(*c*)最小值的标注示例。

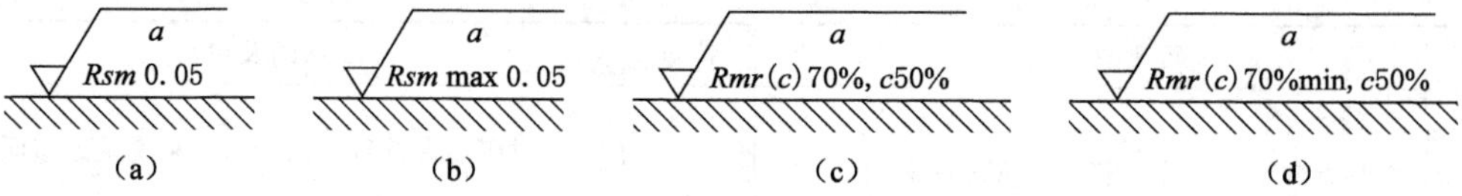

图 5-14　表面粗糙度附加参数标注示例

5.4.2　表面粗糙度在图样上的标注方法

表面粗糙度要求对给定表面只标注一次，并尽可能标注在相应的尺寸及其公差的同视图上。除非另有说明，所标注的表面粗糙度要求是对完工零件表面的要求。表面粗糙度在图样上的标注位置见表 5-11。

表 5-11　表面粗糙度在图样上的标注位置

标注方法	图例
表面粗糙度的注写和读取方向与尺寸的注写和读取方向一致	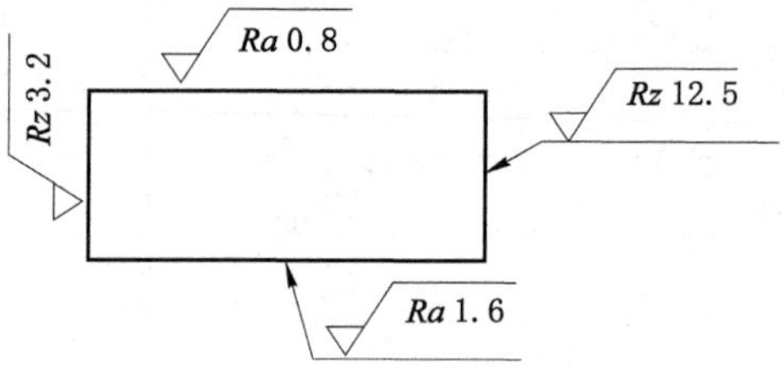
表面粗糙度要求可标注在轮廓线或指引线上，其符号应从材料外指向材料内并接触表面	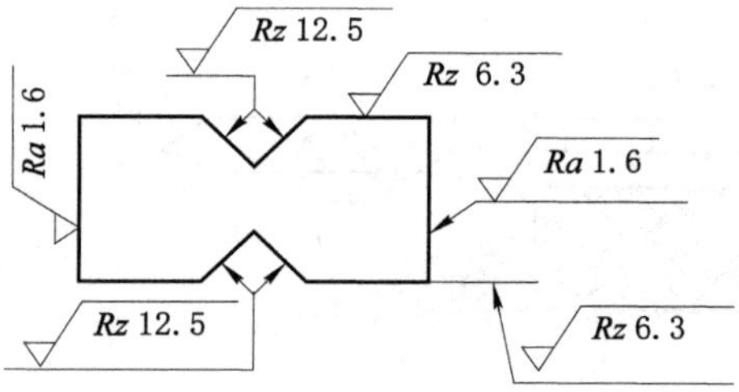
必要时，表面粗糙度符号也可用带箭头或黑点的指引线引出标注	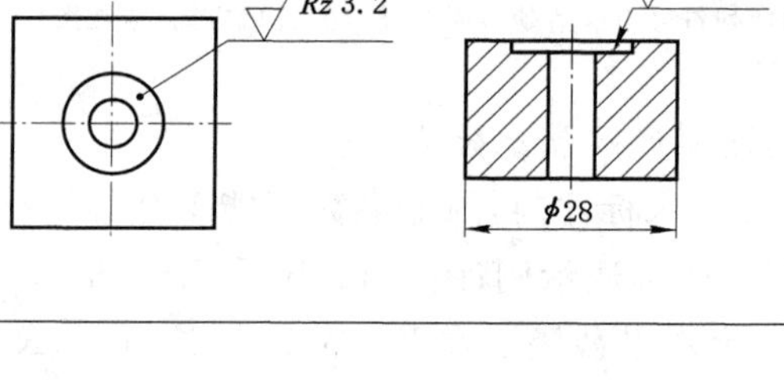

表 5-11(续)

标注方法	图例
在不引起误解的情况下,表面粗糙度要求可以标注在给定的尺寸线上	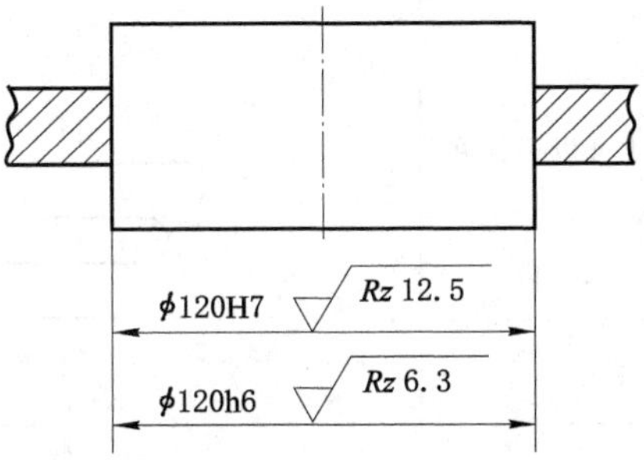
表面粗糙度要求可标注在几何公差框格的上方	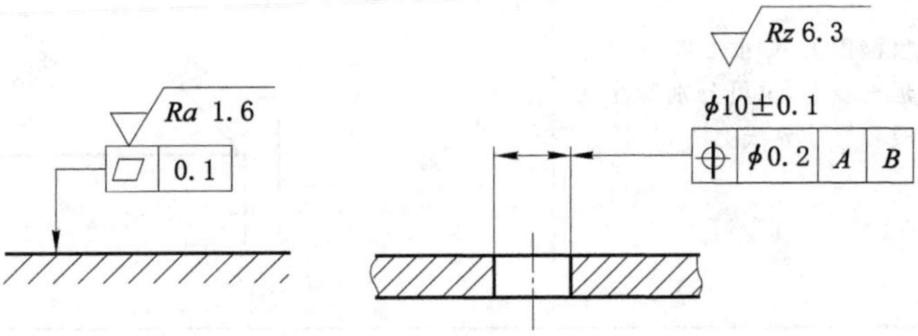
表面粗糙度要求可以直接标注在延长线上,或用带箭头的指引线引出标注	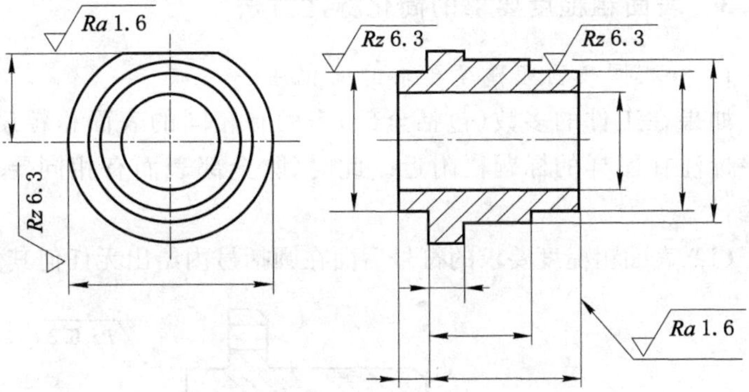
圆柱和棱柱表面的表面粗糙度要求只标注一次。如果每个圆柱和棱柱表面有不同的表面粗糙度要求,则应分别单独标注	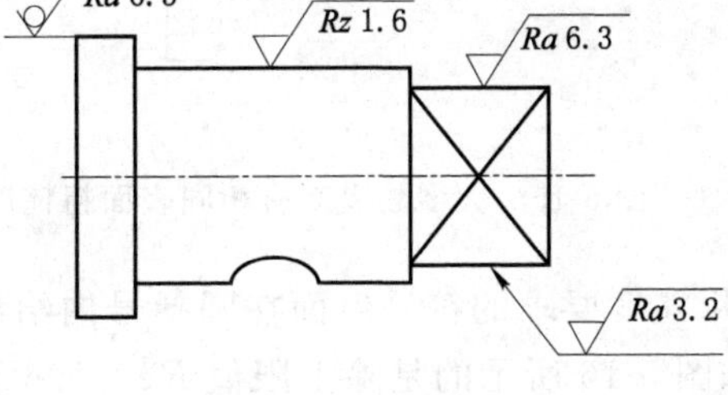

表 5-11(续)

标注方法	图例
表面粗糙度和尺寸可以标注在同一尺寸线上	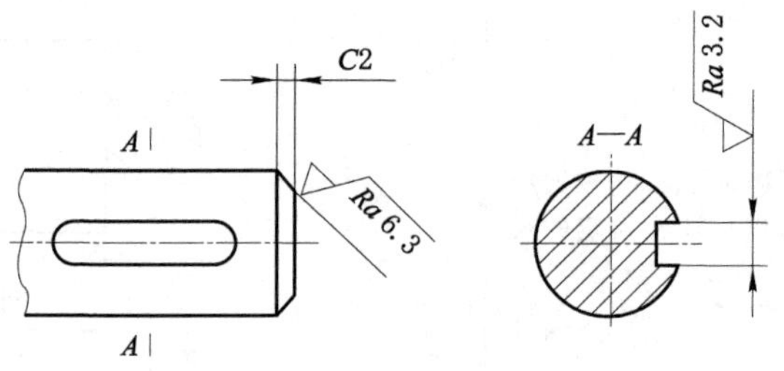
表面粗糙度和尺寸可以一起标注在延长线上，也可分别标注在轮廓线和尺寸界线上	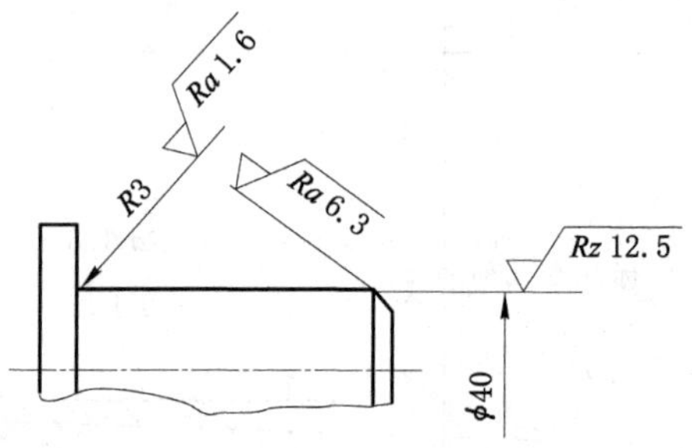

5.4.3 表面粗糙度要求的简化标注方法

1. 有相同表面粗糙度要求的简化注法

如果在工件的多数(包括全部)表面有相同的表面粗糙度要求，则其表面粗糙度要求可统一标注在图样的标题栏附近。此时(除全部表面有相同要求的情况外)，有以下两种标注方法：

(1) 表面粗糙度要求的符号后面在圆括号内给出无任何其他标注的基本符号(见图 5-15)；

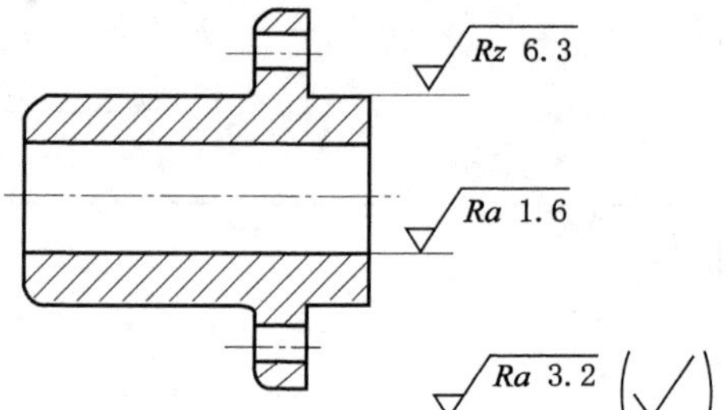

图 5-15　大多数表面有相同表面粗糙度要求的简化标注法(一)

(2) 表面粗糙度要求的符号后面在圆括号内给出不同的表面粗糙度要求(见图 5-16)。

图 5-15 和图 5-16 所示的是除上限值 $Rz=1.6\ \mu m$ 和 $Rz=6.3\ \mu m$ 的表面外，其余所有表面粗糙度均为上限值 $Ra=3.2\ \mu m$，两种注法意义相同。

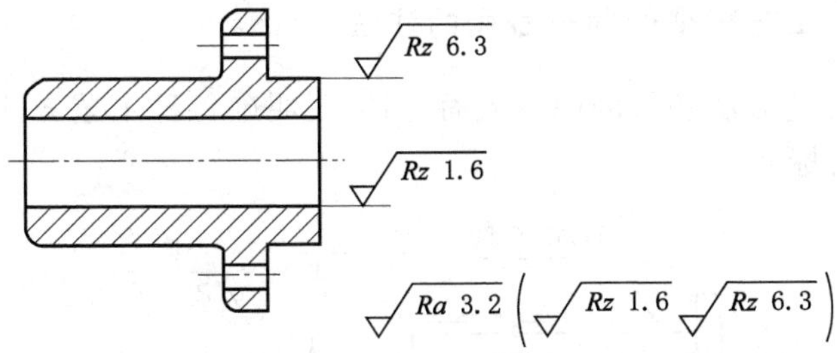

图 5-16　大多数表面有相同表面粗糙度要求的简化标注法(二)

2. 多个表面有共同要求的简化注法

当多个表面具有相同的表面粗糙度要求或图纸空间有限时，可以采用简化注法。即用带字母的完整符号，以等式的形式在图形和标题栏附近，对有相同表面粗糙度要求的表面进行简化标注，如图 5-17 所示。

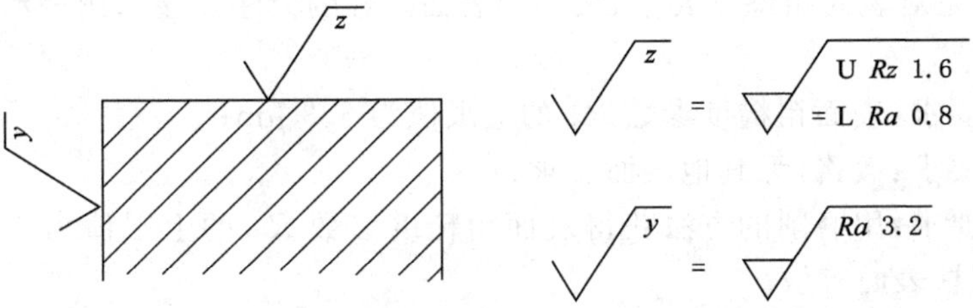

图 5-17　图纸空间有限时的简化注法

3. 只用表面粗糙度符号的简化注法

可用基本图形符号、扩展图形符号，以等式的形式给出对多个表面共同的表面粗糙度要求，如图 5-18～图 5-20 所示。

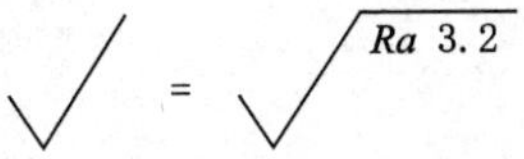

图 5-18　未定工艺方法的多个表面粗糙度要求简化注法

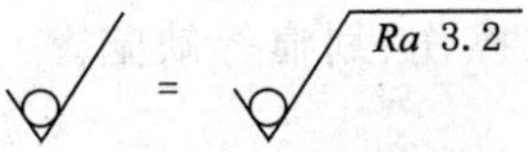

图 5-19　不允许去除材料的多个表面粗糙度要求简化注法

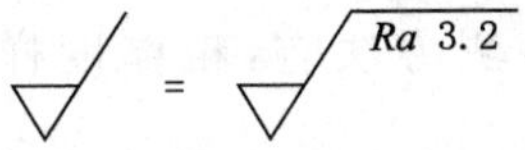

图 5-20　要求去除材料的多个表面粗糙度要求简化注法

5.4.4 两种或两种工艺获得的同一表面的注法

由几个不同的工艺方法获得的同一表面，当需要明确每种工艺方法的表面粗糙度要求时，可按图 5-21 进行标注。

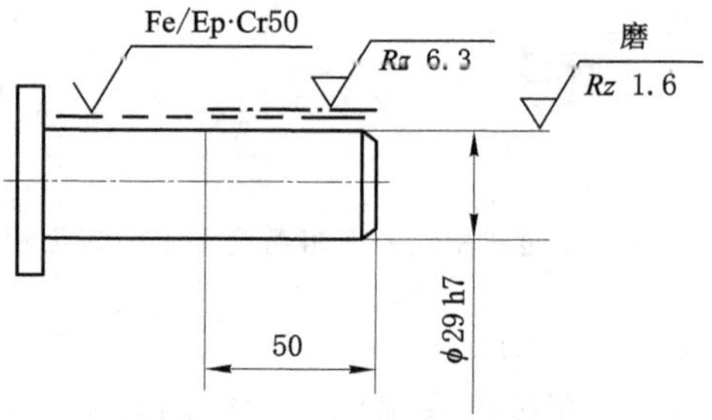

图 5-21 同时给出镀覆前后的表面粗糙度要求的注法

图 5-21 所示是对表面粗糙度要求、尺寸和表面处理的标注。该示例表示了三个连续的加工工序：

第一道工序要求：表面粗糙度参数 Rz 的上限值为 6.3 μm；

第二道工序要求：镀铬，无其他表面要求；

第三道工序要求：用磨削的方法获得表面粗糙度参数 Rz 的上限值为 1.6 μm，且仅对长为 50 mm 的圆柱表面有效。

5.5 表面粗糙度的检测

零件完工后，其表面粗糙度是否满足使用要求，需要进行检测。

5.5.1 检测的基本原则

1. 测量方向的选择

对于表面粗糙度，如果未指定测量截面的方向，则应在幅度参数最大值的方向进行测量，一般来说也就是在垂直于表面加工纹理方向上测量。

2. 表面缺陷的摒弃

表面粗糙度不包括气孔、砂眼、擦伤、划痕等缺陷。

3. 测量部位的选择

应在若干有代表性的区段上测量表面粗糙度。

5.5.2 测量方法

目前，常用的表面粗糙度的检测方法有：粗糙度样板比较法、针描法、光切法、干涉法等。

1. 比较法

比较法是将被测表面与已知其评定参数值的粗糙度样板相比较，当被测表面精度较高时，可借助于放大镜、比较显微镜进行比较，以提高检测精度。比较样板的选择应使其材料形状和加工方法与被测工件尽量相同。

用比较法评定表面粗糙度比较经济、方便，但是其判断准确程度与检验人员的技术熟练程度有关，测量误差较大，适合于车间条件下判断较粗糙的表面。若有争议或进行工艺分析时，可用仪器测量。

2. 针描法

按针描法原理设计制造的表面粗糙度测量仪器通常称为轮廓仪。根据转换原理的不同，轮廓仪分为电感式轮廓仪、电容式轮廓仪、压电式轮廓仪等。轮廓仪可测 Ra、Rz、Rsm 及 $Rmr(c)$ 等多个参数。

除上述轮廓仪外，还有光学触针轮廓仪，它适用于非接触测量，以防止划伤零件表面，这种仪器通常直接显示 Ra 值，其测量范围为 0.02～5 μm。

3. 光切法

光切法是利用光切原理测量表面粗糙度的方法。按光切原理设计制造的表面粗糙度测量仪器称为光切显微镜（或双管显微镜），其测量范围 Rz 为 0.8～80 μm。

4. 干涉法

干涉法是利用光波干涉原理测量表面粗糙度的方法。根据干涉原理设计制造的仪器称为干涉显微镜，主要用来测量 Rz。其测量范围为 0.025～0.8 μm。

5. 印模法

对于大零件的内表面，也有采用印模法进行测量的，即用石蜡、低熔点合金（锡、铅等）或其他印模材料等将被测表面印模下来，然后对复制印模表面进行测量。由于印模材料不可能充满谷底，其测量值略有缩小，可查阅有关资料或自行实验得出修正系数，在计算中加以修正。

6. 激光反射法

激光反射法的基本原理是用激光束以一定的角度照射到被测表面，根据反射光与散射光的强度及其分布来评定被照射表面的微观不平度状况。

7. 三维几何表面测量

用三维评定参数能真实地反映被测表面的实际特征。为此国内外都在致力于研究开发三维几何表面测量技术，现已将光纤法、微波法和电子显微镜等测量方法成功地应用于三维几何表面的测量。

习　题

5-1　填空题

(1) 表面粗糙度是指__________所具有的__________和__________的不平度。

(2) 取样长度用__________表示，评定长度用__________表示，轮廓中线用__________表示。

(3) 轮廓算术平均偏差用________表示；轮廓最大高度用________表示。

(4) 表面粗糙度代号在图样上应标注在＿＿＿＿＿＿、＿＿＿＿＿＿或其延长线上，符号的尖端必须从材料外＿＿＿＿＿＿表面，代号中数字及符号的注写方向必须与＿＿＿＿＿＿一致。

(5) 表面粗糙度的选用，应在满足表面功能要求情况下，尽量选用＿＿＿＿的表面粗糙度数值。

(6) 同一零件上，工作表面的粗糙度参数值＿＿＿＿＿非工作表面的粗糙度参数值。

5-2 简答题

(1) 表面粗糙度的主要评定参数有哪些？优先采用哪个评定参数？

(2) 常见的加工纹理方向符号有哪些？各代表什么意义？

(3) 表面粗糙度的含义是什么？对零件的工作性能有哪些影响？

(4) 表面粗糙度参数值是否选得越小越好？选用的原则是什么？如何选用？

(5) 什么是表面粗糙度？表面粗糙度评定参数 Ra 和 Rz 的区别是什么？

(6) 表面粗糙度的图样标注中，什么情况注出评定参数的上限值、下限值？什么情况注出评定参数的最大值、最小值？

(7) ϕ60H7/f6 和 ϕ60H7/h6 相比，哪个应选用较小的表面粗糙度 Ra 和 Rz 值？为什么？

(8) 常用的表面粗糙度测量方法有哪几种？电动轮廓仪、光切显微镜、干涉显微镜各适用于测量哪些参数？

5-3 解释说明题

解释习题图 5-1 中标注的各表面粗糙度要求的含义。

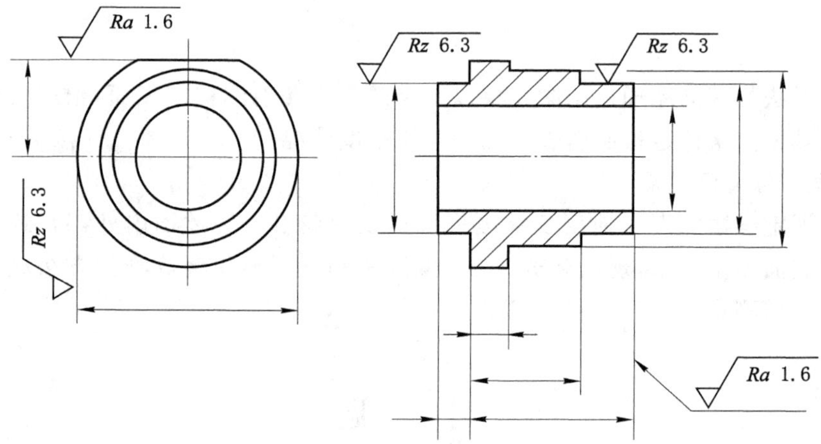

习题图 5-1

5-4 标注题

将下列要求标注在习题图 5-2 所示的零件图上，各表面均采用去除材料法而获得。

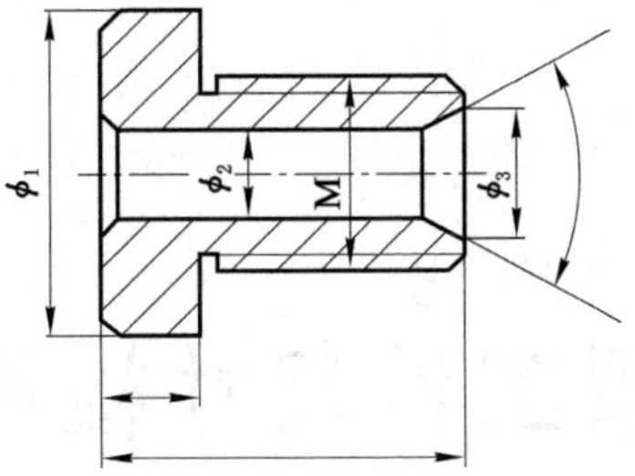

习题图 5-2

(1) ϕ1 圆柱面的表面粗糙度参数 Ra 的上限值为 3.2 μm；

(2) 左端面的表面粗糙度参数 Ra 的最大值为 1.6 μm；

(3) 右端面的表面粗糙度参数 Ra 的上限值为 1.6 μm；

(4) 内孔表面的表面粗糙度参数 Rz 的上限值为 0.8 μm；

(5) 螺纹工作表面的表面粗糙度参数 Ra 的上限值为 3.2 μm，Ra 下限值为 1.6 μm；

(6) 其余各表面的表面粗糙度参数 Ra 的上限值为 12.5 μm。

第6章　光滑工件尺寸检测和量规设计

本章要点

(1) 了解如何选择满足测量精度要求且测量方便易行、成本经济的计量器具的方法；

(2) 了解光滑工件检验时的验收原则，以及国家标准规定的安全裕度和验收极限；

(3) 掌握光滑工件尺寸的检测方法，选择通用计量器具的方法和步骤；

(4) 了解光滑极限量规的类型、设计原理，掌握光滑极限量规尺寸公差带的设置以及几何公差、表面粗糙度的选择。

6.1　光滑工件尺寸检测

由于计量器具存在测量误差、轴或孔有形状误差、测量条件偏离标准规定范围等原因，测量结果会偏离被测真值。当测量误差较大时，可能导致作出错误判断。为了保证足够的测量精度，实现零件具有互换性，必须正确、合理地选择计量器具，按《产品几何技术规范(GPS) 光滑工件尺寸的检验》(GB/T 3177—2009)规定的验收原则及要求验收工件。

6.1.1　光滑工件尺寸的验收原则、安全裕度和验收极限

1. 验收原则

由第2章可知，轴、孔的提取要素的实际尺寸在尺寸公差带内，该尺寸合格。但是，当工件被测真值在极限尺寸附近时，由于存在测量误差，则容易误导人们作出错误判断——“误收”或“误废”。

“误收”指把被测真值超出极限尺寸范围的工件误判为合格件而接收。“误废”指把被测真值在极限尺寸范围内的工件误判为不合格件而报废。误收会影响产品质量，误废则会造成经济损失。

例如，用示值误差为±0.005 mm 的外径千分尺测量某实际零件上 ϕ55d9 轴颈的实际

尺寸，其尺寸公差带如图 6-1 所示。当被测真值在上、下极限尺寸附近时，由于千分尺存在测量误差，设测得值呈正态分布，其极限误差为±5 μm，因此，当轴径真值在 54.900～54.905 mm 和 54.821～54.826 mm 范围时，因千分尺存在示值误差，使千分尺测得的实际尺寸有可能在尺寸公差带内而造成“误收”；同理，当轴径真值在 54.900～54.895 mm 和 54.826～54.831 mm 范围时，则可能产生“误废”。

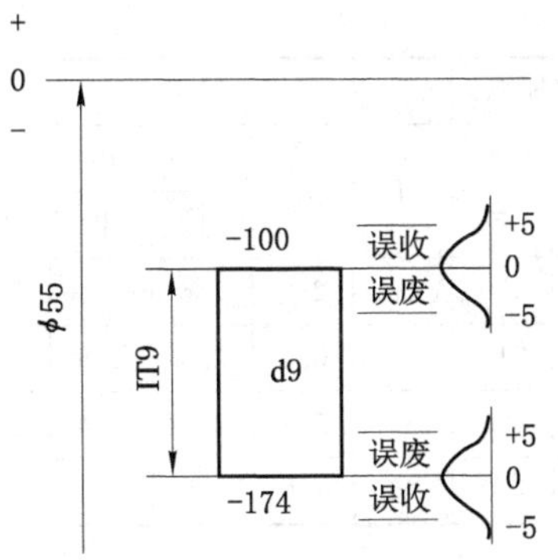

图 6-1　测量误差对检验结果的影响

国家标准规定的工件验收原则是：只接收位于规定的尺寸极限以内的工件，即只允许误废而不允许误收。对图 6-1 所示的例子，要防止由于计量器具误差造成的误收，可将尺寸公差带上、下极限偏差线各内缩 5 μm 作为合格尺寸的验收范围。

由第 3 章可知，由于受计量器具的内在误差（如随机误差、未定系统误差）测量条件（如温度、压陷效应）及该工件形状误差等综合影响，测量结果会偏离真值，其偏离程度由测量不确定度评定。显然，测量不确定度 u' 由计量器具不确定度 u'_1 和温度、压陷效应及工件形状误差等因素影响所引起的不确定度 u'_2 两部分组成。

2. 安全裕度和验收极限

(1) 安全裕度

国家标准通过安全裕度来防止因测量不确定度的影响而使工件误收和误废。即设置验收极限，以执行标准规定的“验收原则”。

安全裕度 A 即测量不确定度的允许值。它由被测工件的尺寸公差 T 确定，一般取工件尺寸公差值的 10%左右。A 的数值可查表 6-1 和表 6-2。

表 6-1　IT6～IT8 的尺寸公差 T、安全裕度 A 和计量器具的测量不确定度允许值 u_1　单位：μm

公差等级		IT6					IT7					IT8				
公称尺寸		T	A	u_1			T	A	u_1			T	A	u_1		
大于	至			Ⅰ	Ⅱ	Ⅲ			Ⅰ	Ⅱ	Ⅲ			Ⅰ	Ⅱ	Ⅲ
—	3	6	0.6	0.54	0.9	1.4	10	1	0.9	1.5	2.3	14	1.4	1.3	2.1	3.2
3	6	8	0.8	0.72	1.2	1.8	12	1.2	1.1	1.8	2.7	18	1.8	1.6	2.7	4.1
6	10	9	0.9	0.81	1.4	2	15	1.5	1.4	2.3	3.4	22	2.2	2	3.3	5
10	18	11	1.1	1	1.7	2.5	18	1.8	1.7	2.7	4.1	27	2.7	2.4	4.1	6.1
18	30	13	1.3	1.2	2	2.9	21	2.1	1.9	3.2	4.7	33	3.3	3	5	7.4
30	50	16	1.6	1.4	2.4	3.6	25	2.5	2.3	3.8	5.6	39	3.9	3.5	5.9	8.8
50	80	19	1.9	1.7	2.9	4.3	30	3	2.7	4.5	6.8	46	4.6	4.1	6.9	10
80	120	22	2.2	2	3.3	5	35	3.5	3.2	5.3	7.9	54	5.4	4.9	8.1	12
120	180	25	2.5	2.3	3.8	5.6	40	4	3.6	6	9	63	6.3	5.7	9.5	14

表 6-1(续)

公差等级		IT6					IT7					IT8				
公称尺寸		T	A	u_1			T	A	u_1			T	A	u_1		
大于	至			Ⅰ	Ⅱ	Ⅲ			Ⅰ	Ⅱ	Ⅲ			Ⅰ	Ⅱ	Ⅲ
180	250	29	2.9	2.6	4.4	6.5	46	4.6	4.1	6.9	10	72	7.2	6.5	11	16
250	315	32	3.2	2.9	4.8	7.2	52	5.2	4.7	7.8	12	81	8.1	7.3	12	18
315	400	36	3.6	3.2	5.4	8.1	57	5.7	5.1	8.4	13	89	8.9	8	13	20
400	500	40	4.0	3.6	6.0	9.0	63	6.3	5.7	9.5	14	97	9.7	8.7	15	22

表 6-2　IT9～IT11 的尺寸公差、安全裕度和计量器具的测量不确定度允许值 u_1　单位：μm

公差等级		IT9					IT10					IT11				
公称尺寸		T	A	u_1			T	A	u_1			T	A	u_1		
大于	至			Ⅰ	Ⅱ	Ⅲ			Ⅰ	Ⅱ	Ⅲ			Ⅰ	Ⅱ	Ⅲ
—	3	25	2.5	2.3	3.8	5.6	40	4	3.6	6	9	60	6	5.4	9	14
3	6	30	3	2.7	4.5	6.8	48	4.8	4.3	7.2	11	75	7.5	6.8	11	17
6	10	36	3.6	3.3	5.4	8.1	58	5.8	5.2	8.7	13	90	9	8.1	14	20
10	18	43	4.3	3.9	6.5	9.7	70	7	6.3	11	16	110	11	10	17	25
18	30	52	5.2	4.7	7.8	12	84	8.4	7.6	13	19	130	13	12	20	29
30	50	62	6.2	5.6	9.3	14	100	10	9	15	23	160	16	14	24	36
50	80	74	7.4	6.7	11	17	120	12	11	18	27	190	19	17	29	43
80	120	87	8.7	7.8	13	20	140	14	13	21	32	220	22	20	33	50
120	180	100	10	9	15	23	160	16	15	24	36	250	25	23	38	56
180	250	115	12	10	17	26	185	18	17	28	42	290	29	26	44	65
250	315	130	13	12	19	29	210	21	19	32	47	320	32	29	48	72
315	400	140	14	13	21	32	230	23	21	35	52	360	26	32	54	81
400	500	155	16	14	23	35	250	25	23	38	56	400	40	36	60	90

(2) 验收极限

验收极限是判断所检验工件尺寸合格与否的尺寸界限。

国家标准《产品几何技术规范(GPS) 光滑工件尺寸的检验》(GB/T 3177—2009)规定了确定验收极限的两种方式。

① 验收极限从规定的最大实体尺寸(MMS)和最小实体尺寸(LMS)分别向工件公差带内移动一个安全裕度 A 来确定，如图 6-2 所示。

轴尺寸的验收极限：

上验收极限＝最大实体尺寸(MMS)－安全裕度(A)

下验收极限＝最小实体尺寸(LMS)＋安全裕度(A)

孔尺寸的验收极限：

上验收极限＝最小实体尺寸(LMS)－安全裕度(A)

下验收极限＝最大实体尺寸(MMS)＋安全裕度(A)

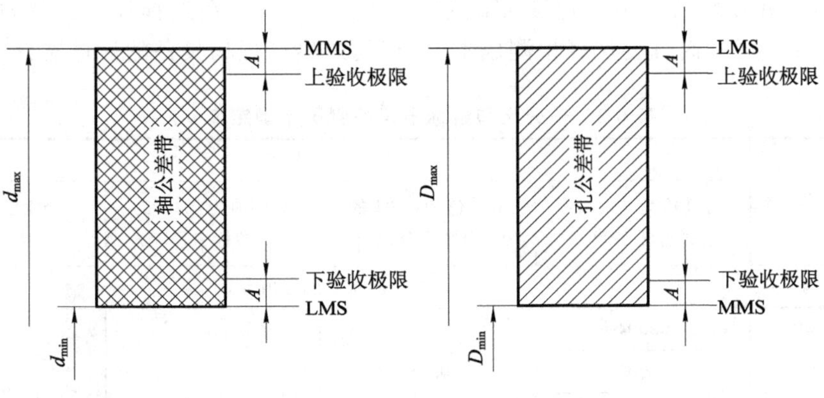

图 6-2　量规尺寸公差带分布

适用的场合如下：

a. 验收遵守包容要求的尺寸和公差等级高的尺寸。这是因为内缩一个安全裕度，不但可以防止因测量误差而造成的误收，而且可以防止由于工件的形状误差而引起的误收。

b. 验收呈偏态分布的尺寸。对"实际尺寸偏向的一边"的验收极限采用内缩一个 A 作为验收极限。

c. 验收遵守包容要求且过程能力指数 $C_p \geqslant 1$ 的尺寸。其最大实体极限一边的验收极限内缩一个安全裕度。其中，当工件尺寸遵循正态分布时，过程能力指数 $C_p = T/(6\sigma)$，T 为工件尺寸公差值，σ 为标准偏差。

② 验收极限等于规定的最大实体尺寸(MMS)和最小实体尺寸(LMS)，即 A 值等于零。

适用的场合如下：

a. 验收过程能力指数 $C_p \geqslant 1$ 的尺寸；

b. 验收非配合和一般公差的尺寸。

6.1.2　计量器具的选择

1. 计量器具的测量不确定度允许值 u_1 的选择

根据被测零件被测部位的尺寸公差等级，可查表(见表 6-1 和表 6-2)获得测量不确定度允许值 u_1。一般情况下，优先选用测量不确定度允许值 u_1 中Ⅰ挡，其次选用Ⅱ挡、Ⅲ挡。当对测量结果有争议时，可以采用更精确的计量器具或按事先双方商定的方法解决。

2. 计量器具的选择原则

用通用计量器具测量工件尺寸，应参照国家标准《产品几何技术规范(GPS) 光滑工件尺寸的检验》(GB/T 3177—2009)选择计量器具。该标准适用于使用通用计量器具，如游标卡尺、千分尺及车间使用的比较仪、投影仪等量具量仪，在图样上注出公差等级为 IT18～IT6、公称尺寸至 500 的光滑工件尺寸的检验。标准规定了计量器具的选择原则，具体的选择方法如下：

(1) $u'_1 \leqslant u_1$ 原则。按照计量器具的不确定度允许值 u_1 选择计量器具，以保证测量结果的可靠性。计量器具的不确定度允许值 $u_1=0.9A$,见表 6-1 和表 6-2。常用的游标卡尺千分尺、指示表和比较仪的不确定度 u'_1 见表 6-3～表 6-5。在选择计量器具时,不仅要选择符合 $u'_1 \leqslant u_1$ 条件,而且要选择检测成本低、车间或生产现场具备的计量器具。

表 6-3　千分尺和游标卡尺的测量不确定度 u'_1　　单位:mm

<table>
<tr><th colspan="2" rowspan="2">工件尺寸范围</th><th colspan="4">计量器具类型</th></tr>
<tr><th>分度值为 0.01 的外径千分尺</th><th>分度值为 0.01 的内径千分尺</th><th>分度值为 0.02 的游标卡尺</th><th>分度值为 0.05 的游标卡尺</th></tr>
<tr><th>大于</th><th>至</th><th colspan="4">测量不确定值 u'_1</th></tr>
<tr><td>0</td><td>50</td><td>0.004</td><td rowspan="3">0.08</td><td rowspan="6">0.020</td><td rowspan="4">0.050</td></tr>
<tr><td>50</td><td>100</td><td>0.005</td></tr>
<tr><td>100</td><td>150</td><td>0.006</td></tr>
<tr><td>150</td><td>200</td><td>0.007</td><td rowspan="3">0.013</td></tr>
<tr><td>200</td><td>250</td><td>0.008</td><td rowspan="6">0.100</td></tr>
<tr><td>250</td><td>300</td><td>0.009</td></tr>
<tr><td>300</td><td>350</td><td>0.010</td><td rowspan="3">0.020</td><td rowspan="4"></td></tr>
<tr><td>350</td><td>400</td><td>0.011</td></tr>
<tr><td>400</td><td>450</td><td>0.012</td></tr>
<tr><td>450</td><td>500</td><td>0.013</td><td>0.025</td></tr>
</table>

表 6-4　指示表的测量不确定度 u'_1　　单位:mm

<table>
<tr><th colspan="2" rowspan="2">工件尺寸范围</th><th colspan="4">计量器具类型</th></tr>
<tr><th>分度值为 0.001 的千分表(0 级在全程范围内、1 级在 0.2 mm 内),分度值为 0.002 的千分表在 1 转范围内</th><th>分度值为 0.001、0.002、0.005 的千分表(1 级在全程范围内)、分度值为 0.01 的百分表(0 级在任意 1 mm 内)</th><th>分度值为 0.01 的百分表(0 级在全程范围内,1 级在任意 1 mm 内)</th><th>分度值为 0.01 的百分表(1 级在全程范围内)</th></tr>
<tr><th>大于</th><th>至</th><th colspan="4">测量不确定值 u'_1</th></tr>
<tr><td>—</td><td>25</td><td rowspan="5">0.005</td><td rowspan="9">0.010</td><td rowspan="9">0.018</td><td rowspan="9">0.030</td></tr>
<tr><td>25</td><td>40</td></tr>
<tr><td>40</td><td>65</td></tr>
<tr><td>65</td><td>90</td></tr>
<tr><td>90</td><td>115</td></tr>
<tr><td>115</td><td>165</td><td rowspan="4">0.006</td></tr>
<tr><td>165</td><td>215</td></tr>
<tr><td>215</td><td>265</td></tr>
<tr><td>265</td><td>315</td></tr>
</table>

注:测量时,使用的标准器由不多于四块、1 级(或 4 等)的量块组成。

表 6-5　比较仪的测量不确定度 u'_1　　单位：mm

工件尺寸范围		计量器具类型			
		分度值为 0.000 5(相当于放大倍数 2 000 倍)的比较仪	分度值为 0.001(相当于放大倍数 1 000 倍)的比较仪	分度值为 0.002(相当于放大倍数 400 倍)的比较仪	分度值为 0.005(相当于放大倍数 250 倍)的比较仪
大于	至	测量不确定值 u'_1			
—	25	0.000 6	0.001 0	0.001 7	0.003 0
25	40	0.000 7		0.001 8	
40	65	0.008	0.001 1		
65	90				
90	115	0.000 9	0.001 2	0.001 9	
115	165	0.001 0	0.001 3		
165	215	0.001 2	0.001 4	0.002 0	0.003 5
215	265	0.001 4	0.001 6	0.002 1	
265	315	0.001 6	0.001 7	0.002 2	

注：测量时，使用的标准器由不多于四块、1 级(或 4 等)的量块组成。

(2) $0.4u'_1 \leqslant u_1$ 原则。当采用比较测量法，且所使用的标准器具形状与工件形状相同时，千分尺的测量不确定度 u'_1 比采用绝对测量法的测量不确定度降低 60%，这说明比较测量法的测量精度比绝对测量法高。

(3) $0.6u'_1 \leqslant u_1$ 原则。当采用比较测量法，且所使用的标准器具形状与工件形状不相同时，千分尺的测量不确定度 u'_1 比采用绝对测量法的测量不确定度降低了 40%。由于标准器具的形状与工件形状不同，测量误差增大，所以测量精度比第(2)项选择原则低。

选择计量器具时除考虑测量不确定度外，还要考虑检测成本、计量器具的适用性和生产现场拥有的计量器具条件。所谓计量器具的适用性，指计量器具的使用性能应适应被测工件的尺寸、结构、被测部位、重量、材质软硬以及批量的大小和检测效率等方面的要求。

3. 光滑工件尺寸检验及选择计量器具示例

【例 6-1】　试确定某轴直径 $\phi 55\text{d}9(^{-0.100}_{-0.174})$ 尺寸(无配合要求)的验收极限，并选择计量器具。

解　(1) 确定检验尺寸 $\phi 55\text{d}9(^{-0.100}_{-0.174})$ 的验收极限

因为轴直径 $\phi 55$d9 无配合要求，所以根据国家标准有关规定，验收极限应按照方式②[验收极限等于规定的最大实体尺寸(MMS)和最小实体尺寸(LMS)，即 A 值等于零]，即按不内缩方式确定，$A=0$。

上验收极限 = MMS = $d_{\max}$ = 54.900 mm

下验收极限 = LMS = $d_{\min}$ = 54.826 mm

则 $\phi 55\text{d}9(^{-0.100}_{-0.174})$ 轴的尺寸公差带及验收极限如图 6-3 所示。

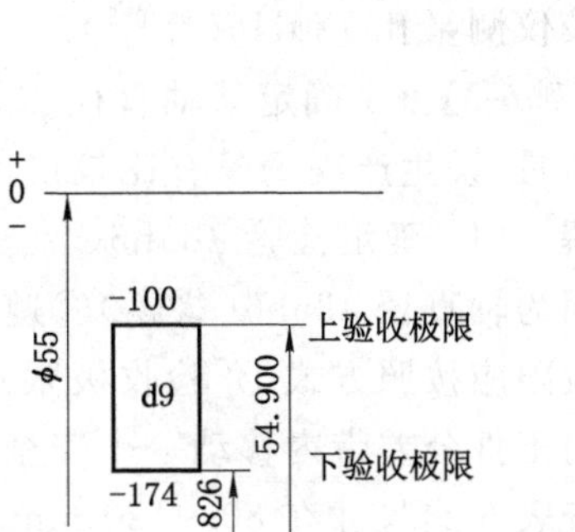

图 6-3　ϕ55d9 公差带及验收极限图

（2）选择计量器具

查表6-2，IT9对应的Ⅰ档计量器具不确定度的允许值 u_1 为0.006 7 mm。

查表6-3，分度值为0.01 mm、测量范围在50～100 mm的外径千分尺的测量不确定度 u'_1 为0.005 mm，该量具满足“$u'_1 \leqslant u_1$ 原则”；而分度值为0.02 mm的游标卡尺的 u'_1 为0.020 mm，不满足“$u'_1 \leqslant u_1$ 原则”，所以不能采用该游标卡尺。

选择结果：应采用分度值为0.01 mm、测量范围在50～100 mm的外径千分尺。

【例6-2】 试确定某孔直径 $\phi 30H6(^{+0.013}_{0})$Ⓔ的验收极限，并选择检验直径 $\phi 30H6(^{+0.013}_{0})$ 的计量器具（设生产现场的过程能力指数 $C_p \geqslant 1$）。

解 （1）确定检验 $\phi 30H6(^{+0.013}_{0})$Ⓔ的验收极限

因为孔直径 $\phi 30H6(^{+0.013}_{0})$Ⓔ采用包容要求，且 $C_p \geqslant 1$，所以应采用方式①[验收极限从规定的最大实体尺寸（MMS）和最小实体尺寸（LMS）分别向工件公差带内移动一个安全裕度 A 来确定]，其最大实体尺寸一边的验收极限按内缩方式确定，而另一验收极限按不内缩确定。

查表6-1，尺寸在>18～30 mm的安全裕度 $A=0.001\ 3$ mm，则

$$上验收极限=LMS=D_{max}=30.013\ mm$$

$$下验收极限=MMS+A=D_{min}+A=30.000\ mm+0.001\ 3\ mm=30.001\ 3\ mm$$

则 $\phi 30H6(^{+0.013}_{0})$Ⓔ尺寸公差带及验收极限如图6-4所示。

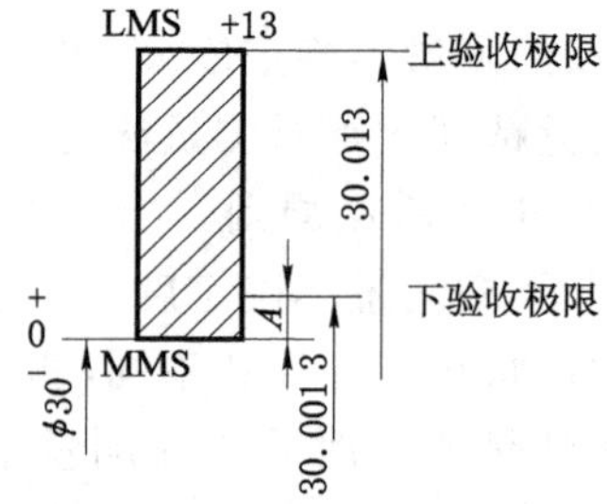

图6-4 $\phi 30H6$ 公差带及验收极限图

（2）选择检验孔直径尺寸 $\phi 30H6(^{+0.013}_{0})$Ⓔ计量器具

查表6-1，尺寸在>18～30 mm、IT6、Ⅰ档的计量器具不确定度的允许值 u_1 为0.001 2 mm。

查表6-5，分度值为0.001 mm、测量范围在25～40 mm的比较仪的测量不确定度 u'_1 为0.001 mm。可见，该比较仪满足“$u'_1 \leqslant u_1$ 原则”；而分度值为0.002 mm的比较仪的测量不确定度 u'_1 为0.001 8 mm，不满足“$u'_1 \leqslant u_1$ 原则”。故选择分度值为0.001 mm、测量内径的比较仪测量孔 $\phi 30H6(^{+0.013}_{0})$。

【例6-3】 试确定某轴直径 $\phi 85h6(^{0}_{-0.022})$Ⓔ的验收极限，并选择检验轴 $\phi 85h6(^{0}_{-0.022})$ 的计量器具，设生产现场没有比较仪，有内、外径千分尺和游标卡尺等计量器具。

解 （1）确定检验 $\phi 85h6(^{0}_{-0.022})$Ⓔ验收极限

因为轴直径 $\phi 85h6(^{0}_{-0.022})$Ⓔ遵守包容要求，且精度较高，所以根据国家标准有关规定，验收极限应按照方式①[验收极限从规定的最大实体尺寸（MMS）和最小实体尺寸（LMS）分别向工件公差带内移动一个安全裕度 A 来确定]，即按内缩方式确定验收极限。

查表6-1，尺寸在80～120 mm、IT6的安全裕度 $A=0.002\ 2$ mm，则

$$上验收极限=MMS-A=d_{max}-A=85.000\ mm-0.002\ 2\ mm=84.997\ 8\ mm$$

$$下验收极限=LMS+A=d_{min}+A=84.978\ mm+0.002\ 2\ mm=84.980\ 2\ mm$$

则 $\phi85h6(_{-0.022}^{0})$ 轴的尺寸公差带及验收极限如图 6-5 所示。

(2) 选择计量器具

查表 6-1,尺寸在＞80～120 mm、IT6、Ⅰ挡的计量器具不确定度的允许值 u_1 为 0.002 0 mm。

由表 6-5 可知,本应选择分度值为 0.001 mm、测量范围在 65～90 mm、测量不确定度 u'_1 为 1.1 μm 的比较仪,但生产现场没有比较仪,故应按选择方法②[验收极限等于规定的最大实体尺寸(MMS)和最小实体尺寸(LMS),即 A 值等于零],即“$0.04u'_1 \leqslant u_1$ 原则”确定检测量具。

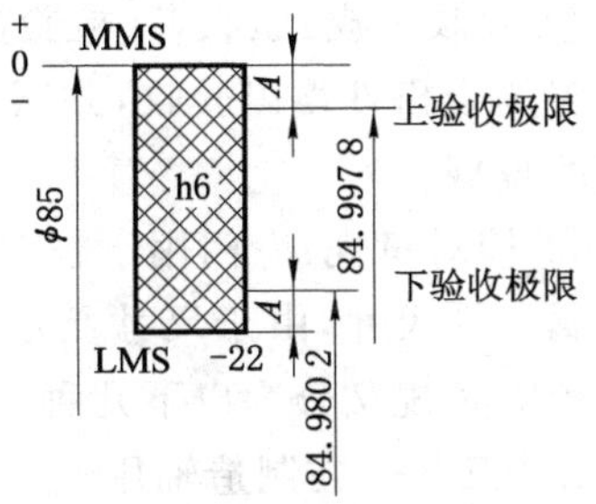

图 6-5　ϕ85h6 公差带及验收极限图

查表 6-3,得测量范围在 50～100 mm、分度值为 0.01 mm 的外径千分尺的测量不确定度:$u'_1=0.005$ mm,$0.4u'_1=0.002\ 0$ mm,$u_1=0.002$ mm,满足“$0.4u'_1 \leqslant u_1$ 原则”。

当选择分度值为 0.01 mm 的外径千分尺检测 $\phi85h6(_{-0.022}^{0})$ 轴尺寸时,应采用比较测量法,而且所采用的标准器具形状应与工件形状相同。

比较测量法测量前先将外径千分尺相对标准器调零,然后再测量工件尺寸。比较测量法可减小计量器具的测量不确定度值,提高计量器具的测量精度。测量 $\phi85h6(_{-0.022}^{0})$ 所使用的标准器具的形状应与工件的形状相同,即被测工件尺寸形状是外圆柱面,那么,体现 ϕ85 标准尺寸的标准器具形状也应是外圆柱面。

6.2　光滑极限量规设计

《光滑极限量规 技术条件》(GB/T 1957—2006)用于检验遵守包容要求的单一实际要素,常用于判断轴、孔实际轮廓状态的合格性。

6.2.1　光滑极限量规的作用和分类

1. 光滑极限量规的作用

光滑极限量规是一种无刻度、成对使用的专用检验器具,适用于大批量生产,遵守包容要求的轴、孔检验,以保证检验合格的轴与孔的配合性质。关于包容要求的内容见 4.3 节“公差原则”部分。

用光滑极限量规的通规和止规检验被检轴或孔,若通规能通过但止规不能通过被检轴或孔(不少于 4 个位置上进行检验),则被检轴或孔合格。

2. 光滑极限量规的分类

(1) 按被检工件类型分类

① 塞规——用以检验被测工件为孔的量规。

② 卡规——用以检验被测工件为轴的量规。

(2) 按量规用途分类

① 工作量规:在加工工件的过程中用于检验工件的量规,由操作者使用。为了使操作

者提高加工精度，保证工件合格率，防止废品产生，要求通规是新的或磨损较小的量规。

② 验收量规：验收者（检验员或购买机械产品的客户代表）用以验收工件的量规。为了使更多的合格件得以验收，并减少纠纷，量规的通规应是旧的或已磨损较大但未超过磨损极限的量规。

③ 校对量规：专门用于校对轴用工作量规——卡规或环规的量规。卡规和环规的工作尺寸属于孔尺寸，由于尺寸精度高，难以用一般计量器具测量，故国家标准规定了校对量规。校对量规又分为以下几种：

a. TT——在制造轴用通规时用以校对的量规。当校对量规通过时被校对的新通规合格。

b. ZT——在制造轴用止规时用以校对的量规。当校对量规通过时被校对的新止规合格。

c. TS——用以检验轴用旧的通规报废用的校对量规。如果校对量规通过，则轴用旧的通规磨损达到或超过极限，应作报废处理。

6.2.2 光滑极限量规的设计原理和工作量规的设计

1. 光滑极限量规的设计原理

由公差原则中的包容要求可知：光滑极限量规应按照遵守包容要求的合格条件设计，即“被测实际轮廓（提取组成要素）应处处不得超越最大实体边界，其局部实际尺寸不得超出最小实体尺寸”。因此，光滑极限量规的通规应模拟体现最大实体边界（MMB），止规模拟体现最小实体尺寸（LMS）。

2. 光滑极限量规的设计

光滑极限量规的设计主要有量规的结构形式设计、通规和止规的形状设计及其尺寸精度设计等。

量规的结构形式可根据实际需要选用适当的结构。常用结构形式如图 6-6 和图 6-7 所示。

下面重点介绍光滑极限量规中工作量规工作部分的形状及其几何参数的精度设计。

（1）工作量规通规、止规的形状设计

工作量规的通规、止规的形状设计应按照光滑极限量规的设计原理进行。由光滑极限量规的设计原理可知：由于“通规模拟体现最大实体边界”，则通规的形状为被检要素遵守的最大实体边界的全形形状。而“止规模拟体现最小实体尺寸”，则止规的形状为两点接触式形状。两点接触式的形状如图 6-6(d)、(e)所示。

在量规的实际设计中，由于加工、使用和成本的原因，量规的形状未能完全按照设计原理进行设计制造。国家标准规定：允许适当地偏离设计原理来设计量规的形状。例如，塞规的止规、检验大尺寸孔的塞规的通规和卡规的通、止规的形状就是按“偏离设计原理”进行设计的。

检验孔的塞规的止规未按两点接触式的形状设计，而是设计成“全形”，即设计成外圆柱面，如图 6-6(a)、(b)、(c)所示。这是因为两点接触式的形状加工复杂，而“全形”加工方便但其圆柱厚度应薄。

对于检验大尺寸的通规，若按“全形”设计制造则会因笨重而无法使用，只能设计成非

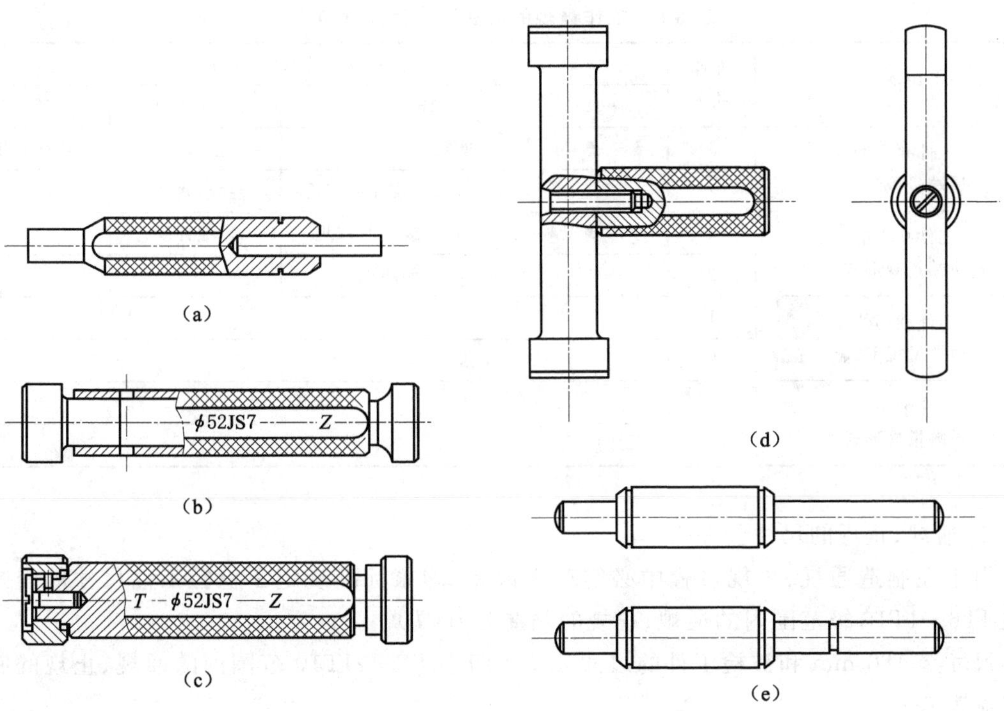

图 6-6　常见孔用塞规的结构形式

“全形”的形状，如图 6-6(d)所示。

卡规的通规形状设计，按照设计原理，应按“全形”设计成内圆柱表面的形状。而卡规的通规是两平行平面的内表面，与被检轴的形状不一致。按照设计原理，卡规的通规应设计成“环规”，即内圆柱表面。卡规的止规同样偏离了设计原理，非两点接触式，为“两平行平面的内表面”。可见，卡规的通、止规的形状设计均偏离了设计原理，见图 6-7。

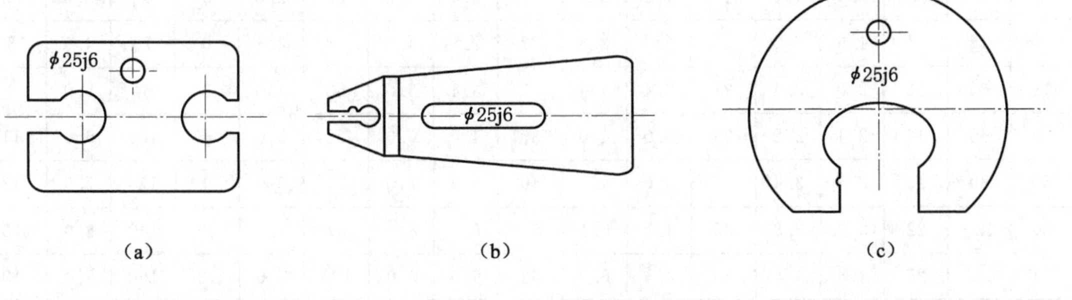

图 6-7　常见轴用卡规的结构形式

在《光滑极限量规 技术条件》(GB/T 1957—2006)附录 B 中推荐了量规形式和应用尺寸范围，见表 6-6，可供选择。

(2) 工作量规的通规、止规的尺寸及其精度设计

工作量规的通规、止规的尺寸及其精度设计指通规、止规的公称尺寸及其公差带设计。

表 6-6　工作量规的形式和应用尺寸范围

用途	推荐顺序	量规的工作尺寸/mm			
		～18	＞18～100	＞100～315	＞315～500
工件孔用的通端量规形式	1	全形塞规		不全形塞规	球端杆规
	2	—	不全形塞规或片形塞规	片形塞规	—
工件孔用的止端量规形式	1	全形塞规	全形塞规或片形塞规	球端杆规	
	2	—	不全形塞规		
工件轴用的通端量规形式	1	环规		卡规	
	2	卡规		—	
工件轴用的止端量规形式	1	卡规			
	2	环规	—		

① 通规、止规的尺寸公差带

由于在制造通规、止规过程中必定产生误差，国家标准规定了检验工件尺寸的公差等级在 IT6～IT16 级范围内的通规、止规的制造公差(T)。

尺寸至 180 mm 和被检工件的尺寸公差等级在 IT6～IT10 范围内的通规、止规的制造公差见表 6-7。

表 6-7　IT6～IT10 级工作量规的通规、止规的制造公差(T)和位置要素值(Z)　　单位：μm

工件工程尺寸/mm		被检工件的公差等级														
		IT6			IT7			IT8			IT9			IT10		
大于	至	IT6	T	Z	IT7	T	Z	IT8	T	Z	IT9	T	Z	IT10	T	Z
—	3	6	1.0	1.0	10	1.2	1.6	14	1.6	2.0	25	2.0	3	40	2.4	4
3	6	8	1.2	1.4	12	1.4	2.0	18	2.0	2.6	30	2.4	4	48	3.0	5
6	10	9	1.4	1.6	15	1.8	2.4	22	2.4	3.2	36	2.8	5	58	3.6	6
10	18	11	1.6	2.0	18	2.0	2.8	27	2.8	4.0	43	3.4	6	70	4.0	8
18	30	13	2.0	2.4	21	2.4	3.4	33	3.4	5.0	52	4.0	7	84	5.0	9
30	50	16	2.4	2.8	25	3.0	4.0	39	4.0	6.0	62	5.0	8	100	6.0	11
50	80	19	2.8	3.4	30	3.6	4.6	46	4.6	7.0	74	6.0	9	120	7.0	13
80	120	22	3.2	3.8	35	4.2	5.4	54	5.4	8.0	87	7.0	10	140	8.0	15
120	180	25	3.8	4.4	40	4.8	6.0	63	6.0	9.0	100	8.0	12	160	9.0	18

② 通规公差带的位置要素(Z)

通规公差带位置要素是为保证通规具有一定寿命而设置的公差带位置要素。在检验工件时，对于合格的工件，由于通规往往要通过被检孔(或轴)的实际轮廓，因此会产生磨损。所以，需要增大通规的最大实体量，即将通规的公差带向被检尺寸公差带内移动一个量，这个量为位置要素(Z)，其值见表 6-7。

③ 通规、止规的尺寸公差带位置设置

由于光滑极限量规的通规模拟体现的是最大实体边界(MMB),止规模拟体现的是最小实体尺寸(LMS),所以,通规的尺寸公差带按最大实体尺寸(MMS)设置位置,而且还需考虑内缩一个位置要素(Z);止规的尺寸公差带按最小实体尺寸(LMS)设置位置,如图 6-8 所示。

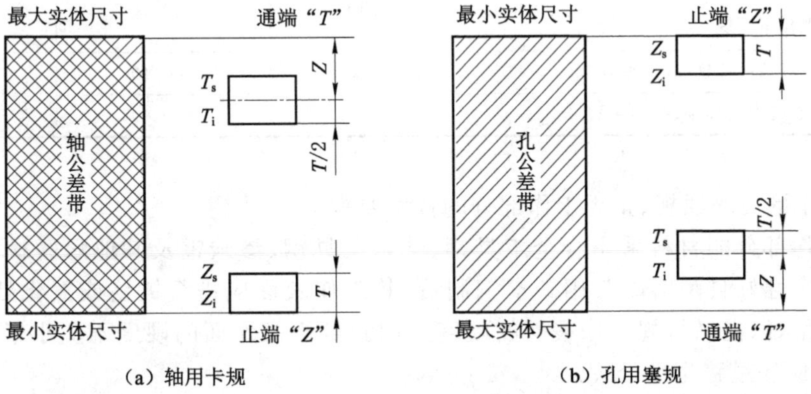

图 6-8　通规、止规的尺寸公差带分布图

通规、止规的尺寸公差带位置设置在被检工件尺寸公差带以内,采用“内缩”方式,使光滑极限量规验收工件时可有效地防止误收,保证了工件精度,但会出现误废。通规、止规工作部分的极限尺寸计算,见表 6-8。

表 6-8　通规、止规工作部分的极限尺寸计算公式

光滑极限量规		极限尺寸计算公式	光滑极限量规		极限尺寸计算公式
孔用塞规	通规	$T_{max}=D+T_s=D+EI+Z+T/2$	轴用卡规	通规	$T_{max}=d+T_s=d+es-Z+T/2$
		$T_{min}=D+T_i=D+EI+Z-T/2$			$T_{min}=d+T_i=d+es-Z-T/2$
	止规	$Z_{max}=D+Z_s=D+ES$		止规	$Z_{max}=d+Z_s=d+ei+T$
		$Z_{min}=D+Z_i=D+ES-T$			$Z_{min}=d+Z_i=d+ei$

注:1. D、d 为被检工件表面的公称尺寸,$ES(es)$、$EI(ei)$分别为孔(轴)的上、下极限偏差;

2. T 为量规的制造公差,Z 为量规的位置要素;

3. T_s、T_i 为通规尺寸的上、下极限偏差,Z_s、Z_i 为止规尺寸的上、下极限偏差。

(3) 工作量规的通规、止规的几何精度及表面粗糙度设计

工作量规的通规、止规的几何公差主要有以下要求:几何公差 t 取值为量规尺寸公差值 T 的一半,即 $t=T/2$。当 $T\leqslant 0.002$ mm 时,取 $t=0.001$ mm。而且,通规、止规的尺寸公差与形状公差之间的关系遵守包容要求。

通规、止规的工作表面粗糙度要求的 Ra 值可按表 6-9 取值。

表 6-9　量规测量面的粗糙度参数 *Ra* 值　　　单位：μm

工作量规	工作量规的公称尺寸		
	≤120	>120～315	>315～500
	工作量规测量面的表面粗糙度 *Ra* 值/μm		
IT6 级孔用塞规	≤0.05	≤0.10	≤0.20
IT6～IT9 级轴用环规 IT7～IT9 级孔用塞规	≤0.10	≤0.20	≤0.40
IT10～IT12 级轴用环规、孔用塞规	≤0.20	≤0.40	≤0.80
IT113～IT16 级轴用环规、孔用塞规	≤0.40	≤0.80	

(4) 工作量规的通规、止规工作部分的技术要求

量规工作部分的材料采用合金工具钢、碳素工具钢、渗碳钢及其他耐磨材料。这些材料的尺寸稳定性好且耐磨。若用碳素钢制造，其工作表面应进行镀铬或氮化处理，其厚度应大于磨损量，以提高量规工作表面的硬度。钢制量规工作面的硬度不应小于 700HV(或 60HRC)，并应经过稳定性处理。

量规的工作面不应有锈迹、毛刺、黑斑、划痕等明显影响外观和影响使用质量的缺陷。其他表面不应有锈蚀和裂纹。

3. 光滑极限量规的工作量规设计实例

下面以设计检验图 4-53 所示箱体孔 $\phi52JS7(\pm0.015)$Ⓔ和图 4-52 所示花键套筒上 $\phi25j6(^{+0.009}_{-0.004})$Ⓔ轴颈的光滑极限量规的工作量规为例，介绍设计内容。

【例 6-4】 设计 $\phi52JS7(\pm0.015)$Ⓔ孔用量规——塞规的工作量规和 $\phi25j6(^{+0.009}_{-0.004})$轴用量规——卡规的工作量规。

解 (1) 按被检工件尺寸及其公差等级查表 6-7，获得量规的制造公差(T)和量规公差带的位置要素值(Z)：

塞规的工作量规　　　$T=3.6\ \mu m$，　$Z=4.6\ \mu m$

卡规的工作量规　　　$T=2\ \mu m$，　$Z=2.4\ \mu m$

(2) 分别绘制塞规、卡规的通、止规的尺寸公差带分布图，如图 6-9 和图 6-10 所示。

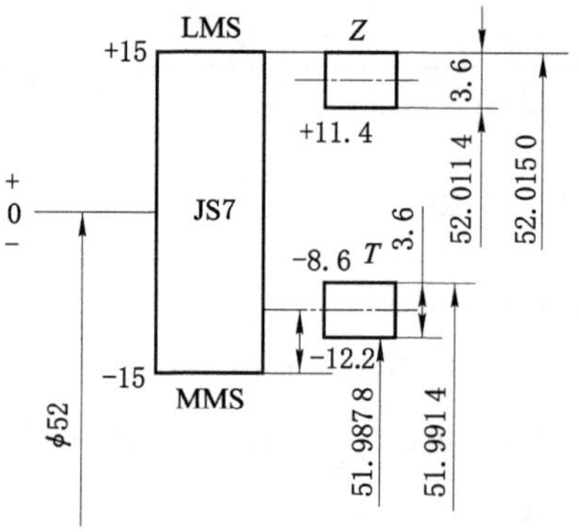

图 6-9　孔用塞规的尺寸公差带分布图

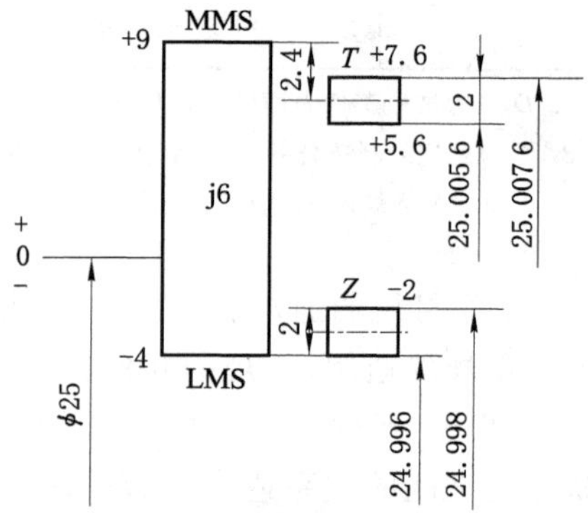

图 6-10　轴用卡规尺寸公差带分布图

(3) 分别计算塞规、卡规工作量规的通、止规的工作尺寸。

① ϕ52JS7(±0.015)Ⓔ孔用量规——塞规。由图 6-9 可得：

通规的尺寸公差：$\phi\ 52^{-0.0086}_{-0.0122}=\phi\ 51.9914_{-0.0036}^{\ 0}$(按照“入体原则”标注)；

止规的尺寸公差：$\phi\ 52^{+0.0150}_{+0.0114}=\phi\ 52.015_{-0.0036}^{\ 0}$(按照“入体原则”标注)。

② ϕ25j6($^{+0.009}_{-0.004}$)Ⓔ轴用量规——卡规。由图 6-10 可得：

通规的尺寸公差：$\phi\ 25^{+0.0076}_{+0.0056}=\phi\ 25.0056^{+0.002}_{\ 0}$；

止规的尺寸公差：$\phi\ 25^{-0.002}_{-0.004}=\phi\ 24.996^{+0.002}_{\ 0}$。

(4) 设计塞规、卡规工作量规的通、止规的形状，确定几何公差项目及公差数值。

塞规工作量规的通规形状为长圆柱，止规的形状为短圆柱。其尺寸公差与几何公差之间的关系遵循包容要求，且圆柱度公差 $t=T/2=0.001\ 8$ mm。

卡规工作量规的通、止规的形状均为两平行平面，其平行度公差值为尺寸公差的一半，即 $t=0.001$ mm。

(5) 确定表面粗糙度值及技术要求

按表 6-9 推荐，公称尺寸≤120 mm，IT7 级孔用塞规工作表面 $Ra\leqslant 0.10$ μm，IT6 级轴用卡规工作表面 $Ra\leqslant 0.10$ μm。

最终取：塞规工作表面 $Ra\leqslant 0.10$ μm；卡规工作表面 $Ra\leqslant 0.10$ μm。

其他技术要求(略)。

图 6-11 所示为塞规工作图，图 6-12 所示为卡规工作图。

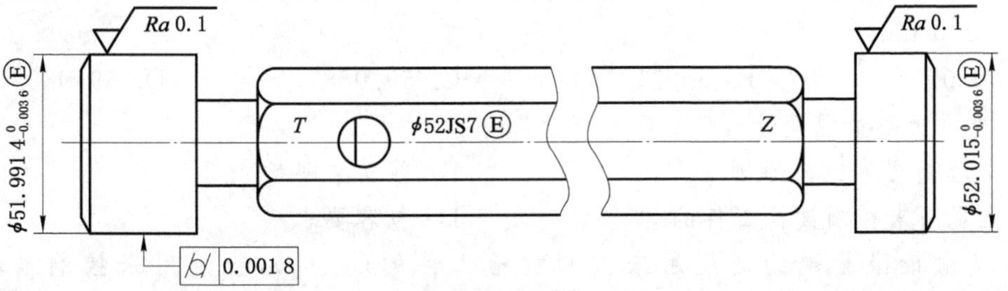

图 6-11　塞规工作图

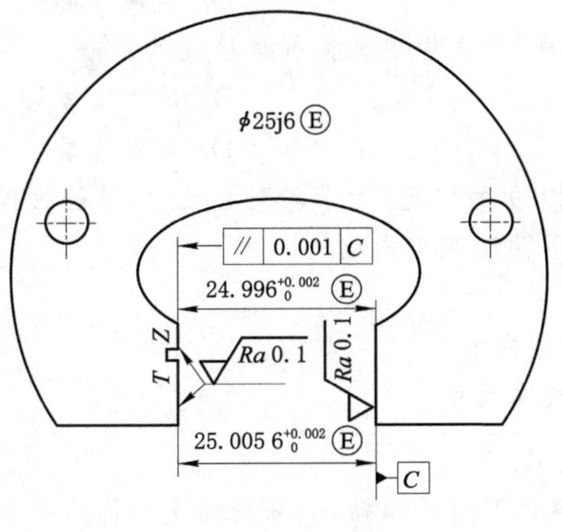

图 6-12　卡规工作图

习　题

6-1　填空题

(1) 光滑极限量规按用途分为____________类型。

(2) ________________被测要素可以使用光滑极限量规检验。

(3) 用光滑极限量规检验工件时，通规用来控制__________；止规用来控制________。被测工件的合格条件是__________________________。

(4) ____________工作量规没有校对量规。

(5) 光滑极限量规的工作部分分为____规和______规。

(6) 检验 $\phi 50^{+0.050}_{+0.025}$ 孔用的工作量规通规按__________尺寸设计，止规按________尺寸设计。

(7) 满足包容要求的光滑极限量规的通规与被测表面应对应__________形状；止规与被测表面应对应__________形状，即止规与被测表面呈__________接触。

6-2　选择题

(1) 在零件图样上标注为 ϕ60js7Ⓔ，该轴的尺寸公差为 0.030 mm，验收时安全裕度为 0.003 mm，按照内缩公差带方式确定验收极限，则该轴的上验收极限为(　　) mm，下验收极限为(　　) mm。

A. 60.015　　B. 60.012　　C. 59.988　　D. 59.985

(2) 光滑极限量规设计应符合(　　)。

A. 与理想要素比较原则　　B. 独立原则

C. 止规用来控制被检工件的　　D. 包容要求

(3) 光滑极限量规的通规用来控制被检工件的(　　)，止规用来控制被检工件的(　　)。

A. 最大实体尺寸　　B. 最小实体尺寸

C. 被测实际轮廓　　D. 被测实际尺寸

(4) 塞规(光滑极限量规)的通规用来控制被检孔的(　　)不得超越其(　　)。

A. 最小实体尺寸　　B. 最大实体尺寸

C. 最大实体边界　　D. 实际轮廓

(5) 按 GB/T 3177—2009 的规定，对于非配合尺寸，其验收极限应采用(　　)。

A. 从工件公差带上、下两端双向内缩

B. 只从工件公差带上端内缩

C. 只从工件公差带下端内缩

D. 工件的最大、最小实体尺寸

6-3　计算题

(1) 用普通计量器具测量下列孔和轴，试分别确定它们的安全裕度、验收极限以及使用的计量器具的名称和分度值：

① ϕ150h11　　② ϕ50H7　　③ ϕ35e9　　④ ϕ95p6

(2) 试计算遵守包容要求的 ϕ40H7/n6 配合的孔、轴工作量规的上、下偏差；量规的工作尺寸以及通规的磨损极限尺寸，并画出量规公差带图。

6-4　简单题

(1) 极限量规有何特点？如何用它判断工件的合格性？

(2) 量规的通规和止规按工件的哪个实体尺寸制造？各控制工件的什么尺寸？

(3) 光滑极限量规的设计原则是什么？说明其含义。

(4) 误收和误废是怎么造成的？

第 7 章　滚动轴承的精度和互换性

本章要点

(1) 了解滚动轴承内、外径公差带及其特点；
(2) 理解配合件公差的选用及其与一般圆柱体公差配合的区别；
(3) 掌握按载荷的大小和性质对轴承进行分类的方法；
(4) 掌握按载荷的大小和性质选择轴承配合的方法。

7.1　滚动轴承简介

滚动轴承在机械产品中的应用极其广泛，起着重要的作用。滚动轴承精度很大程度决定了机械产品或设备的旋转精度。

滚动轴承是精密的标准部件，它一般由内圈、外圈、滚动体、保持架组成，如图 7-1 所示。

滚动轴承的类型很多，按照滚动体滚动轴承可分为球轴承、滚子(圆柱、圆锥)轴承和滚针轴承。

按照承受负荷方向，滚动轴承大致可分为向心轴承(主要承受径向负荷)、推力轴承(承受纯轴向负荷)和角接触轴承(同时承受径向和轴向负荷的向心推力轴承)。

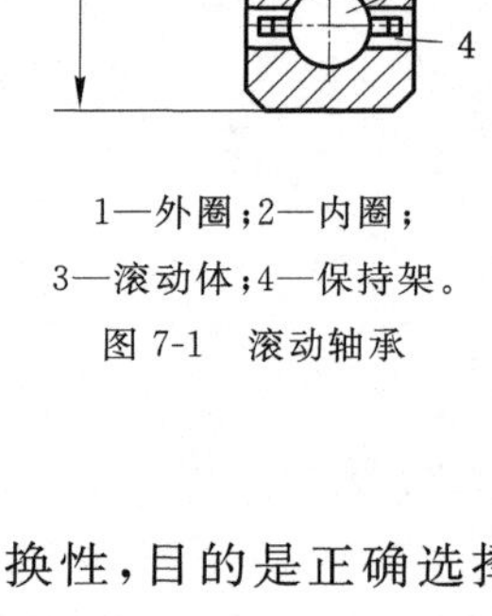

1—外圈；2—内圈；
3—滚动体；4—保持架。
图 7-1　滚动轴承

滚动轴承的工作性能和使用寿命既取决于本身的制造精度，也与配合件即传动轴的轴颈、轴承座孔的直径尺寸精度、几何精度(形状、位置精度)以及表面粗糙度等有关。

当机械产品应用滚动轴承时，精度设计的任务是：

① 选择滚动轴承的公差等级；

② 确定与滚动轴承配合的轴颈和座孔的尺寸公差带代号；

③ 确定与滚动轴承配合的轴颈、座孔的形状和位置公差以及表面粗糙度要求。

因此，实现"滚动轴承与轴颈、轴承座孔(或称外壳孔)"的外互换性，目的是正确选择滚动轴承的公差等级，确定与滚动轴承的配合代号。

首先必须解决两个问题：

① 掌握国家标准规定的滚动轴承公差等级；

② 掌握国家标准关于“轴承内圈内径公差带和外圈外径公差带”规定。

7.2　滚动轴承的精度规定

7.2.1　滚动轴承的公差等级及其应用

在实际应用中，向心球轴承比其他类型轴承应用更为广泛。根据国家标准《滚动轴承 向心轴承 产品几何技术规范(GPS)和公差值》(GB/T 307.1—2017)的规定，滚动轴承按尺寸公差与旋转精度分级。向心轴承分为 0、6、5、4 和 2 五个精度等级，其中 0 级最低，2 级最高；圆锥滚子轴承分为 0、6X、5、4、2 五个精度等级；推力球轴承分为 0、6、5、4 四个精度等级。

0 级为普通级，在机器制造中应用最广泛，主要用于旋转精度要求不高的机构中。例如，用于减速器、卧式车床变速箱和进给箱、汽车和拖拉机变速箱、普通电机水泵、压缩机和涡轮机之中。

除 0 级外，其余各等级统称高精度级，主要用于高的线速度或高的旋转精度的场合。这类精度的轴承在各种金属切削机床上应用较多，可参见表 7-1。

表 7-1　机床主轴轴承公差等级

轴承类型	公差等级	应用情况
深沟球轴承	4	高精度磨床、丝锥磨床、螺纹磨床、磨齿机、插齿刀磨床
角接触球轴承	5	精密镗床、内圆磨床、齿轮加工机床
	6	卧式车床、铣床
单列圆柱滚子轴承	4	精密丝杠车床、高精度车床、高精度外圆磨床
	5	精密车床、精密磨床、转塔车床、普通外圆磨床、多轴车床、镗床
	6	卧式车床、自动车床、铣床、立式车床
向心短圆柱滚子轴承、调心滚子轴承	6	精密车床及铣床的后轴承
圆锥滚子轴承	4	磨齿机
	5	精密车床、精密铣床、镗床、精密转塔车床、滚齿机
	6X	铣床、车床
推力球轴承	6	一般精度车床

7.2.2　滚动轴承内径、外径公差带及其特点

GB/T 307.1—2017 对滚动轴承内径(d)和外径(D)规定了两种公差：一是内径和外径实际尺寸的极限偏差；二是轴承套圈任一横截面内量得的最大直径和最小直径的平均直径

(即单一径向平面内的平均内、外径——d_{mp}、D_{mp})的公差。

GB/T 307.1—2017 规定了滚动轴承内圈内径、外圈外径公差带。向心轴承内圈平均内径公差和外圈平均外径公差见表 7-2、表 7-3。

表 7-2　向心轴承内圈平均内径公差(摘自 GB/T 307.1—2017)　单位:μm

直径/mm	公差等级	平均内径的极限偏差		直径/mm	公差等级	平均内径的极限偏差	
		上极限偏差	下极限偏差			上极限偏差	下极限偏差
>2.5～18	0	0	−8	>30～50	0	0	−12
	6	0	−7		6	0	−10
	5	0	−5		5	0	−8
	4	0	−4		4	0	−6
	2	0	−2.5		2	0	−2.5
>18～30	0	0	−10	>50～80	0	0	−15
	6	0	−8		6	0	−12
	5	0	−6		5	0	−9
	4	0	−5		4	0	−7
	2	0	−2.5		2	0	−4

表 7-3　向心轴承外圈平均外径公差(摘自 GB/T 307.1—2017)　单位:μm

直径/mm	公差等级	平均外径的极限偏差		直径/mm	公差等级	平均外径的极限偏差	
		上极限偏差	下极限偏差			上极限偏差	下极限偏差
>30～50	0	0	−11	>80～120	0	0	−15
	6	0	−9		6	0	−13
	5	0	−7		5	0	−10
	4	0	−6		4	0	−8
	2	0	−4		2	0	−5
>50～80	0	0	−13	>120～150	0	0	−18
	6	0	−11		6	0	−15
	5	0	−9		5	0	−11
	4	0	−7		4	0	−9
	2	0	−4		2	0	−5

滚动轴承内圈内径、外圈外径公差带的特点如下:

① 公差带的大小。在同一直径尺寸段中,公差等级越高,公差值越小。

② 公差带的位置。公差带均在零线下方,即上极限偏差为 0。

7.2.3　滚动轴承与轴颈、外壳孔配合的基准制与配合性质

由于轴承为标准部件,因此,轴承内圈内径与轴颈的配合为基孔制,轴承外圈外径与外

壳孔径的配合为基轴制。

例如，将 6 级公差的轴承与 ϕ25j6 配合同普通孔轴配合 ϕ25H6/j6 比较，虽然它们都是基孔制、过渡配合，但它们的最大间隙和最大过盈各不相等，因为基准孔的公差值和极限偏差都不同。

同理，6 级公差轴承与 ϕ52JS7 孔的配合性质同 52JS7/h6 的配合性质也是不同的。

国家标准根据滚动轴承配合的特殊要求，规定了轴承与轴颈、轴承座孔配合的内径和外径公差带。

轴承内圈通常与轴一起旋转，为了防止内圈和轴颈之间产生相对滑动而磨损，影响轴承的工作性能，要求配合面之间具有一定的过盈量，但过盈量不宜过大。因此，国家标准将轴承内圈平均内径公差带设置为上极限偏差为 0，即公差带在零线下方。这样，轴承内圈内径公差带位置比基准孔（基本偏差为 H）的公差带下移了，孔的尺寸小了，与轴配合就变紧了。

轴承外圈因安装在轴承座孔中，通常不旋转。考虑到工作时温度升高会使轴热胀伸长而产生轴向移动，因此，两端轴承中有一端轴承应是游动支承，可使外圈与座孔的配合稍微松一些，使之补偿轴的热胀量，让轴可以伸长，防止轴被挤弯而影响轴承正常运转。为此，国家标准将轴承外圈平均外径公差带设置在零线下方。

滚动轴承内圈内径、外圈外径公差带位置见图 7-2。

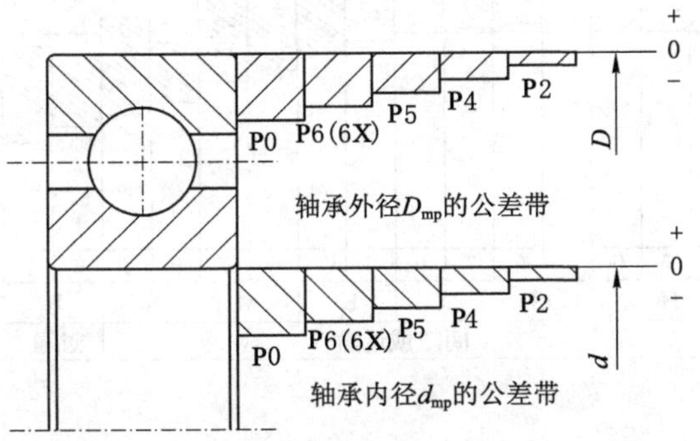

图 7-2　滚动轴承内径和外径的公差带

7.3　滚动轴承配合件的精度设计

滚动轴承配合件的精度设计，包括与之配合的孔与轴的尺寸公差带、几何精度及表面粗糙度的设计。滚动轴承的配合件尺寸公差指与轴承配合的轴颈直径、座孔孔径的尺寸公差。确定与轴承的配合，必须根据轴承配合部位的工作性能要求，选择国家标准规定的轴颈或座孔径尺寸公差带。

国家标准 GB/T 275—2015 规定了与 0 级公差轴承配合的轴径和座孔孔径公差带，如图 7-3、图 7-4 所示。正确地选择与轴承配合的轴和座孔径公差带，对于保证滚动轴承的正常运转及旋转精度，延长其使用寿命关系极大。

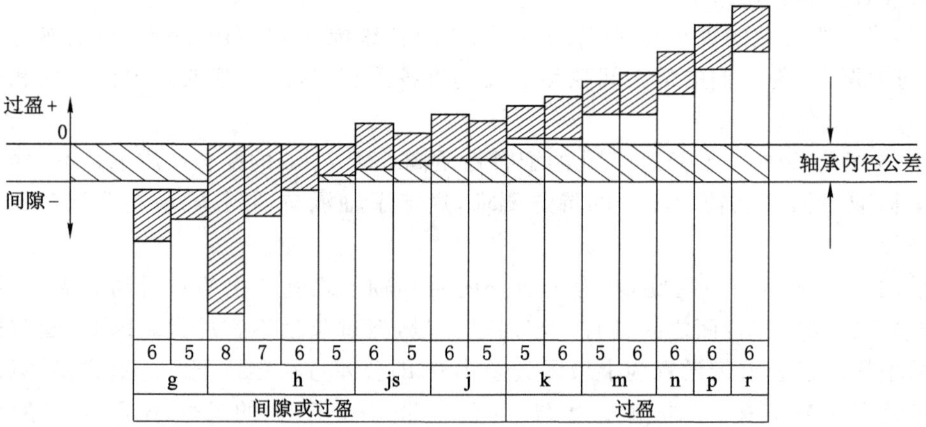

图 7-3　0 级公差轴承与轴配合的常用公差带关系图

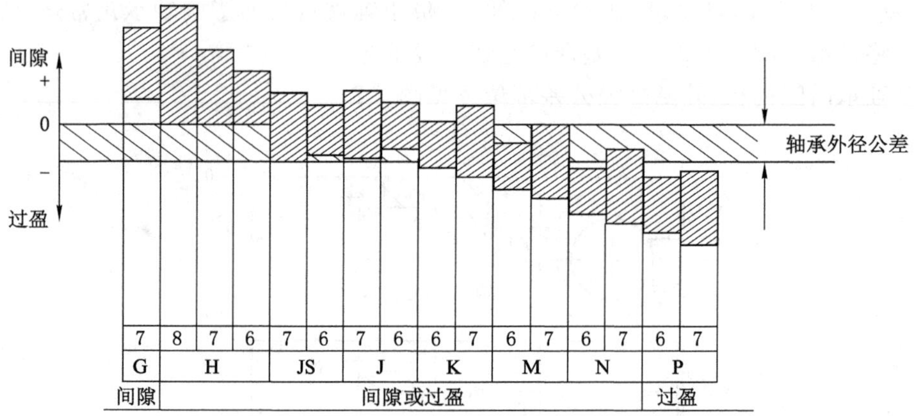

图 7-4　0 级公差轴承与轴承座孔配合的常用公差带关系图

选择时，主要考虑以下因素：内、外圈的工作条件（套圈运转、承载的情况，载荷大小），轴承的类型，轴承的公称尺寸大小，轴承的公差等级，轴承轴向位移的限度及其他情况等。

7.3.1　配合件的尺寸公差带及选择

1. 影响轴颈或孔径尺寸公差带选择的依据

（1）运转条件

轴承套圈运转及承载情况见表 7-4，轴承套圈相对于载荷方向旋转或摆动（指载荷方向不定）时，应选择过盈配合；套圈相对于载荷方向恒定时，可选择间隙配合。载荷方向难以确定时，宜选择过盈配合。

（2）载荷大小

载荷有轻载荷、正常载荷和重载荷三种载荷类型。GB/T 275—2015 根据径向当量动载荷 P_r 与轴承产品样本中规定的径向额定动载荷 C_r 的比值大小进行分类，见表 7-5。

表 7-4　轴承套圈运转及承载情况(GB/T 275—2015)

套圈运转情况	典型示例	示意图	套圈承载情况	推荐配合
内圈旋转 外圈静止 载荷方向恒定	皮带驱动轴	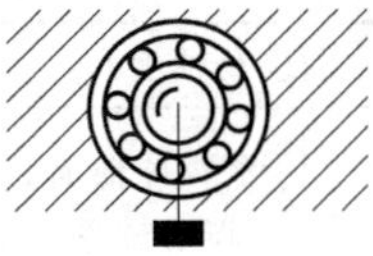	内圈承受旋转载荷 外圈承受静止载荷	内圈过盈配合 外圈过盈配合
内圈静止 外圈旋转 载荷方向恒定	传送带托辊 汽车轮毂轴承	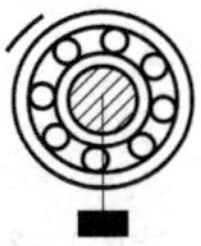	内圈承受静止载荷 外圈承受旋转载荷	内圈间隙配合 外圈过盈配合
内圈旋转 外圈静止 载荷随内圈旋转	离心机、振动筛、 振动机械		内圈承受静止载荷 外圈承受旋转载荷	内圈间隙配合 外圈过盈配合
内圈静止 外圈旋转 载荷随外圈旋转	回转式破碎机		内圈承受旋转载荷 外圈承受静止载荷	内圈过盈配合 外圈间隙配合

表 7-5　向心轴承载荷大小

载荷大小	P_r 值的大小
轻载荷	$P_r \leqslant 0.06C_r$
正常载荷	$0.06C_r < P_r \leqslant 0.12C_r$
重载荷	$P_r > 0.12C_r$

选择配合时，载荷越大，配合应选择越紧。因为在重载荷和冲击载荷作用下，防止轴承产生变形和受力不均而引起配合松动。因此，当承受冲击载荷或重载荷时，一般应选择比正常载荷、轻载荷时更紧的配合；承受变化载荷时应比承受平稳载荷的配合选得较紧一些。

(3) 轴承游隙

游隙大小必须合适。过大，不仅会使转轴发生较大的径向跳动和轴向窜动，还会使轴承产生较大的振动和噪声；过小，又会使轴承滚动体与套圈产生较大的接触应力，使轴承摩擦发热而降低寿命。故游隙大小应适度。

在常温状态下工作的轴承按照表 7-6～表 7-9 选择的轴颈和座孔公差带一般都能保证有适度的游隙。值得注意的是选用过盈配合会导致轴承游隙减小，应检验安装后轴承的游隙是否满足使用要求，以便正确选择配合及轴承游隙。

表 7-6　向心轴承和轴的配合——轴公差带(GB/T 275—2015)

<table>
<tr><td colspan="8">圆柱孔轴承</td></tr>
<tr><td colspan="3" rowspan="2">载荷情况</td><td rowspan="2">举例</td><td>深沟球轴承
调心轴承
角接触球轴承</td><td>圆柱滚子轴承
圆锥滚子轴承</td><td>调心滚子
轴承</td><td rowspan="2">轴公
差带</td></tr>
<tr><td colspan="3">轴承公称内径/mm</td></tr>
<tr><td colspan="2" rowspan="3">内圈承受旋
转载荷或
方向不定
载荷</td><td>轻载荷</td><td>输送机、轻载齿轮箱</td><td>≤18
>18～100
>100～200
—</td><td>—
≤40
>40～140
>140～200</td><td>—
≤40
>40～100
>100～200</td><td>h5
j6①
k6①
m6①</td></tr>
<tr><td>正常载荷</td><td>一般通用机械、电动机、泵、内燃机、正齿轮传动装置</td><td>≤18
>18～100
>100～140
>140～200
>200～280
—
—</td><td>—
≤40
>40～100
>100～140
>140～200
>200～400
—</td><td>—
≤40
>40～65
>65～100
>100～140
>140～280
>280～500</td><td>j5、js5
k5②
m5②
m6
n6
p6
r6</td></tr>
<tr><td>重载荷</td><td>铁路机车车辆轴箱、牵引电机、破碎机等</td><td>—
—
—</td><td>>50～140
>140～200
>200
—</td><td>>50～100
>100～140
>140～200
>200</td><td>n6③
p6③
r6③
r7③</td></tr>
<tr><td rowspan="2">内圈
承受
固定
载荷</td><td rowspan="2">所有
载荷</td><td>内圈需在轴向易移动</td><td>非旋转轴上的各种轮子</td><td colspan="3" rowspan="2">所有尺寸</td><td>f6
g6</td></tr>
<tr><td>内圈不需在轴向易移动</td><td>张紧滑轮、绳轮</td><td>h6
j6</td></tr>
<tr><td colspan="4">仅有轴向负荷</td><td colspan="3">所有尺寸</td><td>j6、js6</td></tr>
<tr><td colspan="8">圆锥孔轴承</td></tr>
<tr><td colspan="2" rowspan="2">所有负荷</td><td>轴承装在
退卸套上</td><td>铁路机车车辆轴箱</td><td colspan="3">所有尺寸</td><td>h8(IT6)④⑤</td></tr>
<tr><td>轴承装在
紧定套上</td><td>一般机械传动</td><td colspan="3">所有尺寸</td><td>H9(IT7)④⑤</td></tr>
</table>

注:① 凡对精度有较高要求的场合,应用 j5、k5、m5 代替 j6、k6、m6。

② 圆锥滚子轴承、角接触球轴承配合对游隙影响不大,可用 k6、m6 代替 k5、m5。

③ 重载荷下轴承游隙应选大于 N 组。

④ 凡有较高精度或转速要求较高的场合,应选用 h7(IT5)代替 h8(IT6)等。

⑤ IT6、IT7 表示圆柱度公差数值,如 IT6 表示圆柱度公差等级为 6 级的公差数值。

表 7-7　向心轴承和轴承座孔的配合——孔公差带(GB/T 275—2015)

载荷情况		其他状况	应用举例	孔公差带①	
				球轴承	滚子轴承
外圈承受固定载荷	轻载荷、正常载荷、重载荷	轴向易移动，可采用剖分式轴承座	一般机械、铁路机车车辆轴箱	G7②、H7	
	冲击载荷	轴向能移动，可采用整体或剖分式轴承座		J7、JS7	
方向不定载荷	轻载荷、正常载荷		电动机、泵、曲轴主轴承		
	正常载荷、重载荷	轴向不移动，整体式轴承座		K7	
	重载荷、冲击载荷		牵引电机	M7	
外圈承受旋转载荷	轻载荷		皮带张紧轮	J7	K7
	正常载荷		轮毂轴承	M7	N7
	重载荷			—	N7、P7

注：① 并列公差带随尺寸的增大从左至右选择；对旋转精度有较高要求时，可相应提高一个公差等级。

② 不适用于剖分式轴承座。

表 7-8　推力轴承和轴的配合——轴公差带(GB/T 275—2015)

载荷情况		轴承类型	轴承公称内径/mm	轴公差带
仅有轴向负荷		推力球轴承、推力圆柱滚子轴承	所有尺寸	j6、js6
径向和轴向联合载荷	轴承内圈受固定载荷	推力调心滚子轴承、推力角接触球轴承、推力圆锥滚子轴承	≤250 >250	j6 js6
	轴承承受旋转载荷或方向不定载荷		≤200 >200～400 >400	k6 m6 n6

注：要求较小过盈时，可分别用 j6、k6、m6 代替 k6、m6、n6。

表 7-9　推力轴承和轴承座孔的配合——孔公差带(GB/T 275—2015)

载荷情况		轴承类型	孔公差带
仅有轴向负荷		推力球轴承	H8
		推力圆柱滚子轴承、推力圆锥滚子轴承	H7
		推力调心滚子轴承	—①
径向和轴向联合载荷	座圈承受固定载荷	推力角接触球轴承 推力调心滚子轴承 推力圆锥滚子轴承	H7
	座圈承受旋转载荷或方向不定载荷		K7②
			M7③

注：① 轴承座孔与外圈之间间隙为 0.001D(D 为轴承公称外径)。

② 一般工作条件。

③ 有较大径向载荷时。

(4) 其他因素

① 温度

轴承在运转时，因轴承摩擦发热和其他热源的影响，轴承套圈的温度高于相邻零件的温度，造成内圈与轴颈配合变松，外圈可能因为膨胀而影响轴承在座孔中的轴向移动。因此，应考虑轴承与轴和轴承座的温差和热的流向。

② 转速

对于转速高又承受冲击动载荷作用的滚动轴承，轴承与轴颈、座孔的配合应选用过盈配合。

③ 公差等级

选择轴和座孔的尺寸公差等级时应与轴承的公差等级相协调。如 0 级、6(6X)级轴承，与之配合的轴颈尺寸公差等级一般选 IT6，座孔一般选 IT7；对于旋转精度和运动平稳性有较高要求的应用场合，在提高轴承公差等级的同时，轴和座孔的公差等级也应提高(如在电动机、机床以及 5 级公差等级的轴承应用中，轴颈尺寸公差等级一般选择 IT5，座孔尺寸公差则选择 IT6)。

对于滚针轴承，座孔材料为钢或铸铁时，尺寸公差带可选用 N5 或 N6；座孔材料为轻合金时，选用比 N5 或 N6 略松的公差带。

2. 公差原则的选择

轴颈和座孔分别与轴承内圈、外圈配合，由于内、外圈是薄壁套类零件，其径向刚性较差，易受径向载荷作用而产生变形，最终影响轴承的旋转精度。因此，轴颈和座孔的尺寸公差与形状公差之间的关系应采用包容要求。有关包容要求的内容见 4.3 节。

3. 常用表格

表 7-6～表 7-11 适用于以下情况，不适用于无内(外)圈轴承和特殊用途轴承(如飞机机架轴承、仪器轴承、机床主轴轴承等)：① 轴承公差等级为 0 级、6 级或 6X 级；② 轴为实心或厚壁钢制轴；③ 轴承座孔为钢制或铸铁件；④ 轴承游隙符合 GB/T 4604.1—2012 中的 N 组。

7.3.2 配合件的几何公差与表面粗糙度的选择

选择轴颈和轴承座孔的几何公差(形状公差、跳动公差)与表面粗糙度时可参照表7-10、表 7-11。

表 7-10 与轴承配合表面及端面的表面粗糙度(GB/T 275—2015)

轴或轴承座孔直径/mm		轴或轴承座孔配合表面直径公差等级					
		IT7		IT6		IT5	
		表面粗糙度值(第一系列数值)					
>	≤	$Ra/\mu m$					
		磨	车	磨	车	磨	车
—	80	1.6	3.2	0.8	1.6	0.4	0.8
80	500	1.6	3.2	1.6	3.2	0.8	1.6
端面		3.2	6.3	3.2	6.3	1.6	3.2

注：表中“磨”或“车”指该表面终工序的加工方法为“磨削”或“车削”。

表 7-11　轴颈和轴承座孔的几何公差(GB/T 275—2015)

公称尺寸/mm		圆柱度公差值 $t/\mu m$				轴向圆跳动 $t_1/\mu m$			
		轴　颈		轴承座孔		轴　肩		轴承座孔肩	
		轴承公差等级							
		0	6(6X)	0	6(6X)	0	6(6X)	0	6(6X)
>	≤	公差值/μm							
—	6	2.5	1.5	4	2.5	5	3	8	5
6	10	2.5	1.5	4	2.5	6	4	10	6
10	18	3.0	2.0	5	3.0	8	5	12	8
18	30	4	2.5	6	4	10	6	15	10
30	50	4	2.5	7	4	12	8	20	12
50	80	5	3.0	8	5	15	10	25	15
80	120	6	4	10	6	15	10	25	15
120	180	8	5	12	8	20	12	30	20
180	250	10	7	14	10	20	12	30	20
250	315	12	8	16	12	25	15	40	25
315	400	13	9	18	13	25	15	40	25
400	500	15	10	20	15	25	15	40	25

7.4　滚动轴承配合的精度设计实例

【例 7-1】　已知:小型普通机床安装了 6205/P6 深沟球轴承。轴颈直径 $d=\phi 25$ mm,外壳孔径 $D=52$ mm。轴承内圈随轴旋转且轴承在轴上轴向不能移动,外圈安装在整体式箱体孔中,不旋转。轴承承受定向负荷 $P=1\ 800$ N,额定负荷 $C=31\ 400$ N。试确定轴颈和外壳孔的公差带代号(明确直径尺寸的极限偏差)、形位公差值和表面粗糙度值,并将它们标注在装配简图和轴颈及外壳孔的零件图上。

解　(1) 已知:小型普通机床,轴承公差等级 6 级,负荷大小:轻负荷。

(2) 负荷类型:轴承承受定向静止的径向负荷。内圈和轴一起旋转;外圈装在静止箱体孔中。轴承在轴上轴向不能移动。因此,内圈相对径向负荷方向旋转,承受循环负荷。外圈静止,外圈相对负荷静止,承受局部负荷。

(3) 负荷大小:由已知条件可知,轴承承受轻负荷。

(4) 查表 7-6,根据工作条件:内圈承受旋转载荷、轻负荷、深沟球轴承、直径 25 mm,初

选 ϕ25j6。轴承公差等级为 6 级，轴颈尺寸公差等级应为 IT6，即 ϕ25j6。

查表 7-7，根据工作条件：外圈承受固定载荷、轻负荷、轴承在轴向不能移动、整体式外壳，表中可供选择的公差带有：G7、H7、J7、JS7、K7。综合分析，选择 ϕ52JS7 较合理。由于轴承公差等级为 6 级，箱体孔尺寸公差等级一般选 IT7，则箱体孔的公差带为 ϕ52JS7。

(5) 查表 7-11，据轴承公差等级为 6 级，查得：轴颈圆柱度公差为 0.002 5，箱体孔圆柱度公差为 0.005；轴肩端面圆跳动公差为 0.006（公称尺寸按 ϕ30 查表）。

(6) 为了保证轴承与轴颈、外壳孔的配合性质，轴颈和外壳孔尺寸公差应用包容要求，即 $\phi 25^{+0.009}_{-0.004}$Ⓔ，$\phi 52\pm 0.015$Ⓔ。

(7) 按表 7-10 选取轴颈和外壳孔的表面粗糙度参数值：轴颈 $Ra\leqslant 0.8\ \mu m$，外壳孔 $Ra\leqslant 1.6\ \mu m$（终工序加工方法为磨削）。表中推荐：轴肩端面 $Ra\leqslant 3.2\ \mu m$（磨削），此处与轴承端面接触。

(8) 将上述选择的结果标注在局部图样上，见图 7-5。

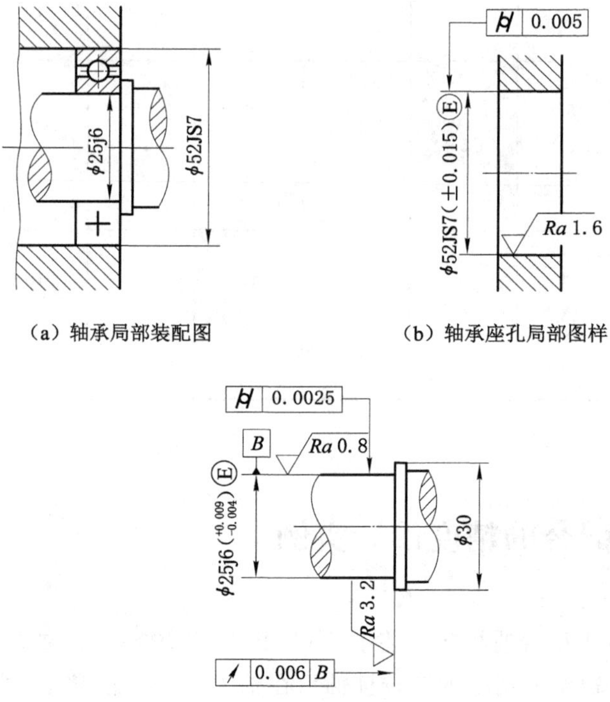

(a) 轴承局部装配图

(b) 轴承座孔局部图样

(c) 轴颈局部图样

图 7-5　轴颈和外壳孔公差在局部图样上标注示例

【例 7-2】 图 7-6 所示为减速器的输出轴，两轴径 ϕ55j6 与 0 级滚动轴承内圈相配合，为保证配合性质，采用包容要求，为保证轴承的旋转精度，在遵循包容要求前提下，又进一步提出圆柱度公差的要求，由表 7-11 查得为 0.005 mm。ϕ62 mm 处的两轴肩都是止推面，起一定的定位作用，为保证定位精度，提出了两轴肩相对于基准轴线的轴向圆跳动公差为 0.015 mm（由表 7-11 查得）。

解

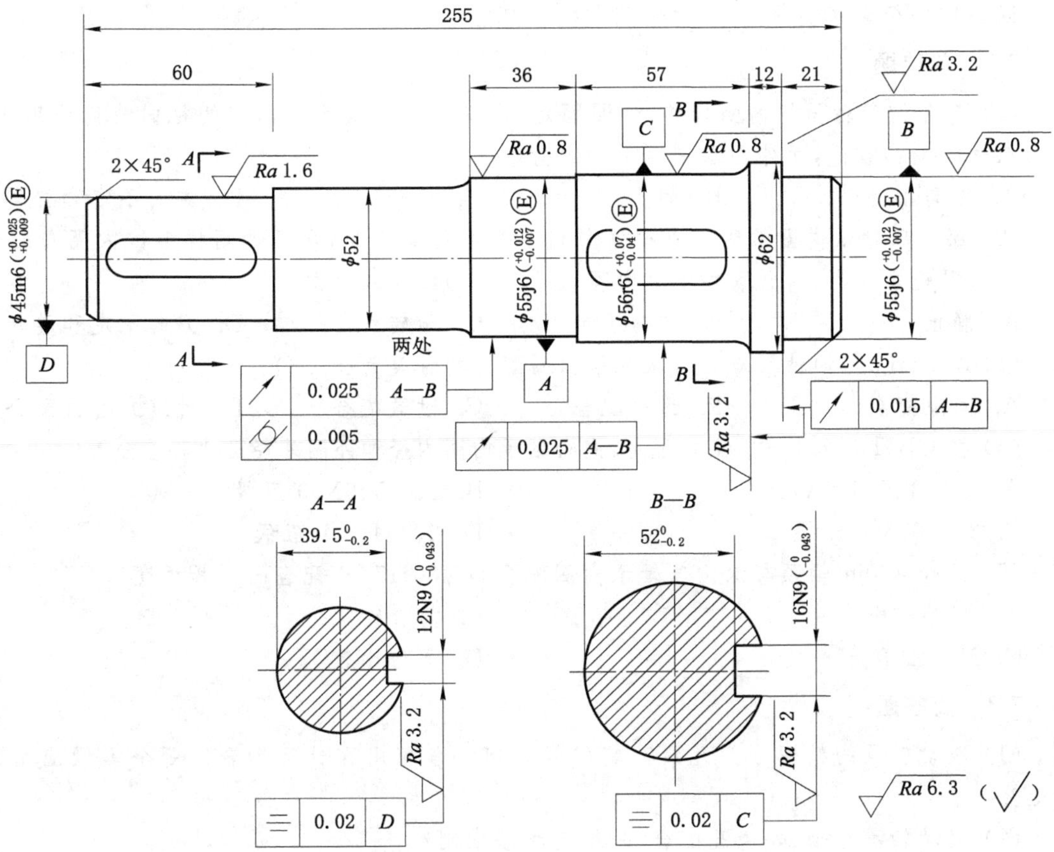

图 7-6　减速器的输出轴几何公差标注示例

习　题

7-1　填空题

(1) 滚动轴承内圈的内径尺寸公差为 10 μm，与之相配合的轴颈的直径公差为 13 μm，若最大过盈量为−0.019 μm，则该轴颈的上极限偏差应为________ μm，下极限偏差应为______ μm。

(2) 滚动轴承最常用的公差等级是____级；滚动轴承外圈与轴承座孔 H7 组成的配合类别是__________(间隙配合或过渡配合或过盈配合)。

(3) 某深沟球轴承的内圈与轴颈 ϕ25k5、外圈与箱体(轴承座)孔 ϕ52J6 组成的配合，在装配图上标注的配合代号分别为________、__________。

(4) 滚动轴承内圈与轴颈组成的配合采用基____制，滚动轴承内圈内径公差带位于以公称内径为零线的______方，且上极限偏差为______。

（5）滚动轴承外圈与轴承座孔组成的配合采用基______制，滚动轴承外圈外径公差带位于以公称外径为零线的______方，且上极限偏差为______。

7-2 单选题

（1）某深沟球轴承的内圈旋转，外圈固定，承受方向和大小皆固定的径向载荷作用，则内圈承受（　　）载荷，而外圈承受（　　）载荷。

A. 方向不定　　B. 静止　　C. 旋转　　D. 方向不定和旋转

（2）深沟球轴承内圈承受大小和方向均不变的径向负荷，在设计图样上该内圈与轴颈的配合采用较紧的配合，它取决于该内圈承受（　　）载荷的方向。

A. 静止　　B. 方向不定　　C. 旋转　　D. 方向不定和旋转

（3）$\phi 40k6(^{+0.018}_{+0.002})$轴颈与深沟球轴承内圈配合的种类为（　　）。

A. 间隙配合　　B. 过渡配合　　C. 过盈配合　　D. 过渡或过盈配合

（4）按 GB/T 307.1—2017 的规定，向心轴承内圈内径和外圈外径尺寸公差分为（　　）。

A. 2、3、4、5、6(6X)五级　　B. 2、4、5、6X、0 五级

C. 2、4、5、6、0 五级　　D. 2、3、4、5、0 五级

（5）比较 ϕ30j6 轴颈与深沟球轴承内圈配合和 ϕ30H7/j6 配合的松紧程度（　　）。

A. 前者较松　　B. 前者较紧

C. 过盈配合　　D. 无法比较

7-3 简答题

（1）滚动轴承的精度分为几级？其代号如何？各应用在什么场合？哪个等级应用最广泛？

（2）滚动轴承与轴、外壳孔配合，采用何种基准制？

（3）选择轴承与轴、外壳孔配合时主要考虑哪些因素？

（4）滚动轴承内圈与轴颈的配合同普通孔、轴配合中基孔制同名配合相比，在配合性质上有何变化？为什么？

（5）滚动轴承配合标准有何特点？

（6）滚动轴承的内、外径公差带布置有何特点？

7-4 综合题

（1）已知减速箱的从动轴上装有齿轮，其两端的轴承为 0 级单列深沟球轴承（轴承内径 d=55 mm，外径 D=100 mm），各承受的径向负荷 F_r=2 000 N，额定动负荷 C=34 000 N，试确定轴颈和外壳孔的公差带、形位公差值和表面粗糙度数值。

（2）有一 6 级滚动轴承，内径为 45 mm，外径为 100 mm。内圈与轴颈的配合为 ϕ45j6，外圈与壳体的配合为 ϕ100H6。试画出配合的公差带图，并计算它们的极限间隙和极限过盈。

第8章　键与花键的公差配合与检测

本章要点

(1) 掌握单键和花键的类型和尺寸规格；
(2) 掌握单键连接和花键连接的公差配合；
(3) 掌握单键连接和花键连接的精度选择及检测方法。

8.1　单键连接的公差配合与检测

单键连接和花键连接为常用的可拆连接。轴和轴上的零件(如齿轮、带轮等)采用键或花键连接后，就能可靠地传递转矩。另外，根据需要，键或花键连接的零件之间也可以有轴向的相对位移。

8.1.1　单键连接的结构和几何参数

单键按其结构形式的不同分为平键(包括普通平键、导向平键、薄型平键)、半圆键、楔键(包括普通楔键、钩头楔键)和切向键4种。各种键的结构见表8-1。

普通平键连接对中性好，装拆简便，应用最为方便。

导向平键用于轴与轮毂之间有相对轴向移动的连接。导向平键用螺钉固定在轴槽中，轴上零件沿轴做轴向移动，键的中部设有起键螺纹孔，以便于键的拆装。例如，机床变速箱的滑移齿轮。

薄型平键主要用于轮毂壁较薄、轴和轮毂强度要求不能削弱太多的场合。

半圆键具有定心性好、半圆键能在轴槽中摆动、装配方便的特点。但它的键槽较深，对轴的削弱较大，常用于轻载和锥形轴端的连接。

普通平键连接包括轴键槽、毂键槽和键三部分，其中 t_1、t_2 分别代表轴键槽深、毂键槽深，L 和 h 分别代表键长和键高，d 为轴和轮毂的公称直径。普通平键连接结构尺寸见图8-1，普通平键键槽剖面尺寸及键槽公差见表8-2。

表 8-1　单键的结构形式

类型		图　　形	类形		图　　形
平键	普通平键	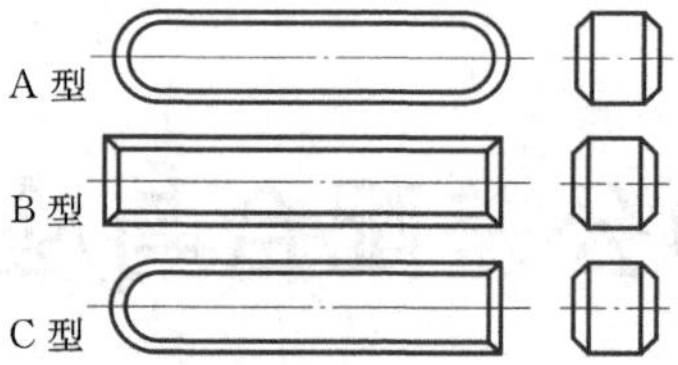	半圆键		
			楔键	普通楔键	
	导向平键	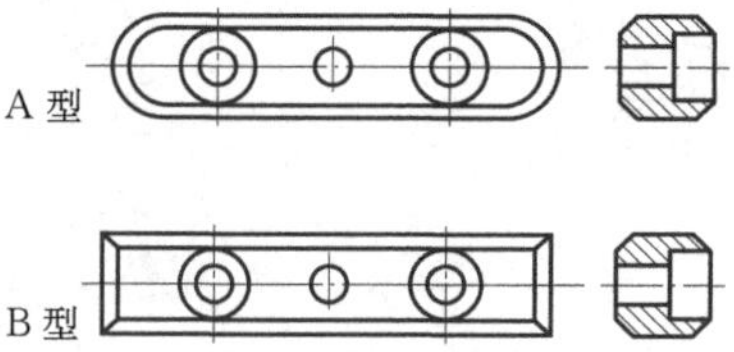		钩头楔键	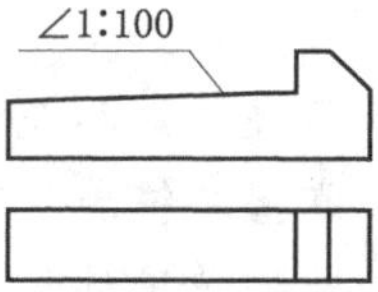
	薄型平键	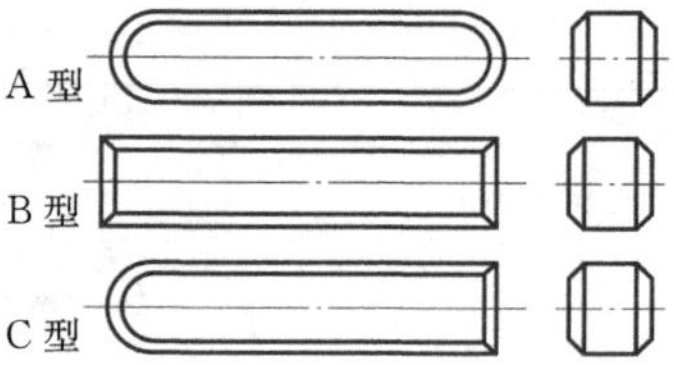	切向键		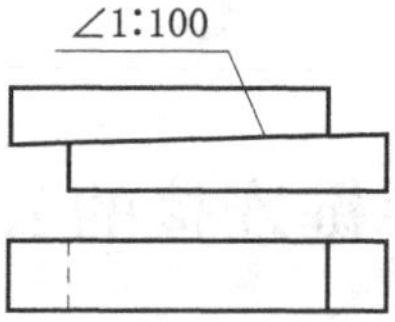

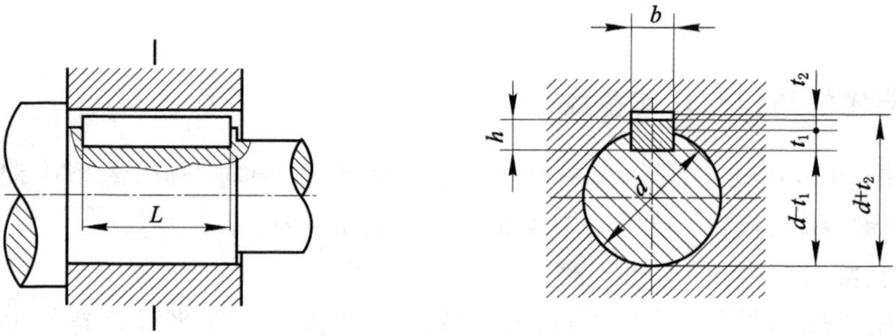

图 8-1　普通平键连接结构尺寸

8.1.2　平键连接的公差配合

平键连接是在轴和轮毂孔中分别开具键槽，装入平键后，键的顶面和毂键槽之间留有一定的间隙，平键的两侧面分别与轴、毂键槽侧面相互接触传递扭矩。键宽 b 是主要的配合尺寸，普通平键的尺寸与公差见表 8-3。

表 8-2　普通平键、键槽剖面尺寸及键槽公差(摘自 GB/T 1095—2003)　　单位:mm

轴	键	键槽											
公称尺寸	键尺寸	宽度 b						深度				半径 r	
		公称尺寸	极限偏差					轴 t_1		毂 t_2			
			松连接		正常连接		紧密连接	公称尺寸	极限偏差	公称尺寸	极限偏差	min	max
d	$b\times h$		轴 H9	毂 D10	轴 N9	毂 JS9	轴和毂 P9						
>10～12	4×4	4	+0.030 0 0	+0.078 +0.030	0 −0.030	±0.015	−0.012 −0.042	2.5	+0.10 0	1.8	+0.10 0	0.08	0.16
>12～17	5×5	5						3.0		2.3		0.16	0.25
>17～22	6×6	6						3.5		2.8			
>22～30	8×7	8	+0.036 0 0	+0.098 +0.040	0 −0.036	±0.018	−0.015 −0.051	4.0	+0.20 0	3.3	+0.20 0		
>30～38	10×8	10						5.0		3.3		0.25	0.40
>38～44	12×8	12	+0.043 0 0	+0.120 +0.050	0 −0.043	±0.021 5	−0.018 −0.061	5.0		3.3			
>44～50	14×9	14						5.5		3.8			
>50～58	16×10	16						6.0		4.3			
>58～65	18×11	18						7.0		4.4			
>65～75	20×12	20	+0.052 0 0	+0.149 +0.065	0 −0.052	±0.026	−0.022 −0.074	7.5		4.9		0.40	0.60
>75～85	22×14	22						9.0		5.4			
>85～95	25×14	25						9.0		5.4			
>95～110	28×16	28						10.0		6.4			

表 8-3　普通平键的尺寸与公差(摘自 GB/T 1096—2003)　　单位:mm

宽度 b	公称尺寸		4	5	6	8	10	12	14	16	18	20	22	25	28
	极限偏差(h8)		0 −0.018			0 −0.022		0 −0.027				0 −0.033			
高度 h	公称尺寸		4	5	6	7	8	8	9	10	11	12	14	14	16
	极限偏差	矩形(h11)	—			0 −0.090					0 −0.110				
		方形(h8)	0 −0.018			—					—				

由于平键均为标准件,国家标准对键宽规定了一种公差带,代号为 h8,所以键与轴键槽、毂键槽的配合均采用基轴制,通过改变键槽的公差带来实现不同的配合性能要求。国家标准《平键 键槽的剖面尺寸》(GB/T 1095—2003)对轴键槽宽规定了三种公差带,代号分别为 H9,N9,P9;对毂键槽宽也规定了三种公差带,代号为 D10,JS9,P9。键宽和键槽宽的公差带如图 8-2 所示,分别构成松连接、正常连接和紧密连接三组不同的配合,以满足不同的使用要求。平键连接的三组配合及其应用见表 8-4。

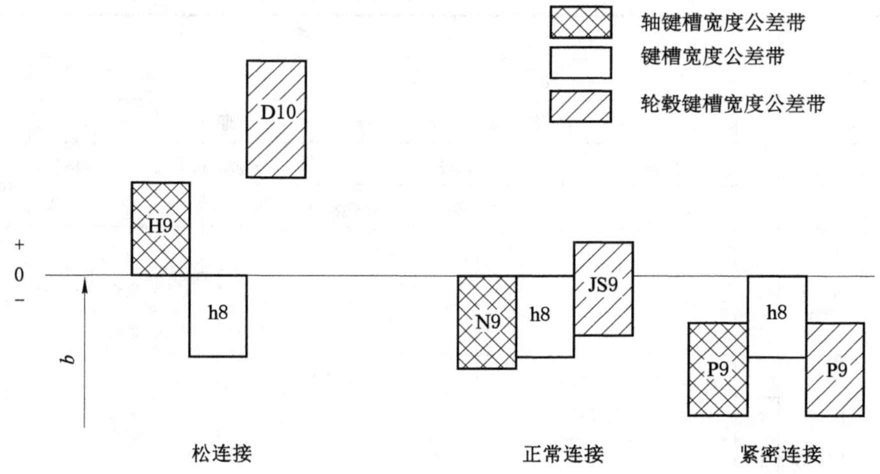

图 8-2 平键连接键宽与键槽宽的公差带图

表 8-4 平键连接的三组配合及其应用

配合种类	尺寸 b 的公差			配合性质及应用
	键	轴键槽	毂键槽	
松连接	h8	H9	D10	键在轴上及轮毂中均能滑动，主要用于导向平键，轮毂可在轴上做轴向移动
正常连接		N9	JS9	键在轴上及轮毂中均固定，广泛用于一般机械制造中载荷不大的场合
紧密连接		P9	P9	键在轴上及轮毂中均牢固，且配合更紧，主要用于载荷较大，且有冲击以及需双向传递扭矩的场合

国家标准对键连接中的非配合尺寸也规定了相应的公差带。键高 h 的公差带代号为 h11，对于正方形截面的平键，键宽和键高相等，都选用 h8。键长 L 的公差带代号为 h14，轴键槽长度的公差带代号为 H14。轴键槽深 t_1 和毂键槽深 t_2 的公差参见表 8-2。为了保证键连接的装配质量，键和键槽应给出相应的形位公差要求。

当平键的长宽比 $L/b \geqslant 8$ 时，键宽 b 的两个侧面在长度方向的平行度公差，应按照《形状和位置公差》(GB/T 1184—1996)进行选取；当 $b<6$ mm 时，平行度公差等级取 7 级；当 $b \geqslant 8 \sim 36$ mm 时，平行度公差等级取 6 级；当 $b \geqslant 40$ mm 时，平行度公差等级取 5 级。

轴键槽和毂键槽两侧面的中心平面相对于轴线要规定对称度公差，对称度公差按《形状和位置公差》(GB/T 1184—1996)进行选取，一般取 7～9 级。

普通平键连接轴键槽和毂键槽宽 b 两侧面的表面粗糙度 Ra 推荐为 1.6～3.2 μm，轴键槽和毂键槽底面的表面粗糙度参数 Ra 值为 6.3 μm。

【例 8-1】 已知某齿轮减速器输出轴与齿轮配合 $\phi 56$H7/h6，采用普通平键连接传递扭矩，齿轮宽度 $B=63$mm，试选择平键的规格，确定键槽的相应尺寸及偏差，并作图表示。

解　(1) 查表 8-2，根据轴径尺寸 $\phi 56$ 选键宽公称尺寸 $b=16$ mm，可选择平键规格尺寸 $b\times h=16\times 10$；

根据齿轮宽度 $B=63$ mm，由机械设计手册可选择键长 $L=56$ mm。

(2) 齿轮轴孔属于正常连接，查表 8-4，轴键槽选用 N9，毂键槽选用 JS9。

由表 8-2 查得：轴键槽宽 $16\text{N9}(^{\ 0}_{-0.043})$，毂键槽宽 16JS9(±0.021)；轴键槽深 $t_1=6^{+0.2}_{\ 0}$，毂键槽深 $t_2=4.3^{+0.2}_{\ 0}$；所以 $d-t_1=50^{\ 0}_{-0.2}$，$d+t_2=60.3^{+0.2}_{\ 0}$。

(3) 一般要求键槽的对称度公差选择 8 级，查表 4-14，对称度公差值为 0.020 mm。

键槽各部位尺寸及公差要求标注如图 8-3 所示。

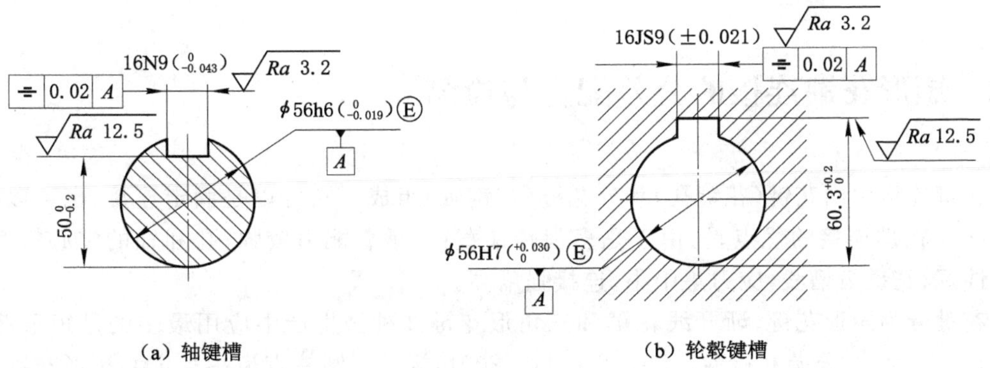

图 8-3　轴键槽和轮毂键槽的标注

8.1.3　键及键槽的检测

在生产中一般采用游标卡尺、千分尺等通用计量器具对键及键槽进行检验。

在单件、小批量生产中，键槽宽度和深度的检验一般用通用量具检验，而在大批量生产中，常用专用的量规检验尺寸。键槽尺寸检验极限量规见图 8-4。

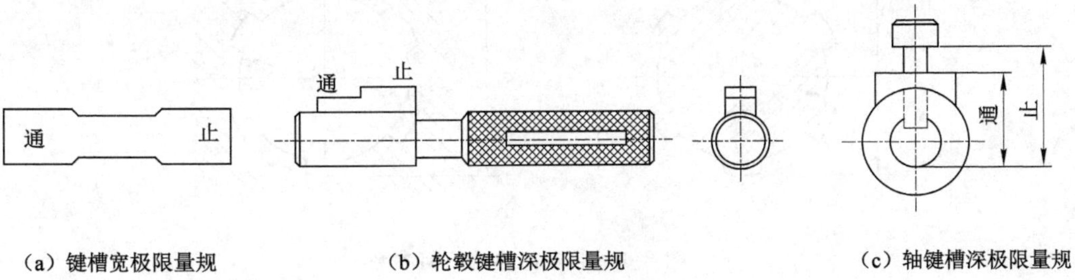

图 8-4　键槽尺寸检验极限量规

在单件、小批量生产时，通常采用通用量具检测键槽的对称度误差；而在大批量生产时，可采用专用量规来检测键槽的对称度误差。键槽对称度误差检验量规见图 8-5。

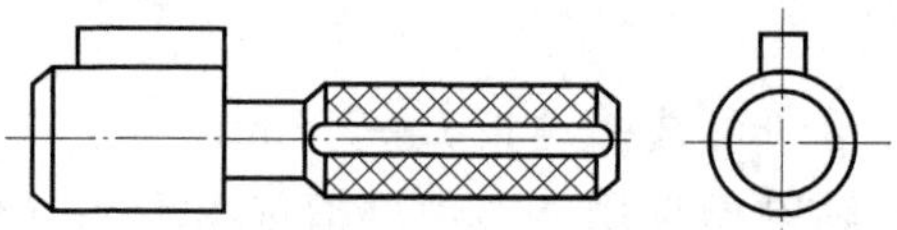

（a）毂键槽对称度检验量规

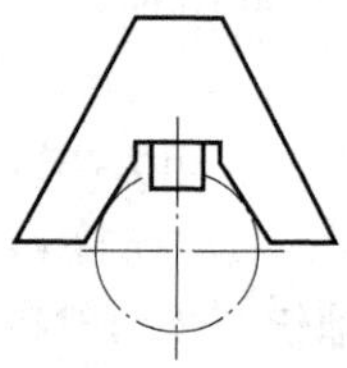

（b）轴键槽对称度检验量规

图 8-5　键槽的对称度检验量规

8.2　矩形花键连接的公差配合与检测

花键连接由内花键（花键孔）和外花键（花键轴）组成。它可以是固定连接，也可以是滑动连接。花键连接的优点是：由于是多齿传递载荷，承载能力较强；孔和轴的定心精度高、导向性好；花键齿槽浅，应力集中小，连接强度高。

花键分为矩形花键、渐开线花键和三角形花键 3 种。生产中应用最多的是矩形花键。《矩形花键 尺寸、公差和检验》（GB/T 1144—2001）规定了圆柱直齿小径定心矩形花键的基本尺寸、公差与配合、检验规则和标记方法及其量规的尺寸公差和数值表。

8.2.1　矩形花键的系列与基本尺寸

矩形花键尺寸规定了轻、中两个系列，矩形花键有小径 d、大径 D 和键宽 B 三个主要尺寸参数，如图 8-6 所示。

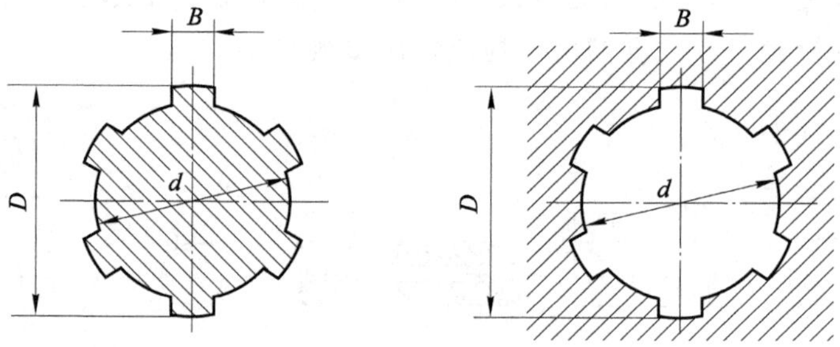

图 8-6　矩形花键的几何参数

内花键和外花键的基本尺寸列于表 8-5 中。

8.2.2　矩形花键的公差与配合

（1）矩形花键各配合表面的表面粗糙度推荐值见表 8-6。

（2）内花键和外花键的尺寸公差带应符合 GB/T 1144—2001 的规定，并按表 8-7 取值。

（3）小径的极限尺寸遵守 GB/T 4249—2018 规定的包容要求。

表 8-5　矩形花键的基本尺寸系列(GB/T 1144—2001)　　单位：mm

小径 d	轻系列				中系列			
	规格 $N\times d\times D\times B$	键数 N	大径 D	键宽 B	规格 $N\times d\times D\times B$	键数 N	大径 D	键宽 B
11	—	—	—	—	6×11×14×3	6	14	3
13					6×13×16×3.5		16	3.5
16					6×16×20×4		20	4
18					6×18×22×5		22	5
21					6×21×25×5		25	5
23	6×23×26×6	6	26	6	6×23×28×6		28	6
26	6×26×30×6		30	6	6×26×32×6		32	6
28	6×28×32×7		32	7	6×28×34×7		34	7
32	8×32×36×6	8	36	6	8×32×38×6	8	38	6
36	8×36×40×7		40	7	8×36×42×7		42	7
42	8×42×46×8		46	8	8×42×48×8		48	8
46	8×46×50×9		52	9	8×46×54×9		54	9
52	8×52×58×10		58	10	8×52×60×10		60	10
56	8×56×62×10		62	10	8×56×65×10		65	10
62	8×62×68×12		68	12	8×62×72×12		72	12
72	10×72×78×12	10	78	12	10×72×82×12	10	82	12
82	10×82×88×12		88	12	10×82×92×12		92	12
92	10×92×98×14		98	14	10×92×102×14		102	14
102	10×102×108×16		108	16	10×102×112×16		112	16
112	10×112×120×18		120	18	10×112×125×18		125	18

表 8-6　矩形花键表面粗糙度推荐值

加工表面	内花键	外花键
	$Ra/\mu m$(不大于)	
小径	1.6	0.8
大径	6.3	3.2
键侧	3.2	0.8

表 8-7　矩形内、外花键的尺寸公差带(摘自 GB/T 1144—2001)

内花键				外花键			
d	*D*	*B*		*d*	*D*	*B*	装配形式
		拉削后不热处理	拉削后热处理				
一般用							
H7	H10	H9	H11	f7	a11	d10	滑动
				g7		f9	紧滑动
				h7		h10	固定
精密传动用							
H6	H10	H7、H9		f6	a11	d8	滑动
				g6		f7	紧滑动
				h6		h8	固定
H5				f5		d8	滑动
				g5		f7	紧滑动
				h5		h8	固定

注:(1) 精密传动用的内花键,当需要控制键侧配合间隙时槽宽可选 H7,一般情况下可选 H9;
(2) *d* 为 H6 和 H7 的内花键,允许与提高一级的外花键配合。

(4) 采用综合检验法时,矩形花键的位置度公差按表 8-8 的规定选取。

表 8-8　矩形花键的位置度公差(摘自 GB/T 1144—2001)　　单位:mm

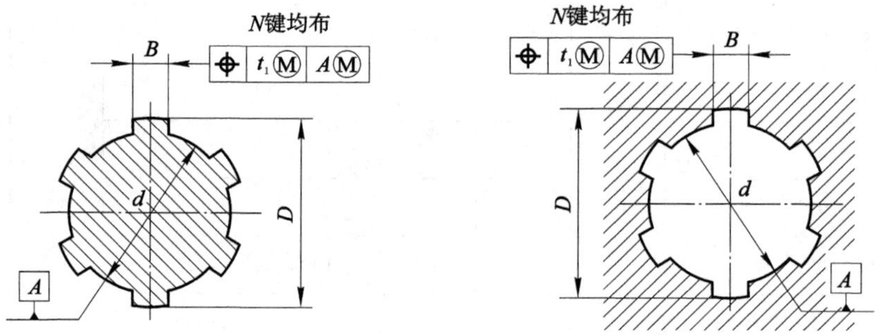

键槽宽或键宽 *B*		3	3.5～6	7～10	12～18
位置度公差 t_1					
键槽宽		0.010	0.015	0.020	0.025
键宽	滑动、固定	0.010	0.015	0.020	0.025
	紧滑动	0.006	0.010	0.013	0.016

(5) 采用单项检验法时，花键的位置度公差采用对称度和等分度公差。键槽宽或键宽的对称度公差和标注见表 8-9。键槽宽或键宽的等分度公差值等于其对称度公差值。

(6) 对较长的花键，可根据产品性能自行规定键侧对轴线的平行度公差。

表 8-9　矩形花键的对称度公差(摘自 GB/T 1144—2001)　　单位：mm

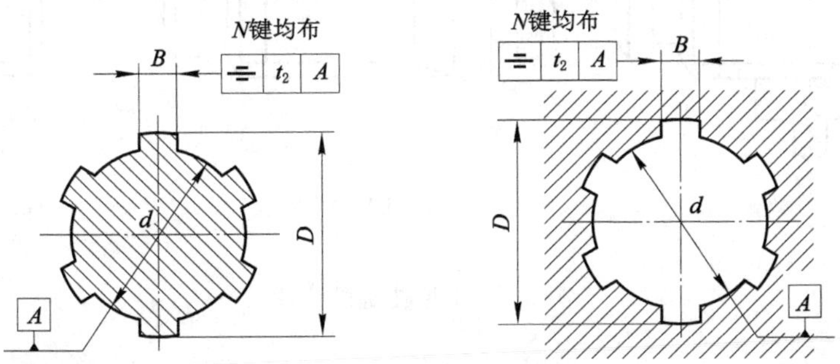

键槽宽或键宽 B	3	3.5～6	7～10	12～18
对称度公差 t_2				
一般用	0.010	0.012	0.015	0.018
精密传动用	0.006	0.008	0.009	0.011

注：矩形花键的等分度公差与键宽的对称度公差相同。

8.2.3　矩形花键的标注

矩形花键连接在图样上的标注，应按次序包含以下项目：键数 N，小径 d，大径 D，键(槽)宽 B，花键的公差带代号以及标准代号。

标注示例：某花键连接，键数 $N=6$，定心小径 $d=23\text{H}7/\text{f}7$，大径 $D=26\text{H}10/\text{a}11$，键宽 B=6H11/d10 的标记如下：

花键规格：$N\times d\times D\times B$ 为 6×23×26×6

花键副：6×23H7/f7×26H10/a11×6H11/d10　GB/T 1144—2001

内花键：6×23H7×26H10×6H11　　GB/T 1144—2001

外花键：6×23f7×26a11×6d10　　GB/T 1144—2001

具体标注见图 8-7。

8.2.4　矩形花键的检测

(1) 综合检验

在大批量生产中，一般都采用量规进行检验。用花键综合通规同时检验花键的小径 d、大径 D、键(槽)宽 B 的关联作用尺寸，使其控制在最大实体边界内，同时保证大径对小径的同轴度。内、外花键检验用综合量规的结构形式见图 8-8。

用单项检验法检验键槽的等分度、对称度，代替键槽的位置度公差，以保证配合要求和安装要求。

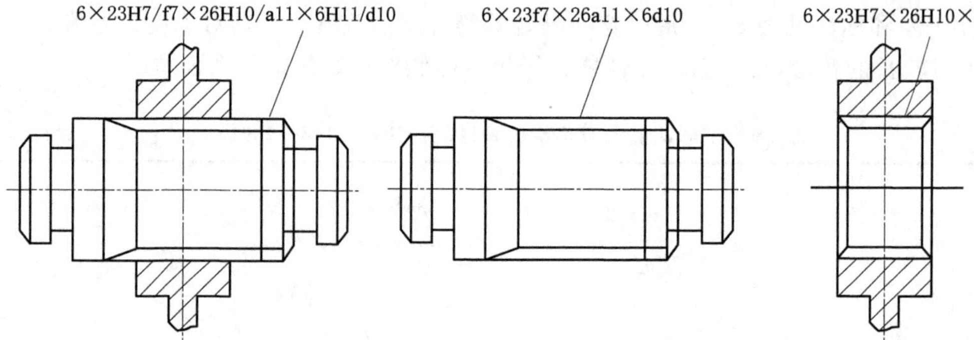

（a）装配图　（b）外花键　（c）内花键

图 8-7　矩形花键的标注

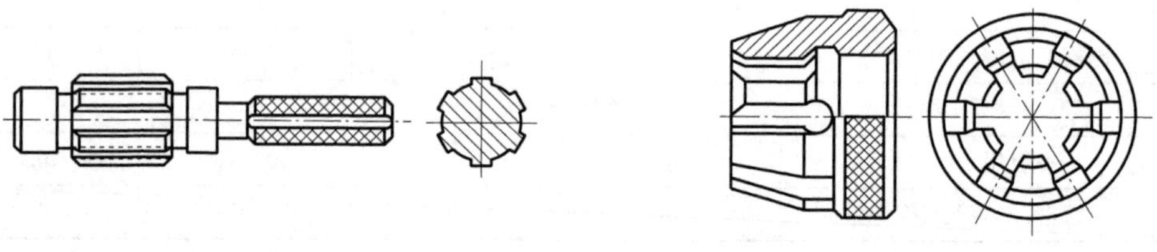

（a）花键塞规　（b）花键环规

图 8-8　矩形花键综合量规

用单项止规（或其他量具）分别检验小径、大径、键槽宽的最小实体尺寸。花键单项检测极限量规见图 8-9。

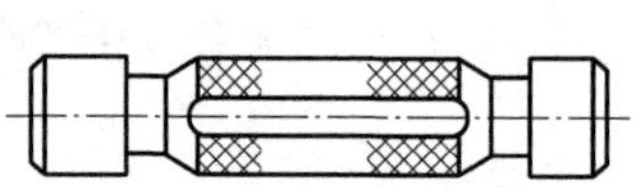

（a）内花键小径的光滑极限量规

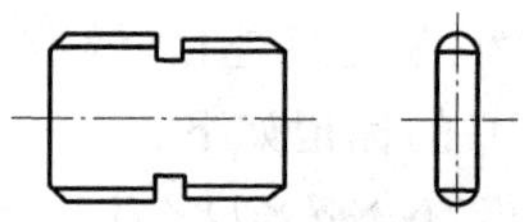

（b）内花键大径的板式塞规

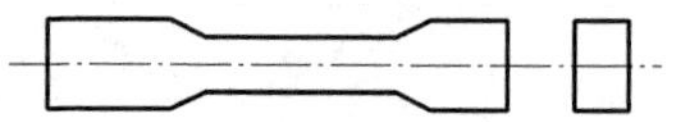

（c）内花键槽宽塞规

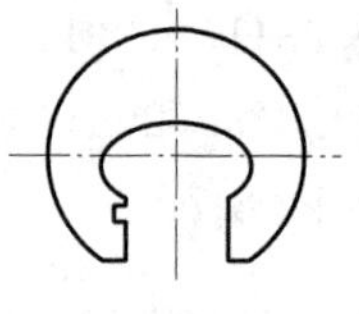

（d）外花键大径卡规

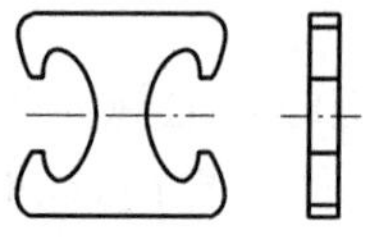

（e）外花键小径卡规

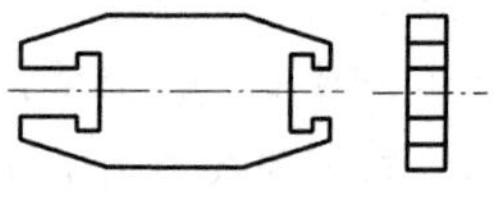

（f）外花键键宽卡规

图 8-9　花键的极限塞规和卡规

检验时，若综合量规通过但单项止规通不过，则花键合格。若综合通规不能通过，则花键不合格。

（2）单项检验

在单件小批量生产中，可用通用量具分别检验花键的尺寸（d，D 和 B）误差、大径对小径的同轴度误差和键齿（槽）的位置度误差，以保证各尺寸偏差和几何误差在公差范围内。

【例 8-2】 普通机械花键连接，花键的规格代号为 6×18×22×5，长距离、高频工作条件，拉削后不热处理，试确定花键连接的尺寸公差和几何公差。

解 （1）分析：普通机械花键连接为“一般用”级别的传动；内花键由拉刀加工成形，为了减少拉刀数量，花键连接采用基孔制；又由于主轴是在移动距离较长、移动频率较高的条件下工作，所以装配形式采用“滑动连接”；选用小径定心。

（2）选择：

内、外花键的尺寸公差带查表 8-7。

内花键：小径 d 取 IT7，公差带代号：18H7。

　　　　大径 D 取 IT10，公差带代号：22H10。

外花键：按滑动连接要求设计。

　　　　小径 d 取 IT7，公差带代号：18f7。

　　　　大径 D 取 IT11，公差带代号：22a11。

花键槽：内花键键宽 B＝5H9，外花键键宽 B＝5d10。

花键副：6×18H7/f7×22H10/a11×5H9/d10。

键槽位置要求查表 8-8，按照“滑动、固定”，取位置度公差 0.015 mm，且遵守最大实体要求。

键槽对称度要求查表 8-9，按照“一般用”，取对称度公差 0.012 mm，且遵守独立原则。

键槽表面粗糙度查表 8-6，内花键键侧表面粗糙度 $Ra \leqslant 3.2$ μm，外花键键侧表面粗糙度 $Ra \leqslant 0.8$ μm；内花键小径表面粗糙度 $Ra \leqslant 1.6$ μm，外花键小径表面粗糙度 $Ra \leqslant 0.8$ μm；内花键大径表面粗糙度 $Ra \leqslant 6.3$ μm，外花键大径表面粗糙度 $Ra \leqslant 3.2$ μm。

习　　题

8-1　填空题

（1）单键连接按其结构形式分为__________、__________、__________和__________四种。

（2）平键连接的主要配合尺寸是指__________，配合制度采用__________。

8-2　简答题

（1）平键连接为什么只对键（键槽）宽规定较严的公差？

（2）平键连接的配合采用何种基准制？花键连接采用何种基准制？

（3）矩形花键的主要参数有哪些？定心方式有哪几种？哪种方式是常用的？为什么？

（4）各种键联结的特点是什么，这些键主要使用在哪些场合？

（5）单键与轴槽、轮毂槽的配合分为哪几类？如何选择？

(6) 矩形花键的结合面有哪些？配合采用何种基准制？定心表面是哪个？试说明理由。

8-3 综合题

(1) 有一齿轮与轴的连接用平键传递扭矩。平键尺寸 $b=10$ mm，$L=28$ mm。齿轮与轴的配合为 ϕ35H7/h6，平键采用一般连接。试查出键槽尺寸偏差、形位公差和表面粗糙度。

(2) 某机床变速箱中有6级精度齿轮的花键孔与花键轴连接，花键规格 $6\times26\times30\times6$，花键孔长 30 mm，花键轴长 75 mm，齿轮花键孔经常需要相对花键轴做轴向移动，要求定心精度较高，试确定：齿轮花键孔和花键轴的公差带代号，写出内、外花键以及花键副的标注代号。

第 9 章　圆柱齿轮传动的精度与检测

本章要点

（1）了解圆柱齿轮传动的使用要求，以及影响齿轮传动的偏差项目；

（2）掌握圆柱齿轮偏差的检测方法；

（3）掌握圆柱齿轮的精度设计方法。

9.1　传动齿轮的使用要求

齿轮传动是机械产品中应用最广泛的传动机构之一，在机床、汽车、仪器仪表等行业得到了广泛的应用，其主要功能是传递运动、动力和精密分度等。齿轮传动精度会直接影响机器的传动质量、效率和使用寿命。

各种齿轮传动系统，通常由齿轮、轴、轴承和箱体等零部件组成。这些零部件的制造和安装精度，都会对齿轮传动产生影响。其中，齿轮本身的制造精度和齿轮副的安装精度又起着主要的作用。

随着现代科技的不断发展，要求机械产品的自身重量轻、传递功率大、转动速度快、工作精度高，因而对齿轮传动提出了更高的要求。在不同的机械中，齿轮传动的精度要求有所不同，主要包括以下几个方面：

1. 传递运动的准确性

要求齿轮在一转范围内传动比的变化尽量小，以保证从动齿轮与主动齿轮的相对运动协调一致。但由于齿轮加工和安装偏差，每一瞬时的传动比都不相同，从而造成了从动齿轮的实际转角偏离理论值产生了转角偏差。

2. 传动的平稳性

要求齿轮在转过一个齿的范围内，瞬时传动比的变化尽量小，以保证齿轮传动平稳，降低齿轮传动过程中的冲击、振动和噪声。

3. 载荷分布的均匀性

要求齿轮在啮合时工作齿面接触良好，载荷分布均匀，避免轮齿局部受力引起应力集中，造成局部齿面的过度磨损和折齿，保证齿轮的承载能力和较长的使用寿命。

4. 齿侧间隙的合理性

要求齿轮副啮合时，非工作齿面间应留有一定的间隙，用以储存润滑油、补偿齿轮受力后的弹性变形、热变形以及齿轮传动机构的制造、安装误差，防止齿轮工作过程中卡死或齿面烧伤。

有些齿轮由于用途、工作条件的不同，而对不同项目的精度要求会有所差别：

(1) 用于精密机床的分度机构、测量仪器上的读数分度齿轮，由于其分度要求准确，负荷不大，转速低，所以对传递运动的准确性要求高，且要求侧隙要小。

(2) 用于传递动力的齿轮，如矿山机械、重型机械中的低速齿轮，工作载荷大，模数和齿宽均较大，转速一般较低，所以这类动力齿轮对载荷分布的均匀性、齿侧间隙要求较高。

(3) 用于高速传动的齿轮，如汽轮机、高速发动机、减速器及高速机床变速箱中的齿轮传动，传递功率大，圆周速度高，要求工作时振动、冲击和噪声要小，所以这类高速齿轮对传动的平稳性、载荷分布的均匀性、齿侧间隙要求均较高。

9.2 齿轮加工偏差

机械制造中，齿轮加工方法很多，按齿廓形成原理可分为：① 仿形法，如用成形铣刀在铣床上铣齿；② 展成法，如用滚刀在滚齿机上滚齿。

以滚齿加工为例，分析产生齿轮加工偏差的主要原因。

1. 齿轮加工偏差的来源及其特点

滚齿加工齿轮的偏差主要来源于机床-刀具-齿坯系统的周期性偏差。主要有以下偏差形式：① 偏心；② 机床传动链的高频偏差；③ 滚刀的偏差；④ 滚刀的安装偏差。

2. 齿轮加工偏差的分类

(1) 按偏差出现的频率可以分为长周期偏差和短周期偏差

上述几方面产生的齿轮加工偏差中，偏心(几何偏心、运动偏心)所产生的齿轮偏差以齿轮一转为周期，称为长周期偏差(或低频偏差)。

机床传动链的高频偏差、滚刀的偏差、滚刀的安装偏差，这三项偏差以分度蜗杆一转或齿轮一齿为周期，而且频率较高，在齿轮一转中多次重复出现，称为短周期偏差(或高频偏差)。

(2) 按偏差产生的方向可以分为径向偏差、切向偏差和轴向偏差

在齿轮精度分析中，为了便于分析齿轮各种偏差对齿轮传动质量的影响，按偏差相对于齿轮的方向，又可分为径向偏差、切向偏差和轴向偏差。

3. 齿轮偏差检验组

按齿轮偏差项目对齿轮传动性能的主要影响，将齿轮加工偏差分为三组：

影响运动准确性的偏差，为第Ⅰ组；

影响传动平稳性的偏差，为第Ⅱ组；

影响载荷分布均匀性的偏差，为第Ⅲ组。

9.3　单个齿轮偏差的评定指标

为了评定齿轮的精度，GB/T 10095.1—2022 规定的应检指标是齿距偏差（单个齿距偏差、齿距累积偏差、齿距累积总偏差）、齿廓总偏差和螺旋线总偏差。

为了验收齿轮，对直齿圆柱齿轮建立了下列评定指标。

9.3.1　运动精度的评定指标

1. 切向综合总偏差 F_{is}

定义：被测齿轮与测量齿轮单面啮合检验时，被测齿轮一转内，齿轮分度圆上实际圆周位移与理论圆周位移的最大差值。切向综合偏差见图 9-1。

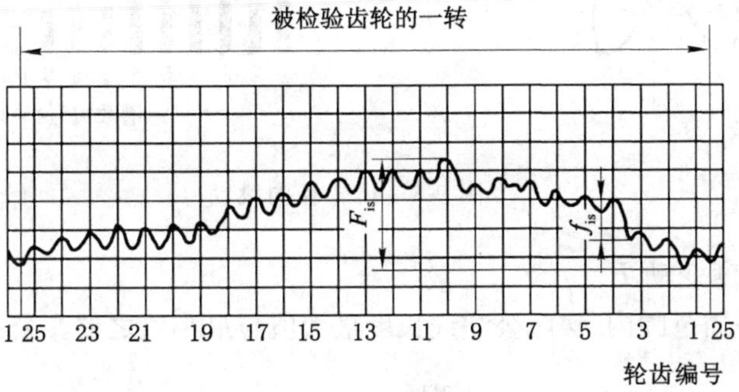

图 9-1　切向综合偏差曲线

2. k 个齿距累积偏差 F_{pk} 和齿距累积总偏差 F_p

定义：k 个齿距累积偏差 F_{pk} 指在齿轮端面上，在接近齿高中部的一个与齿轮基准轴线同心的圆上，任意 k 个齿距的实际弧长与公称弧长的代数差。齿距累积总偏差 F_p 指在齿轮端面上，在接近齿高中部的一个与齿轮基准轴线同心的圆上，任意两个同侧齿面间的实际弧长与理想弧长的代数差。k 个齿距累积偏差 F_{pk} 见图 9-2。图中 f_{pt} 表示单个齿距偏差，k 表示跨齿数，p_t 表示端面齿距。

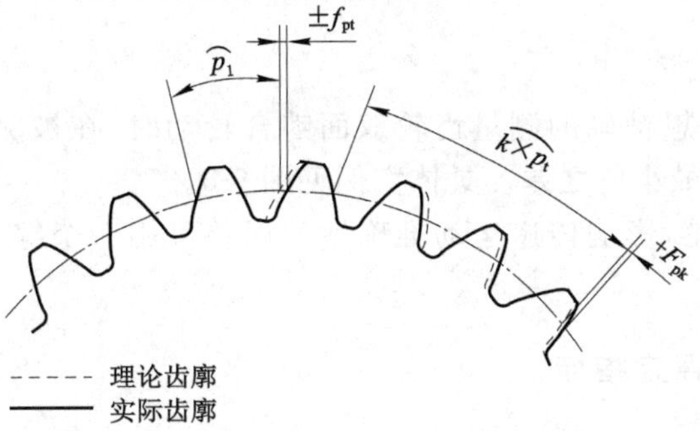

图 9-2　k 个齿距累积偏差 F_{pk}

3. 径向跳动 F_r 与公法线长度变动 F_w

(1) 径向跳动 F_r

定义:在齿轮一转范围内,测头在齿槽内或轮齿上于齿高中部双面接触,测头相对于齿轮轴线的最大和最小径向距离之差。齿轮径向跳动见图 9-3。图中 D_m 表示测头直径。

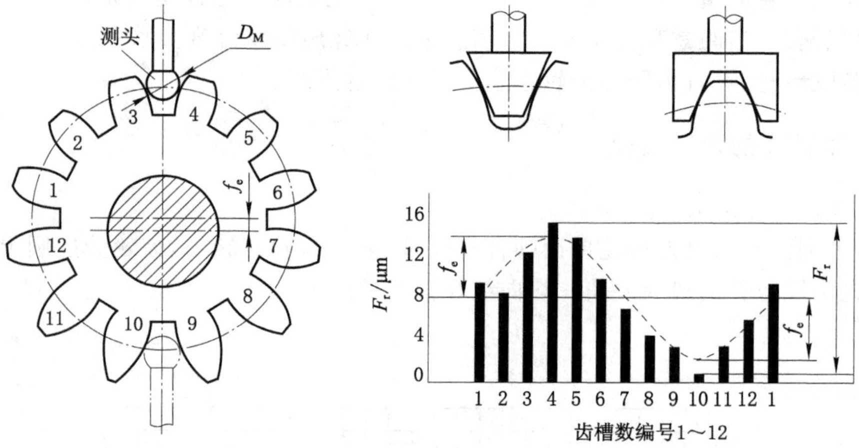

图 9-3　齿轮径向跳动

(2) 公法线长度变动 F_w

定义:在齿轮一周范围内,实际公法线长度最大值与最小值之差。公法线的测量值见图 9-4。

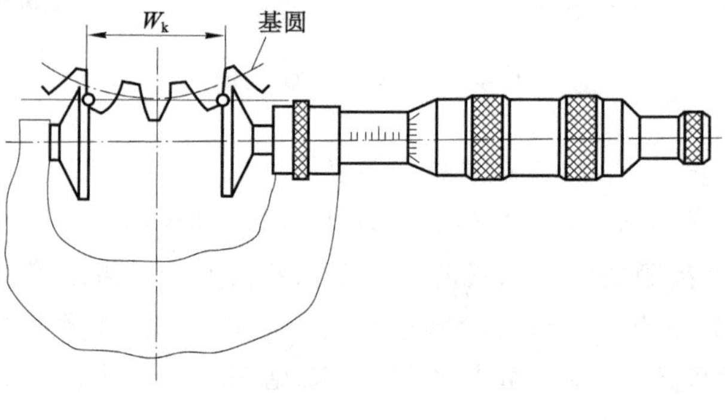

图 9-4　用公法线千分尺测量公法线长度

4. 径向综合总偏差 F_{id}

定义被测齿轮与理想精确的测量齿轮双面啮合转动时,在被测齿轮一转内,齿轮双面啮合中心距的最大值和最小值之差。具体实例见图 9-5。

综上所述:对于齿轮,影响传递运动准确性的误差可用一个综合性的指标或两个单项性指标评定。

9.3.2　工作平稳性的评定指标

1. 一齿切向综合偏差 f_{is}

定义:在一个齿距内的切向综合偏差,即在切向综合误差记录曲线上小波纹的最大幅度值。具体实例见图 9-1。

2. 一齿径向综合偏差 f_{id}

定义：当产品齿轮啮合一整圈时，对应一个齿距（360°/z）的径向综合偏差值，即在径向综合误差记录曲线上小波纹的最大幅度值。具体实例见图 9-5。

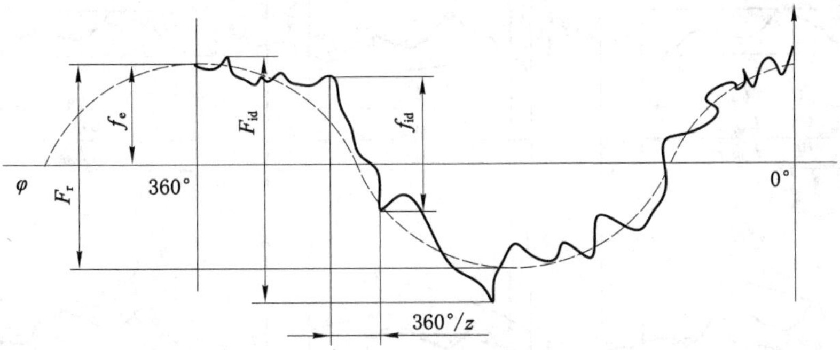

f_e—齿轮偏心量。

图 9-5　径向综合偏差曲线

3. 齿廓总偏差 F_α 与基圆齿距偏差 f_{pb}

（1）齿廓总偏差 F_α：在计值范围内，包容实际齿廓迹线的两条设计齿廓迹线间的距离，即齿顶倒棱部分除外包括包容实际齿形的两条最近的设计齿形间的法向距离，是一个单向性的指标。图例见图 9-6(a)。

（2）基圆齿距偏差 f_{pb}：被测齿轮的实际基节与公称基节之差，是一个单向性指标。

综上所述：一齿切向综合偏差 f_{is} 是评定齿轮工作平稳性的综合指标。对于直齿轮 Δf_{is} 是由基圆齿距偏差和齿廓总偏差引起的。当用单项性指标评定直齿轮的精度时，不论对于哪种切齿方法，原则上均可采用 F_α 与 f_{pb} 这组指标。

9.3.3　接触精度的评定指标

螺旋线总偏差 F_β 是指在计值范围内，包容实际螺旋迹线的两条设计螺旋迹线间的距离，是在加工齿轮时，刀具进给方向与齿轮基准轴线方向不平行造成的。

在分度圆柱面上，齿宽有效部分范围内（端部倒角部分除外），包容实际齿线且距离为最小的两条设计齿向线之间的端面距离为螺旋线总偏差 F_β，实例见图 9-7(a)。

螺旋线是齿面和分度圆柱面的交线。通常直齿轮的齿向线为直线，斜齿轮的螺旋线是螺旋线。

9.3.4　侧隙的评定指标

齿厚减薄量是通过调整刀具与毛坯的径向位置而获得的，其误差将影响侧隙的大小。此外，几何偏心和运动偏心也会引起齿厚不均匀，使齿轮工作时的侧隙也不均匀。

为控制齿厚减薄量，以获得必要的侧隙，可以采用下列评定指标：

1. 齿厚偏差 f_{sn}

齿厚偏差 f_{sn} 是指在齿轮分度圆柱面上齿厚的实际值与公称值之差。对于斜齿轮，指法向齿厚。为了保证一定的齿侧间隙，齿厚的上偏差 E_{sns}、齿厚的下偏差 E_{sni} 一般都为负值。

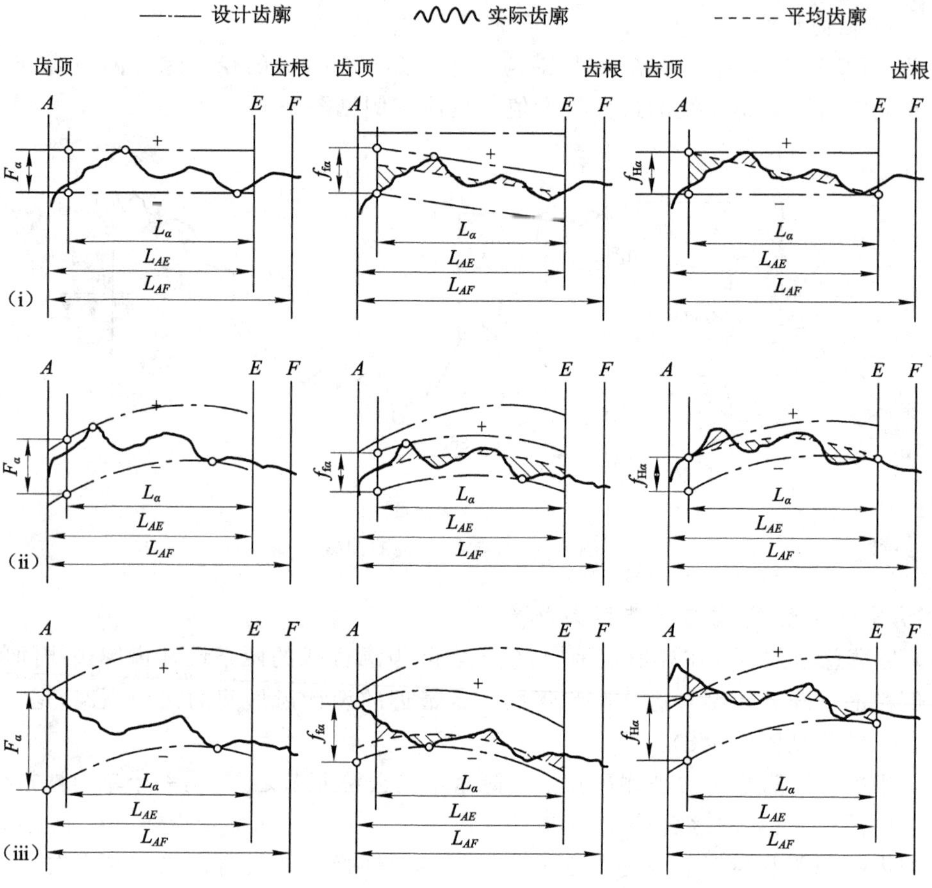

(a) 齿廓总偏差 (b) 齿廓形状偏差 (c) 齿廓倾斜偏差

(ⅰ) 设计齿廓,未修形的渐开线;实际齿廓,在减薄区偏向体内;

(ⅱ) 设计齿廓,修形的渐开线;实际齿廓,在减薄区偏向体内;

(ⅲ) 设计齿廓,修形的渐开线;实际齿廓,在减薄区偏向体外。

A—齿顶倒角或齿顶圆角的起始点;E—有效齿廓的起始点;F—可用齿廓的起始点;

L_α—齿廓计值范围;L_{AE}—有效长度;L_{AF}—可用长度。

图 9-6 齿廓偏差

见图 9-8。齿厚偏差 f_{sn} 可用齿轮游标卡尺在齿高的中部测量,以齿顶圆作为测量基准。

2. 公法线长度偏差 ΔE_W

齿厚的变化必然引起公法线长度 W 的变化,测量公法线的长度同样可控制侧隙,公法线长度偏差 ΔE_W 是指实际公法线长度 W_k 与公称公法线长度 W 之差。公法线长度的上偏差 E_{bns} 和下偏差 E_{bni} 与齿厚偏差有如下关系:

外齿轮的换算公式为

$$
\begin{aligned}
E_{bns} &= E_{sns}\cos\alpha - 0.72F_{rT}\sin\alpha \\
E_{bni} &= E_{sni}\cos\alpha + 0.72F_{rT}\sin\alpha
\end{aligned}
\tag{9-1}
$$

内齿轮的换算公式为

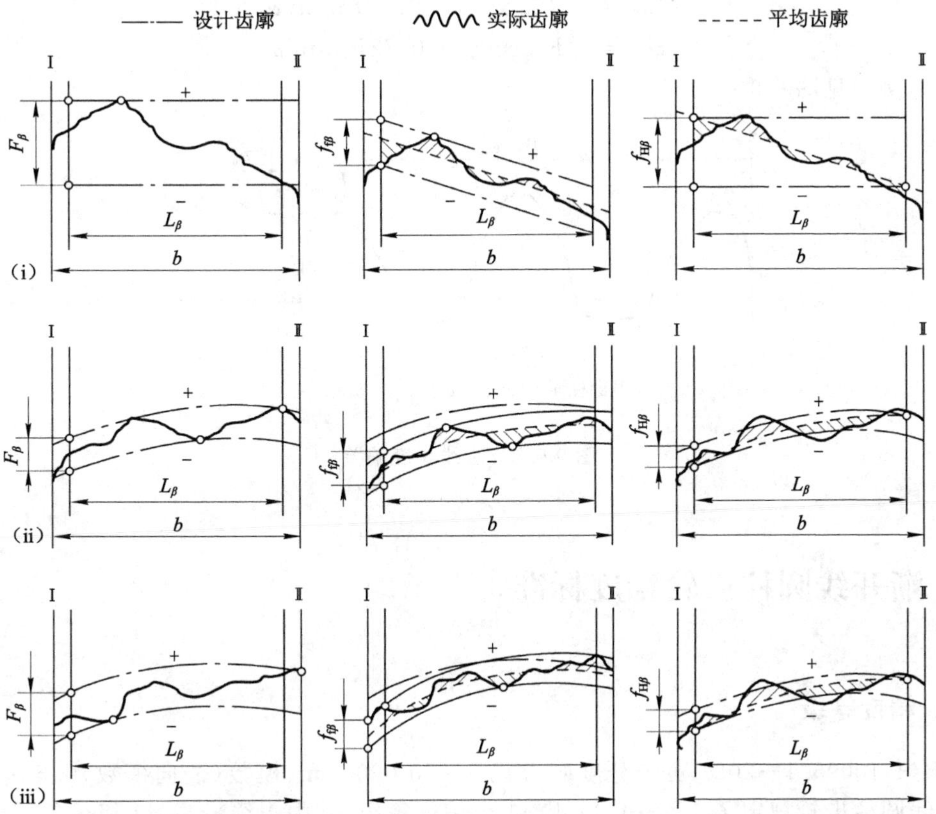

(ⅰ) 设计螺旋线，不修形的螺旋线；实际螺旋线，在减薄区偏向体内；

(ⅱ) 设计螺旋线，修形的螺旋线；实际螺旋线，在减薄区偏向体内；

(ⅲ) 设计螺旋线，修形的螺旋线；实际螺旋线，在减薄区偏向体外。

图 9-7　螺旋线偏差

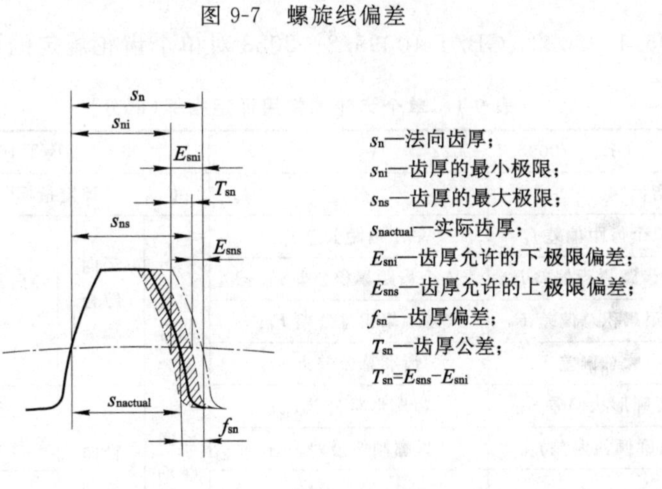

图 9-8　齿厚的允许偏差

$$E_{bns} = -E_{sni}\cos\alpha - 0.72F_{rT}\sin\alpha$$
$$E_{bni} = -E_{sns}\cos\alpha + 0.72F_{rT}\sin\alpha \tag{9-2}$$

具体例子见图 9-9。

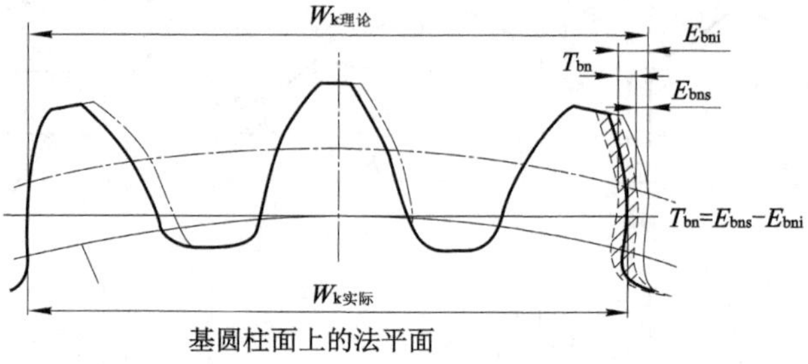

图 9-9　公法线长度偏差

9.4　渐开线圆柱齿轮精度标准

9.4.1　精度等级

GB/T 10095.1—2022 对于分度圆直径 5～15 000 mm、模数(法向模数)0.5～70 mm 的渐开线圆柱齿轮规定了 1、2、…、11 共 11 个精度等级，其中 1 级最高，11 级最低。

5 级精度为基本等级，是计算其他等级偏差允许值的基础。1、2 级齿轮要求非常高，目前几乎没有能够制造和测量的手段，因此属于有待发展的展望级；3～5 级为高精度等级；6～8级为中等精度等级(用的最多)；9 级为较低精度等级；10、11 级为低精度等级。

9.4.2　齿轮偏差的允许值

GB/T 10095.1—2022 、GB/T 10095.2—2023 对单个齿轮规定的评定指标见表 9-1。

表 9-1　单个齿轮的常用评定指标(部分)

GB/T 10095.1—2022				GB/T 10095.2—2023			
评定指标			公差	评定指标			公差
轮齿同侧齿面偏差	齿距偏差	单个齿距偏差 f_p	单个齿距公差 f_{pT}	径向综合偏差与径向跳动	径向综合偏差	径向综合总偏差 F_{id}	径向综合总公差 F_{idT}
		k 个齿距累积偏差 F_{pk}	k 个齿距累积公差 F_{pkT}				
		齿距累积总偏差 F_p	齿距累积总公差 F_{pT}				
	齿廓偏差	齿廓总偏差 F_α	齿廓总公差 $F_{\alpha T}$				
		齿廓形状偏差 $f_{f\alpha}$	齿廓形状公差 $f_{f\alpha T}$		径向跳动	一齿径向综合偏差 f_{id}	一齿径向综合公差 f_{idT}
		齿廓倾斜偏差 $f_{H\alpha}$	齿廓倾斜公差 $f_{H\alpha T}$				
	螺旋线偏差	螺旋线总偏差 F_β	螺旋线总公差 $F_{\beta T}$			径向跳动 F_r	径向跳动公差 F_{rT}

单个齿距公差 f_{pT} 和齿距累积总公差 F_{pT} 值见表 9-2，齿廓总公差 $F_{\alpha T}$ 和齿廓形状公差 $f_{f\alpha T}$ 和齿廓倾斜公差 $f_{H\alpha T}$ 值见表 9-3，螺旋线总公差 $F_{\beta T}$、螺旋线形状公差 $f_{f\beta T}$ 和螺旋线倾斜公差 $f_{H\beta T}$ 见表 9-4。一齿切向综合公差 f_{isT}/K 的比值见表 9-5。径向跳动公差 F_{rT} 和公法线长度变动公差 F_W 见表 9-6。径向综合总公差 F_{idT} 和一齿径向综合公差 f_{idT} 见表 9-7。

表 9-2　单个齿距公差 f_{pT} 和齿距累积总公差 F_{pT}　　单位：μm

分度圆直径 d/mm	公差项目	单个齿距公差 f_{pT}				齿距累积总公差 F_{pT}			
	法向模数 m_n/mm	精度等级							
		5	6	7	8	5	6	7	8
>20～50	>2～3.5	5.5	7.5	11.0	15.0	15.0	21.0	30.0	42.0
	>3.5～6	6.0	8.5	12.0	17.0	15.0	22.0	31.0	44.0
>50～125	>2～3.5	6.0	8.5	12.0	17.0	19.0	27.0	38.0	53.0
	>3.5～6	6.5	9.0	13.0	18.0	19.0	28.0	39.0	55.0
	>6～10	7.5	10.0	15.0	21.0	20.0	29.0	41.0	58.0
>125～280	>2～3.5	6.5	9.0	13.0	18.0	25.0	35.0	50.0	70.0
	>3.5～6	7.0	10.0	14.0	20.0	25.0	36.0	51.0	72.0
	>6～10	8.0	11.0	16.0	23.0	26.0	37.0	53.0	75.0
>280～560	>2～3.5	7.0	10.0	14.0	20.0	33.0	46.0	65.0	92.0
	>3.5～6	8.0	11.0	16.0	22.0	33.0	47.0	66.0	94.0
	>6～10	8.5	12.0	17.0	25.0	34.0	48.0	68.0	97.0

表 9-3　齿廓总公差 $F_{\alpha T}$、齿廓形状公差 $f_{f\alpha T}$ 和齿廓倾斜公差 $f_{H\alpha T}$　　单位：μm

分度圆直径 d/mm	公差项目	齿廓总公差 $F_{\alpha T}$				齿廓形状公差 $f_{f\alpha T}$				齿廓倾斜公差 $f_{H\alpha T}$			
	法向模数 m_n/mm	精度等级											
		5	6	7	8	5	6	7	8	5	6	7	8
>20～50	>2～3.5	7.0	10.0	14.0	20.0	5.5	8.0	11.0	16.0	4.5	6.5	9.0	13.0
	>3.5～6	9.0	12.0	18.0	25.0	7.0	9.5	14.0	19.0	5.5	8.0	11.0	16.0
>50～125	>2～3.5	8.0	11.0	16.0	22.0	6.0	8.5	12.0	17.0	5.0	7.0	10.0	14.0
	>3.5～6	9.5	13.0	19.0	27.0	7.5	10.0	15.0	21.0	6.0	8.5	12.0	17.0
	>6～10	12.0	16.0	23.0	33.0	9.0	13.0	18.0	25.0	7.5	10.0	15.0	21.0
>125～280	>2～3.5	9.0	13.0	18.0	25.0	7.0	9.5	14.0	19.0	5.5	8.0	11.0	16.0
	>3.5～6	11.0	15.0	21.0	30.0	8.0	12.0	16.0	23.0	6.5	9.5	13.0	19.0
	>6～10	13.0	18.0	25.0	36.0	10.0	14.0	20.0	28.0	8.0	11.0	16.0	23.0
>280～560	>2～3.5	10.0	15.0	21.0	29.0	8.0	11.0	16.0	22.0	6.5	9.0	13.0	18.0
	>3.5～6	12.0	17.0	24.0	34.0	9.0	13.0	18.0	26.0	7.5	11.0	15.0	21.0
	>6～10	14.0	20.0	28.0	40.0	11.0	15.0	22.0	31.0	9.0	13.0	18.0	25.0

表 9-4　螺旋线总公差 $F_{\beta T}$、螺旋线形状公差 $f_{f\beta T}$ 和螺旋线倾斜公差 $f_{H\beta T}$　　单位：μm

分度圆直径 d/mm	公差项目 / 齿宽 b/mm	螺旋线总公差 $F_{\beta T}$				螺旋线形状公差 $f_{f\beta T}$ 螺旋线倾斜公差 $f_{H\beta T}$			
		精度等级							
		5	6	7	8	5	6	7	8
>20～50	>10～20	7.0	10.0	14.0	20.0	5.0	7.0	10.0	14.0
	>20～40	8.0	11.0	16.0	23.0	6.0	8.0	12.0	16.0
>50～125	>10～20	7.5	11.0	15.0	21.0	5.5	7.5	11.0	15.0
	>20～40	8.5	12.0	17.0	24.0	6.0	8.5	12.0	17.0
	>40～80	10.0	14.0	20.0	28.0	7.0	10.0	14.0	20.0
>125～280	>10～20	8.0	11.0	16.0	22.0	5.5	8.0	11.0	16.0
	>20～40	9.0	13.0	18.0	25.0	6.5	9.0	13.0	18.0
	>40～80	10.0	15.0	21.0	29.0	7.5	10.0	15.0	21.0
>280～560	>20～40	9.5	13.0	19.0	27.0	7.0	9.5	14.0	19.0
	>40～80	11.0	15.0	22.0	31.0	8.0	11.0	16.0	22.0
	>80～160	13.0	18.0	26.0	36.0	9.0	13.0	18.0	26.0

表 9-5　f_{isT}/K 的比值　　单位：μm

分度圆直径 d/mm	法向模数 m_n/mm	f_{isT}/K 值			
		精度等级			
		5	6	7	8
>20～50	>2～3.5	17.0	24.0	34.0	48.0
	>3.5～6	19.0	27.0	38.0	54.0
>50～125	>2～3.5	18.0	25.0	36.0	51.0
	>3.5～6	20.0	29.0	40.0	57.0
	>6～10	23.0	33.0	47.0	66.0
>125～280	>2～3.5	20.0	28.0	39.0	56.0
	>3.5～6	22.0	31.0	44.0	62.0
	>6～10	25.0	35.0	50.0	70.0
>280～560	>2～3.5	22.0	31.0	44.0	62.0
	>3.5～6	24.0	34.0	48.0	68.0
	>6～10	27.0	38.0	54.0	76.0

注：1. 一齿切向综合公差 f_{isT} 的公差值由表中给出的 f_{isT}/K 数值乘以系数 K 求得。

2. $f_{isT}=K(4.3+f_{pT}+F_{\alpha T})$，式中，当总重合度 $\varepsilon_\gamma<4$ 时，取系数 $K=0.2[(\varepsilon_\gamma+4)/\varepsilon_\gamma]$；当 $\varepsilon_\gamma\geqslant4$ 时，取 $K=0.4$。

3. 切向综合总公差 $F_{isT}=F_{pT}+f_{isT}$。

表 9-6　径向跳动公差 F_{rT} 和公法线长度变动公差 F_W　　单位：μm

分度圆直径 d/mm	公差项目	径向跳动公差 F_{rT}				公法线长度变动公差 F_W			
	法向模数 m_n/mm	精度等级							
		5	6	7	8	5	6	7	8
>20～50	>2～3.5	12	17	24	34	12	16	23	32
	>3.5～6	12	17	25	35				
>50～125	>2～3.5	15	21	30	43	14	19	28	37
	>3.5～6	16	22	31	44				
	>6～10	16	23	33	46				
>125～280	>2～3.5	20	28	40	56	16	22	31	44
	>3.5～6	20	29	41	58				
	>6～10	21	30	42	60				
>280～560	>2～3.5	26	37	52	74	19	26	37	53
	>3.5～6	27	38	53	75				
	>6～10	27	39	55	77				

注：本表中 F_{rT}、F_W 是根据我国的生产实践提出的，供参考。

表 9-7　径向综合总公差 F_{idT} 和一齿径向综合公差 f_{idT}　　单位：μm

分度圆直径 d/mm	公差项目	径向综合总公差 F_{idT}				一齿径向综合公差 f_{idT}			
	法向模数 m_n/mm	精度等级							
		5	6	7	8	5	6	7	8
>20～50	>1.0～1.5	16	23	32	45	4.5	6.5	9.0	13
	>1.5～2.5	18	26	37	52	6.5	9.5	13	19
>50～125	>1.0～1.5	19	27	39	55	4.5	6.5	9.0	13
	>1.5～2.5	22	31	43	61	6.5	9.5	13	19
	>2.5～4.0	25	36	51	72	10	14	20	29
>125～280	>1.0～1.5	24	34	48	68	4.5	6.5	9.0	13
	>1.5～2.5	26	37	53	75	6.5	9.5	13	19
	>2.5～4.0	30	43	61	86	10	15	21	29
	>4.0～6.0	36	51	72	102	15	22	31	44
>280～560	>1.0～1.5	30	43	61	86	4.5	6.5	9.0	13
	>1.5～2.5	33	46	65	92	6.5	9.5	13	19
	>2.5～4.0	37	52	73	104	10	15	21	29
	>4.0～6.0	42	60	84	119	15	22	31	44

9.4.3　齿轮坯的精度

切齿前的齿轮坯基准表面的精度对齿轮的加工精度和安装精度的影响很大。用控制齿轮坯精度来保证和提高齿轮的加工精度是一项有效的技术措施。因此，在齿轮零件图上除了明确地表示齿轮的基准轴线和标注齿轮公差以外，还必须标注齿轮坯公差。

1. 盘形齿轮的齿轮坯公差

如图 9-10 所示，盘形齿轮的基准表面是齿轮安装在轴上的基准孔、切齿时的定位端面、齿顶圆柱面。公差项目主要有：基准孔的尺寸公差并采用包容要求、齿顶圆柱面的直径公差、定位端面对基准孔轴线的轴向圆跳动公差。有时还要规定齿顶圆柱面对基准孔轴线的径向圆跳动公差。

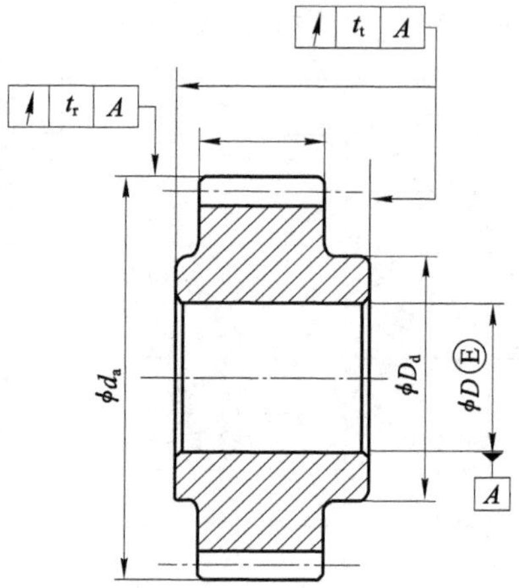

图 9-10 盘形齿轮的齿轮坯公差

基准孔尺寸公差和齿顶圆柱面的直径公差按齿轮精度等级从表 9-8 中选用。

基准端面对基准孔轴线的轴向圆跳动公差 t_t 由该端面的直径 D_d、齿宽 b 和齿轮螺旋线总公差 $F_{\beta T}$ 按下式确定，即

$$t_t = 0.2(D_d/b)F_{\beta T} \tag{9-3}$$

切齿时，如果齿顶圆柱面用来在切齿机床上将齿轮基准孔轴线相对于工作台回转轴线找正，或者以齿顶圆柱面作为测量齿厚的基准时，则需规定齿顶圆柱面对齿轮基准孔轴线的径向圆跳动公差。该公差 t_r 由齿轮齿距累积总公差 F_{pT} 按下式确定，即

$$t_r = 0.3F_{pT} \tag{9-4}$$

2. 齿轮轴的齿轮坯公差

如图 9-11 所示，齿轮轴的基准表面是安装滚动轴承的两个轴颈、齿顶圆柱面。公差项目主要有：

两个轴颈的直径公差（采用包容要求）和形状公差：通常按滚动轴承的公差等级确定。

齿顶圆柱面的直径公差：按齿轮精度等级从表 9-8 中选用。

两个轴颈分别对它们的公共轴线（基准轴线）的径向圆跳动公差：按式(9-4)确定。

以齿顶圆柱面作为测量齿厚的基准时，需规定齿顶圆柱面对两个轴颈的公共轴线（基准轴线）的径向圆跳动公差，按式(9-4)确定。

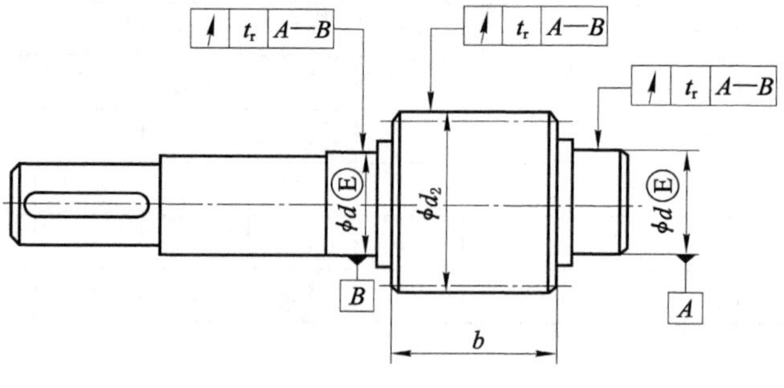

图 9-11 齿轮轴的齿轮坯公差

表 9-8　齿轮坯的尺寸公差

齿轮精度等级	1	2	3	4	5	6	7	8	9	10	11
盘形齿轮基准孔尺寸公差	IT4				IT5	IT6	IT7		IT8		IT9
齿轮轴轴颈直径公差和形状公差	通常按滚动轴承的公差等级确定										
齿顶圆柱面的直径公差	IT6		IT7			IT8			IT9		IT11
基准端面对齿轮基准孔轴线的轴向圆跳动公差 t_t	$t_t=0.2(D_d/b)F_{\beta T}$										
齿顶圆柱面对齿轮基准孔轴线的径向圆跳动公差 t_r	$t_r=0.3F_{pT}$										
齿顶圆和基准孔的圆柱度公差 t	取 $0.04(L/b)F_{\beta T}$ 或 $0.1F_{pT}$ 中较小者										

注：1. 齿轮的三项精度等级不同时，齿轮基准孔的尺寸公差按最高的精度等级确定。

2. 齿顶圆柱面不作为测量齿厚的基准面时，齿顶圆柱面的直径公差按 IT11 给定，但不得大于 $0.1m_n$。

3. 齿顶圆柱面不作为基准面时，图样上不必给出 t_r。

3. 齿轮齿面和基准面的表面粗糙度

齿轮齿面、盘形齿轮的基准孔、齿轮轴的轴颈、基准端面、径向找正用的圆柱面和作为测量基准的齿顶圆柱面的表面粗糙度 Ra 的上限值可从表 9-9 中查取。

表 9-9　齿轮齿面和齿轮坯基准面的表面粗糙度 *Ra* 值　　单位：μm

	精度等级				
	5	6	7	8	9
模数 m/mm	齿轮齿面				
$m<6$	0.5	0.8	1.25	2.0	3.2
$6\leqslant m\leqslant 25$	0.63	1.00	1.6	2.5	4.0
$m>25$	0.8	1.25	2.0	3.2	5.0
	精度等级				
	5	6	7	8	9
齿轮基准孔	0.32～0.63	1.25	1.25～2.5		5
齿轮轴基准轴颈	0.32	0.63	1.25	2.5	
齿轮基准端面	1.25～2.5	2.5～5		3.2～5	
齿顶圆	1.25～2.5	3.2～5			

4. 齿轮精度等级的标注

当齿轮所有精度指标的公差同为某一精度等级时，图样上可标注该精度等级和标准号。例如，同为 7 级时，可标注为

GB/T 10095.1—2022　等级 7

当齿轮各精度指标的公差的精度等级不同时，图样上可按齿轮传递运动准确性、齿轮传动平稳性和轮齿载荷分布均匀性的顺序分别标注它们的精度等级及带括号的对应公差符号和标准号，或分别标注它们的精度等级和标准号。例如，齿距累积总公差 F_{pT} 和单个齿

距公差 f_{pT}、齿廓总公差 $F_{\alpha T}$ 皆为 8 级，而螺旋线总公差 $F_{\beta T}$ 为 7 级时，可标注为

GB/T 10095.1—2022　等级 8(F_{pT}、f_{pT}、$F_{\alpha T}$)、7($F_{\beta T}$)

或标注为　GB/T 10095.1-2022 8-8-7

9.5　齿轮副的精度和齿轮侧隙的评定指标

9.5.1　齿轮副的精度

如图 9-12 所示，圆柱齿轮减速器的箱体上有两对轴承孔，这两对轴承孔分别用来支承与两个相互啮合齿轮各自连成一体的两根轴。这两对轴承孔的公共轴线应平行，它们之间的距离称为齿轮副中心距 a，箱体上支承同一根轴的两个轴承各自中间平面之间的距离称为轴承跨距 L，它相当于被支承轴的两个轴颈各自中间平面之间的距离。中心距偏差和轴线平行度偏差对齿轮传动的使用要求都有影响。前者影响侧隙的大小，后者影响轮齿载荷分布的均匀性。

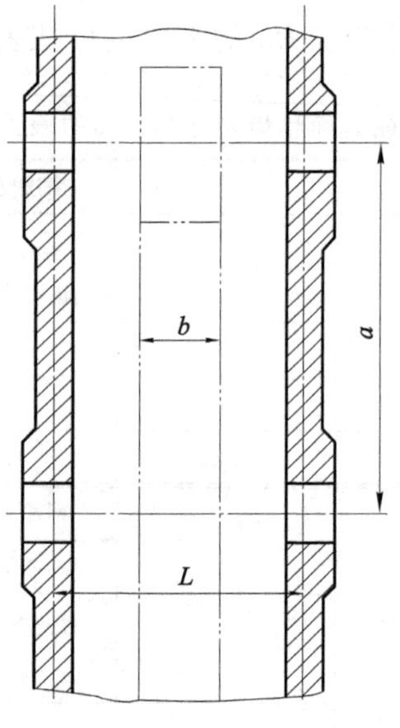

b—齿宽；L—轴承跨距；a—中心距。

图 9-12　箱体上轴承跨距和齿轮副中心距

1. 齿轮副中心距公差 f_{aT}

如图 9-12 所示，齿轮副中心距公差 f_{aT} 是指在箱体两侧轴承跨距 L 的范围内，齿轮副两条轴线之间的实际中心距与公称中心距 a 之差。该评定指标由 GB/Z 18620.3—2008 推荐。图样上标注公称中心距及其极限偏差(f_a)：$a \pm f_a$。中心距偏差的合格条件是它在图 9-12 箱体上轴承跨距和中心距极限偏差范围内($-f_{aT} \leqslant f_a \leqslant +f_{aT}$)。

f_{aT} 的数值按齿轮精度等级可从表 9-10 中选用。

表 9-10　齿轮副的中心距公差 f_{aT}　　单位：μm

齿轮精度等级		1～2	3～4	5～6	7～8	9～10	11
f_{aT}		$\frac{1}{2}$IT4	$\frac{1}{2}$IT6	$\frac{1}{2}$IT7	$\frac{1}{2}$IT8	$\frac{1}{2}$IT9	$\frac{1}{2}$IT11
齿轮副中心距/mm	>80～120	5	11	17.5	27	43.5	110
	>120～180	6	12.5	20	31.5	50	125
	>180～250	7	14.5	23	36	57.5	145
	>250～315	8	16	26	40.5	65	160
	>315～400	9	18	28.5	44.5	70	180

2. 齿轮副轴线平行度公差 $f_{\Sigma\delta}$、$f_{\Sigma\beta}$

GB/Z 18620.3—2008 规定了轴线平面内的平行度公差和垂直平面内的平行度公差，并推荐了最大允许值。

测量齿轮副两条轴线之间的平行度偏差时，应根据两对轴承的跨距 L 选取跨距较大的那条轴线作为基准轴线；如果两对轴承的跨距相同，则可取其中任何一条轴线作为基准轴线。如图 9-13 所示，被测轴线对基准轴线的平行度偏差应在相互垂直的轴线平面[H]和垂直平面[V]上测量。轴线平面[H]是指包含基准轴线并通过被测轴线与一个轴承中间平面的交点所确定的平面。垂直平面[V]是指通过上述交点确定的垂直于轴线平面[H]且平行于基准轴线的平面。

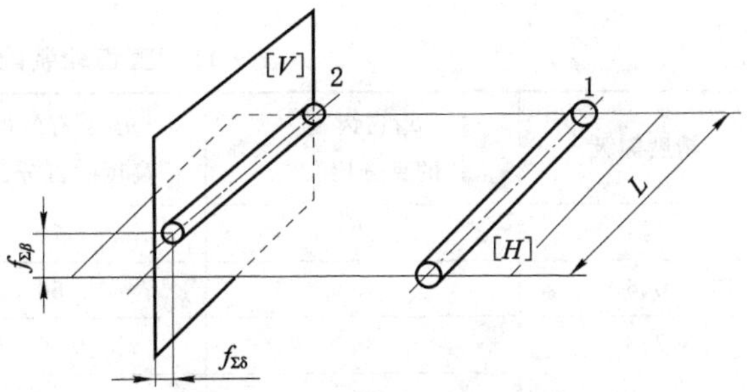

1—基准轴线；2—被测轴线。
[H]—轴线平面；[V]—垂直平面。
图 9-13　齿轮副轴线平行度偏差

轴线平面[H]上的平行度偏差 $f_{\Sigma\delta}$ 是指实际被测轴线 2 在[H]平面上的投影对基准轴线 1 的平行度偏差。垂直平面[V]上的平行度偏差 $f_{\Sigma\beta}$ 是指实际被测轴线 2 在[V]平面上的投影对基准轴线 1 的平行度偏差。

$f_{\Sigma\delta}$ 的公差 $f_{\Sigma\delta T}$ 和 $f_{\Sigma\beta}$ 的公差 $f_{\Sigma\beta T}$ 推荐按轮齿载荷分布均匀性的精度等级分别用下列两个公式计算确定。即

$$f_{\Sigma\delta T}=(L/b)F_{\beta T} \tag{9-5}$$

$$f_{\Sigma\beta T}=0.5(L/b)F_{\beta T}=0.5f_{\Sigma\beta T} \tag{9-6}$$

式中，L、b 和 $F_{\beta T}$ 分别为箱体上轴承跨距、齿轮齿宽和齿轮螺旋线总偏差。

齿轮副轴线平行度偏差的合格条件为

$$f_{\Sigma\delta}\leqslant f_{\Sigma\delta T} \text{ 且 } f_{\Sigma\beta}\leqslant f_{\Sigma\beta T}$$

3. 齿轮副的接触斑点

齿轮副的接触斑点是指安装好的齿轮副，在轻微制动下，运转后齿面上分布的接触擦亮痕迹，如图 9-14 所示。该评定指标由 GB/Z 18620.4—2008 推荐。

接触痕迹的大小在齿面展开图上用百分比计算：

(1) 沿齿长方向，接触痕迹的长度 b''（扣除超过模数值的断开部分 c）与工作长度 b' 之比的百分数，即 $\frac{b''-c}{b'}\times 100\%$。

(2) 沿齿高方向，接触痕迹的平均高度 h'' 与工作高度 h' 之比的百分数，即 $\frac{h''}{h'}\times 100\%$。

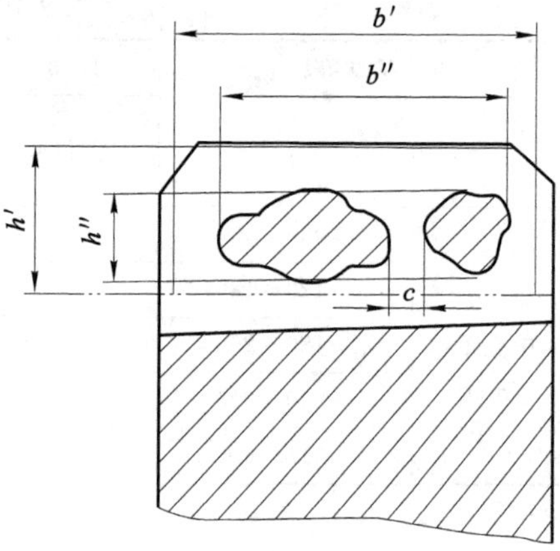

图 9-14　接触斑点

沿齿长方向的接触斑点主要影响齿轮副的承载能力，沿齿高方向的接触斑点主要影响工作平稳性。齿轮副的接触斑点综合反映了齿轮副的加工误差和安装误差，是一个特殊的非几何量的检验项目。对于接触斑点，GB/Z 18620.4—2008 给出了直齿轮装配后的推荐值，见表 9-11。

表 9-11　直齿轮装配后的接触斑点

精度等级	b_{c1} 占齿宽的百分比/%	h_{c1} 占有效齿面高度的百分比/%	b_{c2} 占齿宽的百分比/%	h_{c2} 占有效齿面高度的百分比/%
≤4	50	70	40	50
5、6	45	50	35	30
7、8	35	50	35	30
9～11	25	50	25	30

注：b_{c1} 为接触斑点的较大长度，b_{c2} 为接触斑点的较小长度，h_{c1} 为接触带的较大高度，h_{c2} 为接触带的较小高度。

9.5.2　齿轮侧隙的评定指标

1. 齿轮副最小侧隙

侧隙通常在相互啮合齿轮齿面的法向平面上或沿啮合线测量，如图 9-15 所示，它称为法向侧隙 j_{bn}，可用塞尺测量。为了保证齿轮转动的灵活性，根据润滑和补偿热变形的需要，齿轮副必须具有一定的最小侧隙。

在标准温度(20 ℃)下齿轮副无载荷时所需最小限度的法向侧隙称为最小法向侧隙 j_{bnmin}。它与齿轮精度等级无关。

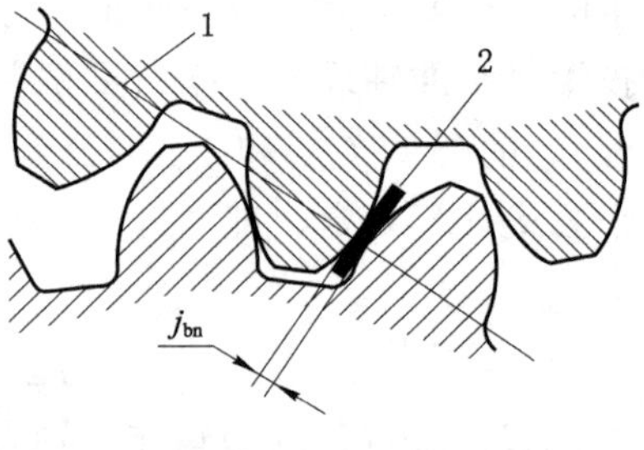

1—啮合线；2—塞尺。

图 9-15　用塞尺测量齿轮副的法向侧隙 j_{bn}

最小法向侧隙 j_{bnmin} 可以根据传动时允许的工作温度、润滑方法及齿轮的圆周速度等工作条件确定，由下列两部分组成。

(1) 补偿传动时温度升高使齿轮和箱体产生的热变形所需的法向侧隙 j_{bn1} 的计算公式为

$$j_{bn1}=a(\alpha_1\Delta t_1-\alpha_2\Delta t_2)\times 2\sin\alpha_n \tag{9-7}$$

式中，a 为齿轮副的公称中心距；α_1、α_2 为齿轮和箱体材料的线膨胀系数(1/℃)；Δt_1、Δt_2 为齿轮温度 t_1 和箱体温度 t_2 分别对 20℃的偏差；α_n 为齿轮的法向压力角。

(2) 保证正常润滑条件所需的法向侧隙 j_{bn2} 取决于润滑方法和齿轮的圆周速度，可参考表 9-12 选取。

齿轮副的最小法向侧隙为

$$j_{bnmin}=j_{bn1}+j_{bn2}$$

表 9-12　保证正常润滑条件所需的法向侧隙 j_{bn2}

润滑方式	齿轮的圆周速度 v/(m/s)			
	≤10	>10～25	>25～60	>60
喷油润滑	$0.01m_n$	$0.02m_n$	$0.03m_n$	$(0.03\sim0.05)m_n$
油池润滑	$(0.005\sim0.01)m_n$			

注：m_n—齿轮法向模数，mm。

对于用黑色金属材料制造的齿轮和箱体，工作时齿轮节圆线速度小于 15 m/s，其箱体、轴和轴承都采用常用的商业制造公差的齿轮传动，j_{bnmin} 可按下式计算(或查表 9-13)：

$$j_{bnmin}=\frac{2}{3}(0.06+0.0005a_i+0.03m_n) \tag{9-8}$$

表 9-13　大、中模数齿轮最小法向侧隙 j_{bnmin} 的推荐值(摘自 GB/Z 18620.4—2008)

单位：mm

模数 m_n	最小中心距 a_i					
	50	100	200	400	800	1 600
1.5	0.09	0.11	—	—	—	—
2	0.10	0.12	0.15	—	—	—
3	0.12	0.14	0.17	0.24	—	—
5	—	0.18	0.21	0.28	—	—
8	—	0.24	0.27	0.34	0.47	—
12	—	—	0.35	0.42	0.55	—
18	—	—	—	0.54	0.67	0.94

2. *齿厚偏差与齿厚公差*

法向齿厚 s_n 是齿厚的理论值，两个具有法向齿厚 s_n 的齿轮在公称中心距下是无侧隙啮合。通过将轮齿齿厚减薄一定的数值，在装配后就会得到合理的齿侧间隙，见图 9-8。

外齿轮法向齿厚：　$s_n=m_n\left(\frac{\pi}{2}+2x\tan\alpha_n\right)$

(9-9)

内齿轮法向齿厚：　$s_n=m_n\left(\frac{\pi}{2}-2x\tan\alpha_n\right)$

式中，α_n为法向压力角。

确定齿厚上偏差E_{sns}即齿厚最小减薄量，如图 9-8 所示，它除了要保证齿轮副所需的最小法向侧隙j_{bnmin}外，还要补偿齿轮和齿轮副加工和安装误差所引起的侧隙减小量J_{bn}。它包括两个互相啮合齿轮的基圆齿距偏差 f_{pb}、螺旋线总偏差 F_β、轴线平行度偏差 $f_{\Sigma\delta}$和 $f_{\Sigma\beta}$。计算J_{bn}时，应考虑要将偏差都转化到法向侧隙的方向上，并用公差（或极限偏差）代替其偏差，再按独立随机量合成的方法合成，可得

$$J_{bn} = \sqrt{f_{pb1}^2 + f_{pb2}^2 + 2(F_\beta \cos\alpha_n)^2 + (f_{\sum\delta}\sin\alpha_n)^2 + (f_{\sum\beta}\cos\alpha_n)^2} \tag{9-10}$$

式中，$f_{pb1} = f_{p1}\cos\alpha_n$，$f_{pb2} = f_{p2}\cos\alpha_n$（$f_{p1}$、$f_{p2}$ 分别为大、小齿轮的单个齿距偏差），$f_{\sum\delta} = (L/b)F_\beta$，$f_{\sum\beta} = 0.5(L/b)F_\beta$（$L$ 为齿轮副轴承跨距，b 为齿宽）和 $\alpha_n = 20°$，将它们代入式(9-10)得到

$$J_{bn} = \sqrt{0.88(f_{p1}^2 + f_{p2}^2) + [1.77 + 0.34(L/b)^2]F_\beta^2} \tag{9-11}$$

考虑到实际中心距为下极限尺寸，即中心距实际偏差为下极限偏差$-f_a$时，会使法向侧隙减少 $2f_a\sin\alpha_n$，同时将齿厚偏差换算到法向（乘以 $\cos\alpha_n$），则可得齿厚上偏差 E_{sns1}、E_{sns2}与 j_{bnmin}、J_{bn}和中心距下极限偏差$-f_a$ 的关系为

$$(E_{sns1} + E_{sns2})\cos\alpha_n = -(j_{bnmin} + J_{bn} + 2f_a\sin\alpha_n) \tag{9-12}$$

通常为了方便设计与计算，令$E_{sns1} = E_{sns2} = E_{sns}$，于是可得齿厚上偏差为

$$E_{sns} = -\left(\frac{j_{bnmin} + J_{bn}}{2\cos\alpha_n} + |f_a|\tan\alpha_n\right) \tag{9-13}$$

齿厚下偏差E_{sni}由齿厚上偏差E_{sns}和齿厚公差T_{sn}求得。即

$$E_{sni} = E_{sns} - T_{sn}$$

齿厚公差T_{sn}的大小主要取决于切齿时的径向进刀公差b_{rT}和齿轮径向跳动公差 F_{rT}（考虑切齿时几何偏心的影响，它使被切齿轮的各轮齿的齿厚不相同）。b_r和 F_r按独立随机变量合成，并把它们从径向计值换算到齿厚偏差方向（乘以 $2\tan\alpha_n$），则得

$$T_{sn} = 2\tan\alpha_n\sqrt{b_{rT}^2 + F_{rT}^2} \tag{9-14}$$

式中，b_{rT}的数值推荐按表 9-14 选取，F_{rT}的数值按齿轮传递运动准确性的精度等级、分度圆直径和法向模数确定（可从表 9-6 查取）。

表 9-14　切齿时的径向进刀公差b_{rT}

齿轮传递运动准确性的精度等级	4 级	5 级	6 级	7 级	8 级	9 级
b_{rT}	1.26IT7	IT8	1.26IT8	IT9	1.26IT9	IT10

注：标准公差值 IT 按齿轮分度圆直径从表 2-2 查取。

9.6　圆柱齿轮的精度设计

9.6.1　确定齿轮的精度等级

精度等级主要依据齿轮的用途、使用要求和工作条件等进行选择。

计算法主要用于精密传动链设计，通过计算允许的转角偏差大小，选择适宜的精度等级。经验法是参考同类产品的齿轮精度，结合所设计齿轮的具体要求来确定精度等级，见表 9-15。

表 9-15 各类机械齿轮的精度等级应用范围

齿轮用途	精度等级	齿轮用途	精度等级	齿轮用途	精度等级
测量齿轮	2～5	轻型汽车	5～8	轧钢机	5～10
汽轮机减速器	3～6	机车	6～7	起重机械	6～10
金属切削机床	3～8	通用减速器	6～8	矿山绞车	8～10
航空发动机	3～7	载重汽车、拖拉机	6～9	农业机械	8～10

在机械传动中应用最多的齿轮是既传递运动又传递动力，其精度等级与圆周速度密切相关，因此可计算出齿轮的最高圆周速度，参考表 9-16 确定齿轮的精度等级。

表 9-16 齿轮精度等级的选用

精度等级	圆周速度/(m/s)		齿面的终加工	工作条件及应用范围
	直齿	斜齿		
3 级 (极精密)	<40	<75	特别精密的磨削和研齿；用精密滚刀或单边剃齿后的大多数不经淬火的齿轮	要求特别精密的或在最平稳且无噪声的特别高速下工作的齿轮传动；特别精密机构中的齿轮；特别高速传动(齿轮透平齿轮)；检测 5～6 级齿轮用的测量齿轮
4 级 (特别精密)	<35	<70	精密磨齿；用精密滚刀和挤齿或单边剃齿后的大多数齿轮	特别精密分度机构中或在最平稳且无噪声的极高速下工作的齿轮传动；高速透平传动齿轮；检测 7 级齿轮用的测量齿轮
5 级 (高精密)	<20	<40	精密磨齿；大多数用精密滚刀加工，进而挤齿或剃齿的齿轮	精密分度机构中或要求极平稳且无噪声的高速工作的齿轮传动；精密机构用齿轮；透平齿轮；检测 8 级和 9 级齿轮用测量齿轮
6 级 (高精密)	<16	<30	精密磨齿或剃齿	要求高效率且无噪声的高速下平稳工作的齿轮传动或分度机构的齿轮传动；特别重要的航空、汽车齿轮；读数装置用特别精密传动的齿轮
7 级 (精密)	<10	<15	无须热处理仅用精确刀具加工的齿轮；淬火齿轮必须精整加工(磨齿、挤齿、珩齿等)	增速和减速用齿轮传动；金属切削机床送刀机构用齿轮；高速减速器用齿轮；航空、汽车用齿轮；读数装置用齿轮
8 级 (中等精密)	6	<10	不磨齿，必要时光整加工或对研	无须特别精密的一般机械制造用齿轮；包括在分度链中的机床传动齿轮；飞机、汽车制造业中的不重要齿轮；起重机构用齿轮；农业机械中的重要齿轮，通用减速器齿轮
9 级 (较低精度)	<2	<4	无须特殊光整工作	用于粗糙工作的齿轮

9.6.2 选择检验项目

在检验中，测量全部轮齿要素的偏差既不经济也没有必要。

精度等级较高的齿轮，应该选用同侧齿面的精度项目，如齿廓偏差、齿距偏差、螺旋线偏差、切向综合偏差等。精度等级较低的齿轮，可以选用径向综合偏差或齿圈径向跳动等双侧齿面的精度项目。因为同侧齿面的精度项目比较接近齿轮的实际工作状态；而双侧齿面的精度项目受非工作齿面精度的影响，反映齿轮实际工作状态的可靠性较差。

为了评定单个齿轮的加工精度，应检验齿距累积总偏差或k个齿距累积偏差、单个齿距偏差、齿廓总偏差、螺旋线总偏差以及齿厚偏差。齿厚极限偏差由设计者按齿轮副侧隙计算确定。

根据我国企业齿轮生产的技术和质量控制水平，建议供货方依据齿轮的使用要求和生产批量，在下述检验组中选取一个用于评定齿轮质量。经需方同意后，也可用于验收。

① f_p、F_p、F_α、F_β、F_r。

② f_p、F_p、F_{pk}、F_α、F_β、F_r。

③ F_{id}、f_{id}。

④ f_p、F_r(10、11 级)。

⑤ F_{is}、f_{is}(协议有要求时)。

9.6.3 选择最小侧隙和计算齿厚极限偏差

由齿轮副的中心距合理地确定最小侧隙值，计算确定齿厚极限偏差。

9.6.4 确定齿坯公差和表面粗糙度

根据齿轮的工作条件和使用要求，确定齿坯的尺寸公差、几何公差和表面粗糙度值。

9.6.5 绘制齿轮工作图

绘制齿轮工作图，填写规格数据表，标注相应的技术要求。

【例 9-1】 齿轮精度设计应用举例

某机床主轴箱传动轴上的一对直齿圆柱齿轮，小齿轮和大齿轮的齿数$z_1=26$、$z_2=56$，模数$m=2.75$ mm，齿宽$b_1=28$ mm、$b_2=24$ mm，小齿轮基准孔的公称尺寸为$\phi30$ mm，基准端面直径$D_d=\phi65$，转速$n_1=1\ 650$ r/min，箱体上两对轴承孔的跨距L相等，均为 90 mm。齿轮材料为钢，箱体材料为铸铁，单件小批生产。试设计小齿轮精度，并画出齿轮工作图。

解 (1) 确定齿轮精度等级

因为该齿轮为机床主轴箱传动齿轮，由表 9-15 可以大致得出，齿轮精度在 3～8 级之间，进一步分析，该齿轮既传递运动又传递动力，因此可根据圆周速度确定其精度等级。

$$v=\frac{\pi d n_1}{1\ 000\times60}=\frac{3.14\times2.75\times26\times1\ 650}{1\ 000\times60}\text{m/s}=6.2\ \text{m/s}$$

参照表 9-16 确定齿轮传动的平稳性精度等级为 7 级，由于该齿轮传递运动准确性要求不高，传递动力也不是很大，故准确性和载荷分布均匀性也可都取 7 级，则齿轮精度在图样上标注为：GB/T 10095.1—2022　等级 7。

(2) 确定齿轮检验项目及允许值

小齿轮分度圆直径 $d=mz=2.75\times26=\phi71.5$ mm。

① 齿距累积总公差 F_{pT}　　由表 9-2 查得 $F_{pT}=0.038$ mm。

② 单个齿距公差 f_{pT}　　由表 9-2 查得 $f_{pT}=\pm0.012$ mm。

③ 齿廓总公差 $F_{\alpha T}$　　由表 9-3 查得 $F_{\alpha T}=0.016$ mm。

④ 螺旋线总公差 $F_{\beta T}$　　由表 9-4 查得 $F_{\beta T}=0.017$ mm。

⑤ 径向跳动公差 F_{rT}　　由表 9-6 查得 $F_{rT}=0.030$ mm。

(3) 确定最小法向侧隙和齿厚极限偏差

$$\text{中心距 } a=\frac{m}{2}(z_1+z_2)=\frac{2.75}{2}\times(26+56)\text{ mm}=112.75\text{ mm}$$

最小法向侧隙 j_{bnmin} 可由中心距 a 计算确定，即

$$j_{bmin}=\frac{2}{3}\times(0.06+0.0005a+0.03m_n)$$

$$=\frac{2}{3}\times(0.06+0.0005\times112.75+0.03\times2.75)\text{ mm}=0.133\text{ mm}$$

确定齿厚极限偏差时，首先要确定补偿齿轮和齿轮箱体的制造、安装误差所引起的侧隙减少量 J_{bn}。按式(9-11)，由表 9-2 和表 9-4 查得 $f_{pT1}=12$ μm，$f_{pT2}=13$ μm，$F_{\beta T}=17$ μm 且 $L=90$ mm，$b=28$，得

$$J_{bn}=\sqrt{0.88(f_{pT1}^2+f_{pT2}^2)+[1.77+0.34(L/b)^2]F_\beta^2}$$

$$=\sqrt{0.88\times(12^2+13^2)+[1.77+0.34\times(90/28)^2]\times17^2}\ \mu\text{m}=42.5\ \mu\text{m}$$

然后按式(9-13)，由表 9-10 查得齿轮副中心距公差 $f_{aT}=27$ μm，则齿厚上偏差为

$$E_{sns}=-\left(\frac{j_{bnmin}+J_{bn}}{2\cos\alpha_n}+|f_a|\tan\alpha_n\right)=-\left(\frac{0.133+0.0425}{2\cos20^\circ}+0.027\times\tan20^\circ\right)\text{mm}$$

$$=-0.107\text{ mm}$$

按式(9-14)，由表 9-6 查得 $F_{rT}=30$ μm，从表 9-14 查得 $b_{rT}=\text{IT9}=74$ μm，因此齿厚公差为

$$T_{sn}=\sqrt{b_{rT}^2+F_{rT}^2}\times2\tan\alpha_n=\sqrt{30^2+74^2}\times2\tan20^\circ\ \mu\text{m}=58\ \mu\text{m}$$

最后，可得齿厚下偏差为

$$E_{sni}=E_{snS}-T_{sn}=(-0.107-0.058)\text{ mm}=-0.165\text{ mm}$$

通常对于中等模数齿轮，用检查公法线长度极限偏差来代替齿厚偏差。

按式(9-1)，由表 9-6 查得 $F_{rT}=30$ μm，可得公法线长度上、下偏差为

$$E_{bns}=E_{sns}\cos\alpha_n-0.72F_r\sin\alpha_n=[(-0.107\times\cos20^\circ)-0.72\times0.030\times\sin20^\circ]\text{ mm}$$

$$=-0.108\text{ mm}$$

$$E_{bni}=E_{sni}\cos\alpha_n+0.72F_r\sin\alpha_n=[(-0.165\times\cos20^\circ)+0.72\times0.030\times\sin20^\circ]\text{ mm}$$

$$=-0.148\text{ mm}$$

跨齿数 k 和公称公法线长度 W_k 分别为

$$k=\frac{z}{9}+0.5=\frac{26}{9}+0.5=3.38(\text{取 }k=3)$$

$W_k = m[2.952\times(k-0.5)+0.014z] = 2.75\times[2.952\times(3-0.5)+0.014\times 26]\text{mm}$
$= 21.297\ \text{mm}$

则公法线长度及极限偏差$W_k = 21.297^{-0.108}_{-0.148}$ mm。

(4) 确定齿轮坯精度和齿轮各表面粗糙度

① 基准孔的尺寸公差和形状公差

查表 9-8,取基准孔的尺寸公差等级为 IT7,并采用包容要求,即 $\phi 30\text{H7} = \phi 30^{+0.021}_{0}$ mm。

基准孔的圆柱度公差取 $0.04(L/b)F_{\beta T}$或 $0.1F_{pT}$中较小者:

$0.04(L/b)F_{\beta} = 0.04\times(90/28)\times 0.017\ \text{mm} = 0.002\ \text{mm}$,

$0.1F_p = 0.1\times 0.038\ \text{mm} = 0.003\ 8\ \text{mm}$,取圆柱度公差 $t_1 = 0.002$ mm。

② 齿顶圆的尺寸公差和形状公差

查表 9-8,取齿顶圆的尺寸公差等级为 IT8,即

$$\phi 77h8 = \phi 77^{\ 0}_{-0.046}\ \text{mm}$$

齿顶圆的圆柱度公差取 $0.04(L/b)F_{\beta T}$或 $0.1F_{pT}$中较小者:取 $t_2 = 0.002$ mm。

按表 9-8 计算得齿顶圆对基准孔轴线的径向圆跳动公差值 $t_r = 0.3F_{pT} = 0.3\times\ 0.038$ mm$=0.011$ mm。

如果齿顶圆柱面不做基准,则图样上不必给出 t_2和 t_r。

③ 基准端面的圆跳动公差

按表 9-8 确定基准端面对基准孔轴线的轴向圆跳动公差值,即

$$t_t = 0.2(D_d/b)F_{\beta T} = 0.2\times(65/28)\times 0.017\ \text{mm} = 0.008\ \text{mm}$$

④ 径向基准面的圆跳动公差

由于齿顶圆柱面做测量和加工基准,因此不必另选径向基准面。

⑤ 齿坯表面粗糙度值

查表 9-9,取齿面表面粗糙度 $Ra = 1.25\ \mu\text{m}$,基准孔表面粗糙度 $Ra = 1.25\ \mu\text{m}$,端面表面粗糙度 $Ra = 2.5\ \mu\text{m}$,齿顶表面粗糙度 $Ra = 3.2\ \mu\text{m}$。

(5) 确定齿轮副精度

① 齿轮副中心距公差 f_{aT}

由表 9-10 查得 $f_{aT} = 27\ \mu\text{m}$,则在图上标注:中心距 $a = (112.75\pm 0.027)$ mm。

② 轴线平行度公差 $f_{\Sigma\delta T}$和 $f_{\Sigma\beta T}$

轴线平面上的轴线平行度公差和垂直平面上的轴线平行度公差分别按式(9-5)和式(9-6)确定,即

$$f_{\Sigma\beta T} = 0.5(L/b)F_{\beta T} = 0.028\ \text{mm},$$
$$f_{\Sigma\delta T} = 2f_{\Sigma\beta T} = 0.056\ \text{mm}$$

③ 轮齿接触斑点

由表 9-11 查得轮齿接触斑点要求:在齿长方向上的$b_{c1}/b \geqslant 35\%$和$b_{c2}/b \geqslant 35\%$;在齿高方向上的$h_{c1}/h \geqslant 50\%$和$h_{c2}/h \geqslant 30\%$。

中心距公差 f_{aT}和轴线平行度公差 $f_{\Sigma\delta T}$、$f_{\Sigma\beta T}$在箱体图上注出。

图 9-16 所示为该齿轮的工作图。

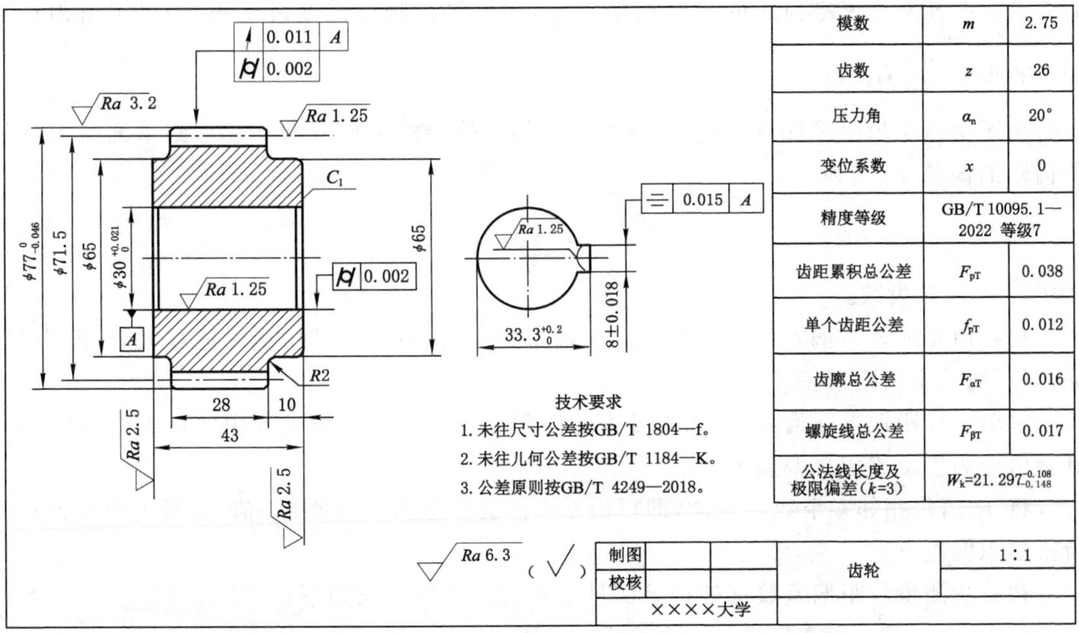

图 9-16　齿轮工作图

9.7　齿轮精度检测

齿轮精度的检测标准 GB/Z 18620.1—2008 至 GB/Z 18620.4—2008 涉及第 1 部分：轮齿同侧齿面的检验；第 2 部分：径向综合偏差、径向跳动、齿厚和侧隙的检验；第 3 部分：齿轮坯、轴中心距和轴线平行度的检验；第 4 部分：表面结构和轮齿接触斑点的检验。

本节主要介绍齿轮齿距偏差、齿廓偏差、螺旋线偏差、齿厚偏差、径向跳动、切向综合偏差、径向综合偏差及公法线长度的测量方法。

9.7.1　齿距偏差的测量

齿距偏差常用齿距比较仪、万能测齿仪、光学分度头等仪器进行测量。测量方法分为绝对测量和相对测量，相对测量方法应用最为广泛。图 9-17 所示为使用齿距仪测量齿距偏差的工作原理。测量时，按照被测齿轮的模数先将量爪 5 固定在仪器刻度位置上，利用齿顶圆定位，通过调整支脚 1 和 3，使固定量爪 5 和活动量爪 4 同时与相邻两同侧的齿面接触于分度圆上。以任一齿距作为基准齿距并将指示表调零，然后逐个齿距进行测量，得

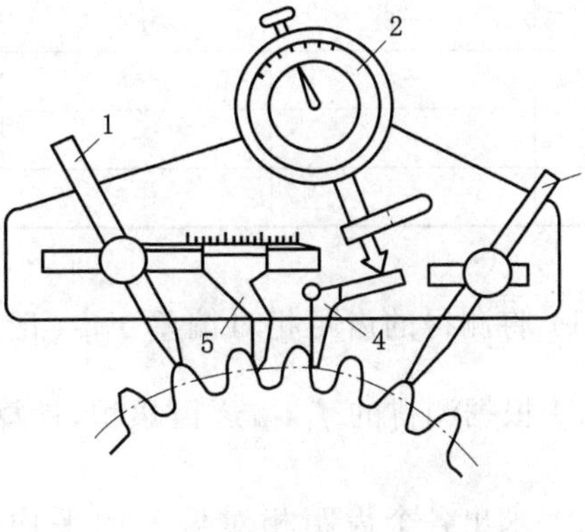

1，3—调整支脚；2—指示表；
4—活动量爪；5—固定量爪。

图 9-17　使用齿距仪测量齿距偏差

到各个齿距相对于基准齿距的相对偏差 $f_{pt相对}$。再将各测得值逐齿累积，即可求出相对齿距累积偏差 $\sum_{1}^{n} f_{pt相对}$ 。

由于第一个齿距是任意选定的，各个齿距相对偏差的平均值为 $f_{pt平均}$，则基准齿距对公称齿距的偏差 $f_{pt平均}$ 为

$$f_{pt平均} = \sum_{1}^{n} f_{pt相对}/z$$

式中，z 为齿轮齿数。

将各齿距的相对偏差分别减去 $f_{pt平均}$ 值，得到各齿距偏差，其中绝对值最大者，即为“产品齿轮”的单个齿距偏差 f_{pt}。

将单个齿距偏差逐齿累积，求得各齿的齿距累积偏差 F_{pi}，找出其中的最大值、最小值，其差值即为齿距累积总偏差 F_p。

将 f_{pt} 值每相邻 k 个数字相加，即得出 k 个齿的齿距累积偏差 F_{pki} 值，其最大值即为 k 个齿距累积偏差 F_{pk}。

相对法测量齿距偏差数据处理示例见表 9-17。具体步骤如下：

表 9-17 相对法测量齿距偏差数据处理示例 单位：μm

齿序	齿距相对偏差 $f_{pt相对}$	$\sum_{1}^{n} f_{pt相对}$	单个齿距偏差 f_{pt}	齿距累积偏差 F_{pt}	k 个齿距累积偏差 F_{pki}
1	0	0	−0.5	−0.5	−3.5(11～1)
2	−1	−1	−1.5	−2.0	−3.5(12～2)
3	−2	−3	−2.5	−4.5	−4.5(1～3)
4	−1	−4	−1.5	−6.0	−5.5(2～4)
5	−2	−6	−2.5	[−8.5]	−6.5(3～5)
6	+3	−3	+2.5	−6.0	−1.5(4～6)
7	+2	−1	+1.5	−4.5	+1.5(5～7)
8	+3	+2	+2.5	−2	+6.5(6～8)
9	+2	+4	+1.5	−0.5	+5.57(7～9)
10	+4	+8	[+3.5]	[+3.0]	[+7.5](8～10)
11	−1	+7	−1.5	+1.5	+3.5(9～11)
12	−1	+6	−1.5	0	+0.5(10～12)

(1) 将测得的齿距相对偏差 $f_{pt相对}$ 记入表中第二列；

(2) 根据测得的 $f_{pt相对}$ 逐齿累积，计算出相对齿距累积偏差 $\sum_{1}^{n} f_{pt相对}$ 记入第三列；

(3) 求出各个齿距相对偏差的平均值为 $f_{pt平均}$，$f_{pt平均} = \sum_{1}^{n} f_{pt相对} = 6/12\ \mu m = 0.5\ \mu m$，各齿距相对偏差分别减去 $f_{pt平均}$，得单个齿距偏差值，记入表中第四列。其中，绝对值最大者即为“产品齿轮”的单个齿距偏差 f_{pt}，$f_{pt} = +3.5\ \mu m$ 。

(4) 各齿距偏差逐齿累积，求得各齿的齿距累积偏差 F_{pi}，记入表中第五列，其中最大值与最小值之差即为“产品齿轮”的齿距累积总偏差 F_{pi}，$F_{pi}=F_{pimax}-F_{pimin}=[3-(-8.5)]\ \mu m=11.5\ \mu m$。

(5) 将 f_{pt}每相邻 $k(k=3)$个数相加，求得 $k(k=3)$个齿距累积偏差 F_{pki}，记入表中第六列，其中最大值即为“产品齿轮”的 $k(k=3)$个齿距累积偏差 F_{pk}，$F_{pk}=+7.5\ \mu m$。

除另有规定，齿距偏差均在接近齿高和齿宽中部的位置测量。f_{pt}需对每个轮齿的两侧面进行测量。

9.7.2　齿廓偏差的测量

齿廓偏差的测量通常在渐开线检查仪上进行。渐开线检查仪分为万能渐开线检查仪和单盘式渐开线检查仪两种。图 9-18 示出了单盘式渐开线检查仪的工作原理和结构图。图 9-18(a) 所示为单盘式渐开线检查仪的工作原理图，图 9-18(b)所示为单盘式渐开线检查仪的结构图。将“产品齿轮”1 和可更换的基圆盘 2 装在同一心轴上，基圆盘的直径等于“产品齿轮”的理论基圆直径，并与装在滑板上的直尺 3 相切，当转动手轮 8 带动直尺 3 沿基圆盘作纯滚动时，带动基圆盘和“产品齿轮”同步转动，固定在直尺 3 上测量杠杆的一端为测量头，与被测齿面接触，沿着齿面从齿根向齿顶方向滑动。

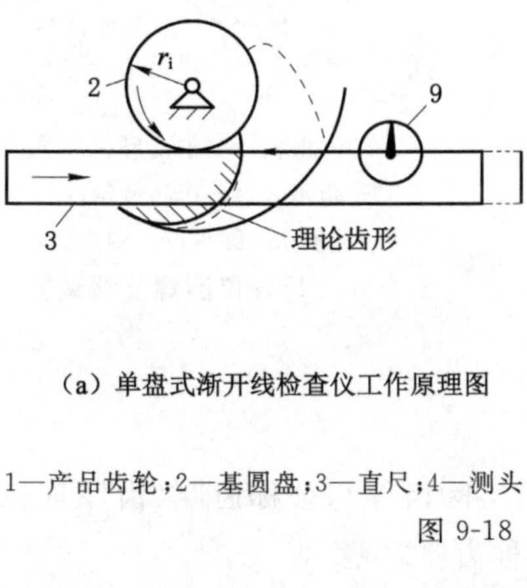

(a) 单盘式渐开线检查仪工作原理图

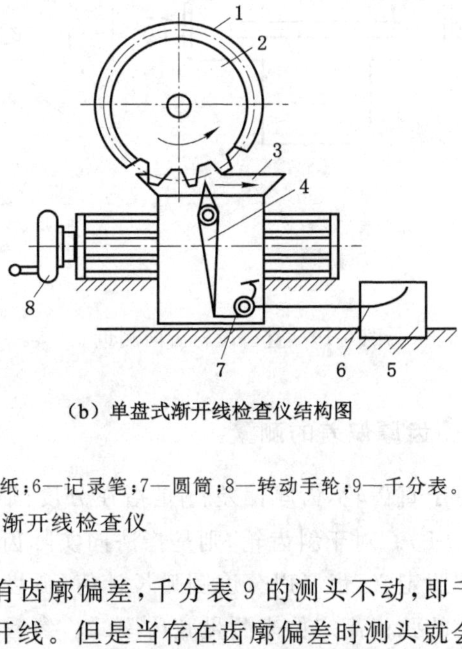

(b) 单盘式渐开线检查仪结构图

1—产品齿轮；2—基圆盘；3—直尺；4—测头；5—记录纸；6—记录笔；7—圆筒；8—转动手轮；9—千分表。

图 9-18　单盘式渐开线检查仪

根据渐开线的形成原理，若“产品齿轮”没有齿廓偏差，千分表 9 的测头不动，即千分表 9 的指针读数不变，测头走出的轨迹为理论渐开线。但是当存在齿廓偏差时测头就会偏离理论齿廓曲线，产生附加位移并通过千分表 9 指示出来，或通过测量测头 4、圆筒 7，利用记录笔 6 在记录纸 5 上由记录器画出齿廓偏差曲线。根据齿廓偏差的定义从记录曲线上求出 F_α 值。

除另有规定，测量部位应在齿宽中间位置测量。若齿宽大于 250 mm 则应增加两个测量部位，即在距齿宽每侧 15%的齿宽处测量。测量齿面至少要测量沿圆周均布的三个轮齿的左、右齿面。

9.7.3 螺旋线偏差的测量

直齿圆柱齿轮的螺旋线总偏差 F_β 可用图 9-19 所示方法测量。“产品齿轮”连同测量心轴安装在具有前后顶尖的测量仪器上，将测量棒依次置于齿轮相隔 90°的齿槽间 1、2 的位置，分别在测量棒两端打表，测得的两次示值差就可近似作为直齿圆柱齿轮的螺旋线偏差（齿向偏差）。

斜齿轮的螺旋线偏差可在导程仪或螺旋角测量仪上测量，如图 9-20 所示。当滑板 1 沿着齿轮轴线方向移动时，其上的正弦尺 2 带动滑板 5 作径向运动，滑板 5 又带动与“产品齿轮”4 同轴的圆盘 6 转动，从而使齿轮与圆盘同步转动，此时装在滑板 1 上的测头 7 相对于齿轮 4 来说，其运动轨迹为理论螺旋线，与齿轮实际螺旋线进行比较从而测出螺旋线或导程偏差，并由指示表 3 显示出或由记录器画出偏差曲线。按照 F_β 的定义，可从偏差曲线上求出 F_β 值。

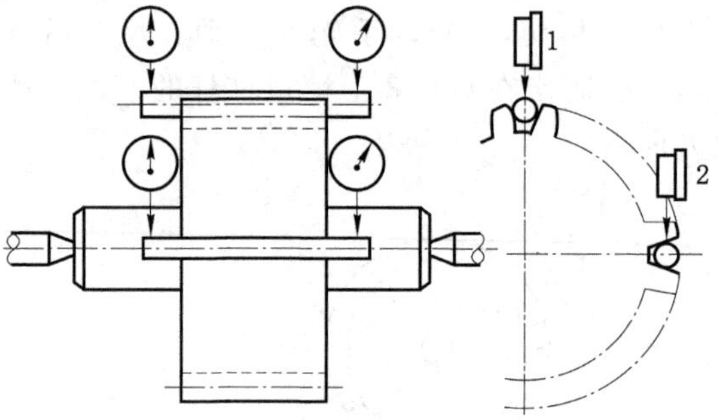

图 9-19 直齿齿轮齿向测量

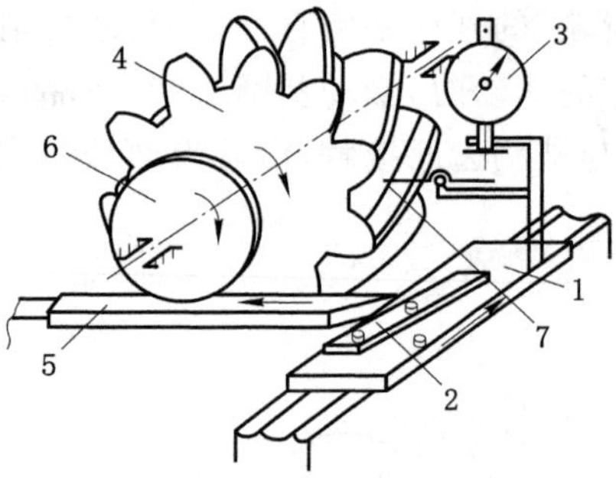

1—滑板；2—正弦尺；
3—指示表；4—产品齿轮；
5—滑板；6—圆盘；7—测头。

图 9-20 导程仪测螺旋线偏差

9.7.4 齿厚偏差的测量

对于直齿轮，齿厚偏差 f_{sn} 是指在分度圆柱面上，实际齿厚与公称齿厚（齿厚理论值）之差（图 9-8）。对于斜齿轮，则是指法向实际齿厚与公称齿厚之差。

按照定义，齿厚以分度圆弧长计值（弧齿厚），但弧长不便于测量。因此，实际上是按分度圆上的弦齿高定位来测量弦齿厚的。参看图 9-21，直齿轮分度圆上的公称弦齿厚 s_f 与公称弦齿高 h_f 的计算式为

$$\begin{aligned} s_f &= mz\sin\delta \\ h_f &= r_a - \frac{mz}{2}\cos\delta \end{aligned} \tag{9-15}$$

式中，δ 为分度圆弦齿厚的一半所对应的中心角，$\delta=\dfrac{\pi}{2z}+\dfrac{2x}{z}\tan\alpha$；$r_a$ 为齿轮齿顶圆半径的公称值；m、z、α、x 分别为齿轮的模数、齿数、标准压力角、变位系数。

图样上标注公称弦齿高h_f和公称弦齿厚 s_f及齿厚允许的上、下偏差(E_{sns}、E_{sni})：$s_{f+E_{sns}}^{+E_{sni}}$。齿厚偏差f_{sn}的合格条件是它在齿厚极限偏差范围内($E_{sni} \leqslant f_{sn} \leqslant E_{sns}$)。

弦齿厚通常用游标测齿卡尺(图 9-21)或光学测齿卡尺以弦齿高为依据来测量。由于测量弦齿厚以齿轮齿顶圆柱面作为测量基准，因此齿顶圆直径的实际偏差和齿顶圆柱面对齿轮基准轴线的径向圆跳动都对齿厚测量精度产生较大的影响。

一般情况下，E_{sns}、E_{sni}均为负值。该评定指标由 GB/Z 18620.2—2008 推荐。

齿轮齿厚的实际尺寸减小或增大，实际公法线长度也相应地减小或增大，因此可以测量公法线长度代替测量齿厚，以评定齿厚减薄量。

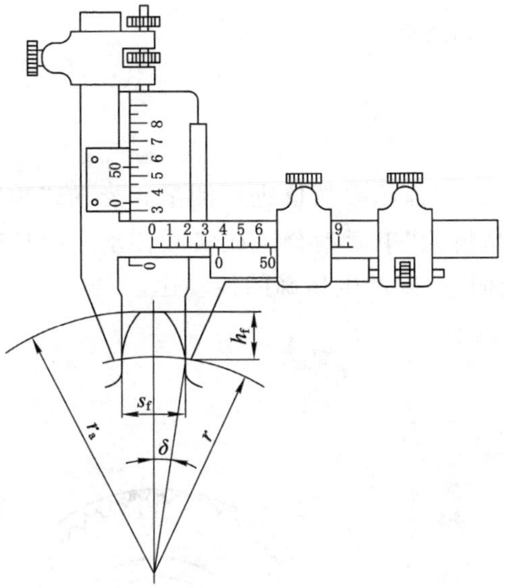

r—分度圆半径；r_a—齿顶圆半径。

图 9-21　分度圆弦齿厚测量

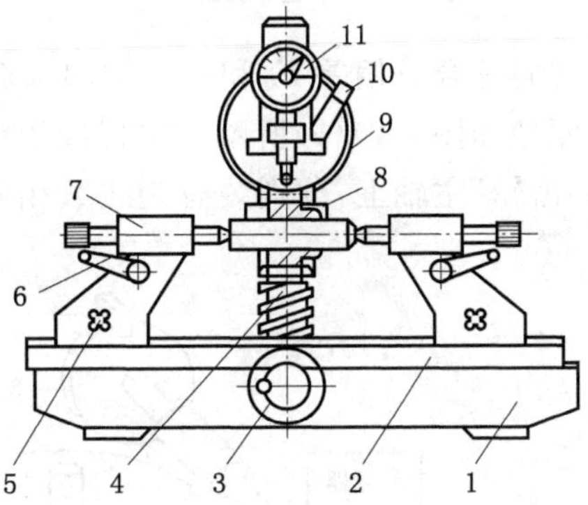

1—底座；2—滑板；3—手轮；4—立柱；
5—紧固螺钉；6—紧固手柄；7—顶尖座；
8—调节螺母；9—回转盘；10—提升手把；11—指示表。

图 9-22　径向跳动检测

9.7.5　径向跳动测量

径向跳动通常用齿轮跳动检查仪、万能测齿仪等仪器进行测量。检测时将一个适当的测头(球、砧、圆柱体等)逐齿放入被检测齿轮的每个齿槽中，检测出测头相对于齿轮轴线的最大和最小径向距离之差。齿轮跳动检查仪的外形如图 9-22 所示，它主要由底座 1、滑板 2、手轮 3、立柱 4、紧固螺钉 5、紧固手柄 6、顶尖座 7、调节螺母 8、回转盘 9、提升手把 10 和指示表 11 等组成。为了测量不同模数的齿轮，测量仪器备有不同模数尺寸的测头。

为了保证测量径向跳动时测头在分度圆附近与齿面接触(见图 9-3)，检测前，首先根据“产品齿轮”的模数，选择合适直径的球形或圆柱形测头，装入指示表测量杆下端。

检测时，用心轴固定好“产品齿轮”，通过升降调整使测量头位于齿槽内，测头在近似齿高中部与左、右齿面同时接触。调整指示表零位，并使其指针压缩 1～2 圈。将测量头相继置于每个齿槽内时，逐齿测量一圈，并记下指示表的读数。求出测头到齿轮轴线的最大和最小径向距离之差，即为“产品齿轮”径向跳动，如图 9-23 所示。

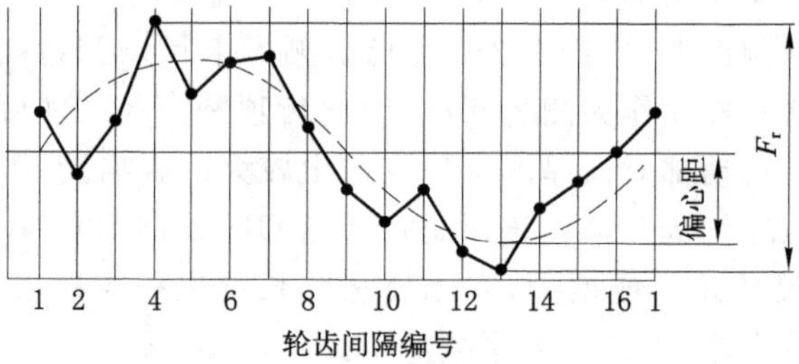

图 9-23　齿轮径向跳动

9.7.6　切向综合偏差测量

切向综合总偏差 F_{is} 和一齿切向综合偏差 f_{is} 采用齿轮单啮仪进行测量。光栅式单啮仪工作原理如图 9-24(a)所示。将标准蜗杆和“产品齿轮”单面啮合组成实际传动。蜗杆轴和“产品齿轮”主轴上，分别装有刻线数相同的圆光栅，用以产生精确的传动比。

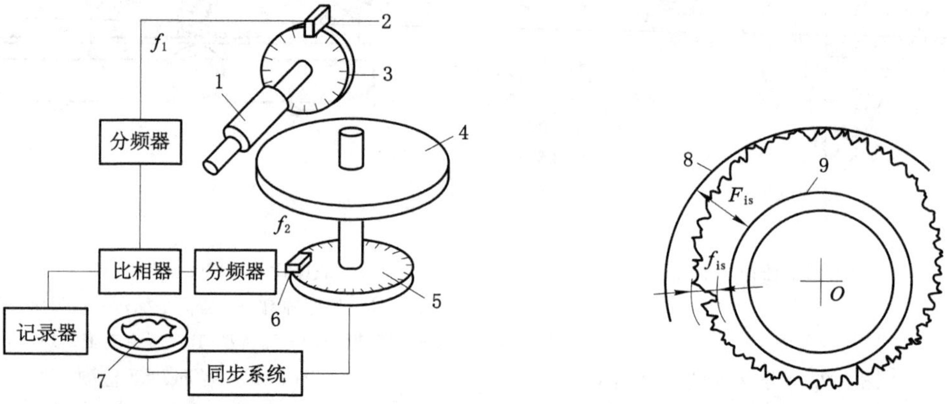

(a) 工作原理示意图　　(b) 记录仪输出图形

1—标准蜗杆；2—信号发生器Ⅰ；3—圆光栅盘Ⅰ；4—产品齿轮；5—圆光栅盘Ⅱ；6—信号发生器Ⅱ；7—记录仪输出图；8—外接圆；9—内切圆。

图 9-24　光栅式单啮仪

电动机通过传动系统带动标准蜗杆和圆光栅盘Ⅰ转动，标准蜗杆又带动“产品齿轮”及其同轴上的圆光栅盘Ⅱ转动。高频光栅盘Ⅰ和低频光栅盘Ⅱ将标准蜗杆和“产品齿轮”的角位移，通过光电信号发生器转变成电信号，并根据标准蜗杆的头数 K 和“产品齿轮”的齿数 z，通过分频器将高频信号 f_1 作 z 分频，低频信号 f_2 作 K 分频，两路信号便具有了相同的频率。

若“产品齿轮”无偏差，则两路信号无相位差变化，记录仪输出图形为一个圆；否则，所记录的图形为“产品齿轮”的切向综合偏差曲线，如图 9-24(b)所示。

9.7.7　径向综合偏差测量

径向综合偏差采用齿轮双面啮合综合检查仪测量，如图 9-25 所示。测量时，将“产品齿轮”和“测量齿轮”分别安装在双啮仪的固定心轴和移动心轴上，借助于弹簧的拉力使两个齿轮保持双面紧密啮合，此时的中心距为度量中心距。当两个齿轮相对转动时，产品齿轮存在的加工偏差，使得度量中心距发生变化，通过测量台架的移动传到指示表，“产品齿轮”一转中测出两轮中心距最大变动量即为径向综合总偏差 F_{id}。

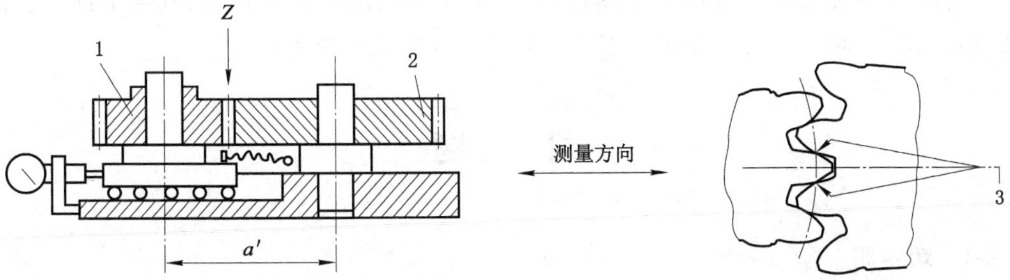

（a）在旋转中，测出中心距的变动量　　（b）Z向局部放大图

1—测量齿轮；2—产品齿轮；3—无侧隙合。

图 9-25　齿轮双面啮合综合检查仪测量

或由记录装置画出双啮中心距的变动曲线，即为齿轮的径向综合偏差曲线，如图 9-5 所示，从偏差曲线上可读出 F_{id} 与 f_{id}。

径向综合偏差包括了左、右齿面的啮合偏差成分，径向综合偏差测量不能得到同侧齿面的单项偏差。因此，此测量方法可用于大量生产的中等精度齿轮及小模数齿轮的检测。

9.7.8　公法线长度测量

公法线长度常用公法线指示卡规、公法线千分尺或万能测齿仪测量。

图 9-26(a)所示为用公法线千分尺测量。将公法线千分尺的两平行测头按事先算好的

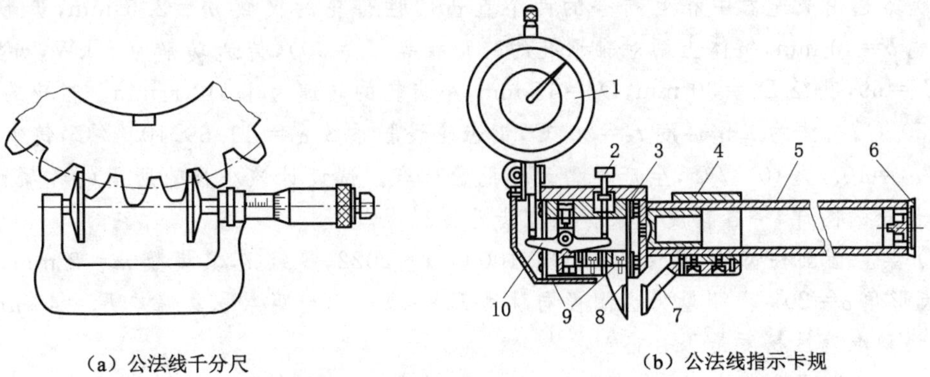

（a）公法线千分尺　　（b）公法线指示卡规

1—千分表；2—销；3—固定框架；4—套筒；5—卡规本体圆管；6—调节手柄；
7—固定卡脚；8—活动卡脚；9—片弹簧；10—杠杆。

图 9-26　公法线长度测量

相继齿距数 k 插入相应的齿间，并与两异名齿面接触。沿齿轮一周测量，从千分尺上依次读出公法线长度数值。

图 9-26(b)所示为用公法线指示卡规测量。在卡规本体圆管 5 上装有活动卡脚 8 和固定卡脚 7，活动卡脚通过片弹簧 9 及杠杆 10 与千分表 1 连接，3 为固定框架，2 为销，将调节手柄 6 从圆管上拧下，插入套筒 4 的开口中，拧动后可以调节固定卡脚 7 在圆管上的轴向位置。测量时用公法线公称长度(量块组合)调整卡规的零位，然后按预定的卡量齿数将测量卡脚插入相应的齿槽与两异名齿面接触，即可从千分表上读取公法线长度偏差的数值。

将所测得的公法线长度值求平均值，并与公法线长度公称值比较，其差值即为公法线长度偏差 ΔE_W。最大值与最小值之差即为公法线长度变动值 F_w。

习　题

9-1　填空题

(1) 齿轮传动的使用要求包括________、________、________和__________。

(2) 齿轮传动规定齿侧间隙主要是为保证________、补偿齿轮的________、______以及热变形等因素对齿轮传动性能的影响。

(3) 齿轮回转一周出现一次的周期性偏差称为________偏差。齿轮转动一个齿距角的过程中出现一次或多次的周期性偏差称为__________偏差。

9-2　简答题

(1) 齿轮传动有哪些使用要求？影响这些使用要求的误差有哪些？

(2) 什么是接触斑点？为什么要控制齿轮副的接触斑点？

(3) 齿轮精度等级分几级？如何表示？

(4) 规定齿侧间隙的目的是什么？对单个齿轮来讲可用哪两项指标控制齿侧间隙？

9-3　综合题

(1) 某通用减速器中相互啮合的两个直齿圆柱齿轮的模数 $m=2.5$ mm，齿形角 $\alpha=20°$，齿宽 $b=40$ mm，箱体上两对轴承孔的跨距相等($L=90$)，传递功率为 6 kW，齿数 $Z_1=24$ 和 $Z_2=69$，孔径 $D_1=30$ mm，$D_2=45$ mm，小齿轮的转速为 1 440 r/min。齿轮的工作温度 $t_1=50$ ℃，箱体的工作温度 $t_2=30$ ℃，钢齿轮线胀系数 $\alpha_1=11.5\times10^{-6}$/℃，铸铁箱体线胀系数 $\alpha_2=10.5\times10^{-6}$/℃，生产类型为小批量生产。试设计该小齿轮所需的各项精度，并画出小齿轮的图样，将各精度要求标注在齿轮图样上。

(2) 某直齿圆柱齿轮，代号为 GB/T 10095.1—2022，等级 7，其模数 $m=2$ mm，齿数 $Z=40$，齿形角 $\alpha=20°$，现测量得齿圈径向跳动 $F_r=40$ μm，齿距累积总偏差 $F_p=45$ μm，试问该齿轮运动准确性精度是否合格？

(3) 某直齿圆柱齿轮副，其模数 $m=3$ mm，齿数 $Z_1=22$，$Z_2=44$，齿宽 $b_1=40$，$b_2=35$，齿形角 $\alpha=20°$，孔径 $D_1=25$ mm，$D_2=50$ mm，代号为 GB/T 10095.1—2022，等级 8，试查表确定两齿轮的 F_{pT}、f_{pT}、F_{rT}、$F_{\alpha T}$、F_{idT}、f_{idT}和 $F_{\beta T}$的允许值。

第 10 章　螺纹的公差配合与检测

本 章 要 点

（1）掌握螺纹的尺寸规格；

（2）掌握螺纹的公差配合；

（3）掌握螺纹的精度选择与检测。

在日常生活中，我们经常见到各种不同的螺纹连接方式。如利用螺栓、螺母连接管道法兰，利用螺栓把变速箱固定在机座上，利用螺纹把构件连接形成桥梁、厂房等不同的桁架结构，利用锥管螺纹实现液压系统密封连接，利用丝杠、螺母形成螺旋运动副传递运动和扭矩等。螺纹连接的品种规格繁多，不同厂家生产的同一规格的螺纹零件，使用过程中是可以实现完全互换的。

本章通过对米制普通螺纹的公差与配合的讲解，介绍螺纹零件实现互换的条件。

10.1　概　　述

螺纹连接在机电产品制造中应用十分广泛，根据结合性质和使用要求的不同，通常分为以下三类：

（1）普通螺纹　又称紧固螺纹，其基本牙型为三角形，主要用于零、部件的连接。与紧固普通螺纹连接的主要使用要求是可旋合性和连接的可靠性。

（2）传动螺纹　主要用来传递精确的位移和动力，如机床传动中的丝杠和螺母、量具中的测微螺杆和螺母、千斤顶中的起重螺杆和螺母等。牙型主要采用梯形、锯齿形、矩形等。使用要求主要是传递动力的可靠性、合理的间隙保证、良好的润滑和传递位移的准确性。

（3）紧密螺纹　用于密封要求的螺纹连接，如液压、气动、管道等连接螺纹。要求螺纹具有良好的旋合性和密封性，使用过程中不得漏油、漏水、漏气等。

米制普通螺纹的基本牙型是指在螺纹轴向剖面内，将正三角形（原始三角形）截去顶部和底部所形成的螺纹牙型，如图 10-1 中粗实线所示。

1. 牙型角(α)和牙型半角($\alpha/2$)

在螺纹牙型上,两相邻牙侧间的夹角称为牙型角;牙型角的一半为牙型半角。米制普通螺纹的牙型角 $\alpha=60°$,牙型半角 $\alpha/2=30°$。

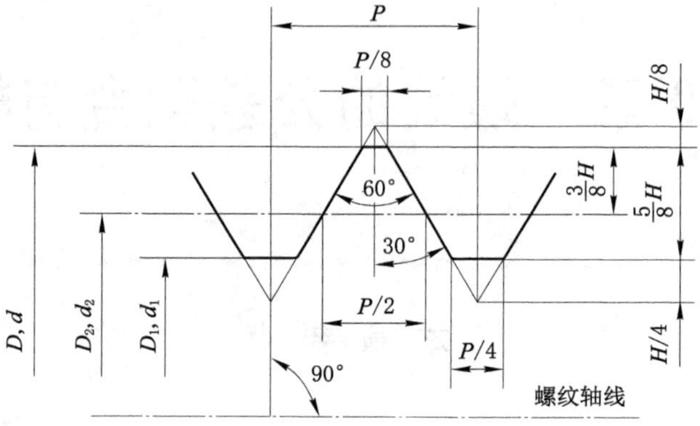

图 10-1　普通螺纹的基本牙型

2. 大径(D 或 d)

与外螺纹牙顶或内螺纹牙底相切的假想圆柱或圆锥的直径称为大径。D 表示内螺纹的大径,d 表示外螺纹的大径。国家标准规定,普通螺纹大径的公称尺寸为螺纹的公称直径。普通螺纹的螺距分为粗牙和细牙两种,直径与螺距标准组合系列见表 10-1。

表 10-1　普通螺纹的直径与螺距标准组合系列(摘自 GB/T 193—2003)　单位:mm

公称直径 D,d			螺距 P								
第 1 系列	第 2 系列	第 3 系列	粗牙	细牙							
				4	3	2	1.5	1.25	1	0.75	0.5
5			0.8								0.5
	5.5										0.5
6			1							0.75	
	7		1							0.75	
8			1.25						1	0.75	
		9	1.25						1	075	
10			1.5					1.25	1	0.75	
		11	1.5						1	0.75	
12			1.75				1.5	1.25	1		
	14		2				1.5		1		
		15					1.5	1.25[①]	1		
16			2				1.5		1		

表 10-1(续)

公称直径 D,d			螺距 P								
第 1 系列	第 2 系列	第 3 系列	粗牙	细牙							
				4	3	2	1.5	1.25	1	0.75	0.5
		17					1.5		1		
	18		2.5			2	1.5		1		
20			2.5			2	1.5		1		
	22		2.5			2	1.5		1		
24			3			2	1.5		1		
	25					2	1.5		1		
		26				2	1.5				
	27		3			2	1.5		1		
		28				2	1.5		1		
30			3.5		(3)	2	1.5		1		
		32				2	1.5				
	33		3.5		(3)	2	1.5				
		35②					1.5				
36			4		3	2	1.5				
		38					1.5				
	39		4		3	2	1.5				
		40			3	2	1.5				
42			4.5	4	3	2	1.5				

注:① 仅用于发动机的火花塞;

② 仅用于轴承的锁紧螺母。

3. 小径(D_1 或 d_1)

与外螺纹牙底或内螺纹牙顶相切的假想圆柱或圆锥的直径称为小径。内螺纹的小径 D_1 和外螺纹的大径 d 又称螺纹的顶径,内螺纹的大径 D 和外螺纹的小径 d_1 又称螺纹的底径。

4. 中径(D_2 或 d_2)

一个假想圆柱或圆锥的直径,该圆柱或圆锥的母线通过牙型上沟槽和凸起宽度相等的地方。该假想圆柱或圆锥称为中径圆柱或中径圆锥。中径圆柱的母线称为中径线,其轴线即为螺纹轴线,相结合的内、外螺纹中径的公称尺寸相等。

5. 单一中径(D_{2s}或 d_{2s})

一个假想圆柱或圆锥的直径,该圆柱或圆锥的母线通过牙型上的沟槽宽度等于 1/2 螺距的地方,如图 10-2 所示。其中,P 为公称螺距,ΔP 为螺距误差。如果实际螺纹螺距没有误差,螺纹中径与单一中径一致。

6. 作用中径(D_{2m}或 d_{2m})

作用中径是指在规定的旋合长度内,恰好包容实际螺纹的一个假想螺纹的中径。这个假想螺纹具有理想的螺距、牙型半角以及牙型高度。并在牙顶处和牙底处留有间隙以保证包容时不与实际螺纹的大、小径发生干涉。外螺纹的作用中径如图 10-3 所示。

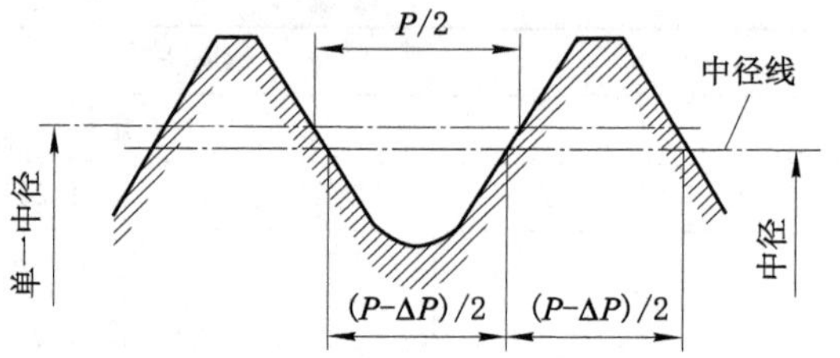

图 10-2　普通螺纹的中径与单一中径

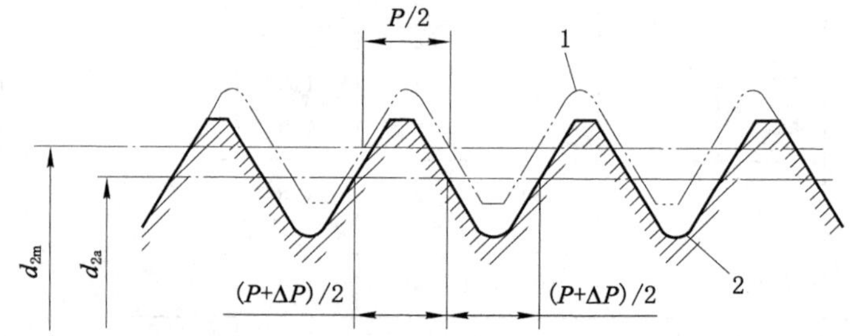

1—假想包容内螺纹；2—实际外螺纹。

图 10-3　外螺纹的作用中径

7. 螺距(P)

螺距是指相邻两牙在中径线上对应两点间的轴向距离。普通螺纹的基本尺寸见表10-2。

8. 导程(Ph)

导程是指同一条螺旋线上的相邻两牙在中径线上对应两点间的轴向距离。对于单线(头)螺纹，$Ph=P$；对于多线(头)螺纹，导程等于螺距与线数 n 的乘积：$Ph=nP$。

9. 螺纹升角(φ)

在中径圆柱或圆锥上，螺旋线的切线与垂直于螺纹轴线的平面的夹角称为螺纹升角。

$$\tan\varphi=\frac{nP}{\pi d_2}$$

式中，φ 为螺纹升角，n 为螺纹线数，P 为螺距，d_2 为螺纹中径。

10. 旋合长度

旋合长度是指两个相互配合的螺纹沿螺纹轴线方向相互旋合部分的长度。

螺纹几何参数较多，有螺纹的大径、中径、小径、螺距、牙型半角以及螺纹升角等。GB/T 196—2003 规定了普通螺纹的公称尺寸。普通螺纹的公称尺寸值应符合表10-2的规定。

对于不同的螺纹，起主要作用的几何参数是不同的。其中，中径误差、螺距误差和牙型半角误差是影响互换性的主要因素。

表 10-2　普通螺纹的公称尺寸(摘自 GB/T 196—2003)　　单位:mm

公称直径 D,d			螺距 P	中径 D_2,d_2	小径 D_1,d_1
第 1 系列	第 2 系列	第 3 系列			
5			**0.8**	4.480	4.134
			0.5	4.675	4.459
	5.5		0.5	5.175	4.959
6			**1**	5.350	4.917
			0.75	5.513	5.188
	7		**1**	6.350	5.917
			0.75	6.513	6.188
8			**1.25**	7.188	6.647
			1	7.350	6.917
			0.75	7.513	7.188
		9	**1.25**	8.188	7.647
			1	8.350	7.917
			0.75	8.513	8.188
10			**1.5**	9.026	8.376
			1.25	9.188	8.647
			1	9.350	8.917
			0.75	9.513	9.188
		11	**1.5**	10.026	9.376
			1	10.350	9.917
			0.75	10.513	10.188
12			**1.75**	10.863	10.106
			1.5	11.026	10.376
			1.25	11.188	10.647
			1	11.350	10.917
	14		**2**	12.701	11.835
			1.5	13.026	12.376
			1.25	13.188	12.647
			1	13.350	12.917
		15	1.5	14.026	13.376
			1	14.350	13.917
16			**2**	14.701	13.835
			1.5	15.026	14.376
			1	15.350	14.917
		17	1.5	16.026	15.376
			1	16.350	15.917
	18		**2.5**	16.376	15.294
			2	16.701	15.835
			1.5	17.026	16.376
			1	17.350	16.917
20			**2.5**	18.376	17.294
			2	18.701	17.835
			1.5	19.026	18.376
			1	19.350	18.917
	22		**2.5**	20.376	19.294
			2	20.701	19.835
			1.5	21.026	20.376
			1	21.350	20.917
24			**3**	22.051	20.752
			2	22.701	21.835
			1.5	23.026	22.376
			1	23.350	22.917
	25		2	23.701	22.835
			1.5	24.026	23.376
			1	24.350	23.917
		26	1.5	25.026	24.376
	27		**3**	25.051	23.752
			2	25.701	24.835
			1.5	26.026	25.376
			1	26.350	25.917
		28	2	26.701	25.835
			1.5	27.026	26.376
			1	27.350	26.917
30			**3.5**	27.727	26.211
			3	28.051	26.752
			2	28.701	27.835
			1.5	29.026	28.376
			1	29.350	28.917
		32	2	30.727	29.835
			1.5	31.026	30.376
	33		**3.5**	30.727	29.211
			3	31.051	29.752
			2	31.701	30.835
			1.5	32.026	31.376
		35	1.5	34.026	33.376
36			**4**	33.402	34.670
			3	34.051	35.752
			2	34.701	33.835
			1.5	35.026	34.376

注:1. 表中用黑体表示的为粗牙螺纹。

2. 直径系列优先选用第 1 系列,其次是第 2 系列,特殊情况选用第 3 系列。

10.2 螺纹几何参数误差对螺纹结合精度的影响

螺纹的几何参数主要有大径、小径、中径、螺距、牙型半角以及螺纹升角等，加工制造过程中，这些参数不可避免地会产生误差，将会对螺纹连接互换性产生影响。对于不同的螺纹，不同几何参数的影响会有所差别。内螺纹大径和外螺纹小径处都留有间隙，一般不会影响螺纹的配合性质。

普通螺纹连接靠螺纹牙侧面接触承受载荷，旋合时每个螺纹牙能否同时接触、均匀受力，对螺纹连接的质量至关重要。因此，影响配合质量的因素主要是螺距误差、牙型半角误差和中径误差。

而对于传动螺纹，要求传递运动稳定、准确，保证传动位移精度。因此，单个螺距误差和最大的螺距累积误差成为影响位移精度的主要因素。

10.2.1 螺距误差对螺纹互换性的影响

对于普通紧固螺纹来说，螺距误差主要影响螺纹的可旋合性和连接的可靠性；对传动螺纹来讲，螺距误差会影响螺纹的传动精度，并影响螺纹牙上载荷分布的均匀性。

螺距误差包括螺距局部误差（ΔP）和螺距累积误差（ΔP_Σ）。螺距局部误差是指在螺纹的全长上任意单个实际螺距对公称螺距的最大差值，它与旋合长度无关；螺距累积误差是指在旋合长度内任意多个实际螺距与其公称螺距的最大差值。螺距误差与旋合长度有关，是影响螺纹互换性的主要因素。

如图 10-4 所示，外螺纹除具有螺距误差外，内、外螺纹再没有其他误差，在旋合长度几个螺距内，外螺纹的螺距累积误差为 ΔP_Σ，由图 10-4 可知，阴影部分为内、外螺纹产生干涉，从而造成无法旋合。

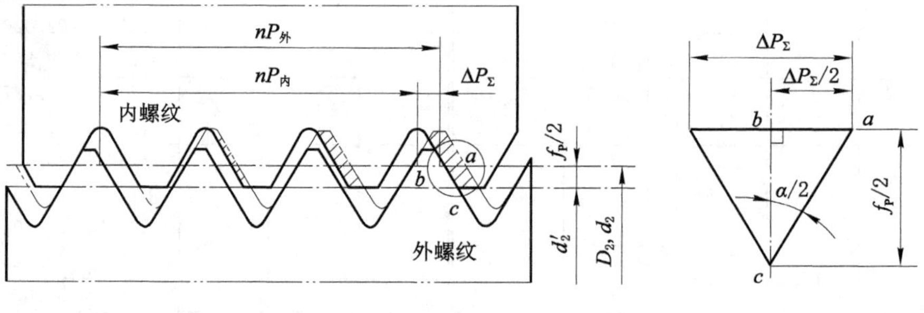

图 10-4 螺距误差对螺纹旋合性的影响

在制造过程中，由于螺距误差无法避免，为了保证有螺距误差的内、外螺纹能够正常旋合，可把有螺距误差的外螺纹的中径缩小，或把有螺距误差的内螺纹的中径增大。这个实际螺纹中径缩小或增大的数值称为螺距误差中径当量值 f_P。将螺距累积误差折合成螺纹中径当量值，即为中径的缩小量或增大量，计算公式如下：

$$f_P = \cot\frac{\alpha}{2}\left|\Delta P_\Sigma\right| \tag{10-1}$$

式中，f_P 为螺距误差中径当量值，μm；α 为牙型角，(°)；ΔP_Σ 为螺距最大累积误差，μm。

对于普通螺纹，因 $\alpha=60°$，所以，$f_P=1.732\left|\Delta P_\Sigma\right|$。

由于螺距误差不论正或负，都将影响螺纹的旋合性，只是发生干涉的左、右牙侧面有所不同，所以式(10-1)中 ΔP_Σ 取其绝对值。

国家标准中没有规定螺纹的螺距公差，而是将螺距累积误差折算成中径公差的一部分，通过控制螺纹中径误差来控制螺距误差。

10.2.2　牙型半角误差及其中径当量值对螺纹互换性的影响

牙型半角误差 $\Delta\frac{\alpha}{2}$ 是指实际牙型半角 $\frac{\alpha'}{2}$ 与公称牙型半角 $\frac{\alpha}{2}$ 之差，即 $\Delta\frac{\alpha}{2}=\frac{\alpha'}{2}-\frac{\alpha}{2}$。牙型半角误差产生的原因主要是实际牙型角存在角度误差或牙型角方向偏斜。当实际牙型角只有角度误差而无方向偏斜时，左、右两个牙型半角相等，但都不等于公称值；当实际牙型角无误差而存在方向偏斜，即牙型半角平分线与螺纹轴线不垂直时，左、右牙型半角不相等；还有可能是牙型角本身有误差，同时牙型角方向歪斜，这两个因素共同造成了牙型半角误差，牙型半角误差不仅使螺纹牙侧发生干涉而影响旋合性，还会影响牙侧面的接触面积，降低连接强度。牙型半角误差对旋合性的影响如图 10-5 所示。

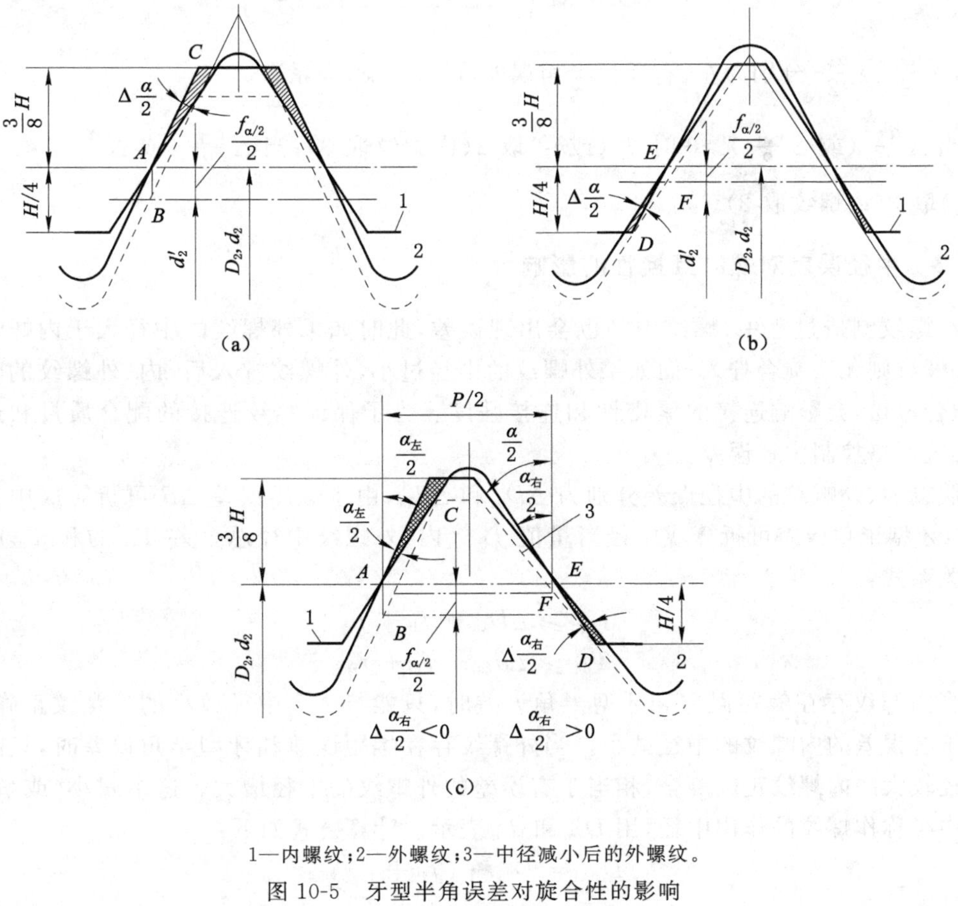

1—内螺纹；2—外螺纹；3—中径减小后的外螺纹。

图 10-5　牙型半角误差对旋合性的影响

图 10-5 中，内螺纹具有基本牙型，外螺纹的中径和螺距与内螺纹相同，外螺纹的左、右牙型半角存在误差 $\Delta\frac{\alpha_{左}}{2}$ 和 $\Delta\frac{\alpha_{右}}{2}$，当内、外螺纹旋合时，牙型将产生干涉（见图中阴影部分）。此时，如果将外螺纹的中径减小 $f_{\frac{\alpha}{2}}$（或将内螺纹的中径增大 $f_{\frac{\alpha}{2}}$），外螺纹牙型下移至虚线位置，内、外螺纹可自由旋合。螺纹中径因牙型半角误差而减小（或增大）的值称为牙型半角误差中径当量值 $f_{\frac{\alpha}{2}}$。

对于普通螺纹，内、外螺纹都会产生牙型半角误差，中径当量值计算如下：

当 $\left(\frac{\alpha}{2}\right)_{外} \leqslant \left(\frac{\alpha}{2}\right)_{内}$ 时，如图 10-5(a)所示，将会在外螺纹的顶部 $\frac{3H}{8}$ 处发生干涉：

$$f_{\frac{\alpha}{2}} = 0.44\Delta\frac{\alpha}{2} \tag{10-2}$$

当 $\left(\frac{\alpha}{2}\right)_{外} > \left(\frac{\alpha}{2}\right)_{内}$ 时，如图 10-5(b)所示，将会在外螺纹的顶部 $\frac{H}{4}$ 处发生干涉：

$$f_{\frac{\alpha}{2}} = 0.291\Delta\frac{\alpha}{2} \tag{10-3}$$

但实际情况是，同一牙型的左、右半角并不一定对称，左、右半角误差也并不一定相等，对互换性的影响也就不同，如图 10-5(c)所示。中径当量值 $f_{\frac{\alpha}{2}}$ 可根据具体情况按下式计算：

$$f_{\frac{\alpha}{2}} = 0.073P\left(k_1\left|\Delta\frac{\alpha_{左}}{2}\right| + k_2\left|\Delta\frac{\alpha_{右}}{2}\right|\right) \tag{10-4}$$

式中，$\Delta\frac{\alpha_{左}}{2}$、$\Delta\frac{\alpha_{右}}{2}$ 分别为左、右牙型半角误差，(′)；k_1、k_2 为系数。

当 $\Delta\frac{\alpha_{左}}{2}$（或 $\Delta\frac{\alpha_{右}}{2}$）$>0$ 时，k_1（或k_2）取 2（内螺纹取 3）；当 $\Delta\frac{\alpha_{左}}{2}$（或 $\Delta\frac{\alpha_{右}}{2}$）$<0$ 时，k_1（或k_2）取 3（内螺纹取 2）。

10.2.3 中径误差对螺纹互换性的影响

在螺纹制造过程中，螺纹中径也会出现误差，此时如果外螺纹的中径大于内螺纹的中径，外螺纹则无法旋合拧入；而如果外螺纹的中径过小，外螺纹拧入后，内、外螺纹的间隙过大，配合过松，会影响连接的紧密性和连接强度。为了保证螺纹连接的配合质量和连接强度，必须严格控制中径误差。

假设内、外螺纹的中径误差分别为 ΔD_{2a} 和 Δd_{2a}，由于螺距误差 ΔP 可折算成中径当量值 f_P，牙型半角误差可折算成中径当量值 $f_{\frac{\alpha}{2}}$。内、外螺纹中径总公差 T_{D2} 的和 T_{d2} 应满足以下关系式：

$$T_{D2} \geqslant \Delta D_{2a} + f_P + f_{\frac{\alpha}{2}} \tag{10-5}$$

$$T_{d2} \geqslant \Delta d_{2a} + f_P + f_{\frac{\alpha}{2}} \tag{10-6}$$

当内螺纹存在螺距误差和牙型半角误差时，只能与一个中径较小的外螺纹正确旋合，相当于有误差的内螺纹的中径减小。当外螺纹存在螺距误差和牙型半角误差时，只能与一个中径较大的内螺纹正确旋合，相当于有误差的外螺纹的中径增大。这个减小（或增大）的假想中径称作螺纹的作用中径，用 D_{2m} 和 d_{2m} 表示。计算公式如下：

$$D_{2m} = D_{2a} - (f_P + f_{\frac{\alpha}{2}}) \tag{10-7}$$

$$d_{2m} = d_{2a} + (f_P + f_{\frac{\alpha}{2}}) \tag{10-8}$$

式中，D_{2a}、d_{2a}分别表示内、外螺纹的实际中径。

10.3　普通螺纹的公差配合

普通螺纹的公差带由基本偏差决定其位置，由公差等级决定其大小。

10.3.1　普通螺纹的公差

国家标准《普通螺纹 公差》(GB/T 197—2018)中列出了普通螺纹的公差等级，分别规定了内、外螺纹的中径和顶径公差。普通螺纹的公差等级见表 10-3。其中，6 级是基本级，3 级公差值最小，精度最高；9 级精度最低。

表 10-3　普通螺纹公差等级

螺纹直径		公差等级	螺纹直径		公差等级
外螺纹	中径 d_2	3,4,5,6,7,8,9	内螺纹	中径 D_2	4,5,6,7,8
	大径(顶径)d	4,6,8		小径(顶径)D	4,5,6,7,8

内螺纹顶径(小径)公差 T_{D1} 和外螺纹顶径(大径)公差 T_d 见表 10-4。

表 10-4　内、外螺纹顶径公差(摘自 GB/T 197—2018)　　单位：μm

公差项目	内螺纹顶径(小径)公差 T_{D1}					外螺纹顶径(大径)公差 T_d		
螺距 P/mm	公差等级							
	4	5	6	7	8	4	6	8
0.5	90	112	140	180	—	67	106	—
0.6	100	125	160	200	—	80	125	—
0.7	112	140	180	224	—	90	140	—
0.75	118	150	190	236	—	90	140	—
0.8	125	160	200	250	315	95	150	236
1	150	190	236	300	375	112	180	280
1.25	170	212	265	335	425	132	212	335
1.5	190	236	300	375	475	150	236	375
1.75	212	265	335	425	530	170	265	425
2	236	300	375	475	600	180	280	450
2.5	280	355	450	560	710	212	335	530
3	315	400	500	630	800	236	375	600
3.5	355	450	560	710	900	265	425	670
4	375	475	600	750	950	300	475	750

内螺纹中径公差 T_{D2} 和外螺纹中径公差 T_{d2} 见表 10-5。

表 10-5 普通螺纹中径公差(摘自 GB/T 197—2018) 单位:μm

公称大径/mm		螺距 P /mm	内螺纹中径公差 T_{D2} 公差等级					外螺纹中径公差 T_{d2} 公差等级						
>	≤		4	5	6	7	8	3	4	5	6	7	8	9
2.8	5.6	0.5	63	80	100	125	—	38	48	60	75	95	—	—
		0.6	71	90	112	140	—	42	53	67	85	106	—	—
		0.7	75	95	118	150	—	45	56	71	90	112	—	—
		0.75	75	95	118	150	—	45	56	71	90	112	—	—
		0.8	80	100	125	160	200	48	60	75	95	118	150	190
5.6	11.2	0.75	85	106	132	170	—	50	63	80	100	125	—	—
		1	95	118	150	190	236	56	71	90	112	140	180	224
		1.25	100	125	160	200	250	60	75	95	118	150	190	236
		1.5	112	140	180	224	280	67	85	106	132	170	212	265
11.2	22.4	1	100	125	160	200	250	60	75	95	118	150	190	236
		1.25	112	140	180	224	280	67	85	106	132	170	212	265
		1.5	118	150	190	236	300	71	90	112	140	180	224	280
		1.75	125	160	200	250	315	75	95	118	150	190	236	300
		2	132	170	212	265	335	80	100	125	160	200	250	315
		2.5	140	180	224	280	355	85	106	132	170	212	265	335
22.4	45	1	106	132	170	212	—	63	80	100	125	160	200	250
		1.5	125	160	200	250	315	75	95	118	150	190	236	300
		2	140	180	224	280	355	85	106	132	170	212	265	335
		3	170	212	265	335	425	100	125	160	200	250	315	400
		3.5	180	224	280	355	450	106	132	170	212	265	335	425
		4	190	236	300	375	475	112	140	180	224	280	355	450
		4.5	200	250	315	400	500	118	150	190	236	300	375	475

10.3.2 普通螺纹的基本偏差

螺纹公差带是以基本牙型为零线布置的,其位置如图 10-6 所示。螺纹的基本牙型是计算螺纹偏差的基准。

国家标准对内螺纹规定了两种基本偏差代号 G、H,其基本偏差为 $EI \geqslant 0$,如图 10-6(a)、(b)所示。国家标准对外螺纹规定了 8 种基本偏差代号 a、b、c、d、e、f、g、h,其基本偏差 $es \leqslant 0$,如图 10-6(c)、(d)所示。在图 10-6(c)、(d)中 d_{3max} 为外螺纹的最大底(小)径。《普通螺纹 公差》(GB/T 197—2018)中,对 d_{3max} 也规定了基本偏差。

根据前面所述普通螺纹的公差等级和基本偏差代号,可以组成多种不同的公差带。普通螺纹的公差带代号由公差等级数字和基本偏差字母组成,如 6g、6H、5G 等。这种表示方法与第 2 章所述的尺寸公差带代号有所不同,螺纹公差带代号的公差等级数字在前,基本偏差字母在后。

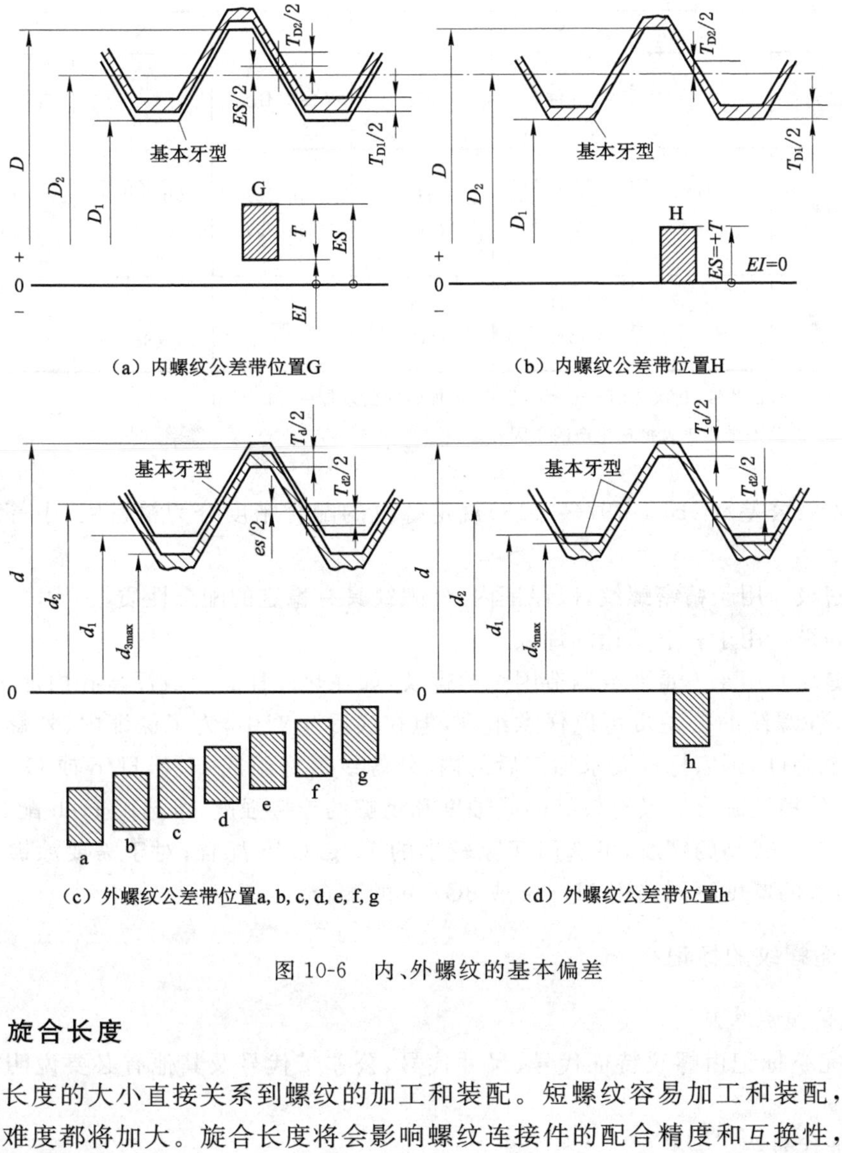

（a）内螺纹公差带位置G　（b）内螺纹公差带位置H

（c）外螺纹公差带位置a, b, c, d, e, f, g　（d）外螺纹公差带位置h

图 10-6　内、外螺纹的基本偏差

10.3.3　旋合长度

螺纹长度的大小直接关系到螺纹的加工和装配。短螺纹容易加工和装配，长螺纹的加工和装配难度都将加大。旋合长度将会影响螺纹连接件的配合精度和互换性，设计时必须选择合理的旋合长度。

国家标准对螺纹连接规定了三组旋合长度，分别为短组旋合长度组(S)、中等组旋合长度组(N)和长组旋合长度组(L)。

10.3.4　螺纹的推荐公差带

螺纹精度的高低直接决定螺纹加工、检测的难易程度。为了减少螺纹加工刀具和检测用的量具规格和种类，国家标准推荐了常用的公差带，见表 10-6。标准规定了“优先、其次和尽可能不用”的选用顺序。除非特殊情况，不准选用标准规定以外的其他公差带。如果不知道螺纹旋合长度，推荐按中等组旋合长度(N)进行选取。

表 10-6 普通螺纹的推荐公差带

旋合长度		内螺纹推荐公差带			外螺纹推荐公差带		
		S	N	L	S	N	L
公差等级	精密	4H	5H	6H	(3h、4h)	4h* (4g)	(5h、4h) (5g、4g)
	中等	5H* (5G)	[6H*] 6G*	7H* (7G)	(5h、6h) (5g、6g)	6h、[6g*] 6f*、6e*	(7h、6h) (7g、6g)(7e、6e)
	粗糙	—	7H (7G)	8H (8G)	—	8g (8e)	(9g、8g) (9e、8e)

注：1. 优先选用带 * 的公差带，其次选用不带 * 的公差带，加()的公差带尽可能不用。
2. 带方框及 * 的公差带用于大批量生产的紧固件。

《普通螺纹 公差》(GB/T 197—2018)规定螺纹的配合精度分为精密级、中等级和粗糙级三个等级。

(1) 精密级 用于精密螺纹，以保证内、外螺纹具有稳定的配合性质。

(2) 中等级 用于一般用途的螺纹。

(3) 粗糙级 用于不重要或制造困难的螺纹，如在热轧棒料上或深盲孔内加工的螺纹。

上述内、外螺纹的公差带可以任意组合，但在实际生产中，为了保证内、外螺纹旋合后有足够的接触高度，国家标准要求加工后的内、外螺纹最好组成 H/g、H/h 或 G/h 的配合。如果要求内、外螺纹旋合后具有较好的同轴度和足够的连接强度，可选用 H/h 配合；对于经常拆卸、工作温度较高的螺纹，可选用间隙较小的 H/g、G/h 配合；对于需要涂镀保护层的螺纹，根据镀层的厚度不同选用 6H/6e 或 6G/6e 的配合。

10.3.5 普通螺纹的标记

1. 标记的组成信息

螺纹的完整标记由螺纹特征代号、尺寸代号、公差带代号及其他有必要说明的个别信息等组成。

(1) 特征代号

普通螺纹的特征代号用字母“M”表示。

(2) 尺寸代号

螺纹的尺寸代号为“公称直径×螺距”，单位为 mm，例如 M10×1。对于粗牙螺纹，螺距项省略不标，例如 M8。

(3) 公差带代号

公差带代号包括中径公差带代号和顶径公差带代号，中径公差带代号在前，顶径公差带代号在后。各直径的公差带代号见表 10-6。如果中径公差带代号与顶径公差带代号相同，则只标注一个公差带代号。螺纹尺寸代号与公差带代号之间用“-”分开。

国家标准规定，下列中等精度螺纹不标注公差带代号(省略)：

内螺纹：5H　公称直径≤1.4 mm；

　　　　6H　公称直径≥1.6 mm。

外螺纹：6 h　公称直径≤1.4 mm；

　　　　6 g　公称直径≥1.6 mm。

内、外螺纹配合的公差带代号标记，内螺纹公差带代号在前，外螺纹公差带代号在后，中间用斜线“/”分开。

(4) 螺纹的旋合长度组别代号和旋向

对短组旋合长度和长组旋合长度的螺纹，应在公差带代号后分别标注“S”和“L”代号，旋合长度组别代号与公差带代号之间用“-”分开。中等组旋合长度螺纹不标注，省略旋合长度组别代号“N”。

对左旋螺纹，应在旋合长度组别代号后标注“LH”代号，旋合长度组别代号与旋向代号之间用“-”分开。右旋螺纹不标注，省略旋向代号。

2. 普通螺纹标记示例

外螺纹、内螺纹、内外螺纹配合标记示例见图 10-7。

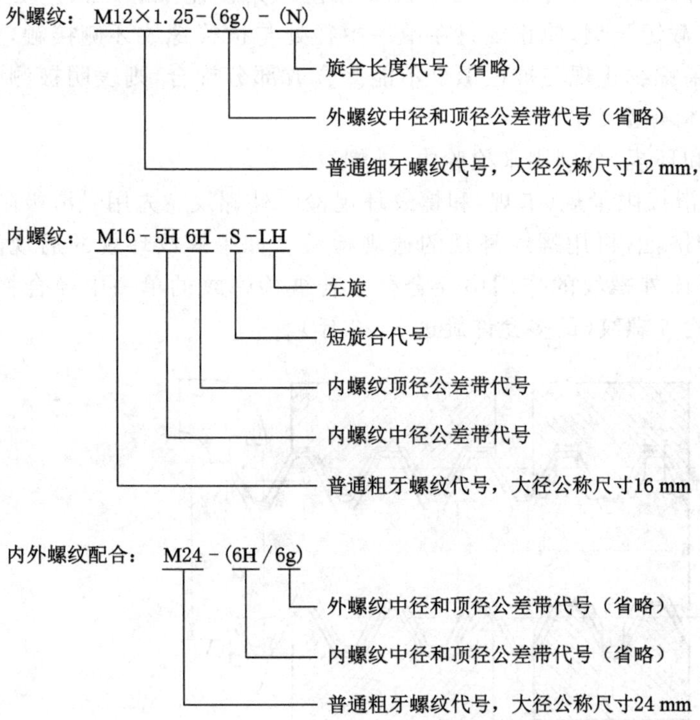

图 10-7　螺纹标记示例

10.4 普通螺纹的检测

10.4.1 综合检验

对于大批量生产用于紧固连接的普通螺纹，只要求保证可旋合性和一定的连接强度，其螺距误差及牙型半角误差按照包容要求，可由中径公差综合控制。在对螺纹进行综合检验时，使用螺纹综合极限量规进行检验。用螺纹量规的通规检验内、外螺纹的作用中径及底径的合格性，用螺纹量规的止规检验内、外螺纹单一中径的合格性。

螺纹量规是按照极限尺寸判断原则(泰勒原则)设计的。螺纹通规体现了最大实体牙型边界，具有完整的设计牙型，其长度等于被检螺纹的旋合长度，故能正确检验螺纹作用中径。如果螺纹通规在旋合长度上与被检螺纹顺利旋合，则表明螺纹的作用中径未超过螺纹的最大实体牙型中径，且螺纹底径也符合公差要求。

螺纹止规用来控制螺纹的实际中径。为了避免牙型半角误差及螺距误差对检验结果的影响，止规的牙型做成截短牙型，使止规只在单一中径处与被检螺纹牙侧接触，且止端的牙扣只做出几个牙。如果螺纹止规与被检螺纹不能旋合或部分旋合，则表明被测螺纹的单一中径没有超出最小实体牙型尺寸。

螺纹量规分为塞规和环规，分别用来检验内、外螺纹。

图 10-8 所示为用光滑极限量规(卡规)和螺纹环规检验外螺纹。先用光滑极限量规(卡规)检验外螺纹顶径的合格性，再用螺纹环规的通规检验。如果螺纹环规的通规能与被检外螺纹顺利旋合，则表明该外螺纹的作用中径合格。若被检螺纹的单一中径合格，则螺纹环规的止规不能通过被检外螺纹(最多允许旋进 2～3 牙)。

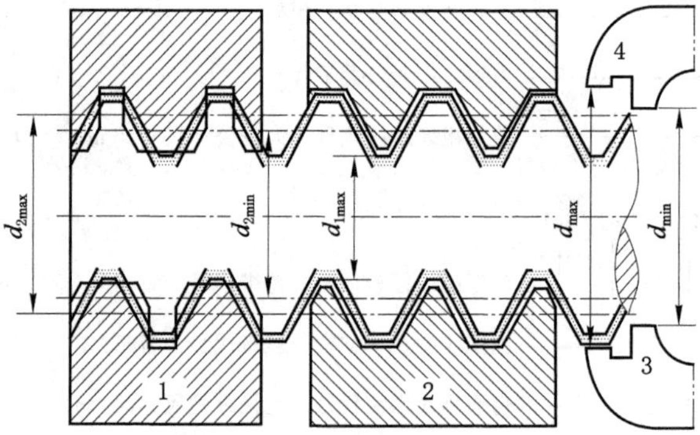

1—止端螺纹环规；2—通端螺纹环规；3—止规；4—通规。

图 10-8 用螺纹环规和光滑极限量规检验外螺纹

图 10-9 所示为用光滑极限量规(塞规)和螺纹塞规检验内螺纹。先用光滑极限量规(塞规)检验内螺纹顶径的合格性，再用螺纹塞规的通端检验内螺纹的作用中径和底径，如果螺纹塞规的通端在旋合长度内与被检内螺纹顺利旋合，则螺纹的作用中径和底径合格。若被

检内螺纹的单一中径合格，则螺纹塞规的止端不能通过被检内螺纹(最多旋入 2～3 牙)。

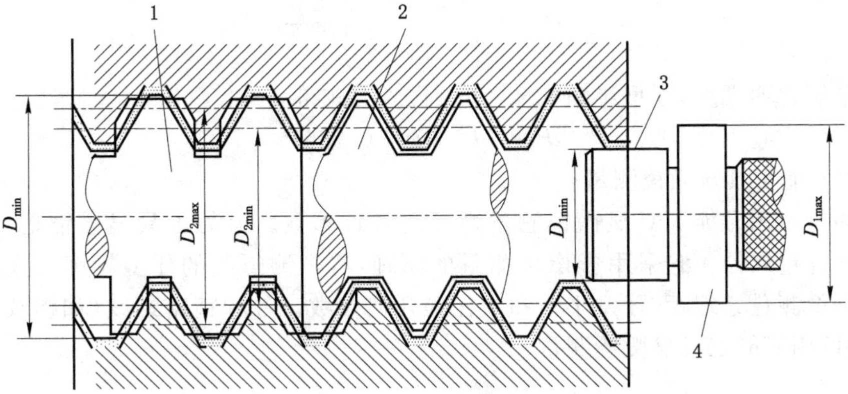

1—螺纹塞规止规；2—螺纹塞规通规；3—通规；4—止规。

图 10-9　用螺纹塞规和光滑极限量规检验内螺纹

10.4.2　单项测量

对于具有其他精度要求和功能要求的精密螺纹，其中径、螺距和牙型半角等参数有不同的公差要求，常进行单项测量。

(1) 用量针测量

在生产中，常采用“三针法”测量外螺纹的中径。它具有方法简单、测量精度高的优点，应用广泛。图 10-10 所示为三针法测量原理。测量时，根据被测螺纹的螺距，选取合适直径的三根精密量针，按图示位置放在被测螺纹的牙槽内，夹放在两测头之间。合适的量针直径，可以保证量针与牙槽接触点的轴间距离正好在公称螺距一半处，即三针法测量的是螺纹的单一中径。然后用精密测量仪器测出针距 M 值。根据螺纹的螺距 P、牙型半角 $\alpha/2$ 及

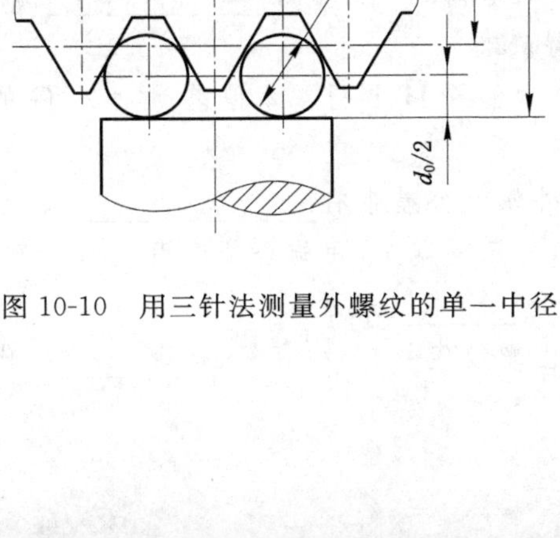

图 10-10　用三针法测量外螺纹的单一中径

量针的直径 d_0，按以下公式（推导过程略）计算出测量螺纹的单一中径 d_{2s}：

$$d_{2s}=M-d_0\left(1+\frac{1}{\sin\frac{\alpha}{2}}\right)+\frac{P}{2}\cot\frac{\alpha}{2}$$

对于米制普通螺纹，牙型半角 $\alpha/2=30°$，代入上式得

$$d_{2s}=M-3d_0+0.866P$$

（2）用万能工具显微镜测量

单项测量可用万能工具显微镜测量螺纹的各种参数。万能工具显微镜是一种应用很广泛的光学计量仪器。它采用影像法测量的原理，将被测螺纹的牙型轮廓放大成像，按被测螺纹的影像测量其螺距、牙型半角和中径等几何参数。各种精密螺纹（如螺纹量规、精密丝杠等）均可用万能工具显微镜测量。

习　题

10-1　填空题

（1）螺纹种类按用途可分为______、________和____________三种。

（2）螺纹大径用代号____表示，螺纹小径用______表示，螺纹中径用________表示，其中大写代号代表________，小写代号代表________。

（3）国标规定，普通螺纹的公称直径是指________的基本尺寸。

（4）螺纹螺距 P 与导程 L 的关系是：导程等于________和________的乘积。

（5）普通螺纹的理论型角 α 等于________。

（6）影响螺纹互换性的五个基本几何要素是：螺纹的大径、中径、小径__________以及__________。

（7）保证螺纹结合的互换性，即保证结合的__________和____________。

（8）在普通螺纹的公差与配合中，对外螺纹的小径和内螺纹的大径不规定集体的公差数值，而只规定内、外螺纹牙底实际轮廓的任何点，均不得超越按______________所确定的__________。

（9）螺纹的基本偏差，对于内螺纹，基本偏差是______用代号______表示；对于外螺纹，基本偏差是________，用代号____表示。

（10）内、外螺纹的公差带相对于__________位置，由________确定。

（11）在普通螺纹国标中，对内螺纹规定了____________两种公差位置；对外螺纹规定了________四种公差带位置。

（12）对内、外螺纹的基本偏差 H、h 得基本偏差为____，G 的基本偏差为____值，e、f、g 的基本偏差为____值。

（13）国标规定，对内、外螺纹公差带有________、______、________三种精度。

（14）对螺纹旋合长度，有三种规定：短旋合长度用______表示，中等旋合长度用代号______表示，长旋合长度用代号________表示。

（15）完整的螺纹标记由螺纹代号、公称直径、螺距、______代号和______号（或数值）组

成，各代号间用“-”隔开。

(16) 螺纹公差代号包括__________和____________。

(17) 螺纹中径、顶径公差带代号由表示其大小的__________________和表示其位置的____________所组成。

(18) 在螺纹的标记中，不标注旋合长度代号时，即表示为__________。必要时，在螺纹公差带代号之后，加注________号。特殊需要时，可注明旋合长度的________。

10-2 解释下列螺纹代号

(1) M24-6H

(2) M36×2-5g6g-20

(3) M30×2-6H/5g6g

10-3 查表计算题

(1) 查表确定螺母 M24×2-6H、螺栓 M24×2-6h 的小径和中径、大径和中径的极限尺寸，并画出公差带。

(2) 查表写出 M20×2-6H/5g6g 的大、中、小径尺寸，中径和顶径的上下偏差和公差。

10-4 简答题

(1) 为什么称中径公差为综合公差？

(2) 内、外螺纹中径是否合格的判断原则是什么？

第 11 章　圆锥配合的公差配合与检测

本 章 要 点

(1) 掌握圆锥几何参数误差对互换性的影响；
(2) 掌握圆锥公差以及配合的选用；
(3) 了解圆锥的检测。

11.1　圆锥配合的分类和基本参数

圆锥面是组成机械零件的一种常用的典型几何要素。圆锥配合是机器、仪器和工具结构中常用的连接与配合形式。

11.1.1　圆锥配合的分类

圆锥配合可分为三类:间隙配合、紧密配合和过盈配合。

(1) 间隙配合　间隙配合具有间隙,间隙大小可以调整。由于零件易拆开,相互配合的内、外圆锥能相对运动,例如机床顶尖、车床主轴的圆锥轴颈与滑动轴承的配合等。

(2) 紧密配合　紧密配合很严密,可以防止漏气、漏水,例如内燃机中阀门与阀门座的配合。然而,为了使配合的圆锥面有良好的密封性,内、外圆锥要成对研磨,因而这类圆锥不具有互换性。

(3) 过盈配合　过盈配合具有自锁性,过盈量大小可调,用以传递扭矩,而且装卸方便。例如机床主轴锥孔与刀具(钻头、立铣刀等)锥柄的配合。

11.1.2　圆锥配合的特点

圆锥配合与圆柱配合相比,具有以下特点:

(1) 圆锥配合具有较高的同轴度,对中性好,如图 11-1 所示。在圆柱配合中,当配合孔、轴存在间隙时,孔与轴的中心线就会存在同轴度误差;而在圆锥配合中,内、外圆锥在轴向力的作用下,作轴向相对运动,间隙逐渐减少,使结合件的轴线自动对中,从而具有较高的同轴度。

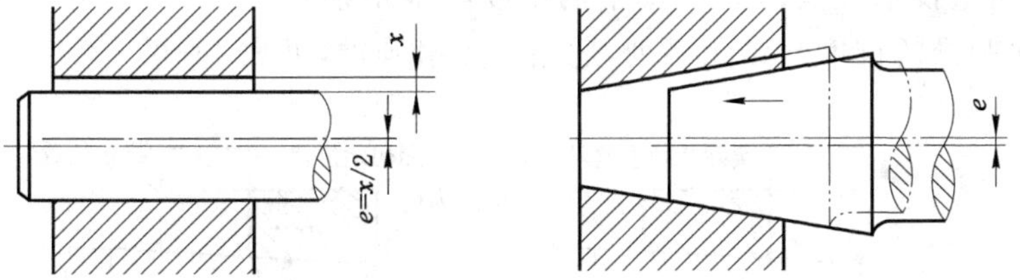

图 11-1　圆柱配合与圆锥配合的比较

(2) 配合性质可以调整。在圆柱配合中，相互配合的孔、轴之间的间隙和过盈是由孔、轴的基本偏差和标准公差确定的，加工完成后不再变化；而在圆锥配合中，通过内、外圆锥在轴向相对位置的移动，可以改变其配合间隙或过盈的大小，从而改变配合的性质，且反向移动时又容易拆卸。

(3) 密封性好。内、外圆锥的表面经过配对研磨后，配合起来具有良好的自锁性和密封性。该配合常用于防止漏气、漏水等场合。

但圆锥配合的结构比较复杂，影响互换性的参数比较多，加工和检测也较困难，故其应用不如圆柱配合广泛。

11.1.3　圆锥配合的基本参数

圆锥配合中的基本参数如图 11-2 所示。

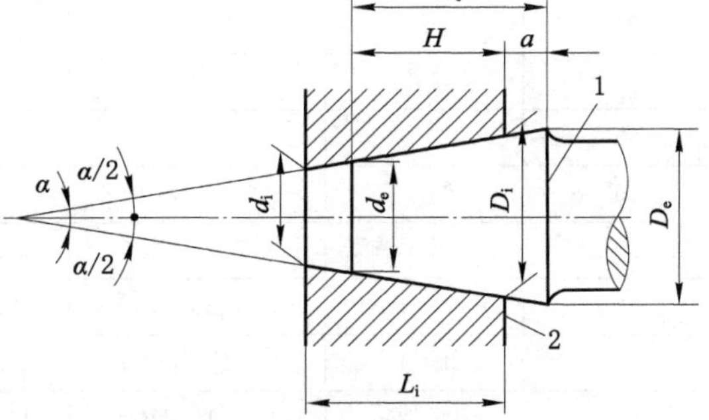

1—外圆锥基准面；2—内圆锥基准面。

图 11-2　圆锥配合的基本参数

(1) 圆锥角　在通过圆锥轴线的截面内两条素线之间的夹角，用符号 α 表示。

(2) 圆锥素线角　圆锥素线与其轴线之间的夹角，它等于圆锥角之半，即 $\alpha/2$。

(3) 圆锥直径　与圆锥轴线垂直的截面内的直径，有内、外圆锥的最大直径 D_i、D_e，内、外圆锥的最小直径 d_i、d_e，给定截面 x 处的圆锥直径 d_x。设计时，一般选用内圆锥的最大直径 D_i 或外圆锥的最小直径 d_e 作为公称直径。

(4) 圆锥长度　圆锥的最大直径截面与最小直径截面之间的轴向距离，用符号 L 表示。

(5) 圆锥配合长度　内、外圆锥配合面的轴向距离，用符号 H 表示。

(6) 锥度　两个垂直于圆锥轴线截面的圆锥直径之差与该两截面之间的轴向距离之比，用符号 C 表示。例如，圆锥最大直径 D 和圆锥最小直径 d 之差与圆锥长度 L 之比即为锥度 C，即

$$C=\frac{D-d}{L}=2\tan\frac{\alpha}{2}=1:\frac{1}{2}\cot\frac{\alpha}{2} \tag{11-1}$$

锥度常用比例或分式形式表示，例如 $C=1:20$ 或 $C=1/20$ 等。

(7) 基面距　相互结合的内、外圆锥基准面间的距离，用符号 a 表示。

(8) 轴向位移　相互结合的内、外圆锥从实际初始位置 P_a 到终止位置 P_f 移动的距离，用符号 E_a 表示，如图 11-3 所示。

《产品几何量技术规范(GPS)圆锥的锥度与锥角系列》(GB/T 157—2001)规定了机械工程一般用途圆锥的锥度与锥角系列,适用于光滑圆锥,见表 11-1。

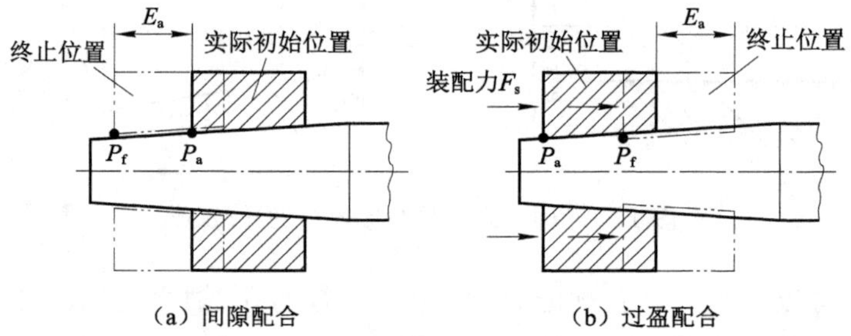

图 11-3 圆锥配合轴向位移

表 11-1 一般用途圆锥的锥度与锥角系列(摘自 GB/T 157—2001)

基本值		推算值			
		圆锥角 α			锥度 C
系列 1	系列 2	(°)(′)(″)	(°)	rad	
120°		—	—	2.094 369 510	1∶0.288 675 1
90°		—	—	1.570 7963 3	1∶0.500 000 0
	75°	—	—	1.308 996 94	1∶0.651 612 7
60°		—	—	1.047 197 55	1∶1.866 025 4
45°		—	—	0.785 398 16	1∶1.207 106 8
30°		—	—	0.523 598 78	1∶1.866 025 4
1∶3		18°55′28.719 9″	18.924 644 42°	0.330 297 35	—
	1∶4	14°15′0.117 7″	14.250 032 70°	0.248 709 99	—
1∶5		11°25′16.270 6″	11.421 186 27°	0.199 337 30	—
	1∶6	9°31′38.220 2″	9.527 283 38°	0.166 282 46	—
	1∶7	8°10′16.440 8″	8.171 233 56°	0.142 614 93	—
	1∶8	7°9′9.607 5″	7.152 668 75°	0.124 837 62	—
1∶10		5°43′29.317 6″	5.724 810 45°	0.099 916 79	—
	1∶12	4°46′18.797 0″	4.771 888 06°	0.083 285 16	—
	1∶15	3°49′5.897 5″	3.818 304 87°	0.066 6419 9	—
1∶20		2°51′51.092 5″	2.864 192 37°	0.049 989 59	—
1∶30		1°54′34.857 0″	1.909 682 51°	0.033 330 25	—
1∶50		1°8′45.158 6″	1.145 877 40°	0.019 999 33	—
1∶100		34′22.630 9″	0.572 953 02°	0.009 999 92	—
1∶200		17′11.321 9″	0.286 478 30°	0.004 999 99	—
1∶500		6′52.529 5″	0.114 591 52°	0.002 000 00	—

注:系列 1 中 120°～1∶3 的数值近似按 R10/2 优先数系列,1∶5～1∶500 按 R10/3 优先数系列,见 GB/T 321—2005。

国家标准《产品几何量技术规范(GPS) 圆锥的锥度与锥角系列》(GB/T 157—2001)附录 A 中给出了特殊用途圆锥的锥度与锥角系列,见表 11-2。

表 11-2　特殊用途圆锥的锥度与锥角系列(摘自 GB/T 157—2001 附录 A)

基本值	推荐值				标准号 GB/T (ISO)用途	
	圆锥角 α			锥度 C		
	(°)(′)(″)	(°)	rad			
11°54′	—	—	0.207 694 18	1∶4.797 451 1	(5237) (8489-5)	纺织机械和附件
8°40′	—	—	0.151 261 87	1∶6.598 441 5	(8489-3) (8489-4) (324.575)	
7°	—	—	0.122 173 05	1∶8.174 927 7	(8489-2)	
1∶38	1°30′27.708 0″	1.507 69667°	0.026 314 27	—	(368)	
1∶64	0°53′42.822 0″	0.895 228 34°	0.015 624 68	—	(368)	
7∶24	16°35′39.444 3″	16.594 290 08°	0.289 625 00	1∶3.428 571 4	3 837.3 (297)	机床主轴工具配合
1∶12.262	4°40′12.151 4″	4.670 042 05°	0.081 507 61	—	(239)	贾各锥度 No.2
1∶12.972	4°24′52.903 9″	4.414 695 52°	0.077 050 97	—	(239)	贾各锥度 No.1
1∶15.748	3°38′13.44 29″	3.367 067 47°	0.063 478 80	—	(239)	贾各锥度 No.33
6∶100	3°26′12.177 6″	3.436 716 00°	0.059 982 01	1∶16.666 666 7	1962 (594-1) (595-1、2)	医疗设备
1∶18.779	3°3′1.207 0″	3.050 335 27°	0.053 238 39	—	(239)	贾各锥度 No.3
1∶19.002	3°0′52.395 6″	3.014 554 34°	0.052 613 90	—	1 443(296)	莫氏锥度 No.5
1∶19.180	2°58′11.725 8″	2.986 590 50°	0.052 125 84	—	1 443(296)	莫氏锥度 No.6
1∶19.212	2°58′53.825 6″	2.981 618 20°	0.052 039 05	—	1 443(296)	莫氏锥度 No.0
1∶19.254	2°58′30.421 7″	2.975 117 13°	0.051 925 59	—	1 443(296)	莫氏锥度 No.4

11.2 圆锥公差

《产品几何量技术规范(GPS) 圆锥公差》(GB/T 11334—2005)规定了圆锥公差的项目、给定方法和公差数值,适用于锥度 C 为 1∶3～1∶500、圆锥长度 L 为 6～630 mm 的光滑圆锥。该标准中的圆锥角公差也适用于棱体的角度与斜度。

国家标准将圆锥公差分为圆锥直径公差、圆锥角公差、圆锥的几何公差及给定截面圆锥直径公差。

11.2.1 圆锥直径公差 T_D

圆锥直径公差 T_D 是指圆锥直径的允许变动量,即允许的最大极限圆锥直径 D_{max}(或 d_{max})与最小极限圆锥直径 D_{min}(或 d_{min})之差,如图 11-4 所示。

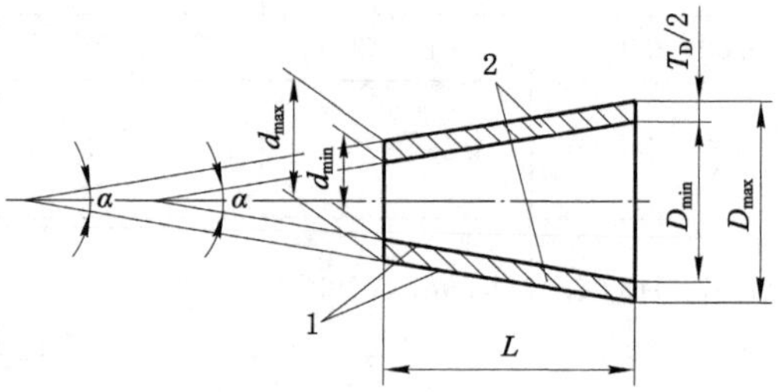

1—极限圆锥;2—圆锥直径公差区。

图 11-4 圆锥直径公差区

极限圆锥是与公称圆锥同轴且圆锥角相等,直径分别为上极限尺寸和下极限尺寸的两个圆锥。在垂直于圆锥轴线的任一截面上,这两个圆锥的直径差都相等。两个极限圆锥所限定的区域就是圆锥直径公差区。

圆锥直径公差 T_D 以公称圆锥直径(一般取最大圆锥直径 D)为公称尺寸,按《产品几何技术规范(GPS) 线性尺寸公差 ISO 代号体系 第 2 部分:标准公差带代号和孔、轴的极限偏差表》(GB/T 1800.2—2020)规定的标准公差选取,它适用于圆锥的全长 L。

11.2.2 圆锥角公差 AT

圆锥角公差 AT 是指圆锥角允许的变动量,即上极限圆锥角 α_{max} 与下极限圆锥角 α_{min} 之差,如图 11-5 所示。在圆锥轴向截面内,由最大和最小极限圆锥角所限定的区域称为圆锥角公差区。

圆锥角公差 AT 有 AT_α 与 AT_D 两种表示方法。二者的关系为

$$AT_D = AT_\alpha \times L \times 10^{-3} \tag{11-2}$$

式中,AT_D 的单位为 μm;AT_α 的单位为 μrad;L 为圆锥长度,单位为 mm。

国家标准规定,圆锥角公差共分 12 个公差等级,用符号 $AT1, AT2, \cdots, AT12$ 表示。其中,$AT4$～$AT9$ 圆锥角公差数值见表 11-3。

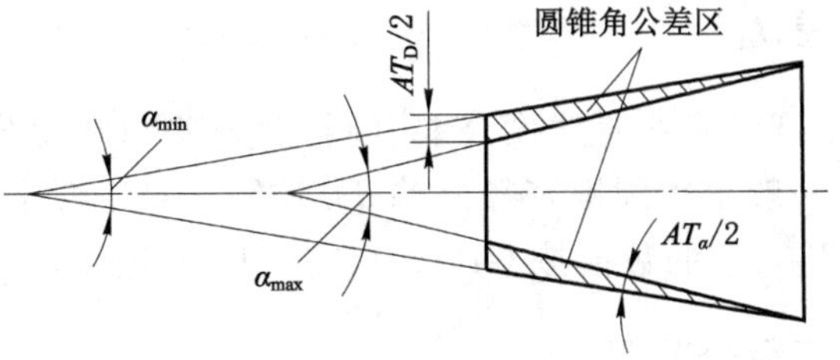

图 11-5　极限圆锥角

表 11-3　圆锥公差数值(摘自 GB/T 11334—2005)

公称圆锥长度 L/mm		圆锥角公差等级								
		$AT4$			$AT5$			$AT6$		
		AT_α		AT_D	AT_α		AT_D	AT_α		AT_D
大于	至	μrad	(″)	μm	μrad	(′)(″)	μm	μrad	(′)(″)	μm
6	10	200	41″	>1.3～2.0	315	1′05″	>2.0～3.2	500	1′43″	>3.2～5.0
10	16	160	33″	>1.6～2.5	250	52″	>2.5～4.0	400	1′22″	>4.0～6.3
16	25	125	26″	>2.0～3.2	200	41″	>3.2～5.0	315	1′05″	>5.0～8.0
25	40	100	21″	>2.5～4.0	160	33″	>4.0～6.3	250	52″	>6.3～10.0
40	63	80	16″	>3.2～5.0	125	26″	>5.0～8.0	200	41″	>8.0～12.5
63	100	63	13″	>4.0～6.3	100	21″	>6.3～10.0	160	33″	>10.0～16.0
100	160	50	10″	>5.0～8.0	80	16″	>8.0～12.5	125	26″	>12.5～20.0
160	250	40	8″	>6.3～10.0	63	13″	>10.0～16.0	100	21″	>16.0～25.0
250	400	31.5	6″	>8.0～12.5	50	10″	>12.5～20.0	80	16″	>20.0～32.0
400	630	25	5″	>10.0～16.0	40	8″	>16.0～25.0	63	13″	>25.0～40.0

公称圆锥长度 L/mm		圆锥角公差等级								
		$AT7$			$AT8$			$AT9$		
		AT_α		AT_D	AT_α		AT_D	AT_α		AT_D
大于	至	μrad	(″)	μm	μrad	(′)(″)	μm	μrad	(′)(″)	μm
6	10	800	2′45″	>5.0～8.0	1 250	4′18″	>8.0～12.5	2 000	6′52″	>12.5～20.0
10	16	630	2′10″	>6.3～10.0	1 000	3′26″	>10.0～16.0	1 600	5′30″	>16.0～25.0
16	25	500	1′43″	>8.0～12.5	800	2′45″	>12.5～20.0	1 250	4′18″	>20.0～32.0
25	40	400	1′22″	>10.0～16.0	630	2′10″	>16.0～25.0	1 000	3′26″	>25.0～40.0
40	63	315	1′05″	>12.5～20.0	500	1′43″	>20.0～32.0	800	2′45″	>32.0～50.0
63	100	250	52″	>16.0～25.0	400	1′22″	>25.0～40.0	630	2′10″	>40.0～63.0
100	160	200	41″	>20.0～32.0	315	1′05″	>32.0～50.0	500	1′43″	>50.0～80.0
160	250	160	33″	>25.0～40.0	250	52″	>40.0～63.0	400	1′22″	>63.0～100
250	400	125	26″	>32.0～50.0	200	41″	>50.0～80.0	315	1′05″	>80～125
400	630	100	21″	>40.0～63.0	160	33″	>63.0～100.0	250	52″	>100～160

注：1 μrad 等于半径为 1 m、弧长为 1 μm 的圆弧所对应的圆心角。5 μrad≈1″(秒)，300 μrad≈1′(分)。

11.2.3 圆锥的几何公差 T_F

圆锥的几何公差包括圆锥素线直线度公差、倾斜度公差和圆度公差等。对于要求不高的圆锥工件，其几何误差一般也用圆锥直径公差 T_D 控制。对于要求较高的圆锥工件，应单独按要求给定几何公差 T_F，T_F 的数值按 GB/T 1184—1996 选取。

11.2.4 给定截面圆锥直径公差 T_{DS}

给定截面圆锥直径公差 T_{DS}是指在垂直于圆锥轴线的给定截面内，圆锥直径的允许变动量。其圆锥直径公差区为在给定的圆锥截面内，由两个同心圆所限定的区域，如图 11-6 所示。

给定截面圆锥直径公差是以给定截面圆锥直径 d 为公称尺寸，按《产品几何技术规范(GPS) 线性尺寸公差 ISO 代号体系 第 2 部分：标准公差带代号和孔、轴的极限偏差表》(GB/T 1800.2—2020)的标准公差选取。

一般情况下不规定给定截面圆锥直径公差，只有对圆锥工件有特殊需求时才规定此项公差。例如：阀类零件中，在配合的圆锥给定截面上要求接触良好，以保证密封性。但必须同时规定锥角公差 AT，它们之间的关系如图 11-7 所示。

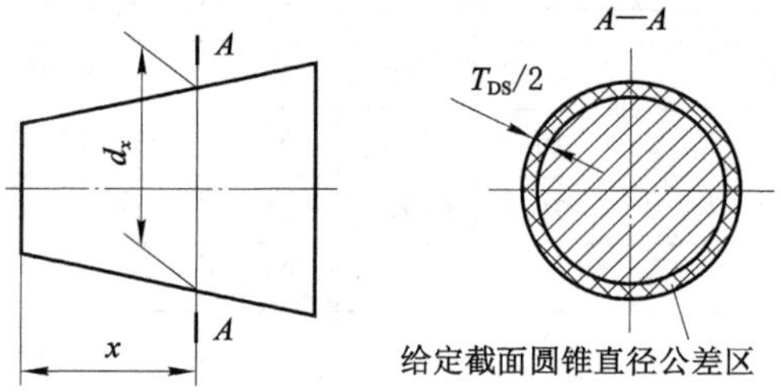

图 11-6　给定截面圆锥直径公差区

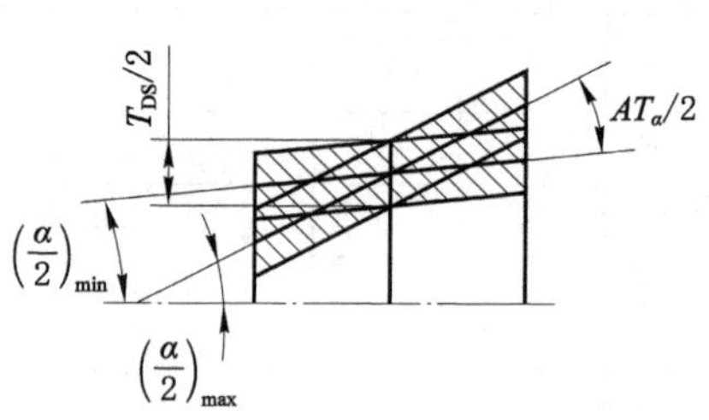

图 11-7　T_{DS}与 AT 的关系

由图 11-7 可见，给定截面圆锥直径公差 T_{DS}不能控制圆锥角偏差 $\Delta\alpha$，两者相互无关，应分别满足要求。在给定截面上圆锥角误差的影响最小，故它是精度要求最高的一个截面。按《产品几何量技术规范(GPS) 圆锥公差》(GB/T 11334—2005)规定，圆锥公差的给定方法有以下两种：

(1) 给出圆锥的理论正确圆锥角 α(或锥度 C)和圆锥直径公差 T_D。此时，圆锥角偏差和圆锥几何误差均应在极限圆锥所限定的区域内。当圆锥角公差和圆锥几何公差有更高要求时，可再给出圆锥角公差 AT 和圆锥几何公差 T_F。此时 AT 和 T_F 仅占 T_D 的一部分。按这种方法给定圆锥角公差时，在圆锥直径公差后边加注符号 Ⓣ。

(2) 给出给定截面圆锥直径公差 T_{DS}和圆锥角公差 AT。此时，给定截面圆锥直径和圆锥角应分别满足这两项公差的要求。当对圆锥几何公差有更高要求时，可再给出圆锥几何公差 T_F。

11.3　圆锥配合

《产品几何量技术规范(GPS) 圆锥配合》(GB/T 12360—2005)适用于锥度 C 在 1∶3～1∶500、圆锥长度 L 在 6～630 mm、直径至 500 mm 光滑圆锥的配合。

圆锥公差与配合制由基准制、圆锥公差和圆锥配合组成。圆锥配合的基准制分为基孔制和基轴制,国家标准推荐优先采用基孔制;圆锥公差按《产品几何量技术规范(GPS) 圆锥公差》(GB/T 11334—2005)确定,即"给出圆锥的公称圆锥角 α(或锥度 C)和圆锥直径公差 T_D,由 T_D 确定两个极限圆锥,此时的圆锥角偏差和圆锥的几何误差均应在两个极限圆锥所限定的区域内"。

GB/T 12360—2005 中给出了圆锥配合的形成、圆锥配合的一般规定,以及内、外圆锥轴向极限偏差的确定方法。圆锥配合分为间隙配合、过渡配合和过盈配合,相互配合的两圆锥公称尺寸应相同。

11.3.1　圆锥配合的特征

圆锥配合的特征是通过相互结合的内、外圆锥规定的轴向位置来形成间隙或过盈。间隙或过盈在垂直于圆锥表面方向起作用,但按照垂直于圆锥轴线方向给定并测量。根据确定相互结合的内、外圆锥轴向位置方法的不同,圆锥配合有结构型圆锥配合和位移型圆锥配合两种。

1. 结构型圆锥配合

结构型圆锥配合有两种形式:① 由内、外圆锥的结构确定装配的最终位置而获得配合。这种方式可以得到间隙配合、过渡配合和过盈配合。图 11-8(a)所示为由轴肩接触得到间隙配合的示例。② 由内、外圆锥基准平面之间的结构尺寸确定装配的最终位置而形成配合。这种方式可以得到间隙配合、过渡配合和过盈配合。图 11-8(b)所示为由结构尺寸 a 得到过盈配合的示例。

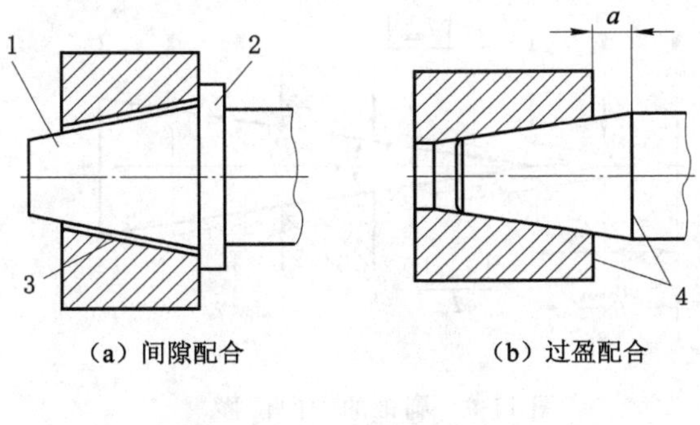

1—外圆锥;2—轴肩;3—内圆锥;4—基准平面。

图 11-8　结构型圆锥配合

2. 位移型圆锥配合

位移型圆锥配合也有两种形式:① 由内、外圆锥实际初始位置 P_a 开始,作一定的相对

轴向位移 E_a 而形成配合。这种方式可以得到间隙配合和过盈配合。图 11-3(a)所示为间隙配合的示例。② 由内、外圆锥实际初始位置 P_a 开始，施加一定的装配力产生轴向位移而形成配合。这种方式只能得到过盈配合，如图 11-3(b)所示。

11.3.2 圆锥直径配合量

圆锥配合在配合直径上允许的间隙或过盈的变动量称为圆锥直径配合量，用符号 T_{Df} 表示。对于结构型圆锥配合，圆锥直径配合量也等于内、外圆锥的直径公差，即

间隙配合：
$$T_{Df} = |X_{max} - X_{min}| \tag{11-3}$$
过盈配合：
$$T_{Df} = |Y_{max} - Y_{min}| \tag{11-4}$$
过渡配合：
$$T_{Df} = |X_{max} - Y_{max}| \tag{11-5}$$
圆锥直径配合量：
$$T_{Df} = T_{Di} + T_{De} \tag{11-6}$$

式中，T_{Di}、T_{De} 为内、外圆锥的直径公差；X_{max}、X_{min} 分别为最大、最小间隙量；Y_{max}、Y_{min} 分别为最大、最小过盈量。

对于位移型圆锥配合，其圆锥直径配合量 T_{Df} 等于最大间隙(过盈)与最小间隙(或过盈)之差的绝对值，也等于轴向位移公差 T_E 和锥度 C 之积，即

$$T_{Df} = |X_{max} - X_{min}| = |Y_{max} - Y_{min}| \tag{11-7}$$

$$T_{Df} = CT_E \tag{11-8}$$

11.3.3 圆锥配合的一般规定

(1) 对于结构型圆锥配合，推荐优先采用基孔制，内、外圆锥公差带代号及配合按《产品几何技术规范(GPS) 线性尺寸公差 ISO 代号体系 第 2 部分：标准公差带代号和孔、轴的极限偏差表》(GB/T 1800.2—2020)规定的基本偏差和标准公差选取。

(2) 对于位移型圆锥配合，内圆锥直径公差带代号的基本偏差推荐选用 H 和 JS，外圆锥直径公差带的基本偏差推荐选用 h 和 js。其轴向位移的极限值(E_{amin}、E_{amax})按《产品几何技术规范(GPS) 线性尺寸公差 ISO 代号体系 第 1 部分：公差、偏差和配合的基础》(GB/T 1800.1—2020)规定的极限间隙或极限过盈来计算，如图 11-9 所示。

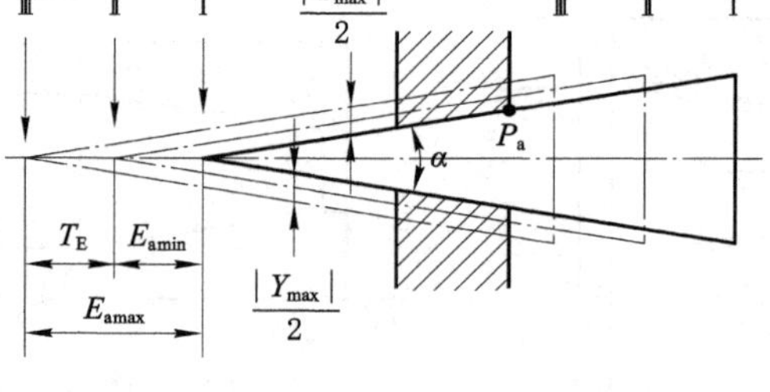

图 11-9 圆锥的轴向位移

对于间隙配合，极限间隙算公式如下：

$$E_{amin} = \frac{1}{C} X_{min} \tag{11-9}$$

$$E_{amax} = \frac{1}{C} X_{max} \tag{11-10}$$

$$T_E = E_{amax} - E_{amin} = \frac{1}{C}(X_{max} - X_{min}) \tag{11-11}$$

式中，C 为锥度；X_{max}为配合的最大间隙；X_{min}为配合的最小间隙；T_E 为轴向位移公差。

对于过盈配合，极限过盈计算公式如下：

$$E_{amin} = \frac{1}{C} \mid Y_{min} \mid \tag{11-12}$$

$$E_{amax} = \frac{1}{C} \mid Y_{max} \mid \tag{11-13}$$

$$T_E = E_{amax} - E_{amin} = \frac{1}{C} \mid Y_{max} - Y_{min} \mid \tag{11-14}$$

式中，Y_{max}为配合的最大过盈；Y_{min}为配合的最小过盈。

11.3.4　圆锥角偏差对圆锥配合的影响

《产品几何量技术规范(GPS) 圆锥配合》(GB/T 12360—2005)的附录 A 中给出了圆锥角偏离公称圆锥角时对圆锥配合的影响。

(1) 内、外圆锥的圆锥角偏离其公称圆锥角的圆锥角偏差，将影响圆锥配合表面的接触质量和对中性能。《产品几何量技术规范(GPS) 圆锥公差》(GB/T 11334—2005)的附录 A 中给出了由圆锥直径公差(T_D)限制的最大圆锥角误差($\Delta\alpha_{max}$)。当完全利用圆锥直径公差区时，内、外圆锥的圆锥角极限偏差可达$\pm\Delta\alpha_{max}$。

(2) 为了使圆锥配合尽可能获得较大的接触长度，应选较小的圆锥直径公差(T_D)，或在圆锥直径公差区内给出更高要求的圆锥角公差。如在给定的圆锥直径公差(T_D)后，还需要给出圆锥角公差(AT)，它们之间的关系应满足下列条件：

① 当圆锥角规定为单向极限偏差($+AT$ 或$-AT$)时，有

$$AT_D < \Delta\alpha_{Dmax} = T_D \tag{11-15}$$

$$AT_\alpha < \Delta\alpha_{max} = \frac{T_D}{L} \times 10^3 \tag{11-16}$$

式中，AT_D 为以长度单位表示的圆锥角公差，μm；AT_α为以角度单位表示的圆锥角公差，μrad；$\Delta\alpha_{Dmax}$为以长度单位表示的最大圆锥角误差，μm；L 为公称圆锥长度，mm。

② 当圆锥角规定为对称极限偏差$\left(\pm\frac{AT}{2}\right)$时，有

$$\frac{AT_D}{2} < \Delta\alpha_{Dmin} = T_D \tag{11-17}$$

$$\frac{AT_\alpha}{2} < \Delta\alpha_{min} = \frac{T_D}{2} \times 10^3 \tag{11-18}$$

③ 内、外圆锥的圆锥角给定的不同的偏差方向和不同的组合，会影响配合圆锥初始接触的部位。在实际生产中，可根据不同的需要选择不同方向的偏差和组合。

当要求初始接触部位为最小圆锥直径时，应规定圆锥角为单向极限偏差，外圆锥为负($-AT_e$)，内圆锥为正($+AT_i$)，如图 11-10(a)所示。

当要求初始接触部位为最大圆锥直径时，应规定圆锥角为单向极限偏差，外圆锥为正

$(+AT_e)$，内圆锥为负$(-AT_i)$，如图 11-10(b)所示。

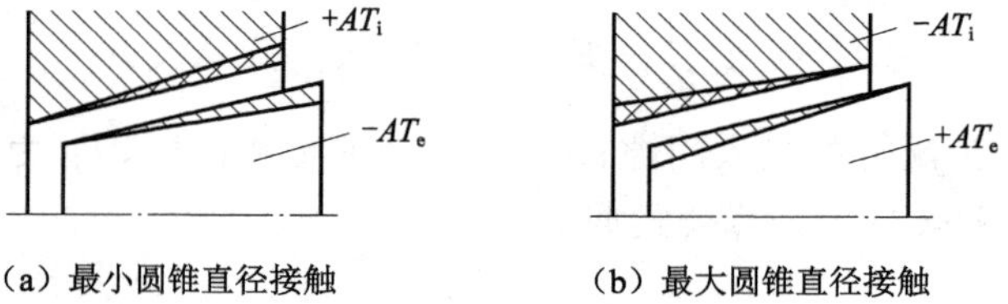

图 11-10　内、外圆锥初始接触部位

当初始接触部位无特殊要求，而要求保证配合圆锥角之间的差别为最小时，内、外圆锥角的极限偏差的方向应相同，可以是对称的$(\pm\frac{AT_e}{2}$、$\pm\frac{AT_i}{2})$，也可以是单向的$(+AT_e$、$+AT_i$或$-AT_e$、$-AT_i)$，如图 11-11 所示。

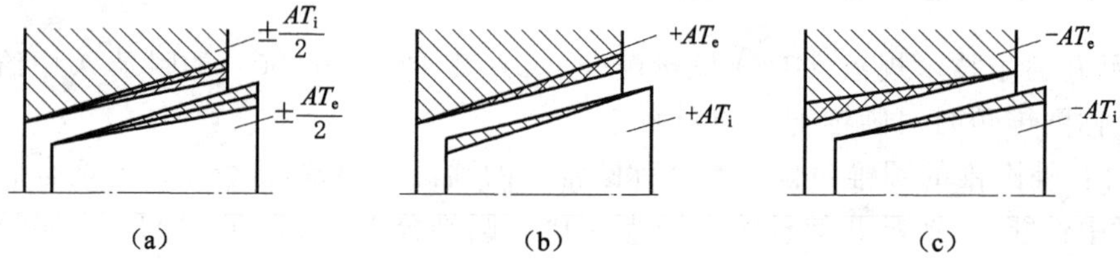

图 11-11　内、外圆锥角极限偏差方向相同时的接触部位

11.3.5　圆锥轴向极限偏差

圆锥的轴向极限偏差是圆锥的某一极限圆锥与其公称圆锥轴向位置的偏离量，如图 11-12 所示。规定下极限圆锥与公称圆锥的偏离量为轴向上极限偏差$(es_z$、$ES_z)$；上极限圆锥与公称圆锥的偏离量为轴向下极限偏差$(ei_z$、$EI_z)$；轴向上极限偏差与轴向下极限偏差的代数差的绝对值为轴向公差 T_z。

圆锥轴向极限偏差即轴向上极限偏差$(es_z$、$ES_z)$、轴向下极限偏差$(ei_z$、$EI_z)$和轴向公差

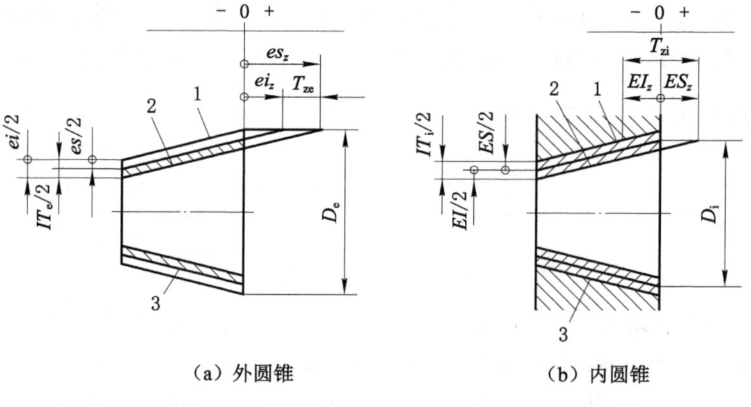

1—公称圆锥；2—下极限圆锥；3—上极限圆锥。

图 11-12　圆锥轴向极限偏差

T_z，可根据图 11-12 所示确定。圆锥轴向极限偏差的换算公式见表 11-4。

表 11-4　圆锥轴向极限偏差的换算公式

轴向极限偏差	外圆锥	内圆锥
轴向上极限偏差	$es_z=-\frac{1}{C}ei$	$ES_z=-\frac{1}{C}EI$
轴向下极限偏差	$ei_z=-\frac{1}{C}es$	$EI_z=-\frac{1}{C}ES$
轴向基本偏差	$e_z=-\frac{1}{C}\times$直径基本偏差	$E_z=-\frac{1}{C}\times$直径基本偏差
轴向公差	$T_{ze}=\frac{1}{C}IT_e$	$T_{zi}=\frac{1}{C}IT_i$

GB/T 12360—2005 的附录 B 中给出了圆锥配合的内圆锥或外圆锥直径极限偏差转换为轴向极限偏差的计算方法，可以用来确定圆锥配合的极限初始位置和圆锥配合后基准平面之间的极限轴向距离；当用圆锥量规检验圆锥直径时，可用来确定与圆锥直径极限偏差相应的圆锥量规的轴向距离。

由于圆锥工件往往同时存在圆锥直径偏差和圆锥角偏差，但对直径偏差和圆锥角偏差的检查不方便，特别是对内圆锥的检查更为困难。因此，通常采用综合量规检查控制圆锥工件相对基本圆锥的轴向位移量，一般轴向位移量必须控制在轴向极限偏差范围内。

11.4　圆锥的公差注法

《技术制图 圆锥的尺寸和公差注法》(GB/T 15754—1995)规定了光滑正圆锥的尺寸和公差注法。生产中通常采用基本锥度法和公差锥度法进行标注。

11.4.1　基本锥度法

基本锥度法是表示圆锥要素尺寸与其几何特征具有相互从属关系的一种公差带的标注方法，即由两同轴圆锥面(圆锥要素的最大实体尺寸和最小实体尺寸)形成两个具有理想形状的包容面公差区，实际圆锥处处不得超越这两个包容面。这样，该公差区既控制了圆锥直径的大小及圆锥角的偏差，也控制了圆锥面的几何误差。基本锥度法通常适用于有配合要求的结构型内、外圆锥。

给定圆锥直径公差的标注方法如图 11-13 所示。此时，圆锥的直径偏差、圆锥角偏差和圆锥几何误差都由圆锥直径公差控制。如果对圆锥角及其素线精度有更高的要求，应另外规定它们的公差，但其公差数值应小于圆锥的直径公差。

给定截面圆锥直径公差的标注方法如图 11-14 所示。给定截面圆锥直径公差，可以保证两个相互配合的圆锥在规定的截面上具有良好的密封性。

给定圆锥几何公差的标注方法如图 11-15 所示。倾斜度公差带(包括素线的直线度)在轮廓度公差带内浮动。

相配合圆锥公差标注方法如图 11-16 所示。

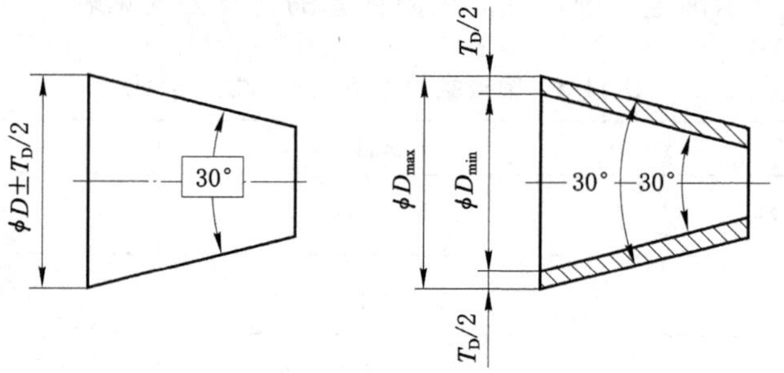

图 11-13　给定圆锥直径公差的标注

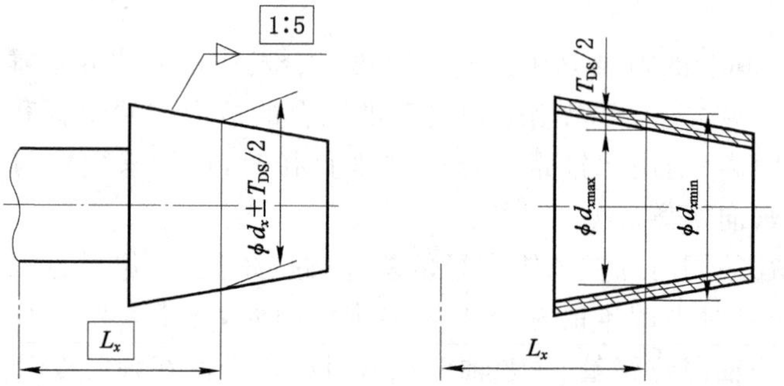

图 11-14　给定截面圆锥直径公差的标注

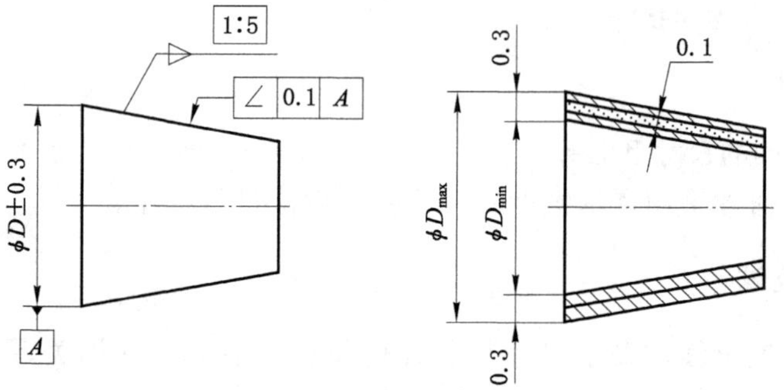

图 11-15　给定圆锥几何公差的标注

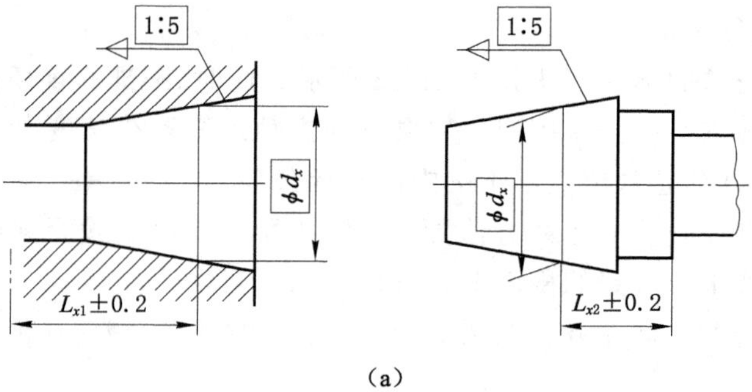

图 11-16　相配合圆锥公差的标注

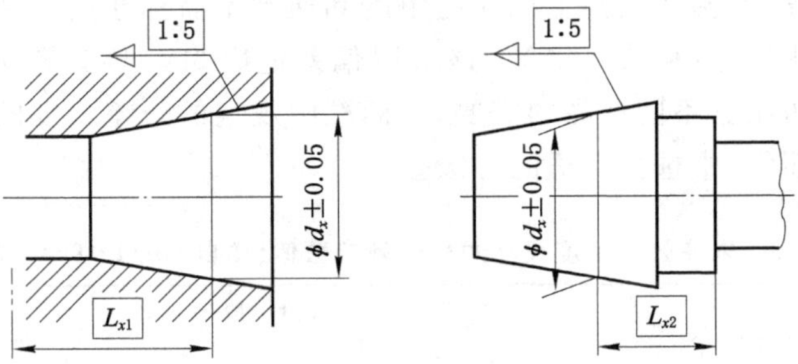

(b)

图 11-16 （续）

11.4.2 公差锥度法

公差锥度法仅适用于对某些给定截面圆锥直径有较高要求的圆锥、有密封要求的圆锥及非配合圆锥。公差锥度法是直接给定有关圆锥要素的公差，即同时给出圆锥直径公差和圆锥角公差，不构成两同轴圆锥面公差区的标注方法。此时，给定截面圆锥直径公差仅控制该截面圆锥直径偏差，不再控制圆锥角偏差，T_{DS} 和 AT 各自分别规定，分别满足要求，按照独立原则解释。根据要求也可附加给出有关几何公差要求作进一步控制。

给定最大圆锥直径公差 T_{DS}、圆锥角公差 AT 的标注方法如图 11-17(a)所示。该圆锥的最大圆锥直径应由 $\phi D+\frac{T_D}{2}$ 和 $\phi D-\frac{T_D}{2}$ 确定；圆锥角应在 24°30′与 25°30′之间变化；圆锥素线直线度公差 $t=0.1$ mm。以上要求应独立考虑。

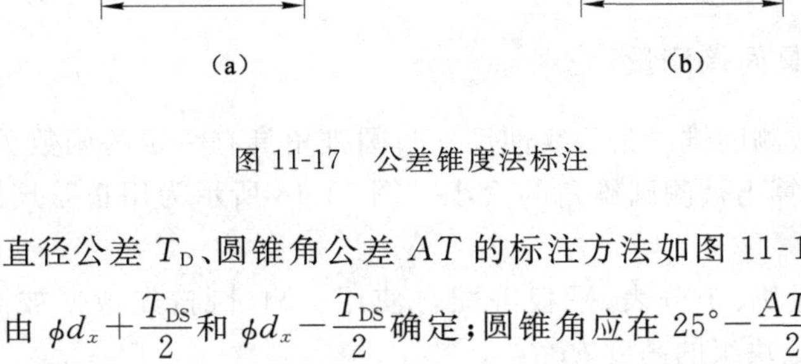

(a)　　　　(b)

图 11-17　公差锥度法标注

给定截面圆锥直径公差 T_D、圆锥角公差 AT 的标注方法如图 11-17(b)所示。给定截面面处的圆锥直径由 $\phi d_x+\frac{T_{DS}}{2}$ 和 $\phi d_x-\frac{T_{DS}}{2}$ 确定；圆锥角应在 $25°-\frac{AT8}{2}$ 与 $25°+\frac{AT8}{2}$ 之间变化。以上要求应独立考虑。

11.4.3 未注公差角度尺寸的极限偏差

国家标准《一般公差 未注公差的线性和角度尺寸的公差》(GB/T 1804—2000)对于金

属切削加工件的角度，包括在图样上标注的角度和通常不需标注的角度（如 90°等），规定了未注公差角度的极限偏差（见表 11-5）。该极限偏差值应为一般工艺方法可以保证达到的精度。实际应用中可根据不同产品的需要，从标准中规定的公差角度的公差等级（精密级、中等级、粗糙级、最粗级）中选择合适的等级。

表 11-5 未注公差角度尺寸的极限偏差数值（摘自 GB/T 1804—2000）

公差等级	长度分段/mm				
	～10	>10～50	>50～120	>120～400	>400
精密级（f） 中等级（m）	±1°	±30′	±20′	±10′	±5′
粗糙级（c）	±1°30′	±1°	±30′	±15′	±10′
最粗级（v）	±3°	±2°	±1°	±30′	±20′

未注公差角度的极限偏差按角度短边长度确定。若工件为圆锥，则按圆锥素线长度确定。

未注公差角度的公差等级在图样或技术文件上用标准号和公差等级表示。例如选用中等级时，在图样或技术文件上可表示为：GB/T 1804-m。

11.5 锥度与圆锥角的检测

锥度与圆锥角的检测方法很多，生产中常用的检测方法如下。

11.5.1 用通用量仪直接测量

对于精度要求不是太高的圆锥零件，通常用万能量角器直接测量其斜角或锥角，它可测量 0°～320°范围内的任意角度值，分度值有 2′、5′两种。

对于精度要求较高的圆锥零件，常用光学分度头或测角仪进行测量。光学分度头的测量范围为 0°～360°，分度值有 10″、5″、2″、1″等。测角仪的分度值可高达 0.1″，测量精度更高。

11.5.2 用通用量具间接测量

这种方法利用被测圆锥的某些线性尺寸与圆锥角具有一定的函数关系，通过测量线性尺寸的差值，然后计算出被测圆锥角的大小。图 11-18 所示为用正弦规测量外圆锥锥角偏差的示意图。

正弦规通常与量块、千分表、平板等配合使用。测量前，先根据被测圆锥的公称圆锥角 α，按下式计算出量块组的高度 h；

$$h=L\sin\alpha$$

式中，L 为正弦规两圆柱之间的中心距（100 mm 或 200 mm）。

根据计算的 h 值组合量块，并将量块组和正弦规按照图 11-18 所示放在平板上。此时正弦规的工作面与平板的夹角为 α。然后将被测圆锥放在正弦规的工作面上，如果被测圆

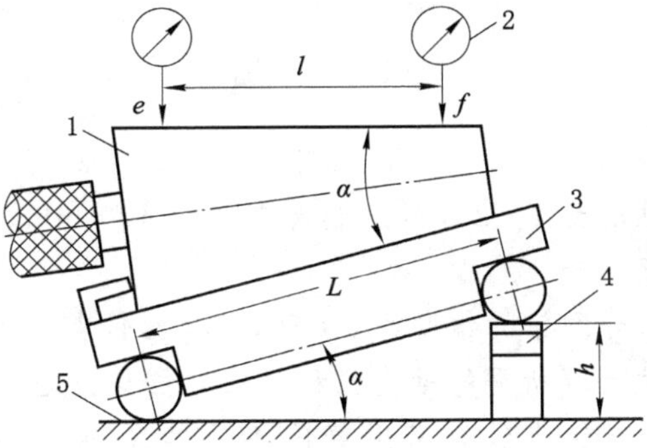

1—工件；2—指示表；3—正弦规；4—量块；5—平板。

图 11-18　用正弦规测量外圆锥锥角偏差

锥没有圆锥角偏差，则千分表在 e、f 两点的示值相同，即圆锥的素线与平板平行。反之，若 e、f 两点的示值存在某一差值，则表明存在圆锥角偏差 $\Delta\alpha$。

根据被测圆锥在 e、f 两点之间的读数差 ΔF，锥度偏差 ΔC 为

$$\Delta C=\frac{\Delta F}{l}(\mathrm{rad})=\frac{\Delta F}{l}\times 10^6(\mu\mathrm{rad})$$

若 e 点高于 f 点，则锥度实际偏差 ΔC 为正偏差；反之，为负偏差。

换算成圆锥角偏差，可按下式近似计算：

$$\Delta\alpha=\frac{\Delta F}{l}\times 2\times 10^5('')$$

圆锥还可用锥度塞规和锥度环规进行检验，内圆锥用锥度塞规检验，外圆锥用锥度环规检验，如图 11-19 所示。在用量规检验圆锥工件时，通过涂色检查接触线的长度，用以检验圆锥角偏差；检验时要求在锥体的大端接触，高精度工件的接触线不低于圆锥长度的 85%，精密工件的接触线不低于圆锥长度的 80%，普通工件的接触线不低于圆锥长度的 75%。

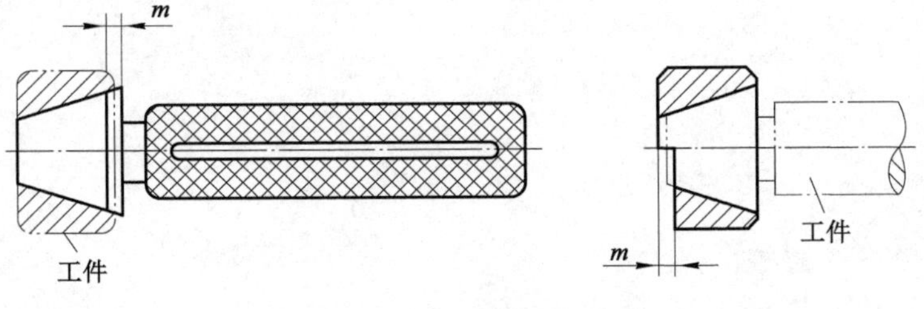

图 11-19　圆锥量规

用圆锥量规还可检验圆锥的基面距偏差。在圆锥量规的基准端刻有两条距离为 m 的刻线（塞规），或加工成一个轴向距为 m 的台阶（环规），若被检验圆锥的端面在量规刻线或台阶的两端面之间的 m 区域，则被检验圆锥的基面距合格。

习　题

11-1　有一外圆锥，锥度为 1∶20，圆锥最大直径为 100 mm，圆锥长度为 200 mm。试确定圆锥角、圆锥最小直径。

11-2　相互结合的内、外圆锥的锥度为 1∶50，基本圆锥直径为 100 mm，要求装配后得到 H8/u7 的配合性质。试计算所需的轴向位移和轴向位移公差。

11-3　某钻床主轴孔与钻套结合采用莫氏 4 号锥度，钻套的公称圆锥长度 $L=118$ mm，圆锥角公差为 $AT8$。试查表确定其基本圆锥角 α 和锥度 C 以及圆锥角公差的数值。

11-4　有一外圆锥，最大圆锥直径 D 为 120 mm，圆锥长度 L 为 260 mm，圆锥直径公差 T_D 取为 IT9。求 T_D 所能限制的最大圆锥角误差 $\Delta\alpha_{max}$。

参考文献

[1] 国家标准化管理委员会.普通型平键:GB/T 1096—2003[S].北京:中国标准出版社,2004.

[2] 马惠萍.互换性与测量技术基础案例教程[M].3版.北京:机械工业出版社,2023.

[3] 全国产品尺寸和几何技术规范标准化技术委员会.产品几何技术规范(GPS)技术产品文件中表面结构的表示法:GB/T 131—2006[S].北京:中国标准出版社,2007.

[4] 全国产品尺寸和几何技术规范标准化技术委员会.产品几何技术规范(GPS)表面结构 轮廓法表面粗糙度参数及其数值:GB/T 1031—2009[S].北京:中国标准出版社,2009.

[5] 全国产品尺寸和几何技术规范标准化技术委员会.产品几何技术规范(GPS)表面结构 轮廓法接触(触针)式仪器标称特性:GB/T 6062—2009[S].北京:中国标准出版社,2009.

[6] 全国产品尺寸和几何技术规范标准化技术委员会.产品几何技术规范(GPS)表面结构 轮廓法术语、定义及表面结构参数:GB/T 3505—2009[S].北京:中国标准出版社,2009.

[7] 全国产品尺寸和几何技术规范标准化技术委员会.产品几何技术规范(GPS)光滑工件尺寸的检验:GB/T 3177—2009[S].北京:中国标准出版社,2009.

[8] 全国产品尺寸和几何技术规范标准化技术委员会.产品几何技术规范(GPS)几何要素 第1部分:基本术语和定义:GB/T 18780.1—2002[S].北京:中国标准出版社,2003.

[9] 全国产品尺寸和几何技术规范标准化技术委员会.产品几何量技术规范(GPS)几何要素 第2部分:圆柱面和圆锥面的提取中心线、平行平面的提取中心面、提取要素的局部尺寸:GB/T 18780.2—2003[S].北京:中国标准出版社,2003.

[10] 全国产品尺寸和几何技术规范标准化技术委员会.产品几何量技术规范(GPS)圆锥的锥度与锥角系列:GB/T 157—2001[S].北京:中国标准出版社,2002.

[11] 全国产品尺寸和几何技术规范标准化技术委员会.产品几何量技术规范(GPS)圆锥公差:GB/T 11334—2005[S].北京:中国标准出版社,2005.

[12] 全国产品尺寸和几何技术规范标准化技术委员会.产品几何量技术规范(GPS)圆锥配合:GB/T 12360—2005[S].北京:中国标准出版社,2005.

[13] 全国产品尺寸和几何技术规范标准化技术委员会.技术制图 圆锥的尺寸和公差注法:GB/T 15754—1995[S].北京:中国标准出版社,1996.

[14] 全国产品尺寸和几何技术规范标准化技术委员会.优先数和优先数系:GB/T 321—2005[S].北京:中国标准出版社,2005.

[15] 全国产品几何技术规范标准化技术委员会. 产品几何技术规范(GPS)概念、原则和规则:GB/T 4249—2018[S]. 北京:中国标准出版社,2018.
[16] 全国产品几何技术规范标准化技术委员会. 产品几何技术规范(GPS) 几何公差 最大实体要求(MMR)、最小实体要求(LMR)和可逆要求(RPR):GB/T 16671—2018[S]. 北京:中国标准出版社,2018.
[17] 全国产品几何技术规范标准化技术委员会. 产品几何技术规范(GPS) 几何公差 成组(要素)与组合几何规范:GB/T 13319—2020[S]. 北京:中国标准出版社,2020.
[18] 全国产品几何技术规范标准化技术委员会. 产品几何技术规范(GPS) 几何公差 基准和基准体系:GB/T 17851—2022[S]. 北京:中国标准出版,2022.
[19] 全国产品几何技术规范标准化技术委员会. 产品几何技术规范(GPS) 几何公差 检测与验证:GB/T 1958—2017[S]. 北京:中国标准出版社,2017.
[20] 全国产品几何技术规范标准化技术委员会. 产品几何技术规范(GPS) 几何公差 形状、方向位置和跳动公差标注:GB/T 1182—2018[S]. 北京:中国标准出版社,2018.
[21] 全国产品几何技术规范标准化技术委员会. 产品几何技术规范(GPS)线性尺寸公差ISO 代号体系 第 1 部分:公差、偏差和配合的基础:GB/T 1800. 1—2020[S]. 北京:中国标准出版社,2020.
[22] 全国产品几何技术规范标准化技术委员会. 产品几何技术规范(GPS)线性尺寸公差ISO 代号体系 第 2 部分:标准公差带代号和孔、轴的极限偏差表:GB/T 1800. 2—2020[S]. 北京:中国标准出版社,2020.
[23] 全国产品几何技术规范标准化技术委员会. 一般公差未注公差的线性和角度尺寸的公差:GB/T 1804—2000[S]. 北京:中国标准出版社,2000.
[24] 全国齿轮标准化技术委员会. 圆柱齿轮 ISO 齿面公差分级制 第 1 部分:齿面偏差的定义和允许值:GB/T 10095. 1—2022[S]. 北京:中国标准出版社,2022.
[25] 全国齿轮标准化技术委员会,圆柱齿轮 ISO 齿面公差分级制 第 2 部分:径向综合偏差的定义和允许值:GB/T 10095. 2—2023[S]. 北京:中国标准出版社,2023.
[26] 全国滚动轴承标准化技术委员会. 滚动轴承配合:GB/T 275—2015[S]. 北京:中国标准出版社,2015.
[27] 全国滚动轴承标准化技术委员会. 滚动轴承通用技术规则:GB/T 307. 3—2017[S]. 北京:中国标准出版社,2017.
[28] 全国机器轴与附件标准化技术委员会. 普通型平键:GB/T 1096—2003[S]. 北京:中国标准出版社,2004.
[29] 全国机器轴与附件标准化技术委员会. 导向型平键:GB/T 1097—2003[S]. 北京:中国标准出版社,2004.
[30] 全国机器轴与附件标准化技术委员会. 矩形花键尺寸、公差和检验:GB/T 1144—2001[S]. 北京:中国标准出版社,2002.
[31] 全国机器轴与附件标准化技术委员会. 平键键槽的剖面尺寸:GB/T 1095—2003[S]. 北京:中国标准出版社,2004.
[32] 全国机器轴与附件标准化技术委员会. 普通型半圆键:GB/T 1099. 1—2003[S]. 北京:中国标准出版社,2004.

[33] 全国量具量仪标准化技术委员.光滑极限量规技术条件:GB/T 1957—2006[S].北京:中国标准出版社,2006.

[34] 全国量具量仪标准化技术委员会.几何量技术规范(GPS)长度标准量块:GB/T 6093—2001[S].北京:中国标准出版社,2001.

[35] 全国螺纹标准化技术委员会,普通螺纹公差:GB/T 197—2018[S].北京:中国标准出版社,2018.

[36] 全国螺纹标准化技术委员会.普通螺纹基本尺寸:GB/T 196—2003[S].北京:中国标准出版社,2004.

[37] 全国螺纹标准化技术委员会.普通螺纹基本牙型:GB/T 192—2003[S].北京:中国标准出版社,2003.

[38] 全国螺纹标准化技术委员会.普通螺纹直径与螺距系列:GB/T 193—2003[S].北京:中国标准出版社,2004.

[39] 全国形状和位置公差标准化技术委员会.形状和位置公差未注公差值:GB/T 1184—1996[S].北京:中国标准出版社,1997.

[40] 王伯平.互换性与测量技术基础[M].6版.北京:机械工业出版社,2024.

[41] 邢闽芳,房强汉,陈丙三.互换性与技术测量[M].4版.北京:清华大学出版社,2022.

[42] 张福霞.互换性与技术测量[M].西安:西北工业大学出版社,2015.

[43] 张琳娜,赵凤霞,郑鹏.机械精度设计与检测标准应用手册[M].北京:化学工业出版社,2015.